高等职业教育"十三五"规划教材

电工与电子技术

主　编　唐　瑶　张　燕　雷静静
副主编　闫　茹
编　委　朱允龙　吕坤颐

電子工業出版社
Publishing House of Electronics Industry
北京·BEIJING

内容简介

本书是以国务院《关于深化教育改革，全面推进素质教育的决定》和教育部《关于高职高专教育基础课程教学基本要求》为依据编写的，体现了以培养技术应用型人才为根本任务，以基础知识、基本概念、基本定律为主的编写原则；并按照高职高专教育基础课程为专业课程服务的要求，以“必需”和“够用”为原则来选择和编写内容。全书共分 11 章，电工部分包括电路基础知识、正弦交流电路、变压器、电工测量、电动机控制等内容；电子技术部分包括半导体器件、放大器和直流稳压电源、数字电路基础及组合逻辑电路、时序逻辑电路等内容；实践教学主要包含各章节教学的验证性基础实验和设计性实验。

本书可作为高职高专院校理工科相关专业的电工电子技术课程的教材，也可作为相关专业师生和工程技术人员的参考资料。

图书在版编目（CIP）数据

电工与电子技术 / 唐瑶，张燕，雷静静主编．—北京：电子工业出版社，2018.2
ISBN 978-7-121-33601-0

Ⅰ．①电… Ⅱ．①唐… ②张… ③雷… Ⅲ．①电工技术－高等学校－教材②电子技术－高等学校－教材 Ⅳ．①TM②TN

中国版本图书馆 CIP 数据核字（2018）第 019267 号

策划编辑：祁玉芹
责任编辑：张瑞喜
印　　刷：中国电影出版社印刷厂
装　　订：中国电影出版社印刷厂
出版发行：电子工业出版社
　　　　　北京市海淀区万寿路 173 信箱　邮编　100036
开　　本：787×1092　1/16　印张：22　字数：535 千字
版　　次：2018 年 2 月第 1 版
印　　次：2023 年 3 月第 3 次印刷
定　　价：65.00 元

凡所购买电子工业出版社图书有缺损问题，请向购买书店调换。若书店售缺，请与本社发行部联系，联系及邮购电话：（010）88254888，88258888。

质量投诉请发邮件至 zlts@phei.com.cn，盗版侵权举报请发邮件至 dbqq@phei.com.cn。

本书咨询联系方式：（010）68253127。

前言

PREFACE

本书是以国务院《关于深化教育改革，全面推进素质教育的决定》和教育部《关于高职高专教育基础课程教学基本要求》为依据编写的。体现了以培养技术应用型人才为根本任务，以基础知识、基本概念、基本定律为主的编写原则；并按照高职高专教育基础课程为专业课程服务的要求，以“必需”和“够用”为准则来选择和编写教材内容。

本书注重实用性、先进性、适用性、通用性。对典型电路进行分析时，不做繁杂的理论推导，只介绍工程估算方法，有时只给出定性或定量的结论。在提高学生分析问题、解决问题能力的同时，尤其注重学生动手能力的培养。概念清楚、重点突出、语言通俗易懂，既注重实际应用，又具有较强的可读性。并与国家职业技能鉴定和电子行业特殊工种的“维修电工”、“无线电调试工”等职业技能，鉴定高、中级工对电工与电子技术的要求紧密相结合。对学生考取国家职业技能鉴定等级证书，以及毕业就业实现“零距离”培训尤为适用。

本书以培养应用型工程技术人才为目标，实用性强，适合高职教育的特点。学生经过本门课程的系统学习、训练，毕业后达到拿起笔来会设计，拿起工具能安装、调试，碰到问题会分析处理的要求。在理论与实践相结合，职业技能培训，动手能力提高，培养应用型人才方面做了创新的探索。注重将理论讲授与实践训练相结合，理论讲授贯穿其应用性，实践中有理念、有方法，以基本技能和应用为主，易学易懂易上手。

本书在内容安排上按照循序渐进的原则，在知识程度上由浅入深、由易到难。全书共分 11 章，电工部分包括电路基础知识、正弦交流电路、变压器、电工测量、电动机控制等内容；电子技术部分包括半导体器件、放大器和直流稳压电源、数字电路基础及组合逻辑电路、时序逻辑电路等内容；实践教学主要包含相关章节教学的验证性基础实验和设计性实验，主要是为了培养学生综合运用所学知识分析问题和解决问题的能力，培养学生的创新思维和创新能力。

本书可作为高职高专院校理工科相关专业的基础课教材，知识拓展内容是为学生深入学习而编入的，可不作为讲授学时内的必学内容。

本书在编写过程中，翻阅了大量有关电工与电子技术的资料和教材，在此对这些资料的作者和编者表示衷心的感谢。由于时间仓促，水平有限，疏漏和不妥之处在所难免，真诚欢迎广大读者批评指正。

本书由贵阳职业技术学院唐瑶、内蒙古化工职业技术学院张燕、贵阳职业技术学院雷静静担任主编，内蒙古化工职业技术学院闫茹担任副主编，贵阳职业技术学院朱允龙、重庆城市管理职业学院吕坤颐担任编委共同编写完成。全书由唐瑶统稿审核。

为了使本书更好地服务于授课教师的教学，我们为本书配了教学讲义，期中、末考卷答案，拓展资源，教学案例演练，素材库，教学检测，案例库，PPT 课件和课后习题、答案。请使用本书作为教材授课的教师，如果需要本书的教学软件，可到华信教育资源网 www.hxedu.com.cn 下载。如有问题，可与我们联系，联系电话：(010)69730296/13331005816；QQ：394992521。

编　者

2018 年 7 月

目录

CONTENTS

第 1 章　电路基础知识

本章要点

学	知识重点	1. 电路模型的概念 2. 电路的基本物理量 3. 电阻元件、电压源和电流源的伏安特性 4. 万用表的基本原理 5. 基尔霍夫定律
	知识难点	1. 欧姆定律及电路串并联的计算 2. 电压源和电流源等效变换 3. 基尔霍夫定律及支路电流法 4. 叠加定理和戴维南定理
	建议学时	20 学时
练	理论知识	1. 电流和电压实际方向和参考方向的关系 2. 万用表的基本原理及使用 3. 利用电压源和电流源等效变换求解复杂电路 4. 基尔霍夫定律和叠加定理
	练习方法	掌握基本概念和定律，理论联系实际操作
做	实际操作	基尔霍夫定律的验证
	实际技能	能用万用表测量直流电流、直流电压

主要内容

随着现代科技的日益进步，电能在人类社会的各个领域中得到了广泛的应用，并发挥着越来越重要的作用，人们的日常生活已经离不开电能。电能，由于它易于转换、易于输送和易于控制，其生产和使用都比其他形式的能量来得方便，因此，应用广泛。

电能的应用离不开各种形式的电路。实际电路种类繁多，功能各异，但有共同的基本规律。本章主要介绍电路的基本概念（电路和电路模型，电路的基本物理量，电流、电压的参考方向及各电路元件特性）和电路的基本定理——基尔霍夫定律；在此基础上，介绍直流电路的分析与计算方法。这些内容是进一步学习电路分析和电子技术的基础。

1.1 电路基本知识

1.1.1 电路的组成和分类

一、电路的概念

电路是用于实现和完成人们的某种需求，由电源、导线、开关、负载等电气设备或元器件组合起来，能使电流流通的整体。简单地说，电路就是电流的流通路径。

二、电路的组成

（1） 电源：给电路提供电能，如干电池、蓄电池、发电机，等等。

（2） 负载：吸收电能，将电能转换成其他形式的能，如灯泡，将电能转换成光能和热能。

（3） 控制元件：各种形式的开头，控制电路的开通与关断。

（4） 连接导线：把电源、负载和控制元件连接起来。

如图 1-1（a）所示的电路是手电筒的实际电路。它由干电池、灯泡、导线和开关组成。其中，干电池是电源，灯泡是负载，导线和开关是传输控制器件。

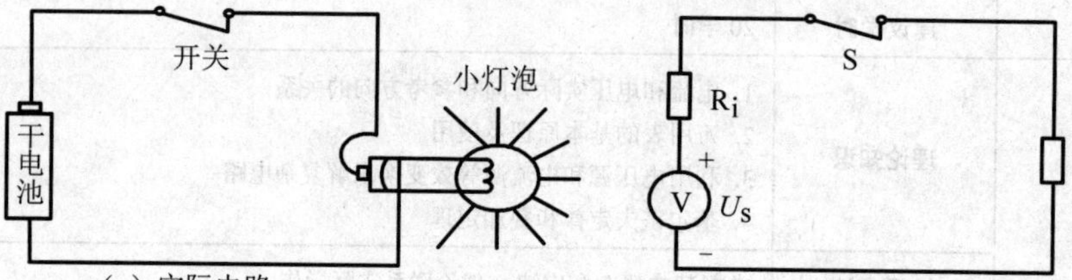

（a）实际电路　　（b）电路模型

图 1-1　电路的组成

三、电路的分类

（1） 实现电能的传输和转换，各种电力系统就是典型实例。这种电路的特点是电压高、电流大，称为强电电路。

（2） 实现信号的传递和处理，收音机、电视机的调谐回路和放大电路就是这类实例。这种电路的特点是电压低、电流小，称为弱电电路。

1.1.2 理想电路元件

由于实际电路元件的电磁关系比较复杂，为了便于对实际电路进行分析、计算，通常在一定条件下对实际器件加以理想化，只考虑其中起主要作用的某些电磁现象，忽略器件的次要现象，或将一些电磁现象分别表示。例如图 1-1（a）中，在电流的作用下，小灯泡不仅发热消耗电能，而且在其周围还会产生一定的磁场，由于产生的磁场较弱，因此可以只考虑其消耗电能的性能而忽略其磁场效应；干电池不仅对外部提供电能，而且其内部也有一定的电能损耗，可以将其提供电能的性能与内部电能损耗分别表示；对闭合的开关和导线则只考虑导电性能而忽略其本身的电能损耗。

如上所述，在一定条件下，我们用足以反映其主要电磁性能的一些理想电路元件或它们的组合来模拟实际电路中的器件。理想电路元件是一种理想化的模型，简称为电路元件。电阻元件是一种只表示消耗电能的元件；电感元件是表示其周围空间存在着磁场且可以储存磁场能量的元件；电容元件是表示其周围空间存在着电场且可以储存电场能量的元件。

1.1.3　电路模型

电路模型是由理想电路元件构成的电路，图 1-1（b）是图 1-1（a）的电路模型。还应注意，电路模型中的导线也是理想导线，电阻值为零。

以后所分析研究的电路都指电路模型。

1.2　电路的基本物理量

电路的基本物理量主要有电流、电压、电位、电功率、电能，等等。电流和电压是最基本的物理量。

1.2.1　电流

1. 电流的定义

电荷的定向移动形成电流，单位时间内穿过导体横截面的电荷量，用符号 i 表示，即

$$i=\lim_{\Delta t\to 0}\frac{\Delta q}{\Delta t}=\frac{\mathrm{d}q}{\mathrm{d}t} \tag{1-1}$$

式中，Δq 为极短时间 Δt 内通过导体横截面的电荷量。

（1） 直流电流：大小和方向不随时间变化的电流称为直流电流，用符号 I 表示。在许多电器装置上用符号“DC”或“-”表示直流。其中，电流大小和方向都不随时间变化而变化的电流称为稳恒直流电，如图 1-2（a）所示；电流大小随时间的变化而方向不随时间变化的电流称为脉动直流电，如图 1-2（b）所示。

（2） 交流电流：大小和方向都随时间变化的电流，用符号 i 表示。在许多电器装置上用符号“AC”或“～”表示交流电，如图 1-2（c）所示。

在直流电路中，式（1-1）可写成

$$I=\frac{q}{t} \tag{1-2}$$

2. 电流方向

将正电荷的运动方向规定为电流的实际方向。

在国际单位制中，电流的单位是安［培］，符号为 A。常用的电流单位有千安（kA），毫安（mA），微安（μA）等，它们之间的换算关系是

$$1\mathrm{A}=10^{3}\mathrm{mA}=10^{6}\mu\mathrm{A}=10^{-3}\mathrm{kA}$$

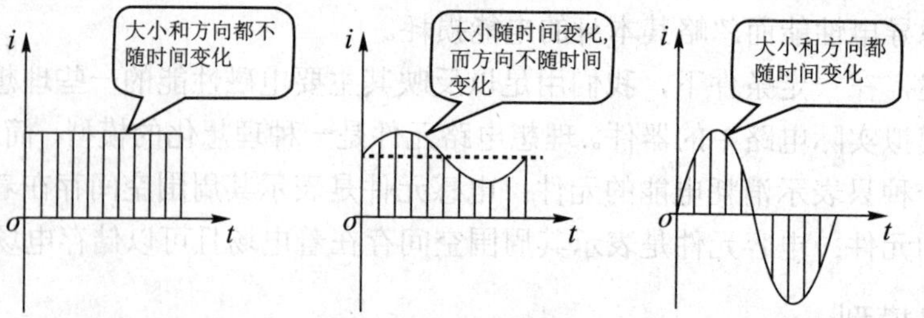

（a）稳恒直流电　（b）脉动直流电　（c）交流电

图 1-2　电流波形图

3. 电流参考方向

在简单电路中，判断电流的实际方向很容易，但在分析复杂电路时，往往很难先确定某一段电路中电流的实际方向；在交流电路中，电流的实际方向在不断变化，也很难在电路中标明电流的实际方向。因此，在分析与计算复杂电路时，可先任意假设一个电流方向，作为电流的参考方向或正方向，并用箭头标在电路图（如图 1-3 所示）上，然后根据电流的参考方向列方程求解。

如果计算结果 $I>0$，说明电流的实际方向与参考方向一致如图 1-3（a）所示，则电流为正值；如果计算结果 $I<0$，说明两者相反如图 1-3（b）所示，则电流为负值。这样就可以利用电流的参考方向和正、负值来判断电流的实际方向。

提示： 不标参考方向的电流没有任何意义。

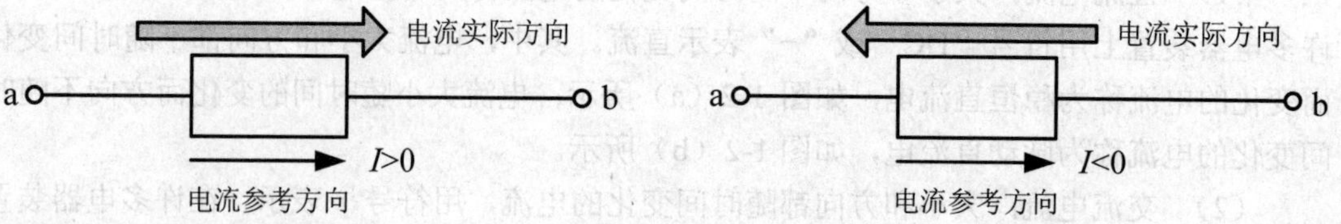

（a）正电流　（b）负电流

图 1-3　电流的参考方向

【例 1.1】 如图 1-4 所示，试说明电流的实际方向。

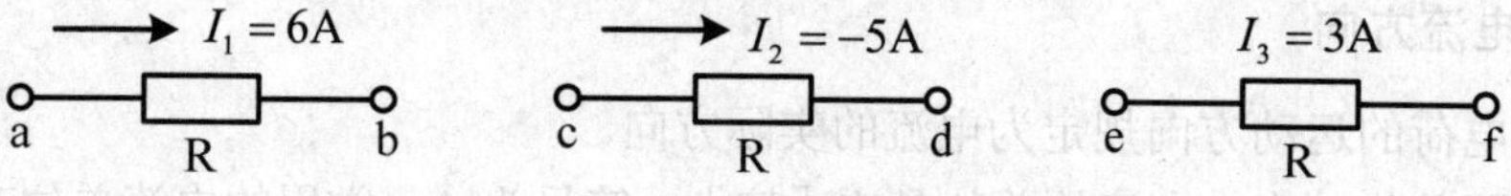

（a）　（b）　（c）

图 1-4　例 1-1

解：图 1-4（a）中，$I_1 = 6\text{A} > 0$ 为正值，说明电流的实际方向和参考方向相同，即电流从 a 流到 b。

图 1-4（b）中，$I_2 = -5\text{A} < 0$ 为负值，说明电流的实际方向和参考方向相反，即电流从 d 流到 c。

图 1-4（c）中，未设定电流的参考方向，给出的 $I_3 = 3\text{A} > 0$ 无物理意义，无法判断实际电流的方向。

1.2.2　电压与电动势

一、电压

1.　电压的定义

电路中 A、B 两点间的电压定义为单位正电荷在电场力的作用下由 A 点移至 B 点电场力所做的功，即

$$u_{AB} = \lim_{\Delta q \to 0} \frac{\Delta W_{AB}}{\Delta q} = \frac{dW_{AB}}{dq} \tag{1-3}$$

式中，Δq 为由 A 点移动到 B 点的电荷量，ΔW_{AB} 为移动过程中电场力所做的功。

直流电压用大写字母 U 表示，交流电压用小写字母 u 表示。

对于直流，式（1-3）可写成

$$U = \frac{W}{q} \tag{1-4}$$

电压的单位是伏［特］，符号为 V。常用的电压单位有千伏（kV）、毫伏（mV）、微伏（μV）等。

2.　电压的方向

电场力对正电荷做功的方向，就是电位降低的方向，故规定电压的实际方向是由高电位指向低电位的。

与电流方向的处理方法类似，可任选一方向为电压的参考方向。通常用三种方式表示：

（1）　采用实线箭头表示，如图 1-5（a）所示。

（2）　采用正（+）、负（-）极性表示，称为参考极性，如图 1-5（b）所示。这时，从正极性端指向负极性端的方向就是电压的参考方向。

（3）　采用双下标表示，如图 1-5（c）所示，如 U_{ab} 表示电压的参考方向由 a 指向 b。

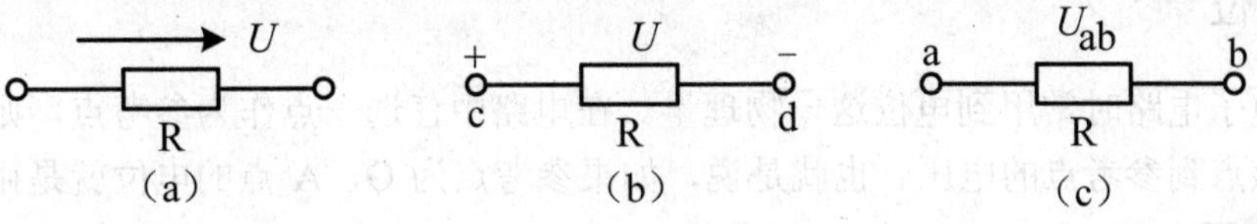

图 1-5　电压的参考方向

3.　电压的参考方向

若电压的实际方向与参考方向一致，则电压为正值；若两者相反，则电压为负值。这样就可以利用电压的参考方向和正、负值来判断电压的实际方向。

【例 1.2】如图 1-6 所示，试说明电压的实际方向。

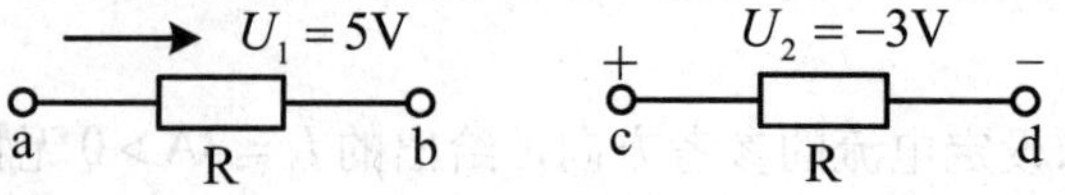

（a）　　（b）

图 1-6　例 1-2

解：图 1-6（a）中，$U_1 = 5V > 0$ 为正值，说明电压的实际方向和参考方向相同，即电压从 a 指向 b。

图 1-6（b）中，$U_2 = -3V < 0$ 为负值，说明电压的实际方向和参考方向相反，即电压从 d 指向 c。

4. 关联参考方向和非关联参考方向

对一段电路或一个元件上的电流参考方向和电压参考方向可以相互独立地任意确定。当电流和电压的参考方向选得一致时，则称之为关联参考方向，如图 1-7（a）所示；如不一致，则称为非关联参考方向，如图 1-7（b）所示。

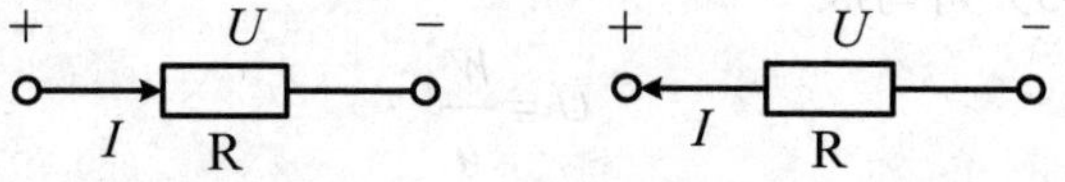

（a）关联参考方向　　（b）非关联参考方向

图 1-7　电流和电压的关联参考方向

二、电动势

电动势是衡量电源内部非静电力做功本领的物理量。在数值上等于电源力把单位正电荷从电源的负极移到正极所做的功。用公式表示为

$$e = \frac{dW}{dq} \tag{1-5}$$

电动势的单位与电压的单位一样，也为伏特（V）。

电动势的实际方向与电压实际方向相反，规定在电源内部由负极指向正极。

1.2.3 电位

分析电子电路时常用到电位这一物理量。在电路中任选一点作为参考点，则某点的电位就是由该点到参考点的电压。也就是说，如果参考点为 O，A 点的电位就是由该点到参考点 O 的电压。

电路中，A、B 点两点间的电压等于 A、B 两点的电位差。如果已知 A、B 两点的电位各为 V_A、V_B，则此两点间的电压

$$U_{AB} = U_{AO} + U_{OB} = U_{AO} - U_{BO} = V_A - V_B \tag{1-6}$$

即两点间的电压等于这两点的电位的差，所以电压又叫电位差。

电路中参考点的电位为零，通常用字母“O”或符号“⊥”表示。参考点与电位的相互关系为：

（1）电位参考点可以任意选择，参考点的电位为零。

（2）电路中各点的电位为该点与参考点之间的电压差。

（3）参考点不同，电路中各点的电位也不同，但任意两点间的电位差不变。

（4）在研究同一电路时，只能选取一个电位参考点。

【例 1.3】在图 1-8 所示电路中，已知$U_1 = 10\text{V}$，$U_2 = 4\text{V}$，分别以 c、a 为参考点，求 a、b、c 各点的电位及 ab 两点间的电压。

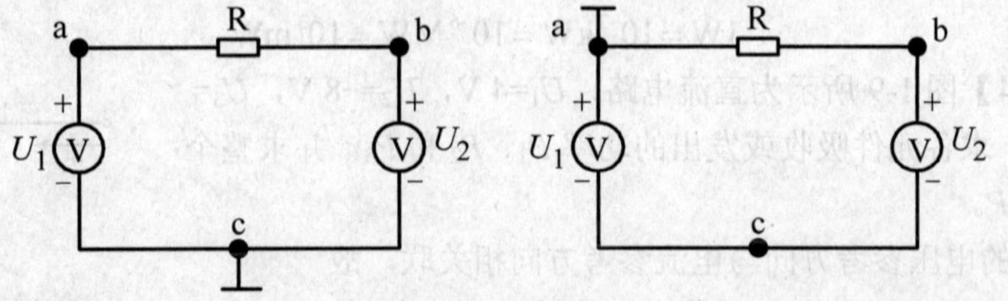

（a）c 为参考点　　（b）c 为参考点

图 1-8　例 1-3

解：电路中各点的电位是指该点对参考点的电压降。比参考点高的电位为“+”，比参考点低的电位为“−”。

① 以 c 点为参考点，a、b、c 点的电位为

$U_c = 0\text{V}$，$U_a = U_1 = 10\text{V}$，$U_b = U_2 = 4\text{V}$

$U_{ab} = U_a - U_b = (10-4)\text{V} = 6\text{V}$

② 以 a 点为参考点，a、b、c 点的电位为

$U_a = 0\text{V}$，$U_b = U_2 - U_1 = (4-10)\text{V} = -6\text{V}$，$U_c = -U_1 = -10\text{V}$

$U_{ab} = U_a - U_b = [0-(-6)]\text{V} = 6\text{V}$

提示：参考点不同，同一点电位不同，但任意两点间的电压差不变，即电压与参考点的选择无关。参考点的选择原则上是任意的，但一经选定，在分析和计算过程中不能随意改动。

1.2.4　电功率

电功率是电路分析中常用到的一个物理量。传递转换电能的速率叫电功率，简称功率，用 p 或 P 表示。习惯上，把发出或接收电能说成发出或吸收功率。

因为
$$i = \frac{\mathrm{d}q}{\mathrm{d}t}，u = \frac{\mathrm{d}w}{\mathrm{d}q}$$

所以
$$p=\frac{\mathrm{d}w}{\mathrm{d}t}=\frac{\mathrm{d}w}{\mathrm{d}q}g\frac{\mathrm{d}q}{\mathrm{d}t}=ui \tag{1-7}$$

如果电流、电压选用关联参考方向，则所得的 p 应看成支路接收的功率，计算所得功率为正值时，表示支路实际吸收功率；计算所得功率为负值时，表示支路实际发出功率。

如果电流、电压选择非关联参考方向，p 应看成支路发出的功率，计算所得功率为正值时，表示支路实际发出功率；计算所得功率为负值时，表示支路吸收功率。

在直流情况下
$$P=UI \tag{1-8}$$

功率的国际单位为瓦［特］，简称瓦，符号为 W，常用的有千瓦（kW）、兆瓦（MW）和毫瓦（mW）等，它们之间的换算关系是
$$1\mathrm{W}=10^{-3}\mathrm{kW}=10^{-6}\mathrm{MW}=10^{3}\mathrm{mW}$$

【例 1.4】图 1-9 所示为直流电路，U_1=4 V，U_2=−8 V，U_3=6 V，I=4 A，求各元件吸收或发出的功率 P_1、P_2 和 P_3，并求整个电路的功率 P。

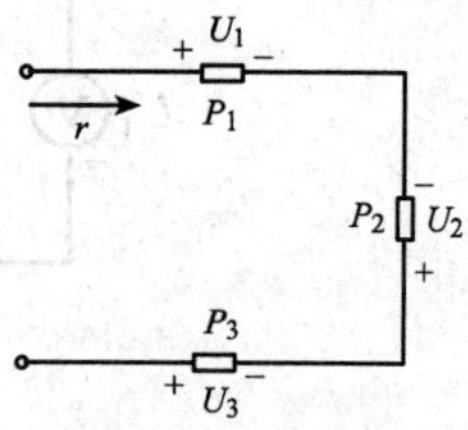

图 1-9　例 1-4 图

解：P_1 的电压参考方向与电流参考方向相关联，故

$P_1=U_1I=4×4=16$（W）（吸收 16 W）

P_2 和 P_3 的电压参考方向与电流参考方向非关联，故

$P_2=U_2I=$（−8）×4=−32（W）（吸收 32 W）

$P_3=U_3I=6×4=24$（W）（发出 24 W）

整个电路的功率 P，设吸收功率为正，发出功率为负，故
$$P=16+32-24=24\text{（W）}$$

1.2.5　电能

电能是衡量用电多少的物理量。从 t_0 到 t 时间内，电路吸收（消耗）的电能为
$$W=\int_{t_0}^{t}p\mathrm{d}t \tag{1-9}$$

直流时，有
$$W=P\left(t-t_0\right)$$

若 t=0，上式为
$$W=UIt \tag{1-10}$$

电能的国际单位是焦［耳］，符号为 J，在实际生活中还采用千瓦小时（kW • h）作为电能的单位，简称度。
$$1\mathrm{kW}\cdot\mathrm{h}=3.6\times10^{6}\,\mathrm{J}$$

能量转换与守恒定律是自然界的基本规律之一，电路也遵守这一规律。一个电路中，每一瞬间，接收电能的各元件功率的总和等于所有发出电能的各元件功率的总和。或者说，

各元件吸收的功率的代数和为零。这个结论叫做“电路的功率平衡”。

1.3　简单电阻电路的分析

电路元件（简称元件）是组成电路最基本的单元，从能量的角度来看可分为有源元件和无源元件。电压源和电流源是有源元件，它们在电路中发出功率。而负载元件在电路中是消耗功率或交换能量，它们属于无源元件。

电路元件在电路中的作用或者说它的性质是由其两端的电压、电流关系即伏安关系来决定的。

1.3.1　电阻元件

一、电阻器与电导率

电流在导体中流动要受到阻碍作用，反映这种阻碍作用的物理元件称为电阻器。电阻器是消耗电能的元件，主要用于控制和调节电路中的电流和电压，或是做消耗电能的负载。用 R 表示，单位是欧姆，简称欧，用符号 Ω 表示，电阻器的其他常用单位有千欧（kΩ）、兆欧（MΩ）等。图 1-10（a）为电阻器的图形符号。

导体的电阻值是导体本身的一种性质。它的大小决定于导体的电阻率、长度和横截面积，可用下式计算

$$R=\rho\frac{l}{S} \tag{1-11}$$

式中，l——导体的长度，单位米（m）；

S——导体的横截面积，单位米（m^2）；

ρ——导体的电阻率，单位欧·米（Ω·m）。

电阻率的大小反映了物体的导电能力。电阻率小，电流容易通过的物体称为**导体**，如金属导体，可用于连接电路的导线、继电器触点等；电阻率大，几乎不能通过电流的物体称为**绝缘体**，如橡胶、塑料、石英，可用于绝缘垫、电线外皮、电工用具的手把外壳等；导电能力介于导体和绝缘体之间的物体称为**半导体**，如硅、锗，可用于制成二极管和三极管。

导体的电阻值还与温度有关。一般来说，金属的电阻率随温度升高而增大；电解液、半导体和绝缘体的电阻率则随温度升高而减小；而有些合金如锰铜合金和镍铜合金的电阻值几乎不受温度变化的影响，常用来制作标准电阻。

利用某些材料对温度的敏感特性，可以制成热敏电阻器。电阻值随温度升高而增大的热敏电阻器称为正温度系数的热敏电阻器，电阻值随温度升高而减小的热敏电阻器称为负温度系数的热敏电阻器。

二、欧姆定律

电流和电压的大小成正比的电阻元件叫线性电阻元件。元件的电流与电压的关系曲线叫做元件的伏安特性曲线，如图 1-10（b）所示。欧姆定律指出：导体中的电流 I 与加在导体两端的电压 U 成正比，与导体的电阻值 R 成反比。

若 U 与 I 方向一致，则欧姆定律可表示为

$$I=\frac{U}{R} \tag{1-12}$$

若 U 与 I 方向相反，则欧姆定律可表示为

$$I=-\frac{U}{R} \tag{1-13}$$

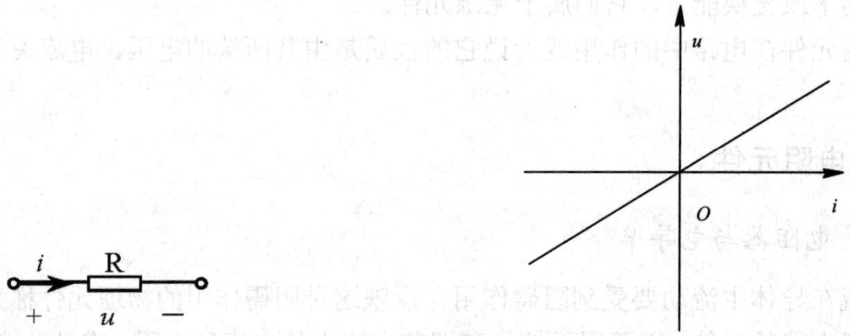

（a）电阻元件的图形符号　　（b）线性电阻元件的伏安特性曲线

图 1-10　电阻元件

> **提示：** 欧姆定律是电阻元件电压与电流的约束关系，非常有用，但不能用于其他元件。

电流和电压的大小不成正比的电阻元件叫非线性电阻元件，本书只讨论线性电阻电路。

线性电阻元件有两种特殊情况值得注意：一种情况是电阻值 R 为无限大，电压为任何有限值时，其电流总是零，这时把它称为“开路”；另一种情况是电阻值为零，电流为任何有限值时，其电压总是零，这时把它称为“短路”。

1.3.2 电阻元件的串联与并联

由线性电阻元件和电源元件组成的电路叫做线性电阻电路，简称电阻性电路或电阻电路。当电路中的电源都是直流时，这类电路简称直流电路。

一、电阻器的串联

1. 定义

如图 1-11 所示，在电路中，把几个电阻元件依次一个一个首尾连接起来，中间没有分支，在电源的作用下流过各电阻器的是同一电流，这种连接方式叫做电阻的串联。

2. 电阻器串联的特点

（1） 电路中流过每个电阻值的电流都相等。

（2） 电路的等效电阻值（即总电阻值）等于各串联电阻值之和，即

$$R = R_1 + R_2 + R_3 \tag{1-14}$$

若推广到 n 个电阻器串联，即 $R = R_1 + R_2 + R_3 + \cdots + R_n$　　(1-15)

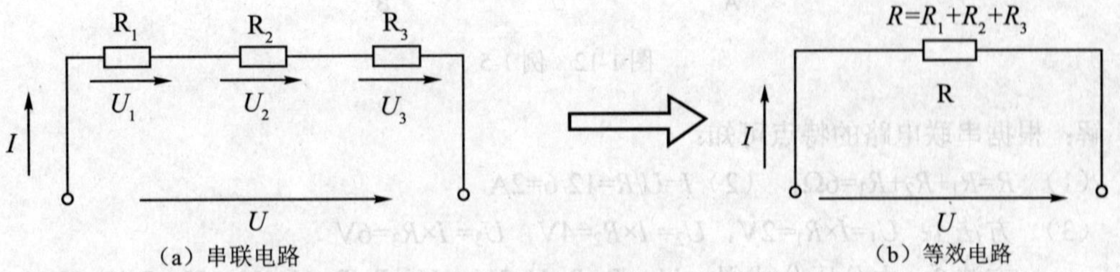

图 1-11　电阻器的串联电路

（3）电路两端的总电压等于各电阻器两端的电压之和，即

$$U = U_1 + U_2 + U_3 \tag{1-16}$$

若推广到 n 个电阻器串联，即

$$U = U_1 + U_2 + U_3 + \cdots + U_n \tag{1-17}$$

（4）电路中各个电阻器两端的电压与它的电阻值成正比，即

$$\frac{U_1}{R_1} = \frac{U_2}{R_2} = \frac{U_3}{R_3} \tag{1-18}$$

上式表明，在串联电路中，电阻值越大的电阻器分配到的电压越大；反之越小。

（5）电阻器串联时总的吸收功率等于各电阻器吸收消耗的功率之和，即

$$P = P_1 + P_2 + P_3 \tag{1-19}$$

若推广到 n 个电阻器串联，即

$$P = P_1 + P_2 + P_3 + \cdots + P_n \tag{1-20}$$

（6）电阻器串联具有分压作用，即

$$\begin{cases} U_1 = \dfrac{R_1}{R_1 + R_2 + R_3} U \\ U_2 = \dfrac{R_2}{R_1 + R_2 + R_3} U \\ U_3 = \dfrac{R_3}{R_1 + R_2 + R_3} U \end{cases} \tag{1-21}$$

【例 1.5】电路如图 1-12 所示，AB 两点间的电压 U=12V，R_1=1Ω，R_2=2Ω，R_3=3Ω。求：（1）电路的等效电阻值（总电阻值）；（2）电路的电流 I；（3）U_1、U_2 和 U_3。

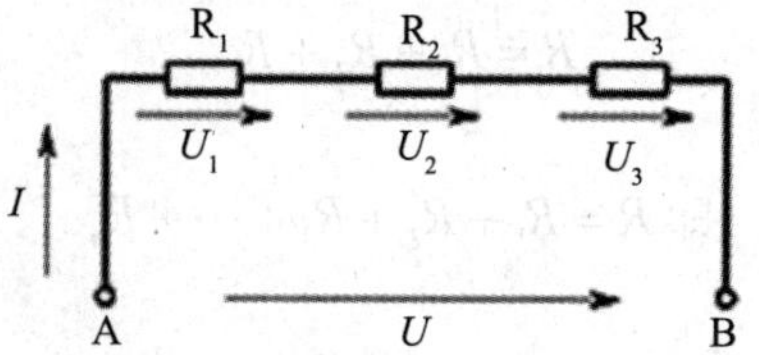

图 1-12　例 1-5

解：根据串联电路的特点可知：

（1）　$R=R_1+R_2+R_3=6\Omega$；（2）$I=U/R=12/6=2A$

（3）　方法 1：$U_1=I\times R_1=2V$，$U_2= I\times R_2=4V$，$U_3= I\times R_3=6V$

方法 2：由分压公式得：$U_1= R_1/R\times U=2V$，$U_2=R_2/R\times U=4V$，$U_3=R_3/R\times U=6V$。

二、电阻的并联

1. 定义

如图 1-13 所示，一个电路中，若干个电阻器的首端、尾端分别相连在一起，这种连接方式称为电阻器的并联。

2. 电阻器并联的特点

（1）　电路中各电阻器两端的电压相等，且等于电路两端的电压，即

$$U_1=U_2=U_3=U \tag{1-22}$$

若推广到 n 个电阻器并联，即

$$U_1=U_2=U_3=\cdots=U_n=U \tag{1-23}$$

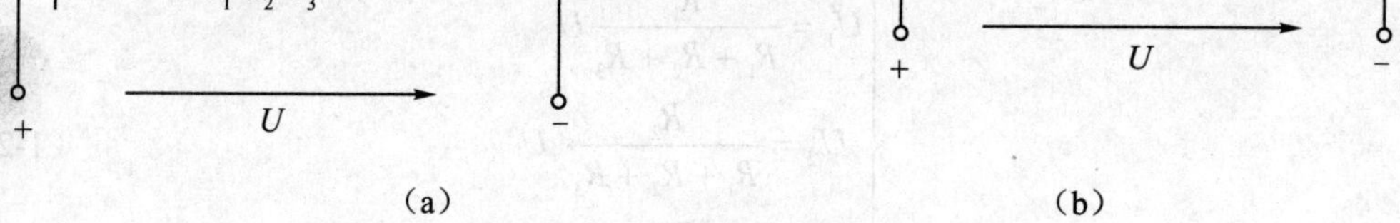

图 1-13　电阻器的并联电路

（2）　电路的总电流等于流过各电阻器的电流之和，即

$$I=I_1+I_2+I_3 \tag{1-24}$$

若推广到 n 个电阻器并联，即　$I=I_1+I_2+I_3+\cdots+I_n$　（1-25）

（3）　电路的等效电阻值（即总电阻值）的倒数等于各并联电阻值的倒数之和，即

$$\frac{1}{R}=\frac{1}{R_1}+\frac{1}{R_2}+\frac{1}{R_3} \tag{1-26}$$

在电路分析中常遇到两个电阻器并联的情况，其等效电阻值为

$$R=\frac{R_1R_2}{R_1+R_2} \tag{1-27}$$

在上式中，若 $R_1=R_2$，则等效电阻值 $R=\frac{1}{2}R_1$　（1-28）

若推广到 n 个电阻器并联，即　$\frac{1}{R}=\frac{1}{R_1}+\frac{1}{R_2}+\frac{1}{R_3}+\cdots+\frac{1}{R_n}$　（1-29）

（4）　电路中通过各支路的电流与支路的电阻值成反比，即

$$IR=I_1R_1=I_2R_2=I_3R_3 \tag{1-30}$$

上式表明，电阻值越大的电阻所分配到的电流越小，反之电流越大。

（5）　电阻器并联时总的吸收功率等于各电阻器吸收的功率之和，等于等效电阻值吸收的功率，即

$$P=\frac{U^2}{R} \tag{1-31}$$

（6）　电阻器并联（两个电阻器并联时）具有分流作用，即

$$\begin{cases} I_1=\dfrac{R_2}{R_1+R_2}I \\ I_2=\dfrac{R_1}{R_1+R_2}I \end{cases} \tag{1-32}$$

【例 1.6】进行电工实验时，常用滑线变阻器接成分压器电路来调节负载电阻上电压的高低。图 1-14 中 R_1 和 R_2 是滑线变阻器，R_L 是负载电阻器。已知滑线变阻器额定值是 100 Ω、3 A，端钮 a、b 上输入电压 U_1=220 V，R_L=50 Ω。试问：

（1）　当 R_2=50 Ω 时，输出电压 U_2 是多少？

（2）　当 R_2=75 Ω 时，输出电压 U_2 是多少？滑线变阻器能否安全工作？

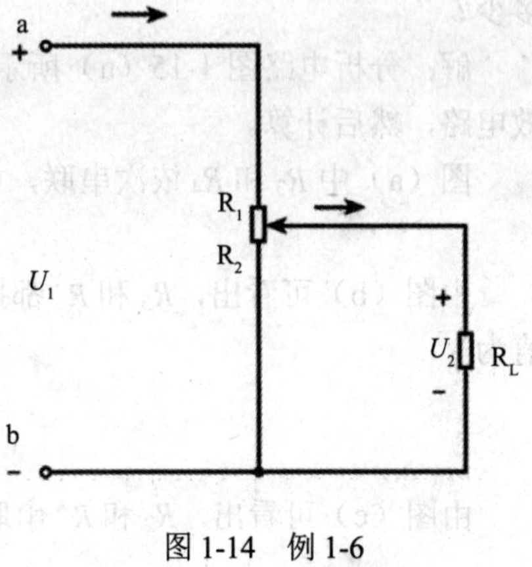

图 1-14　例 1-6

解：（1）　当 R_2=50 Ω 时，R_{ab} 为 R_2 和 R_L 并联后与 R_1 串联而成，故端钮 a、b 的等效电阻值为

$$R_{ab}=R_1+\frac{R_2R_L}{R_2+R_L}=50+\frac{50\times50}{50+50}=75\Omega$$

滑线变阻器 R_1 段流过的电流

$$I_1=\frac{U_1}{R_{ab}}=\frac{220}{75}2.93\text{A}$$

负载电阻器流过的电流可由电流分配公式求得，即

$$I_2=\frac{R_2}{R_2+R_L}\times I_1=\frac{50}{50+50}\times 2.93=1.47\text{A}$$

$$U_2=R_L\times I_2=50\times 1.47=73.5\text{V}$$

（2）当 $R_2=75\Omega$ 时，计算方法同上，可得

$$R_{ab}=25+\frac{75\times 50}{75+50}=55\Omega$$

$$I_1=\frac{220}{55}=2.4\text{A}$$

$$I_2=\frac{75}{75+50}\times 4=2.4\text{A}$$

$$U_2=50\times 2.4=120\text{V}$$

因 I_1=4 A，大于滑线变阻器额定电流 3 A，R_1 段电阻器有被烧坏的危险。

求解简单电路，关键是判断电阻器的串、并联关系。一般情况下，先通过观察进行判断。当电阻器的串、并联关系不易看出时，无电阻值的导线最好缩成一点，可先将电路中的各结点用代号标出，再将各元件连在相应的结点间。

三、电阻器的混联

电路中，既有电阻器的串联，又有电阻器的并联，则称为电阻器的混联。简单混联电路的计算步骤是先把电阻器的混联电路分解为若干个串联和并联关系的电路，再根据电阻器串、并联的关系逐一化简，计算出等效电阻值，算出总电压（或总电流），最后用分压、分流的办法计算出原电路中各电阻器的电压（或电流），再计算出功率。

【例 1.7】已知图 1-15 中的 $R_1=R_2=R_3=R_4=R_5=1\Omega$，求 A、B 间的等效电阻值 R_{AB} 等于多少？

解：分析电路图 1-15（a）所示，可画出图 1-15（b）、（c）、（d）所示的一系列等效电路，然后计算。

图（a）中 R_3 和 R_4 依次串联，中间无分支，其等效电阻值为

$$R'=R_3+R_4=1+1=2\Omega$$

由图（b）可看出，R_5 和 R' 都接在相同的两点 B、C 之间，它们是并联，其等效电阻值为

$$R''=\frac{R_5R'}{R_5+R'}=\frac{1\times 2}{1+2}=\frac{2}{3}\Omega$$

由图（c）可看出，R_2 和 R'' 串联，等效电阻值为

$$R'''=R_2+R''=1+\frac{2}{3}=\frac{5}{3}\Omega$$

由图（d）可看出，等效电阻值为

$$R_{AB}=R_1//R'''=\frac{R_1R'''}{R_1+R'''}=\frac{1\times\frac{5}{3}}{1+\frac{5}{3}}=\frac{5}{8}\Omega$$

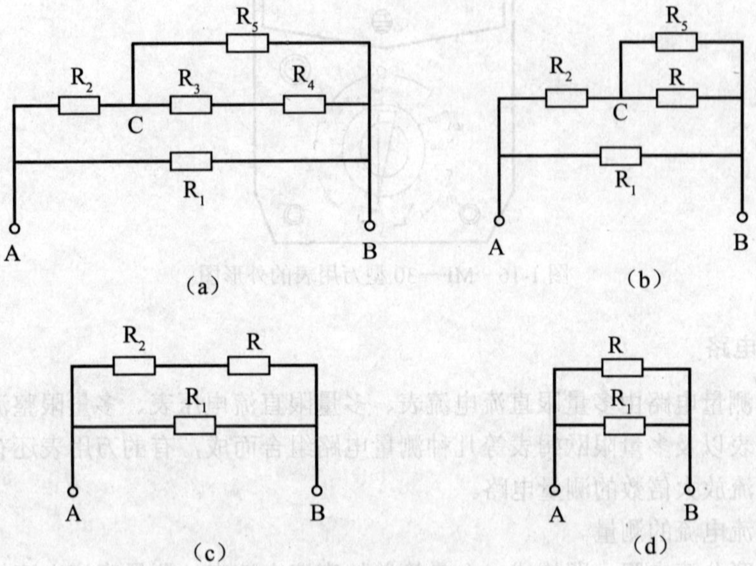

图 1-15　例 1-7

1.3.3　万用表的基本原理

在实际工程中，万用表是电气工程师的眼睛，是必不可少的测量工具。万用表可用来测量直流电压、直流电流、电阻值及交流电压，等等。

一、万用表的组成

万用表由测量机构（表头）、测量电路、功能量程转换开关三个基本部分组成。表头用来指示被测量的数值；测量电路用来把各种被测量转换为适合表头测量的直流微小电流；转换开关用来实现对不同测量电路的选择，以适合各种被测量的要求。

1.　**表头及面板**

万用表的表头，通常选用高灵敏度的磁电系测量机构，其满偏电流为几微安至几百微安。表头本身的准确度较高，一般都在 0.5 级以上，构成万用表整体的准确度一般都在 5.0 级以上。

万用表的面板上有带有多条标度尺的标度盘，每一条标度尺都对应某一被测量。准确度较高的万用表均采用带反射镜的标度盘，以减小读数时的视差。万用表的外壳上装着转换开关旋钮、零位调节旋钮、欧姆调零位旋钮、供接线用的插孔或接线柱等。各种万用表的面板布置基本相同。图 1-16 所示是国产 MF—30 型万用表的外形图。

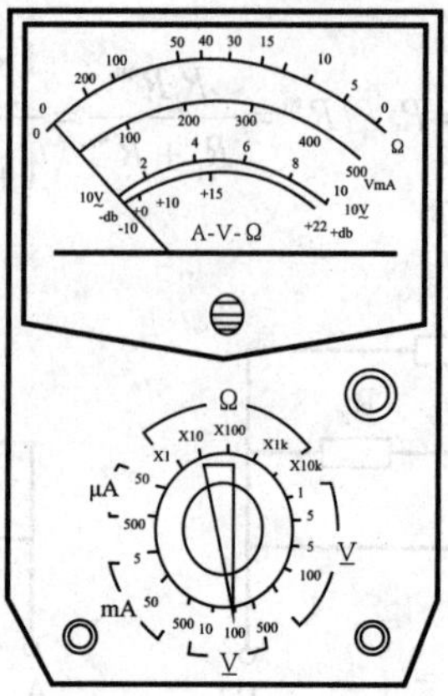

图 1-16　MF—30 型万用表的外形图

2. 测量电路

万用表的测量电路由多量限直流电流表、多量限直流电压表、多量限整流式交流电流表、交流电压表以及多量限欧姆表等几种测量电路组合而成，有的万用表还有用于测量小功率晶体管直流放大倍数的测量电路。

（1） 直流电流的测量。

将表头并联分流电阻，即构成一个最简单的直流电流表，测量直流电流的原理电路图如图 1-17 所示。被测电流从“+”，“−”两端进出。R_{A1}～R_{A5} 是分流的电阻器，它们和微安表连成一个闭合电路。改变转换开关的位置，就改变了分流的电阻值，从而也就改变了电流的量程。例如，放在 50mA 挡时，分流电阻值为 $R_{A1}+R_{A2}$，其余则与微安表串联。量程愈大，分流电阻值愈小。图中的 R 为直流调整电位器。

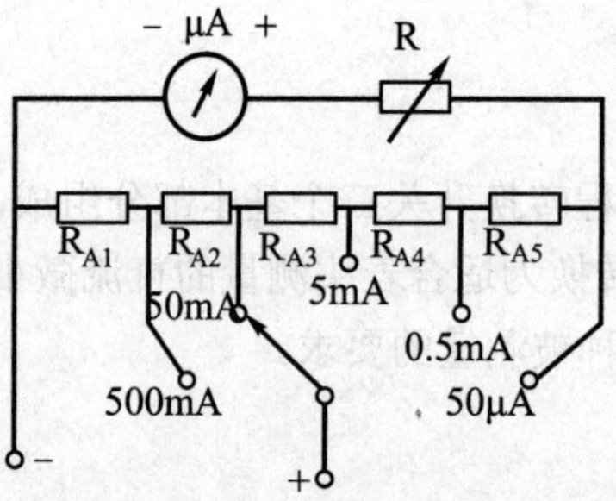

图 1-17　测量直流电流的原理电路

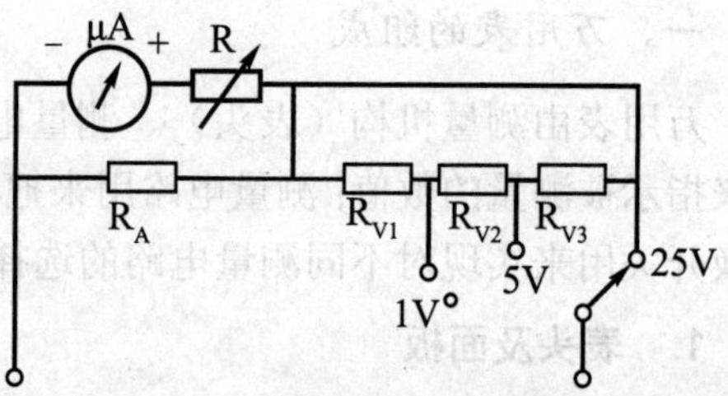

图 1-18　测量直流电压的原理电路

（2） 直流电压的测量。

测量直流电压的原理电路如图 1-18 所示。被测电压加在“+”，“−”两端。R_{V1}，R_{V2}，…是倍压电阻器。量程愈大，倍压器电阻也愈大。电压表内阻愈高，从被测电路取用的电流愈小，被侧电路受到的影响也就愈小，我们用仪表的灵敏度，也就是用仪表的总内阻除以电压表量程来表明这一特征。MF—30 型万用表在直流电压 25V 挡上仪表的总内阻值为 500kΩ，则这挡的灵敏度为 20kΩ/V。

（3）　交流电压的测量。

测量交流电压的原理电路如图 1-19 所示。磁电式仪表只能测量直流，如果要测量交流，则必须附有整流元件，即图中的半导体二极管 D_1 和 D_2。二极管只允许一个方向的电流通过，反方向的电流不能通过。被测交流电压也是加在“+”，“-”两端。在正半周时，设电流从“+”端流进，经二极管 D_1，部分电流经微安表流出。在负半周时，电流直接经 D_2 从“+”端流出。可见，通过微安表的是半波电流，读数应为该电流的平均值。为此，表中有一交流调整电位器（图中的 600Ω 电阻器），用来改变表盘刻度；于是，指示读数便被折换成正弦电压的有效值。至于量程的改变，则和测量直流电压时相同。R_{V1}，R_{V2}，…是倍压器的电阻器。

万用表交流电压挡的灵敏度一般比直流电压挡的低。MF—30 型万用表交流电压挡的灵敏度为 5kΩ/V。

普通万用表只适用于测量频率为 45～1000Hz 的交流电压。

（4）　电阻值的测量

测量电阻值的原理电路如图 1-20 所示。测量电阻值时要接入电池，被测电阻器也是接在“+”、“-”两端。被测电阻值愈小，即电流愈大，因此指针的偏转角愈大。测量前应先将“+”，“-”两端短接，看指针是否偏转最大而指在零（刻度的最右处），否则应转动零欧姆调节电位器（图中的 1.7kΩ 电阻器）进行校正。

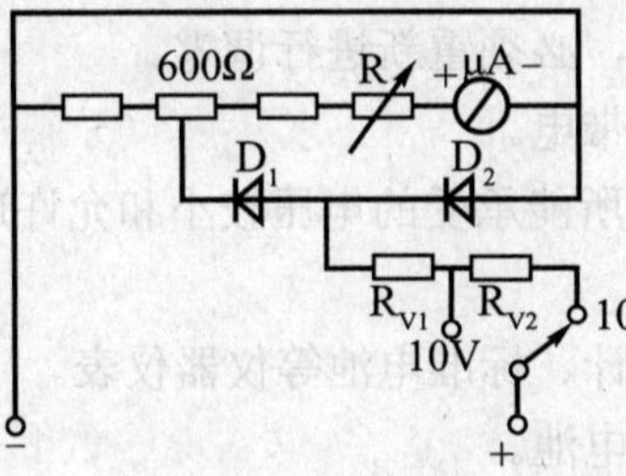

图 1-19　测量交流电压的原理电路

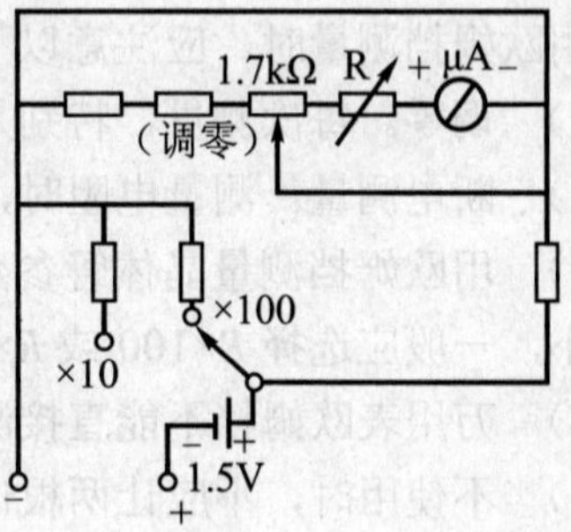

图 1-20　测量电阻值的原理电路

使用万用表时应注意转换开关的位置和量程，绝对不能在带电线路上测量电阻值，用毕应将转换开关转到高电压挡。

此外，从图 1-20 中还可看出，面板上的“+”端接在电池的负极，而“-”端是接向电池的正极。

3.　转换开关

转换开关用来切换不同测量电路，实现测量种类和量限的选择。它大多采用由许多固定触点和可动触点组成的机械接触式结构，一般称可动触点为“刀”，固定触点为“掷”。万用表内通常有多刀和几十掷，且各刀之间同步联动，随转换开关的旋转，各刀在相应位置上与掷闭合，连通相应测量电路与表头，完成各种测量种类和量程的转换。

二、万用表的使用维护方法

1. 插孔（或接线柱）的选择

在进行测量之前，首先应准确无误地将测试棒插入相应的位置。红色测试棒的表笔端应插到标有“+”符号的插孔里，黑色测试棒应插到标有“-”或“*”符号的插孔内。

2. 测量挡位的选择

使用万用表时，应根据测试的对象，将转换开关旋至相应的位置上，不可搞错，否则将引起不良后果，轻者损伤仪器，重者烧坏表头。

3. 量限的选择

用万用表测交流、直流电流电压时，其量限的选择和电流表、电压表的相同，使指针工作在满刻度值 2/3 处为最佳。测量电阻值时，则尽量使指针在中心刻度值的 1/10～10 倍值。若测量前无法估计被测量值的大致范围，则应先用大量程粗测，然后再选择适当量程细测。

4. 正确读数

应从万用表的表盘上找到相应被测量类型的标尺，并根据被测量及量限正确读出测量值。

5. 欧姆挡的使用

使用欧姆挡测量时，应注意以下几点：

（1） 调零。每次测量，特别是改变欧姆倍率挡位，必须重新进行调零。

（2） 断电测量。测量电阻时，被测量电路不允许带电。

（3） 用欧姆挡测量晶体管参数时，考虑到晶体管所能承受的电压较小和允许通过的电流较小，一般应选择 $R\times100$ 或 $R\times1\,k$ 的倍率挡。

（4） 万用表欧姆挡不能直接测量微安表头、检流计、标准电池等仪器仪表。

（5） 不使用时，不应让两根试棒短接，以免浪费电池。

（6） 归位。万用表使用完毕，应将转换开关旋至交流电压最大挡位（一般位于交流 500 V 处）。

1.4 实际电源的等效变换

实际电源有电池、信号源、发电机等，根据电源的特点可以把电源分为电压源和电流源。电压源和电流源是两种有源元件。

1.4.1 电压源

一、实际电压源

实际电压源是由电动势 E 和内阻 r 串联的电源电路模型，如图 1-21 所示。由于实际电压源中有内阻存在，电压源的电压并不能全部输出，有一部分内阻分压，因此实际电压源的端电压不恒定。

由图 1-21（a）所示电路可得

$$U = U_S - Ir \tag{1-33}$$

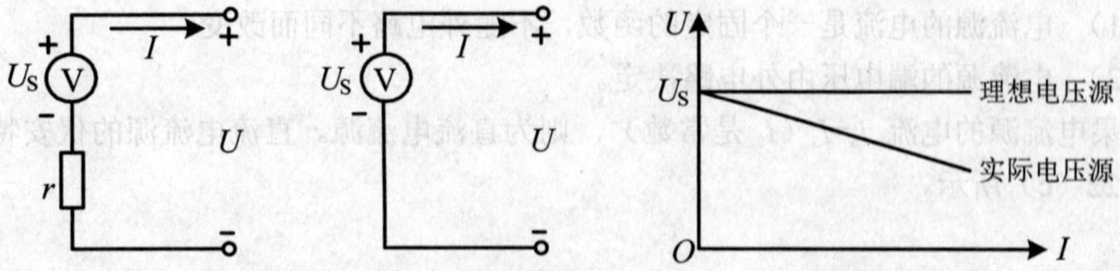

（a）实际电压源　　（b）理想电压源　　（c）伏安特性

图 1-21　实际电压源与理想电压源及其伏安特性

二、理想电压源

一般电源的内阻很小，若忽略就称为理想电压源或恒压源，简称为电压源，其图形符号如图 1-21（b）所示。理想电压源总是保持给定的电压值，与其输出的电流无关。理想电压源具有两个特点：

（1） 电压源的端电压是一个固定的函数，如图 1-21（c）所示，不随外电路不同而改变。

（2） 电压源的输出电流由外电路决定。

提示： 电压为零的电压源相当于短路。

电压源发出的功率为

$$P = UI \tag{1-34}$$

$P>0$ 时，电压源实际上是发出功率；$P<0$ 时，电压源实际上是接受功率。

1.4.2 电流源

一、实际电流源

实际电流源是由电动势 E 和内阻 r 并联的电源的电路模型，如图 1-22（a）所示。由于实际电流源中有内阻的存在，电流源的电流并不能全部输出，有一部分将在内阻中分流，因此实际电流源的端电流不恒定。

由图 1-22（a）所示电路可得

$$I = I_S - \frac{U}{r_1} \tag{1-35}$$

二、理想电流源

若忽略电源内阻的分流作用，就称为理想电流源或恒流源，简称为电流源，其图形符号如图 1-22（b）所示。理想电流源提供恒定的电流，与其输出的电压无关。电流源有以下两个特点：

（1） 电流源的电流是一个固定的函数，不随外电路不同而改变。

（2） 电流源的端电压由外电路决定。

如果电流源的电流 $i_s=I_s$（I_s 是常数），则为直流电流源。直流电流源的伏安特性曲线如图 1-22（c）所示。

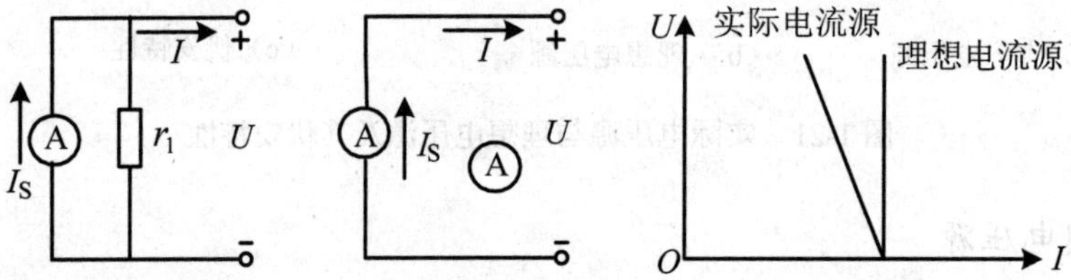

（a）实际电流源　　（b）理想电流源　　（c）伏安特性

图 1-22　实际电流源与理想电流源及其伏安特性

提示：电流为零的电流源相当于开路。

电流源发出的功率为

$$P = UI \tag{1-36}$$

$P>0$，电流源实际是发出功率；$P<0$，电流源实际是接受功率。

【例 1.8】计算图 1-23 所示电路中电流源的端电压 U_1，5 Ω 电阻器两端的电压 U_2 和电流源、电阻器、电压源的功率 P_1，P_2，P_3。

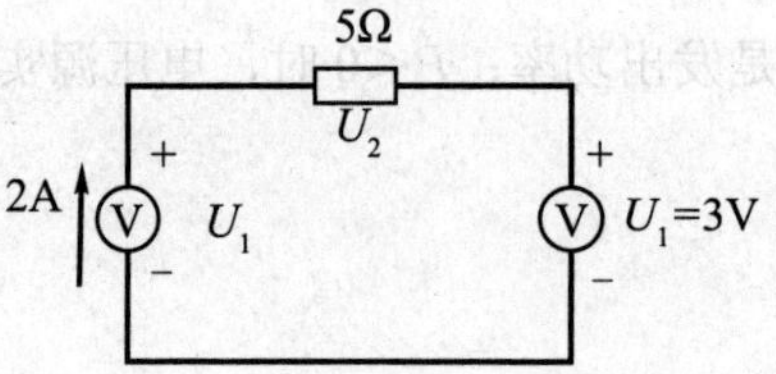

图 1-23　例 1-8

解：

$$U_2 = 5\times 2 = 10(\text{V})$$

$$U_3 = U_2 + U_1 = 10 + 3 = 13(\text{V})$$

电压源的电流、电压选择为关联参考方向，所以

$$P_1 = 2 \times 3 = 6(\text{W}) - \text{吸收}$$

电阻器上的电流、电压选择为关联参考方向，所以

$$P_2 = 10 \times 2 = 20(\text{W}) - \text{吸收}$$

电流源的电流、电压选择为非关联参考方向，所以

$$P_3 = U_3 I_\text{S} = 13 \times 2 = 26(\text{W}) - \text{发出}$$

三、电源的串并联

1. 电压源的串联

如图 1-24 所示，当 n 个理想电压源串联时，其等效电压源的电压等于各串联电压源电压的代数和。即

$$U = U_1 + U_2 + \cdots + U_n = \sum_{k=1}^{n} U_k \tag{1-37}$$

如果 U_k 的参考方向和 U 的方向一致时，则 U_k 取正值，反之取负值。

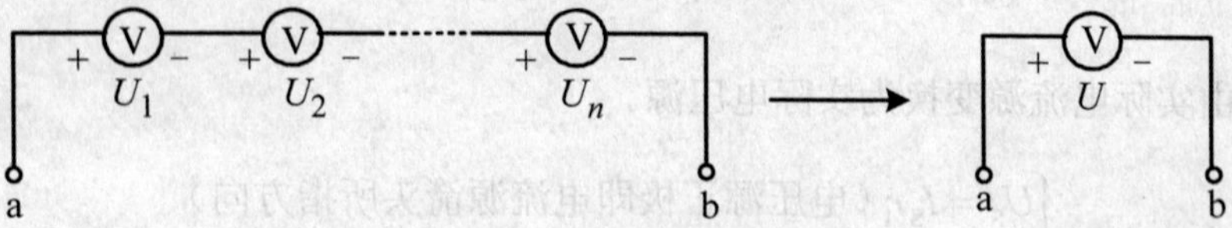

图 1-24　电压源的串联

2. 电流源的并联

如图 1-25 所示，当 n 个理想电流源并联时，其等效电流源的电流等于各并联电流源电流的代数和，即

$$I = I_1 + I_2 + \cdots + I_n = \sum_{k=1}^{n} I_k \tag{1-38}$$

如果 I_k 的参考方向和 I 的方向一致时，则 I_k 取正值，反之取负值。

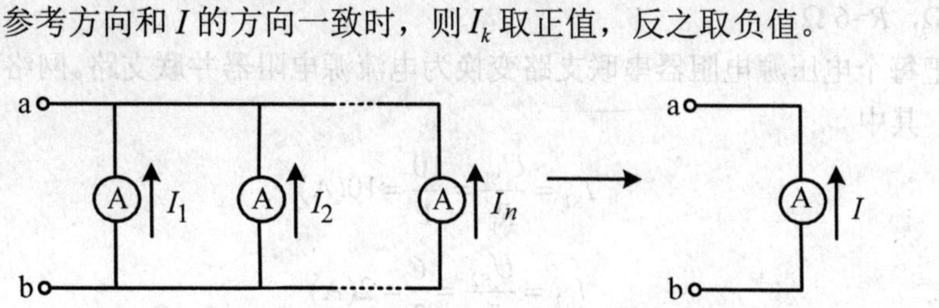

图 1-25　电流源的串联

1.4.3 两种实际电源模型的等效变换

上面分别介绍了实际电源的两种模型。在电路分析和计算中，这两种模型是能够等效互换的。所谓等效即变换前后对负载而言端口处的伏安关系不变，也就是对电源的外电路而言，端电压（U）和其提供的电流（I）无论其大小、方向及它们之间的关系都保持不变。

由实际电压源图 1-21 及式（1-33）可得

$$I=\frac{U_S}{r}-\frac{U}{r} \tag{1-39}$$

由实际电流源图 1-22 及式（1-35）可得

$$I=I_S-\frac{U}{r_1} \tag{1-40}$$

将式和式相比较可知：要保持 U、I 关系不变，两式的对应项要相等，即 $I_S=U_S/r$（或 $U_S=I_S r_1$）。电阻值不变，只是换了位置。总结其变换条件如下：

（1） 由实际电压源变换为实际电流源。

$$\begin{cases} I_S=\dfrac{U_S}{r}\text{（电流方向由电压源负极指向正极）} \\ r_1=r\text{（等效电阻}r_1\text{与电流源}I_S\text{并联）} \end{cases}$$

（2） 由实际电流源变换为实际电压源。

$$\begin{cases} U_S=I_S r_1\text{（电压源正极即电流源箭头所指方向）} \\ r=r_1\text{（等效电阻}r\text{与电压源}U_S\text{串联）} \end{cases}$$

在这里应注意：

① 电压源与电流源等效变换时，除了满足变换公式外，还应保证两个电源对外提供的电压、电流方向一致。

② 恒压源与恒流源不能等效变换。电压源、电阻的串联组合与电流源、电阻的并联组合之间可相互等效变换，这使得某些电路问题的解决更加灵活方便。

【例 1.9】 求图 1-26（a）所示的电路中 R 支路的电流。已知 U_{S1}=10 V，U_{S2}=6 V，R_1=1 Ω，R_2=3 Ω，R=6 Ω。

解：先把每个电压源电阻器串联支路变换为电流源电阻器并联支路。网络变换如图 1-26（b）所示，其中

$$I_{S1}=\frac{U_{S1}}{R_1}=\frac{10}{1}=10(\text{A})$$

$$I_{S2}=\frac{U_{S2}}{R_2}=\frac{6}{3}=2(\text{A})$$

图 1-26（b）中两个并联电流源可以用一个电流源代替，其

$$I_S=I_{S1}+I_{S2}=10+2=12(\text{A})$$

并联 R_1、R_2 的等效电阻值

$$R_{12}=\frac{R_1R_2}{R_1+R_2}=\frac{1\times3}{1+3}=\frac{3}{4}(\Omega)$$

网络简化如图 1-26（c）所示。

对图 1-26（c）所示电路，可按分流关系求得 R 的电流 I 为

$$I=\frac{R_{12}}{R_{12}+R}\times I_{\rm S}=1.33({\rm A})$$

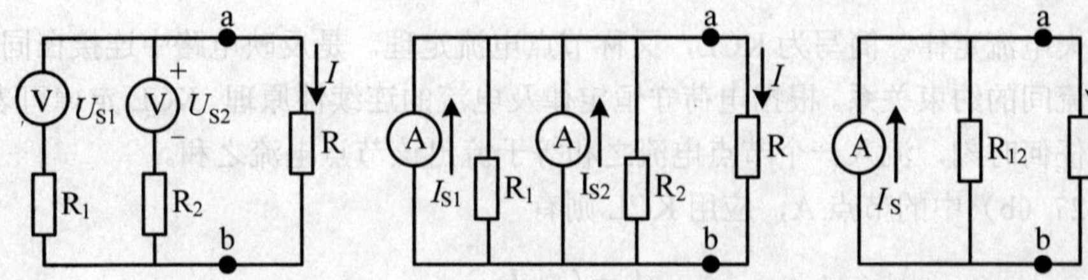

（a）　　（b）　　（c）

图 1-26　例 1-9

1.5　基尔霍夫定律

图 1-27（a）所示电路能运用欧姆定律及电阻器的串、并联方法，进行化简、计算电路中的 3 个电流，称为简单电路。图 1-27（b）中有 3 个电阻器，2 个电源，看似很简单，可是不能直接用电阻器串、并联化简，以及欧姆定律求解，这样的电路称为复杂电路

分析复杂电路要用基尔霍夫定律。基尔霍夫定律是分析和计算电路的基本定律，它包括电流定律和电压定律。为了便于讨论，先以图 1-27（b）为例介绍几个有关复杂电路的术语。

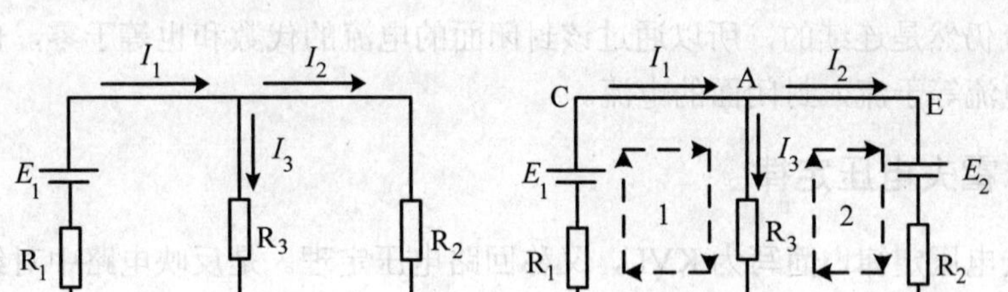

（a）　简单电路　　（b）复杂电路

图 1-27　简单电路和复杂电路

（1）　支路：电路中流过同一电流的一个分支称为一条支路，即每条支路只可确定一个电流。如图 1-27（b）中有 3 条支路。其中，含有电源的支路称有源支路，不含电源的支路称无源支路。

（2） 节点：三条或三条以上支路的连接点称为节点。如图 1-27（b）中就有 2 个节点，即 A、B。

（3） 回路：由若干支路组成的闭合路径，其中每个节点只经过一次，这条闭合路径称为回路。如图 1-27（b）中就有 3 个回路。即 ABDCA，ABFEA，CDFEC。

（4） 网孔：网孔是回路的一种。内部不另含有支路的回路称为网孔。如图 1-27（b）中就有 2 个网孔，即 ABDCA，ABFEA。

1.5.1 基尔霍夫电流定律

基尔霍夫电流定律，简写为 KCL，又称节点电流定理。是反映电路中连接在同一节点的各支路电流间的约束关系。根据电荷守恒定律及电流的连续性原理，KCL 定律可表述为：在电路中，任何时刻，流入一个节点电流之和等于流出该节点电流之和。

对图 1-27（b）中的节点 A，应用 KCL 则有

$$I_1 = I_2 + I_3 \qquad (1\text{-}41)$$

将上式可改写成

$$I_1 - I_2 - I_3 = 0$$

写出一般式子，为

$$\sum I = 0 \qquad (1\text{-}42)$$

基尔霍夫电流定律的另一种说法：任何时刻，对任意节点所有支路电流的代数和等于零。

在式（1-42）中，流入节点的电流前取“+”号，流出节点的电流前取“-”号，而电流是流出节点还是流入节点均按电流的参考方向而定。

基尔霍夫电流定律也可以把它推广运用于电路的任一假设的封闭面。因为对一个封闭面来说，电流仍然是连续的，所以通过该封闭面的电流的代数和也等于零，也就是说，流出封闭面的电流等于流入封闭面的电流。

1.5.2 基尔霍夫电压定律

基尔霍夫电压定律，简写为 KVL，又称回路电压定理。是反映电路中对组成任意回路的所有支路电压之间的相互约束关系。表述如下。

在电路中，任何时刻，沿着任一个回路绕行一周，所有支路电压的代数和恒等于零。用数学表达式表示为

$$\sum U = 0 \qquad (1\text{-}43)$$

在写出式（1-43）时，先要任意规定回路绕行的方向，凡支路电压的参考方向与回路绕行方向一致者，此电压前面取“+”号，支路电压的参考方向与回路绕行方向相反者，则电压前面取“-”号。

在图 1-27（b）中，对回路 ABDCA，应用 KVL，有

$$I_3R_3 + I_1R_1 - E_1 = 0 \tag{1-44}$$

对回路 ABFEA，应用 KVL，有

$$E_2 + I_2R_2 - I_3R_3 = 0 \tag{1-45}$$

KVL 通常用于闭合回路，但也可推广应用到任一不闭合的电路上。如果一个闭合节点序列不构成回路，例如，图 1-27（b）中的节点序列 ABDCA，若在节点 AB 之间没有支路，但节点 AB 之间有开路电压 U_{AB}，KVL 同样适用于这样的闭合节点序列，即有

$$U_{AB} + I_1R_1 - E_1 = 0 \tag{1-46}$$

电路中任意两点间的电压是与计算路径无关的，所以，基尔霍夫电压定律实质是两点间电压与计算路径无关这一性质的具体表现。

1.5.3 支路电流法

分析复杂电路主要依据欧姆定律及基尔霍夫定律。

支路电流法是电路分析的最基本的方法之一。它以支路电流为未知量，直接应用 KCL 和 KVL，分别对节点和回路列出所需的方程式，然后联立求解出各未知电流。

支路电流法分析计算电路的一般步骤如下（设电路有 *b* 条支路，*n* 个节点）：

（1） 在电路图中选定各支路（*b* 条）电流的参考方向，设出各支路电流。

（2） 对独立节点列出（*n*−1）个 KCL 方程。

（3） 通常取网孔列写 KVL 方程，设定各网孔绕行方向，列出 *b*−（*n*−1）个独立 KVL 方程。

（4） 联立求解上述 *b* 个独立方程，便得出待求的各支路电流。

【例 1.10】图 1-28 所示电路中，U_{s1}=130 V、R_1=1 Ω 为直流发电机的模型，电阻性负载 R_3=24 Ω，U_{s2}=117 V、R_2=0.6 Ω 为蓄电池组的模型。试求各支路电流和各元件的功率。

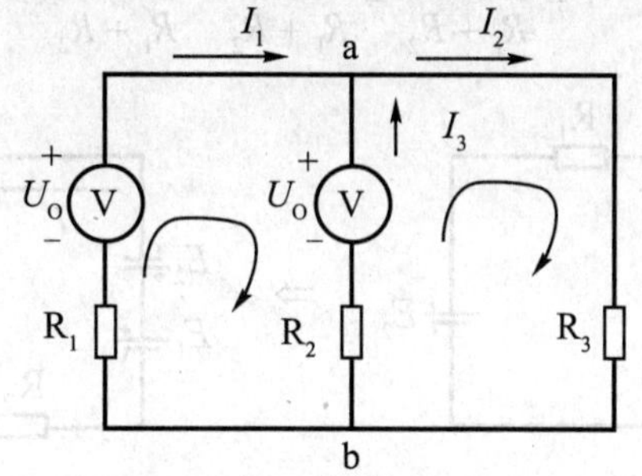

图 1-28 支路电流法举例，例 1-10

解：以支路电流为变量，应用 KCL、KVL 列出方程（网孔取顺时针绕行方向）

$$\begin{cases} -I_1 - I_2 + I_3 = 0 \\ R_1 I_1 - R_2 I_2 = U_{S1} - U_{S2} \\ R_2 I_2 + R_3 I_3 = U_{S2} \end{cases}$$

解得 I_1=10 A，I_2= −5 A，I_3=5 A。

I_2 为负值，表明它的实际方向与所选参考方向相反，

这个电池组在充电时是负载。

U_{S1} 发出的功率为

$$U_{S1} I_1 = 1300(\text{W})$$

U_{S2} 发出的功率为

$$U_{S2} I_2 = -585(\text{W})$$

即 U_{S2} 吸收功率 585 W。各电阻器吸收的功率为

$$I_1^2 R_1 = 100(\text{W}),\quad I_2^2 R_2 = 15(\text{W}),\quad I_3^2 R_3 = 600(\text{W})$$

$$1300(\text{W}) = 585(\text{W}) + 100(\text{W}) + 15(\text{W}) + 600(\text{W})$$

功率平衡，表明计算正确。

1.6　叠加定理与戴维南定理

除了基尔霍夫定律，叠加定理与戴维南定理也是分析电路时常常用到的。

1.6.1　叠加定理

电路的等效变换如图 1-29 所示，经图 1-29（a）可以等效变换得到图 1-29（b），电路中的电流 I 最后可求得

$$I = \frac{E_1 - E_2}{R_1 + R_2} = \frac{E_1}{R_1 + R_2} - \frac{E_2}{R_1 + R_2} \tag{1-47}$$

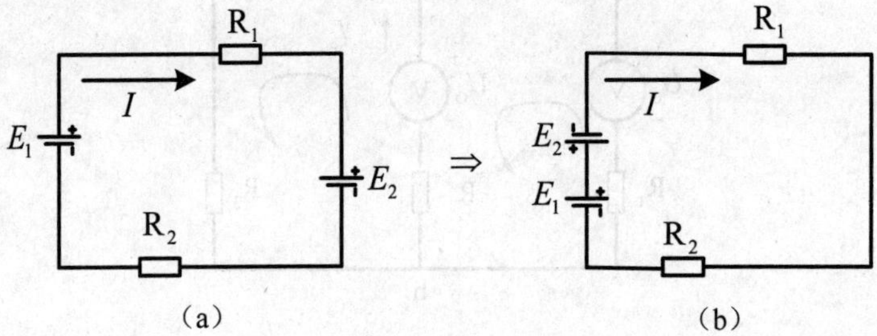

图 1-29　电路的等效变换

用叠加定理求解电路，就是把一个多电源的复杂电路化为几个简易的单电源电路来计算，然后将各单电源电路的计算结果进行叠加，如图 1-30 所示。

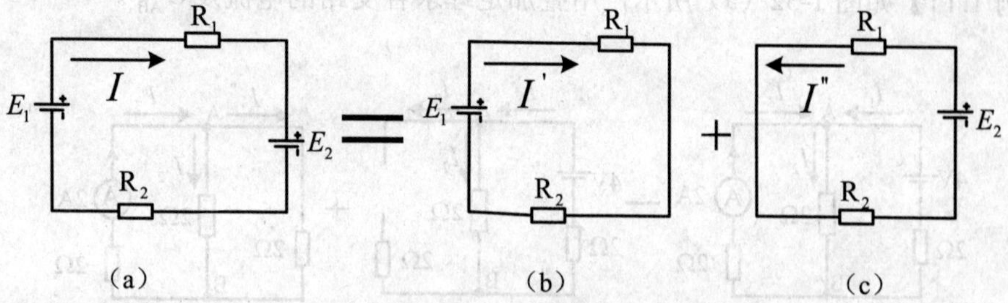

图 1-30　叠加定理

图 1-30（a）的电流为

$$I=\frac{E_1-E_2}{R_1+R_2}=\frac{E_1}{R_1+R_2}-\frac{E_2}{R_1+R_2}$$

图 1-30（b）为 E_1 单独作用，电流

$$I'=\frac{E_1}{R_1+R_2} \tag{1-48}$$

图 1-30（c）为 E_2 单独作用，电流

$$I''=\frac{E_2}{R_1+R_2} \tag{1-49}$$

可以看出

$$I=I'-I''=\frac{E_1}{R_1+R_2}-\frac{E_2}{R_1+R_2}=\frac{E_1-E_2}{R_1+R_2} \tag{1-50}$$

叠加定理可表述如下：

在线性电路中，当有多个独立电源同时作用时，任意支路的电流或电压等于电路中各个电源单独作用时对该支路所产生的电流或电压的代数和。

当某独立电源单独作用于电路时，其他独立电源应该除去，称为“除源”。即对电压源来说，令其电源电压为零，相当于“短路”；对电流源来说，令其电源电流为零，相当于“开路”，如图 1-31 所示。

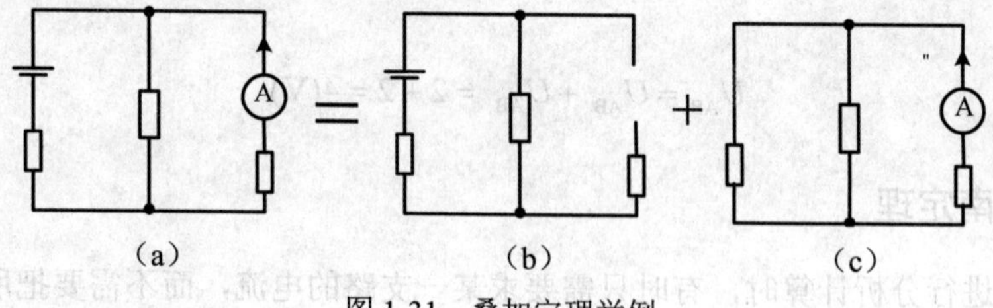

图 1-31　叠加定理举例

提示：在应用叠加定理时，让不作用的电压源短接，电阻器仍保留在电路中。功率不能叠加。

【例 1.11】如图 1-32（a）所示，用叠加定理求各支路的电流及 U_{AB}。

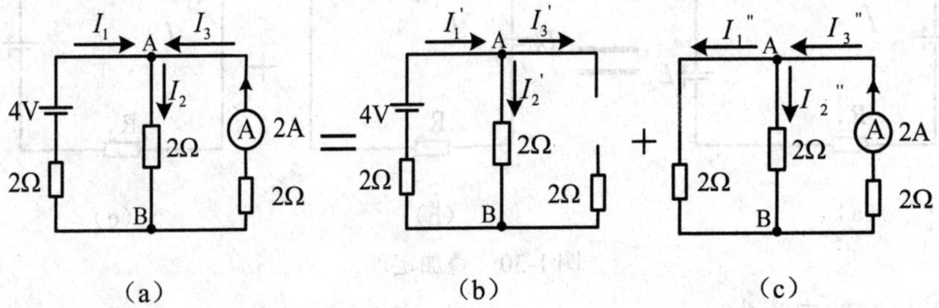

图 1-32　例 1.11

解：将电路图 1-32（a）分解为两个分电路见图图 1-32（b）和（c），每一个分电路只含一独立电源，标出电路各支路电流的参考方向，见图 1-32 所示。

根据图 1-32（b）得

$$I_1^{'}=I_2^{'}=\frac{4}{2+2}=1(\text{A})\qquad I_3^{'}=0\qquad U_{AB}^{'}=1\times 2=2\text{V}$$

根据图 1-32（c）得

$$I_1^{"}=I_2^{"}=2\times\frac{2}{2+2}=1(\text{A})\qquad I_3^{"}=2(\text{A})$$

$$U_{AB}^{"}=1\times 2=2(\text{V})$$

两电源共同作用时各支路的电流及电压如下

$$I_1=I_1^{'}-I_1^{"}=1-1=0$$

$$I_2=I_2^{'}+I_2^{"}=1+1=2(\text{A})$$

$$I_3=-I_3^{'}+I_3^{"}=2(\text{A})$$

$$U_{AB}=U_{AB}^{'}+U_{AB}^{"}=2+2=4(\text{V})$$

1.6.2　戴维南定理

在对电路进行分析计算时，有时只需要求某一支路的电流，而不需要把所有支路的电流都算出来，这时用戴维南定理解决问题非常方便。

戴维南定理指出：

对外电路来说，任何一个线性有源二端网络，如图 1-33（a）所示，都可以用实际电压源来等效，如图 1-33（b）所示。即可用电压源 U_S 和电阻器 R_i 串联来代替，其电压源电压 U_S 等于该有源二端网络的开路电压 U_{OC}，如图 1-33（c）所示；电阻器 R_i 等于线性有源二端网络除源（网络内所有电源不作用）后两端间的等效电阻值 R_{AB}，如图 1-33（d）所示，这就是戴维南定理。

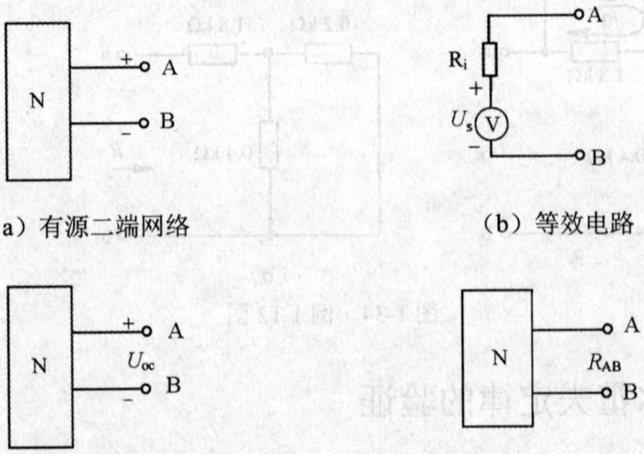

（a）有源二端网络　　（b）等效电路

（c）$U_S=U_{OC}$　　（d）$R_i=R_{AB}$

图 1-33　戴维南定理

将图 1-33（b）中的电压源与电阻的串联组合又可等效变换为电流源与电阻器的并联组合，这就是诺顿定理。诺顿定理在本书中不讨论。

戴维南定理解题步骤如下：

（1）　断开所求支路，画出开路图，得一有源二端网络，求开路电压 U_{OC}。

（2）　画出无源二端网络等效电路图，将电压源短路，电流源开路，求出等效电阻值 R_i。

（3）　画出含源二端网络的戴维南等效电路，U_S 应与 U_{OC} 一致。接上被断开支路，利用欧姆定律即得所求支路电流 I。

【例 1.12】求图 1-34（a）所示电路的戴维南等效电路。

解：先求开路电压 U_{OC}，如图 1-34（a）所示。

$$I_1 = \frac{2.5}{0.2+0.4} = 4.2(\text{mA})$$

$$I_2 = 5(\text{mA})$$

$$U_{OC} = -1.8I_2 + 0.4I_1 = -7.32(\text{V})$$

然后求等效电阻值 R_i，如图 1-34（b）所示。

$$R_i = 1.8 + \frac{0.4\times0.2}{0.4+0.2} = 1.93(\text{k}\Omega)$$

画出戴维南等效电路，如图 1-34（c）所示，其中

$$U_{OC} = -7.32(\text{V})$$

$$R_i = 1.93(\text{k}\Omega)$$

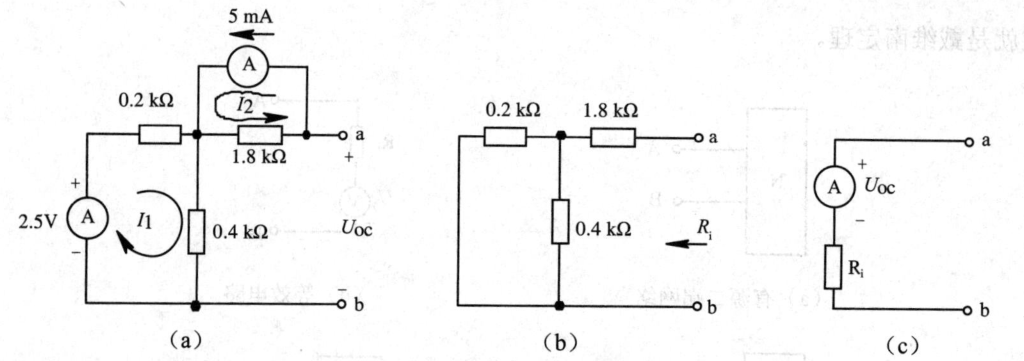

图 1-34　例 1-12 图

实践任务　基尔霍夫定律的验证

一、任务目的

（1） 学习直流电流表、电压表、万用表、直流稳压电源的使用方法。

（2） 学习电路中电压、电流的测量方法及误差分析。

（3） 验证基尔霍夫定律。

二、工具、仪表及器材

（1） 仪表：万用表 1 只；

（2） 器材：如表 1-1 所示。

表 1-1　任务训练所需器材与元件

序　号	名　称	型 号 规 格	数　量
1	直流电流表	0～200 mA	3 只
2	直流电压表	0～15 V	1 只
3	直流稳压电源	0～30V	1 个
4	电阻器	100 Ω、200 Ω、300 Ω	各 1 只
5	导线		若干

三、任务基本原理

（1） 基尔霍夫电流定律（KCL）：电路中任意时刻，流进和流出节点电流的代数和为零，即$\sum I=0$。

（2） 基尔霍夫电压定律（KVL）：电路中任意时刻，沿闭合回路的电压降的代数和为零，即$\sum U=0$。

在分析和计算电路时，应首先假定一个电流（或电压）的参考方向，只有这样电流（或电压）的正负才有意义。

对 KCL 定律，$\sum I=0$ 方程中的符号，其正负取决于电流参考方向与节点的相对关系，一般规定流入节点的电流为正，流出为负。

对 KVL 定律，$\sum U=0$ 方程中的符号，其正负取决于各元件电压降的参考方向与所选回路的绕行方向是否一致。凡电压参考方向与所选回路的绕行方向一致时，该电压取正号，反之取负号。

四、任务内容及步骤

（1） 按图 1-35 所示接线，调节直流稳压电源，使得 U_{S1}=6 V，U_{S2}=6 V。

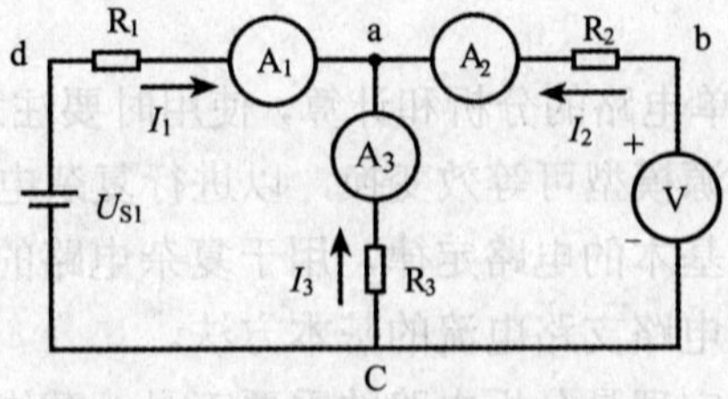

图 1-35 基尔霍夫定律

（2） 按图示参考方向接电流表，应当注意，电流从电流表“+”端流入，从“-”端流出。插入电流表时，若发现指针反偏，应立即拔出，将电流表正负极调换后再测，并记为负值。

（3） 任取一节点 a，验证基尔霍夫电流定律ΣI=0。测量各支路电流，将数值记入表 1-2 中。

（4） 任取一回路 abca，验证基尔霍夫电压定律ΣU=0。用直流电压表测量各电阻或电源两端的电压降，将数值记入表 1-2 中。

表 1-2 基尔霍夫定律

测 量 值		电压源 U_{S2}				验 证	相对误差
		6 V		10 V			
		测量值	计算值	测量值	计算值		
节点 a	I_1					ΣI=	
	I_2						
	I_3						
回路 abca	U_{ab}					ΣU=	
	U_{bc}						
	U_{ca}						

（5） 将直流稳压电源 U_{S2} 调整为 10 V，再按以上步骤测量，将数值记入表 1-2 中。

五、任务报告

（1） 完成测量，将数据填入相应的表格内。

（2） 应用基尔霍夫定律及电路参数计算出各支路的电流和电压。

（3） 计算误差，并分析产生误差的大致原因。

本章小结

本章介绍了直流电路的基本概念、组成、基本定律和直流电路的分析和计算。

（1） 电路由电源、用电设备、控制元件及导线构成。

（2） 电路的基本物理量有电流、电压、电动势、电位、电功、电能等。

（3） 电流和电压的参考方向是任意假设的方向，当其与实际方向一致时为正，与实际方向相反时为负。

（4） 电位与参考点选择是有关系的，参考点不同，同一点电位的值不同，是相对的，而电压是绝对的。

（5） 欧姆定律可用于简单电路的分析和计算，使用时要注意电压和电流的参考方向。

（6） 电压源模型与电流源模型可等效变换，以进行复杂电路的分析。

（7） 基尔霍夫定律是最基本的电路定律，用于复杂电路的分析和计算。支路电流法是直接应用 KCL 和 KVL 求解电路支路电流的基本方法。

（8） 叠加定理和戴维南定理是分析电路的重要工具。戴维南定理对分析计算电路中某一支路的电流或电压是最有效的方法。

习题

1-1 求图 1-36 中 A、B、C 各点的电位。

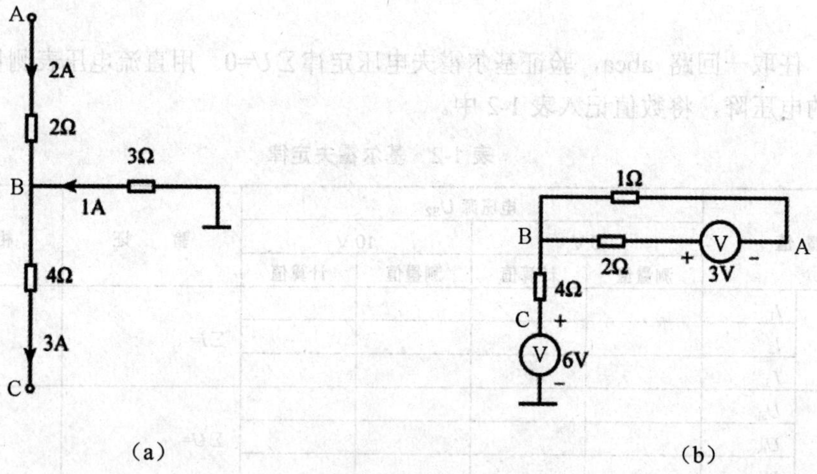

图 1-36 题 1-1 图

1-2 试计算图 1-37 中各元件的功率，并说明元件是吸收还是发出功率。

图 1-37 题 1-2 图

1-3　电路如图 1-38 所示，求 U_{ad}、U_{bc}、U_{ac}。

1-4　求图 1-39 所示电路中每个元件的功率。

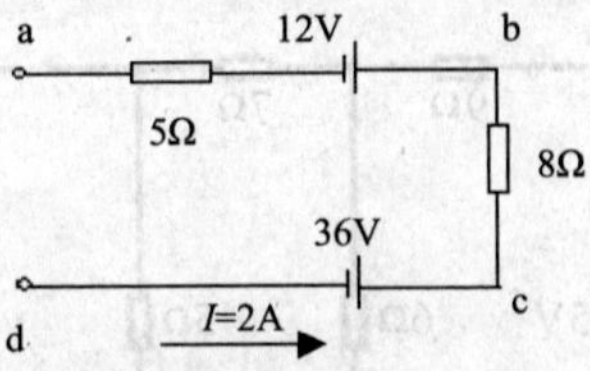

图 1-38　题 1-3 图

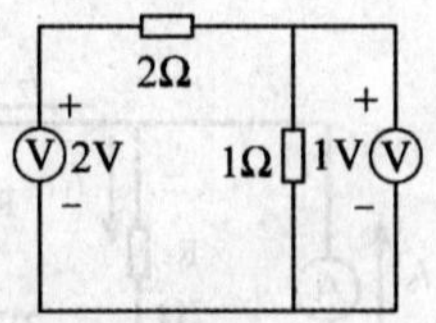

图 1-39　题 1-4 图

1-5　如图 1-40 所示电路，求电路的等效电阻值。

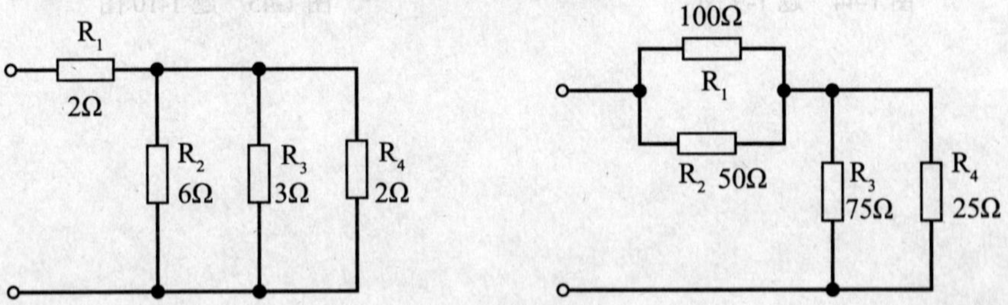

（a）　（b）

图 1-40　题 1-5 图

1-6　如图 1-41 所示电路，用电压源与电流源等效变换的方法求 2Ω 电阻器中的电流 I。

1-7　将图 1-42 所示电路化简为一个电流源模型。

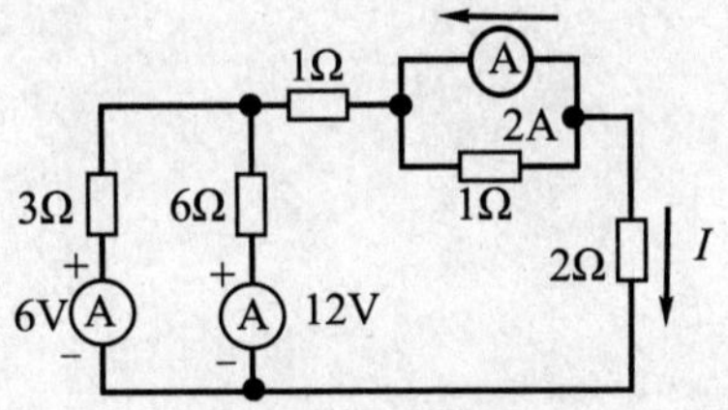

图 1-41　题 1-6 图

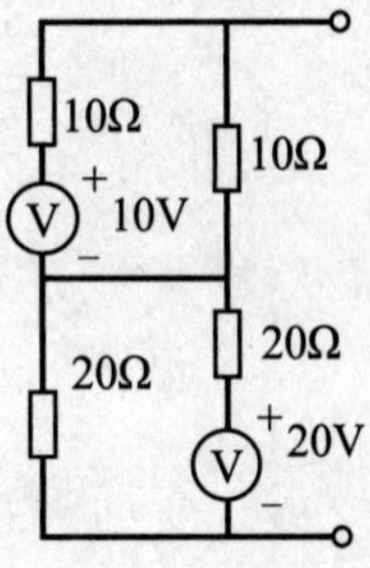

图 1-42　题 1-7 图

1-8　求图 1-43 所示各电路的电压 U。

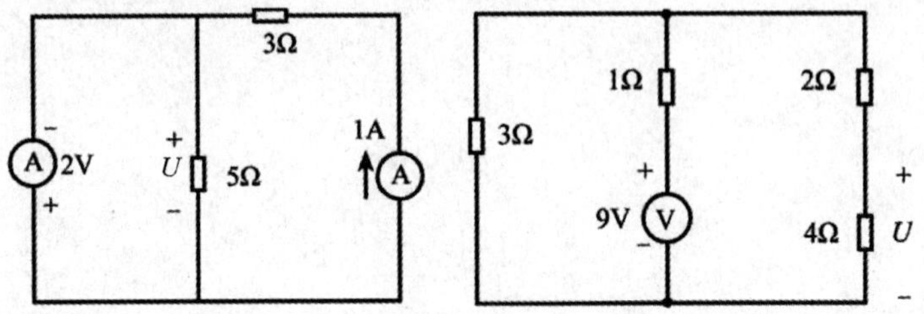

（a）　（b）

图 1-43　题 1-8 图

1-9　如图 1-44 所示电路，用支路电流和叠加定理求各支路电流。

1-10　如图 1-45 所示电路，试求戴维南等效电路。

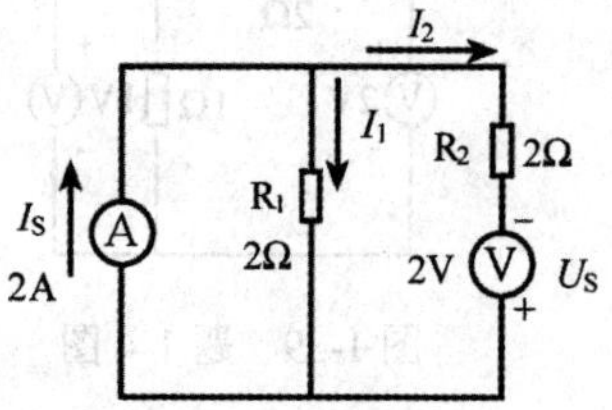

图 1-44　题 1-9 图

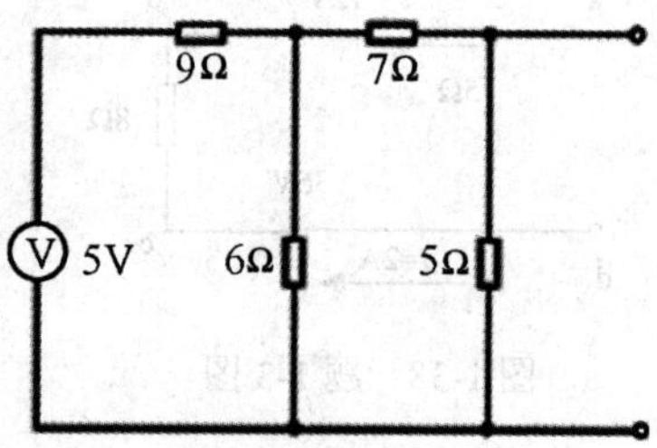

图 1-45　题 1-10 图

第 2 章 正弦交流电路

本章要点

<table>
<tr><td rowspan="3">学</td><td>知识重点</td><td>1. 正弦交流电的三要素及 3 种表示方法
2. 正弦交流电的相量表示及基本运算
3. 单一参数正弦交流电路中电压和电流的关系；功率的计算
4. 提高功率因数的意义，并联电容器提高功率因数的原理
5. 三相交流电的产生；三相交流电源的连接
6. 三相负载星形、三角形连接时电流、电压及功率的计算</td></tr>
<tr><td>知识难点</td><td>1. 正弦交流电路相量法及相量图
2. 单一参数正弦交流电路中电压、电流及功率的计算
3. 相量形式的欧姆定律和基尔霍夫定律；电阻器、电感器和电容器串并联交流电路中复阻抗的计算；电压、电流及功率的计算
4. 对称三相负载星形连接和三角形连接电路相电压与线电压、相电流和线电流的关系
5. 电力系统的组成；触电的种类和方式；预防触电的措施</td></tr>
<tr><td>建议学时</td><td>26 学时</td></tr>
<tr><td rowspan="2">练</td><td>理论知识</td><td>1. 正弦交流电路相量表示
2. 单一参数正弦交流电路中电压、电流及功率的计算
3. 电阻器、电感器和电容器串并联交流电路中复阻抗的计算；电压、电流及功率的计算；提高功率因数的意义
4. 三相交流电的产生；三相电源的星形和三角形连接
5. 对称三相负载两种连接方式电压、电流及功率的计算</td></tr>
<tr><td>练习方法</td><td>联系第 1 章的基本理论和定律，理论联系实际操作</td></tr>
<tr><td rowspan="2">做</td><td>实际操作</td><td>1. 日光灯电路的安装与功率因数的提高
2. 三相交流电路电压、电流的测量</td></tr>
<tr><td>实际技能</td><td>安装日光灯电路；三相负载连接；交流电表的使用</td></tr>
</table>

主要内容

在直流电路中电压或电流的大小和方向都不随时间变化，直流电源便于携带，但直流电的电压低，不便于远距离输送。在工农业生产及日常生活中更广泛地使用着正弦交流电。交流电具有许多技术上、经济上的优越性。利用变压器变换交流电压，可以大量地远距离传输电能，而且也便于使用；利用整流设备可以方便地从交流电获得直流电；在通信技术中可利用交流电实现信息的传输，等等。所以，对交流电的研究有着重要意义。通常，把电压、电流均随时间按正弦规律变化的电路称为正弦交流电路。

本章着重介绍正弦交流电路的基本概念、基本理论和分析计算方法，为后面的学习打下理论基础。

2.1 正弦交流电的基本特征

2.1.1 正弦交流电的三要素

大小、方向都随时间按正弦规律做周期性变化的电流和电压统称为正弦交流电或正弦量，其波形图如图 2-1 所示。

正弦量的数学表达式为

$$u = U_{\mathrm{m}} \sin\left(\omega t + \theta_u\right) \tag{2-1}$$

$$i = I_{\mathrm{m}} \sin\left(\omega t + \theta_i\right) \tag{2-2}$$

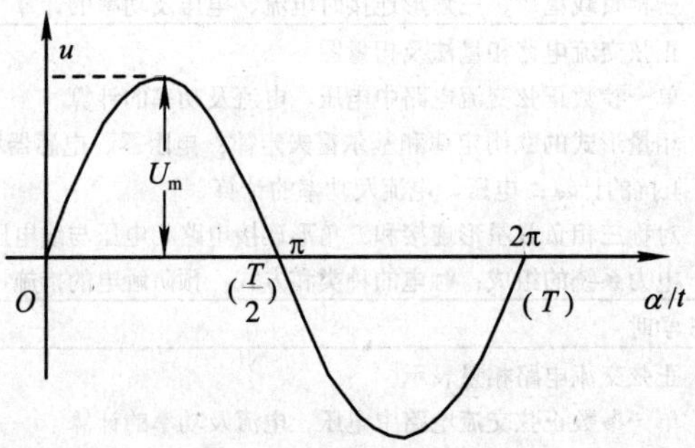

图 2-1 交流电的波形

提示： 确定一个正弦量必须具备三个要素，即幅值、角频率和初相角。已知这三个要素，这个正弦量就可以完全描述出来。

一、幅值（最大值）

正弦量瞬时值中的最大值，叫幅值，也叫峰值。用大写字母带下标“m”表示，如 U_{m}、I_{m} 等。幅值反映正弦量变化的幅度。图 2-1 所示正弦交流电的波形中的 U_{m} 便是电压的幅值。幅值为正值。

交流电的有效值是根据它的热效应确定的。交流电流 i 通过电阻器 R 在一个周期内所产生的热量和直流电流 I 通过同一电阻器 R 在相同时间内所产生的热量相等，即

$$\int_0^T Ri^2 \mathrm{d}t = RI^2T$$

则这个直流电流 I 的数值叫做交流电流 i 的有效值，用大写字母表示，如 I、U 等。

令 $i = I_{\mathrm{m}} \sin \omega t$，则

$$I = \frac{I_m}{\sqrt{2}}$$

同理

$$U = \frac{U_m}{\sqrt{2}} \tag{2-3}$$

得到正弦量有效值是幅值的$1/\sqrt{2}$。

日常照明用电压 220 V，其最大值为

$$U_m = 220\sqrt{2}\text{V} = 311\text{V}$$

提示：一般我们所讲的正弦电压、电流的量值，无特殊说明，都是指有效值。测量交流电压电流的仪表所指示的数字和电气设备铭牌上的额定值都是指的有效值。

【例 2.1】电容器的耐压值为 250 V，问能否用在 220 V 的单相交流电源上？

解：因为 220 V 的单相交流电源为正弦电压，其振幅值为 311 V，大于其耐压值 250 V，电容可能被击穿，所以不能接在 220 V 的单相电源上。各种电器件和电气设备的绝缘水平（耐压值），要按最大值考虑。

二、角频率 ω

角频率 ω 表示正弦量在单位时间内变化的弧度数，即

$$\omega = \frac{\alpha}{t} \tag{2-4}$$

它反映正弦量变化的快慢。

在一个周期 T 内，正弦量所经历的电角度为 2π 弧度。由角频率的定义可知，角频率和频率及周期的关系为

$$\omega = \frac{2\pi}{T} = 2\pi f \tag{2-5}$$

由角频率的定义可知 $\alpha = \omega t$，则图 2-1 中正弦电压的解析式便可写为

$$u = U_m \sin \omega t \tag{2-6}$$

三、初相

在式（2-1）和式（2-2）中，$\omega t + \theta_u$ 和 $\omega t + \theta_i$ 称为相位，反映了正弦量随时间变化的进程。把 t=0 时刻正弦量的相位叫做“初相”，用字母“θ”表示。规定$|\theta|$不超过 π 弧度。

正弦量的相位和初相都与计时起点有关。

【例 2.2】在选定的参考方向下，已知两正弦量的解析式为 $i = -5\sin\left(314i + 30^\circ\right)\text{A}$，

$u=200\sin\left(1000t+200^{\circ}\right)\mathrm{V}$，试求两个正弦量的三要素。

解：（1）$u=200\sin\left(1000t+200^{\circ}\right)\mathrm{V}=200\sin\left(1000t-160^{\circ}\right)\mathrm{V}$

所以电压的振幅值 U_m=200 V，角频率 ω=1000 rad/s，初相 $\theta_u=-160^{\circ}$。

（2）电流的振幅值 I_m=5 A，角频率 ω=314 rad/s，初相 $\theta_i=30^{o}$。

2.1.2 相位差

两个同频率正弦量的相位之差，称为相位差，用字母“φ”表示。

有两个正弦量

$$u_1=U_{m1}\sin\left(\omega t+\theta_1\right)$$

$$u_2=U_{m2}\sin\left(\omega t+\theta_2\right)$$

它们的相位差为

$$\varphi_{12}=\left(\omega t+\theta_1\right)-\left(\omega t+\theta_2\right)=\theta_1-\theta_2 \tag{2-7}$$

下面分别加以讨论：

（1）$\varphi_{12}=\theta_1-\theta_2>0$，且$|\varphi_{12}|\leqslant\pi$ 弧度，如图 2-2（a）所示，u_1 达到零值或幅值后，u_2 需经过一段时间才能达到零值或幅值。因此，u_1 超前于 u_2，或 u_2 滞后于 u_1。

（2）$\varphi_{12}=\theta_1-\theta_2<0$，且$|\varphi_{12}|\leqslant\pi$ 弧度，u_1 滞后于 u_2，或 u_2 超前于 u_1。

（3）$\varphi_{12}=\theta_1-\theta_2=0$，称这两个正弦量同相，如图 2-2（b）所示。

（4）$\varphi_{12}=\theta_1-\theta_2=\pi$，称这两个正弦量反相，如图 2-2（c）所示。

（5）$\varphi_{12}=\theta_1-\theta_2=\dfrac{\pi}{2}$，称这两个正弦量正交，如图 2-2（d）所示。

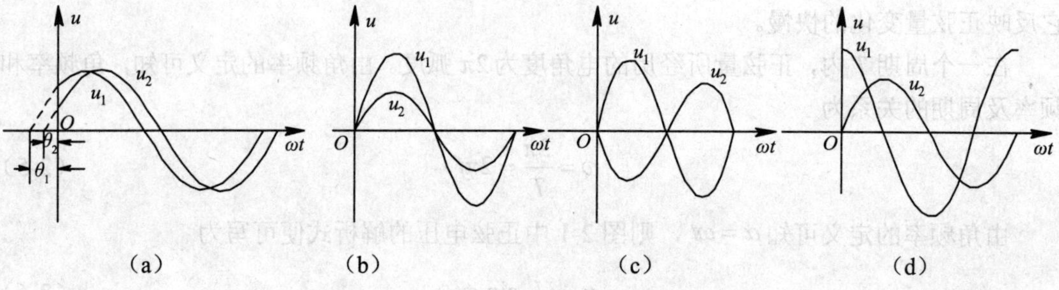

图 2-2 同频率正弦量的几种相位关系

【例 2.3】已知 $u=200\sqrt{2}\sin\left(\omega t+235^{\circ}\right)\mathrm{V}$，$i=10\sqrt{2}\sin\left(\omega t+45^{\circ}\right)\mathrm{A}$，求 u 和 i 的初相及两者间的相位关系。

解：$u=200\sqrt{2}\sin\left(\omega t+235^{\circ}\right)=200\sqrt{2}\sin\left(\omega t-125^{\circ}\right)\mathrm{V}$

所以电压 u 的初相角为-125°，电流 i 的初相角为45^{o}。

$$\varphi_{12} = \theta_u - \theta_i = -125^\circ - 45^\circ = -170^\circ < 0$$

表明电压 u 滞后于电流 i 170°。

【例 2.4】已知 $u_1 = 200\sqrt{2}\sin\left(\omega t + 120^\circ\right)\text{V}$，$u_2 = 200\sqrt{2}\sin\left(\omega t - 90^\circ\right)\text{V}$，试分析二者的相位关系。

解：u_1 和 u_2 的相位差为

$$\varphi_{12} = \theta_1 - \theta_2 = 120^\circ - \left(-90^\circ\right) = 210^\circ$$

考虑到正弦量的一个周期为 360°，故可以将 $\varphi_{12} = 210^\circ$，表示为 $\varphi_{12} = -150^\circ < 0$，表明 u_1 滞后于 u_2 150°。

2.1.3　正弦量的相量表示法

一、复数及四则运算

1. 复数

在数学中常用 $A=a+\text{j}b$ 表示复数。其中 a 为实部，b 为虚部，$\text{j} = \sqrt{-1}$ 称为虚单位。在电工技术中，为区别于电流的符号，虚单位常用 j 表示。

取一直角坐标系，其横轴称为实部，纵轴称为虚轴，这两个坐标轴所在的平面称为复平面。这样，每个复数对应于复平面上唯一的点。如复数 $A=4+3\text{j}$，所对应的一点为图 2-3 上的 A 点。

复数还可以用复平面上的一个矢量来表示。复数 $A=a+\text{j}b$ 可用一个从原点 O 到 P 点矢量来表示，如图 2-4 所示，这种矢量称为复矢量。矢量的长度 r 为复数的模；矢量与正实轴方向的夹角 θ 称为复数 A 的幅角，即

$$r = |A| = \sqrt{a^2 + b^2} \tag{2-8}$$

$$\theta = \arctan\frac{b}{a}(\theta \leqslant 2\pi) \tag{2-9}$$

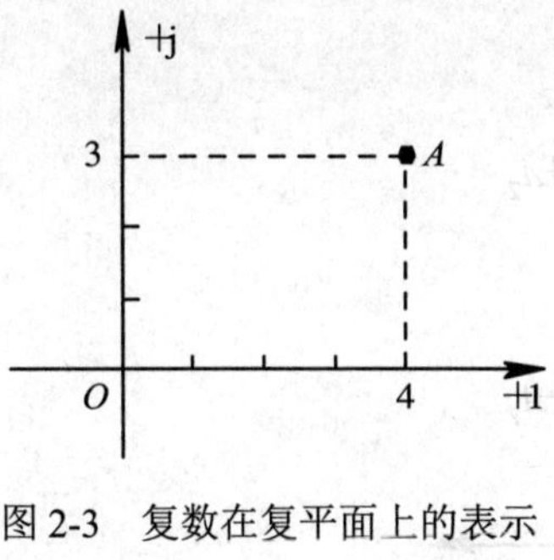

图 2-3　复数在复平面上的表示

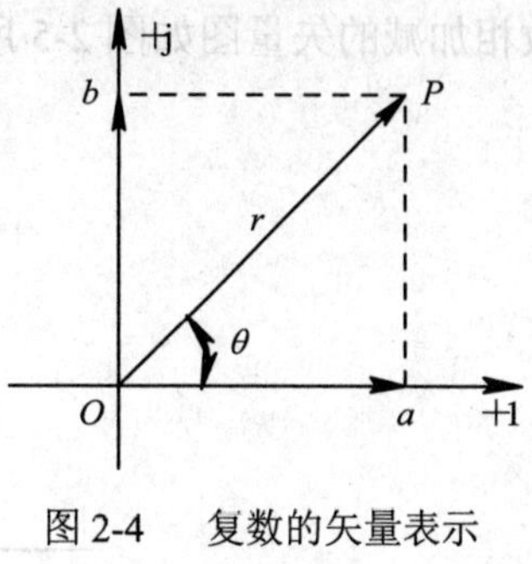

图 2-4　复数的矢量表示

不难看出

$$\begin{cases} a = r\cos\theta \\ b = r\sin\theta \end{cases} \tag{2-10}$$

2. 复数的四种形式

（1） 代数形式

$$A = a + \mathrm{j}b$$

（2） 三角形式

$$A = r\cos\theta + \mathrm{j}r\sin\theta$$

（3） 指数形式

$$A = r\mathrm{e}^{\mathrm{j}\theta}$$

（4） 极坐标形式

$$A = r\angle\theta$$

在以后的运算中，代数式与极坐标式是常用的，对它们的换算应十分熟练。

【例 2.5】写出复数 $A = 100\angle 30^{\circ}$ 的三角形式和代数形式。

解：三角形式

$$A = 100\left(\cos 30^{\circ} + \mathrm{j}r\sin 30^{\circ}\right)$$

代数形式

$$A = 100\left(\cos 30^{\circ} + \mathrm{j}r\sin 30^{\circ}\right) = 86.6 + \mathrm{j}50$$

3. 复数的四则运算

（1） 复数的加减法

设

$$A_1 = a_1 + \mathrm{j}b_1 = r_1\angle\theta_1$$

$$A_2 = a_2 + \mathrm{j}b_2 = r_2\angle\theta_2$$

则

$$A_1 \pm A_2 = \left(a_1 \pm a_2\right) + \mathrm{j}\left(b_1 \pm b_2\right)$$

复数相加减的矢量图如图 2-5 所示。

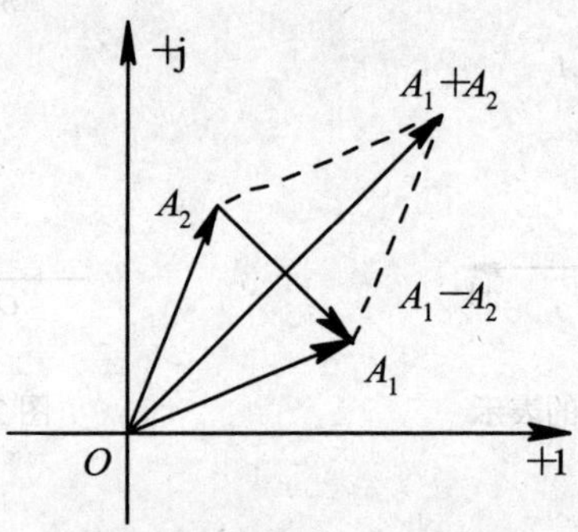

图 2-5　复数相加减矢量图

（2） 复数的乘除法

$$A \cdot B = r_1\angle\theta_1 \cdot r_2\angle\theta_2 = r_1 \cdot r_2\angle\theta_1 + \theta_2 \tag{2-11}$$

$$\frac{A}{B} = \frac{r_1\angle\theta_1}{r_2\angle\theta_2} = \frac{r_1}{r_2}\angle\theta_1 - \theta_2 \tag{2-12}$$

【例 2.6】求复数 $A = 8 + 6\text{j}$，$B = 6 - 8\text{j}$ 之和 $A + B$ 及积 $A \cdot B$。

解：$A + B = (8+6) + (6-8)\text{j} = 14 - 2\text{j}$

$A \cdot B = 10\angle 36.9^\circ \times 10\angle -53.1^\circ = 100\angle -16.2^\circ$

二、正弦量的相量表示法

在很多领域中，由两个因素决定的物理量往往可以用一个复数表示，如力、速度等。正弦交流电路中都是单一频率的物理量，只要表示出最大值（或有效值）和初相，该正弦量便可确定，可利用复数把这两个要素表示出来，复数的模等于正弦量的最大值（或有效值），幅角等于正弦量的初相。为与一般的复数相区别，我们把表示正弦量的复数称为相量。并用正弦量的大写字母顶上加以圆点“·”来表示。本书中说的相量的模常指有效值，以 $\dot{U}$、$\dot{I}$ 等表示，如设元件两端的电压和流过元件的电流均采用关联参考方向，并设电压、电流的瞬时表达式分别为

$$u = \sqrt{2}U\sin(\omega t + \theta_u)$$

$$i = \sqrt{2}I\sin(\omega t + \theta_i)$$

则代表它们的相量分别为

$$\dot{U} = U\angle\theta_u，\dot{I} = I\angle\theta_i \tag{2-13}$$

正弦量的相量和复数一样，可以在复平面上用矢量表示。画在复平面上用矢量表示相量的图形称为相量图。显然，只有同频率的多个正弦量对应的正弦量画在同一个复平面上才有意义。

只有同频率的正弦量才能相互运算，运算方法按复数的运算规则进行。把用相量表示正弦量进行正弦交流电路运算的方法称为相量法。

【例 2.7】已知同频率的正弦量的解析式为 $i = 10\sin(\omega t + 30^\circ)$，$u = 220\sqrt{2}\sin(\omega t - 45^\circ)$，写出电流和电压的相量 $\dot{I}$、$\dot{U}$，并绘出相量图。

解：由解析式可得

$$\dot{I} = 5\sqrt{2}\angle 30^\circ\,(\text{A})$$

$$\dot{U} = 220\angle -45^\circ\,(\text{V})$$

相量图如图 2-6 所示。

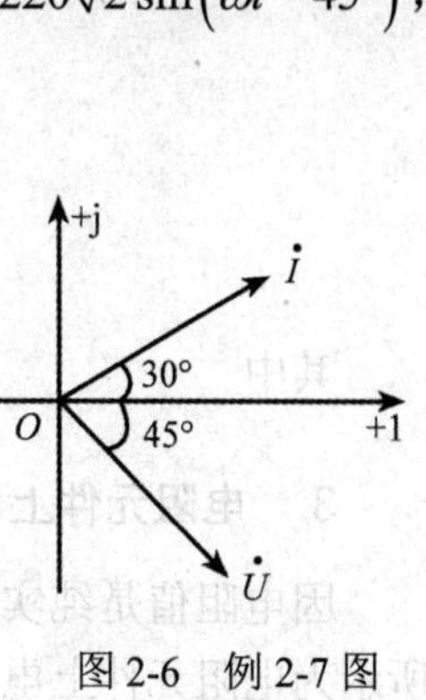

图 2-6　例 2-7 图

【例 2.8】已知同频的正弦量的相量各为 $\dot{U}_1 = 10\sqrt{2}\angle 60^\circ(\text{V})$，$\dot{U}_2 = 20\sqrt{2}\angle -30^\circ(\text{V})$，试求两正弦电压的解析式。

解：由于

$$\omega = 2\pi f = 100\pi \text{rad/s}$$

$$U_1 = 10\sqrt{2}\text{V}，\ \theta_1 = 60^\circ$$

$$U_2 = 20\sqrt{2}\text{V}，\ \theta_2 = -30^\circ$$

所以

$$u_1 = \sqrt{2}U_1 \sin(\omega t + \theta_1) = 20\sin(100\pi t + 60^\circ)\text{V}$$

$$u_2 = \sqrt{2}U_2 \sin(\omega t + \theta_2) = 40\sin(100\pi t - 30^\circ)\text{V}$$

2.2 纯电阻器、纯电感器、纯电容器正弦电路

电阻元件、电感元件及电容元件是交流电路的基本元件，日常生活中的交流电路都是由这三种元件组合起来的。为了分析这种电路，我们先分析单元件上电压与电流的关系，能量的转换和储存。

为便于分析各元件正弦交流电路特性，我们可取单元件上端电压 u 和电流 i 中的其中一个为参考正弦量。

2.2.1 纯电阻器正弦交流电路

如图 2-7 所示，当线性电阻器 R 两端加上正弦电压 u 时，电阻器中便有电流 i 通过。任一瞬间电压 u 和电流 i 的瞬时关系仍服从欧姆定律。在如图 2-7 所示电压与电流为关联参考方向时，便可得到交流电路中电阻元件上电压与电流的下列关系式。

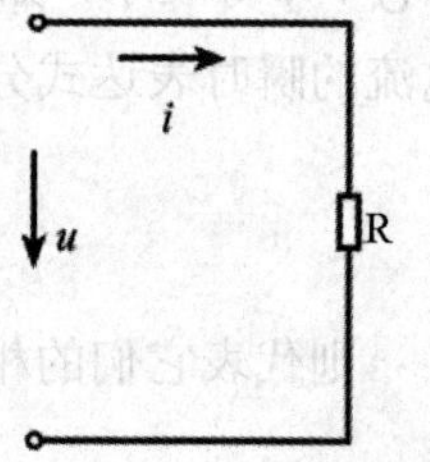

图 2-7 纯电阻器电路

1. 电阻元件上电流和电压之间的瞬时关系

$$i = \frac{u}{R} \tag{2-14}$$

2. 电阻元件上电流和电压之间的大小关系

设电流 i 为参考正弦量，即

$$i = I_\text{m} \sin \omega t$$

$$u = iR = I_\text{m} R \sin \omega t = U_\text{m} \sin \omega t \tag{2-15}$$

其中

$$U_\text{m} = I_\text{m} R \quad 或 \quad U = IR \tag{2-16}$$

3. 电阻元件上电流和电压之间的相位关系

因电阻值是纯实数，在电压和电流为关联参考方向时，电流和电压同相。图 2-8（a）所示为电阻元件上电流与电压的波形图。

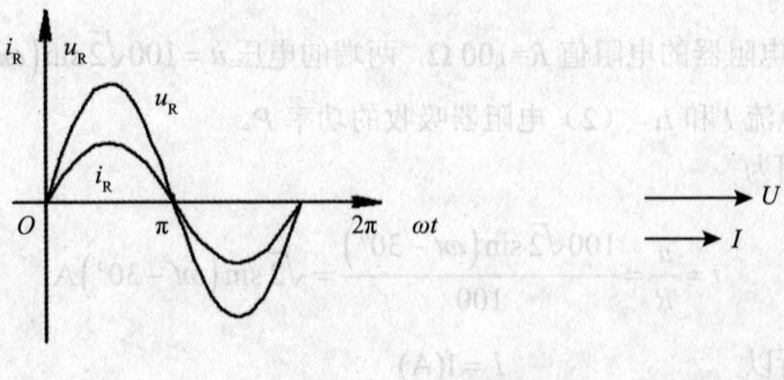

（a）　　　　　　　　　　　　　　　（b）

图 2-8　电阻元件上电流与电压之间的关系

4. 电阻元件上电压与电流的相量关系

由式（2-15）得　　$$\dot{I} = I\angle 0^{\circ}$$

所以　　$$\dot{U} = \dot{I}R \tag{2-17}$$

上式是电阻元件上电流与电压的相量关系，也是欧姆定律的相量形式。图 2-8（b）所示为电阻元件上电流与电压的相量，二者是同相关系。

5. 电阻元件的功率

交流电路中，任一瞬间，元件上电压的瞬时值与电流的瞬时值的乘积叫做该元件的瞬时功率，用小写字母 p 表示。

由式（2-15）和 $p = ui$ 得

$$p = ui = U_{\mathrm{m}} \sin \omega t \times I_{\mathrm{m}} \sin \omega t = UI\left(1 - \cos 2\omega t\right)$$

由上式可知，电阻元件的瞬时功率以电源频率 ω 的两倍作周期性变化。在 u、i 为关联参考方向时，任一瞬间，u、i 同号，所以 p 恒为正值。表明电阻元件是一个耗能元件，任一瞬间均从电源吸收功率。

工程上都是计算瞬时功率的平均值，即平均功率，用大写字母 P 表示。周期性交流电路中的平均功率就是其瞬时功率在一个周期内的平均值，即

$$P = \frac{1}{T}\int_0^T p\mathrm{d}t = \frac{1}{T}\int_0^T UI\left(1 - \cos 2\omega t\right)\mathrm{d}t = UI$$

由 $U = IR$

所以　　$$P = UI = I^2 R = U^2 / R \tag{2-18}$$

功率的单位为瓦（W），工程上也常用千瓦（kW），即 1 kW=1000 W。

由于平均功率反映了电阻元件实际消耗电能的情况，因此又称有功功率，习惯上常把“平均”或“有功”二字省略，简称功率。例如，60 W 的灯泡，1000 W 电炉等，瓦数都

是指有功功率。

【例 2.9】一电阻器的电阻值 R=100 Ω，两端的电压 $u=100\sqrt{2}\sin\left(\omega t-30^{\circ}\right)\text{V}$。求（1）通过电阻器上的电流 I 和 i；（2）电阻器吸收的功率 P。

解：（1） 因为

$$i=\frac{u}{R}=\frac{100\sqrt{2}\sin\left(\omega t-30^{\circ}\right)}{100}=\sqrt{2}\sin\left(\omega t-30^{\circ}\right)\text{A}$$

所以 $$I=1(\text{A})$$

（2） $$P=UI=100(\text{W})$$

2.2.2 纯电感器正弦交流电路

一、电感元件

1. 电感元件的基本概念

在很多电子设备中，常常看到用各种漆包线绕制的线圈，这就是电感器。如图 2-9（a）所示，若线圈有 N 匝，当线圈通以电流 i，在线圈内部将产生磁通 Φ_{L}，若磁通 Φ_{L} 与线圈 N 匝都交链，则磁链 $\psi_{\text{L}}=N\Phi_{\text{L}}$。

电感元件是实际线圈的理想模型，它反映了电流产生磁场和储存磁场能量这一物理现象。

定义：流进一个二端元件的电流 i 和它的磁链 Ψ 两者之间的关系是 i-Ψ 平面的一条曲线，则此二端元件为电感器，用 L 表示。其图形符号如图 2-9 所示。

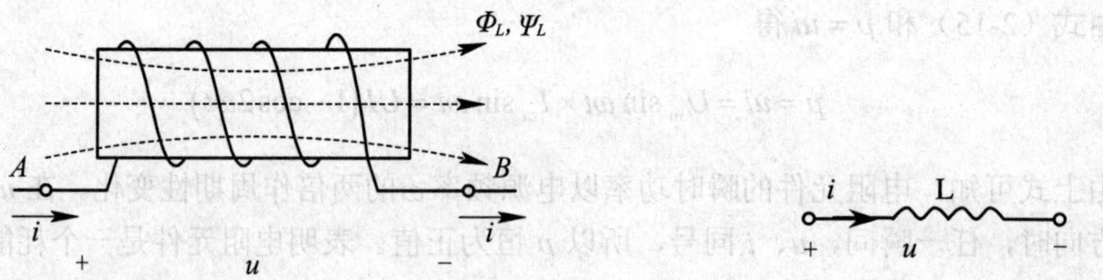

（a）线圈的磁通和磁链图　　（b）电感元件的图形符号

图 2-9 电感元件

若 i-Ψ 特性为过原点的直线，即 $\frac{\Psi}{i}=L=$ 常数，则该电感器为线性电感器；若 i-Ψ 特性为非过原点的曲线，则该电感器为非线性电感器。本书除特殊说明，电感器均指线性电感器。其主要特点是储存磁场能量。

2. 电感元件的伏安关系

对于线性电感器有

$$\Psi=N\Phi=Li \tag{2-19}$$

当电感元件两端电压与通过它的电流在关联参考方向下时，根据电磁感应定律，有

$$u=\frac{\mathrm{d}\psi_{\mathrm{L}}}{\mathrm{d}t}=L\frac{\mathrm{d}i}{\mathrm{d}t} \tag{2-20}$$

上式表明，电感器的端电压与电流的变化率成正比。即电感器的端电压与电流的关系为微分关系，而非正比关系。其中 L 称为电感元件的自感系数，或电感系数，简称电感。

电感器国际单位为亨［利］，符号为 H，1 H=1Wb/A。通常还用毫亨（mH）和微亨（μH）作为其单位，它们与亨的换算关系为

$$1\mathrm{mH}=10^{-3}\mathrm{H}，\ 1\mu\mathrm{H}=10^{-6}\mathrm{H}$$

当电感器中的电流为恒定的电流时，其端电压 U=0，故在直流电路中电感器可视为短路。

3. 电感元件的储能

电压和电流关联参考方向下，电感元件吸收的功率为

$$p=ui=iL\frac{\mathrm{d}i}{\mathrm{d}t} \tag{2-21}$$

从 t_0 到 t 时间内，电感元件吸收的电能为

$$w_{\mathrm{L}}=\int_{t_0}^{t}p\mathrm{d}t=\frac{1}{2}Li^2(t)-\frac{1}{2}Li^2(t_0) \tag{2-22}$$

若选取 t_0 为电流等于零的时刻，即 $i(t_0)=0$，

$$w_{\mathrm{L}}=\frac{1}{2}Li^2(t)$$

二、电压与电流的关系

1. 电感元件上电压和电流的瞬时关系

电感元件上的伏安特性关系已讲过，在图 2-10 所示的参考方向下，有

$$u=L\frac{\mathrm{d}i}{\mathrm{d}t} \tag{2-23}$$

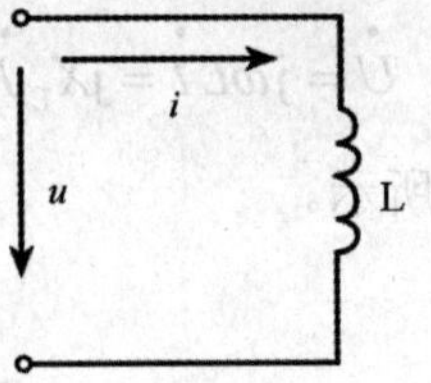

图 2-10　纯电感器电路

2. 电感元件上电压和电流的大小关系

设　$i=I_{\mathrm{m}}\sin\omega t$

则 $$u = I_m \omega L \cos \omega t = I_m \omega L \sin\left(\omega t + 90^\circ\right) = U_m \sin\left(\omega t + 90^\circ\right) \tag{2-24}$$

$$U_m = I_m \omega L = I_m X_L \text{ 或 } U = IX_L$$

其中，X_L 称为感抗，感抗 X_L 与电源频率成正比。在直流电路中电感元件相当于短路。ω 的单位为 1/s，L 的单位为 H，X_L 的单位为 Ω。

3. 电感元件上电压和电流的相位关系

由式（2-24）可知

$$\theta_u = \theta_i + \frac{\pi}{2}$$

即电感元件上电压超前电流 90°。图 2-11 所示给出了电流和电压的波形图。

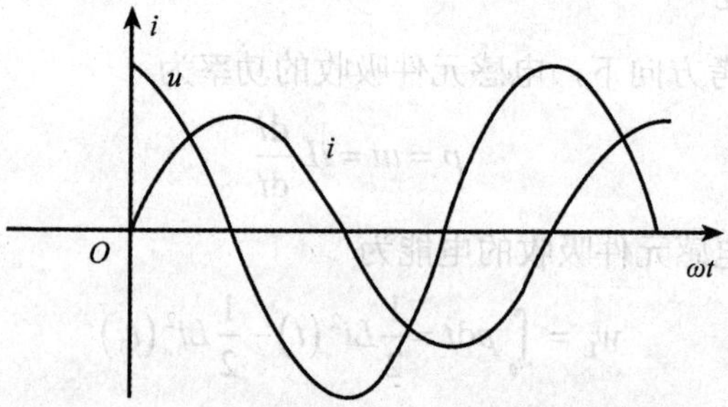

图 2-11　电感元件上电流和电压的波形图

4. 电感元件上电压和电流的相量关系

由式（2-24）可得

$$\dot{I} = I\angle 0^\circ$$

$$\dot{U} = I\omega L\angle 90^\circ = \mathrm{j}\omega LI\angle 0^\circ$$

所以

$$\dot{U} = \mathrm{j}\omega L\dot{I} = \mathrm{j}X_L\dot{I}$$

电流和电压的相量图如图 2-12 所示。

5. 电感元件的功率

（1） 瞬时功率

由式（2-24）和 $p = ui$ 得

$$p = ui = U_m \sin\left(\omega t + 90^\circ\right) \times I_m \sin \omega t = UI \sin 2\omega t$$

上式表明，电感元件的瞬时功率 p 也随时间按正弦规律变化，其频率为电流频率 ω 的两倍。图 2-13 所示给出了功率曲线图。

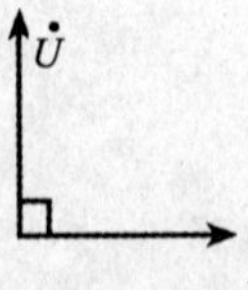

图 2-12　电感元件电流和电压的相量图

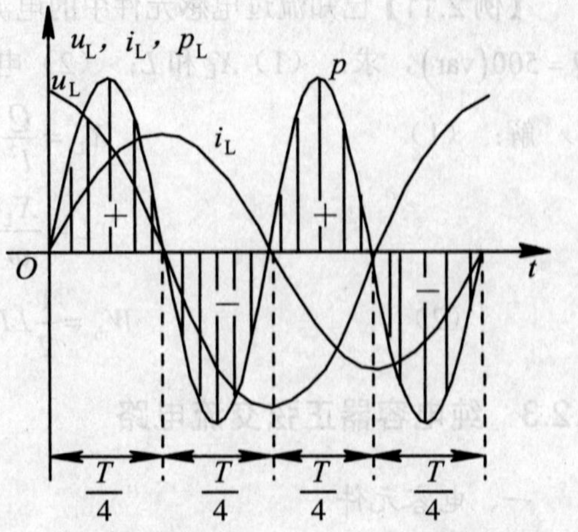

图 2-13　电感元件的功率曲线图

（2）　平均功率

$$P = \frac{1}{T}\int_0^T p\mathrm{d}t = 0 \tag{2-25}$$

由图 2-13 中可看到，在一个周期内吸收功率与释放功率是相等的，即平均功率为零。这说明电感元件不是耗能元件，而是“储能元件”。

电感元件对电流起阻碍作用，而自身又不消耗能量。所以广泛应用于限流装置，如荧光灯的镇流器、电动机的启动、电风扇的调速、电焊机调节电流的电抗器等。

（3）　无功功率

我们把电感元件上电压的有效值和电流的有效值的乘积叫做电感元件的无功功率，用 Q 表示。

$$Q = UI = I^2 X_L = \frac{U^2}{X_L} \tag{2-26}$$

$Q>0$，表明电感元件是吸收无功功率的。

无功功率的单位为“乏”（var），工程中也常用“千乏”（kvar）。

【例 2.10】已知一个电感器 L=2 H，接在 $u = 220\sqrt{2}\sin\left(314t - 60^\circ\right)\text{V}$ 的电源上。求：（1）X_L；（2）通过电感器的电流 i；（3）电感器上的无功功率 Q。

解：（1）

$$X_L = \omega L = 628(\Omega)$$

（2）

$$\dot{I} = \frac{\dot{U}}{\mathrm{j}X_L} = \frac{220\angle -60^\circ}{628\mathrm{j}} = 0.35\angle -150^\circ\,(\text{A})$$

$$i = 0.35\sqrt{2}\sin\left(314t - 150^\circ\right)\text{A}$$

（3）

$$Q = UI = 77(\text{var})$$

【例 2.11】 已知流过电感元件中的电流为 $i=10\sqrt{2}\sin\left(314t+30^{\circ}\right)\text{A}$，测得其无功功率 $Q=500(\text{var})$，求：（1）X_{L} 和 L；（2）电感元件中储存的最大磁场能量 W_{m}。

解：（1）

$$X_{\text{L}}=\frac{Q}{I^2}=5(\Omega)$$

$$L=\frac{X_{\text{L}}}{\omega}=15.9(\text{mH})$$

（2）

$$W_{\text{m}}=\frac{1}{2}LI_{\text{m}}^2=1.59(\text{J})$$

2.2.3 纯电容器正弦交流电路

一、电容元件

1. 电容元件的基本概念

两块互相靠近、彼此绝缘的金属板就构成一个电容器，两极板间的绝缘物质称为电容器的介质。在两极板间加上电压后，两极板上能储存电荷，在介质中建立电场，因此电容器是储存电场能量的元件。电容元件是实际电容器的理想模型，是一个理想的二端元件。

定义：一个二端元件所储存的电荷 q 和端电压 u 两者之间的关系是在 q-u 平面上的一条曲线，则此二端元件称为电容器，用符号 C 表示。其图形符号如图 2-14 所示。若电容器的 q-U 曲线为过原点的直线，即 $\frac{q}{u}=C=$常数，则该电容器为线性电容器；否则为非线性电容器。本书除特殊说明，电容器均指线性电容器。其主要特点是储存电场能量。

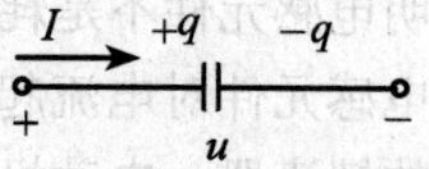

图 2-14 电容元件的图形符号

2. 电容元件的伏安关系

对于线性电容器有：$q=Cu$，则电容器的电压和电流采用图 2-14 的关联方向时

$$i=\frac{\text{d}q}{\text{d}t}=C\frac{\text{d}u}{\text{d}t}$$

上式表明；电容器的电流与其两端电压的变化率成正比。即电容器的电流与其端电压的关系也为微分关系，而非正比关系。其中，比例系数 C 称为电容元件的电容量。

电容器的国际单位为法［拉］，符号为 F；1 F=1 C/V。常采用微法（μF）和皮法（pF）作为其单位。它们之间的换算关系是

$$1\mu\text{F}=10^{-6}\text{F}，\ 1\text{pF}=10^{-12}\text{F}$$

当电容器两端加恒定的电压时，其电流 I=0，故在直流电路中，电容器可视为开路。

3. 电容元件的储能

在电压和电流关联的参考方向下，电容元件吸收的功率为

$$p=ui=uC\frac{\text{d}u}{\text{d}t}$$

电容元件吸收的电能为

$$w_C = \int_{t_0}^{t} p\mathrm{d}t = \frac{1}{2}Cu^2(t) - \frac{1}{2}Cu^2(t_0) \tag{2-27}$$

若选取 t_0 为电压等于零的时刻，即 $u(t_0) = 0$

$$w_C = \frac{1}{2}Cu^2(t)$$

二、电压与电流的关系

1. 电容元件上电压和电流的瞬时关系

电容元件上的伏安特性关系前面已讲过，在图 2-15 所示的参考方向下，有

$$i = C\frac{\mathrm{d}u}{\mathrm{d}t} \tag{2-28}$$

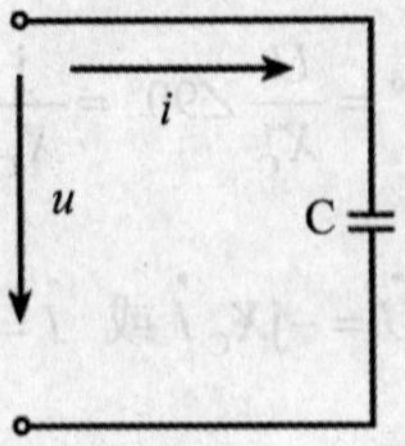

图 2-15　纯电容器电路

2. 电容元件上电压和电流的大小关系

$$u = U_m \sin\omega t$$

则

$$i = C\frac{\mathrm{d}u}{\mathrm{d}t} = \omega CU_m \cos\omega t = \omega CU_m \sin(\omega t + 90^\circ) = I_m \sin(\omega t + 90^\circ) \tag{2-29}$$

$$I_m = \omega CU_m = \frac{U_C}{1/\omega C} = \frac{U_C}{X_C}$$

其中

$$X_C = \frac{1}{\omega C} = \frac{1}{2\pi fC} \tag{2-30}$$

X_C 称为容抗，容抗 X_C 与电源频率 ω 成反比。在直流电路中电容元件相当与开路。当 ω 的单位为 1/s，C 的单位为 F 时，X_C 的单位为 Ω。

3. 电容元件上电压和电流的相位关系

由式（2-29）得

$$\theta_i = \theta_u + \frac{\pi}{2} \tag{2-31}$$

即电容元件上的电流超前电压90°。图 2-16 所示给出了电流和电压的波形图。

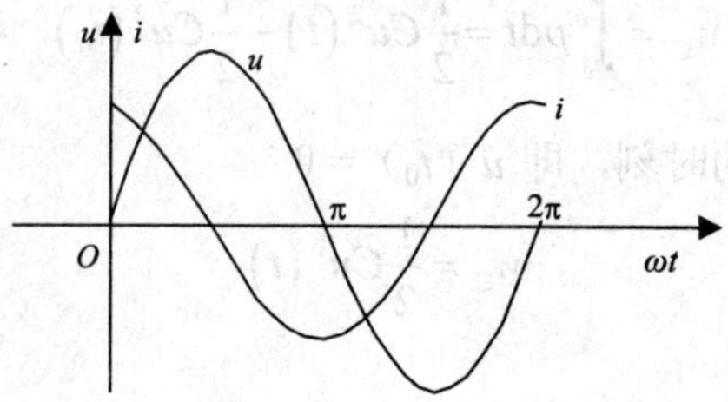

图 2-16　电容元件上电流和电压的波形图

4. 电容元件上电压与电流的相量关系

由式（2-29）得

$$\dot{U}=U\angle 0^\circ$$

$$\dot{I}=I\angle 90^\circ=\frac{U}{X_C}\angle 90^\circ=\frac{\mathrm{j}}{X_C}U\angle 0^\circ=\frac{\mathrm{j}}{X_C}\dot{U}$$

所以

$$\dot{U}=-\mathrm{j}X_C\dot{I}\ \text{或}\ \dot{I}=\frac{\dot{U}}{-\mathrm{j}X_C} \tag{2-32}$$

图 2-17 所示给出了电流和电压的相量图。

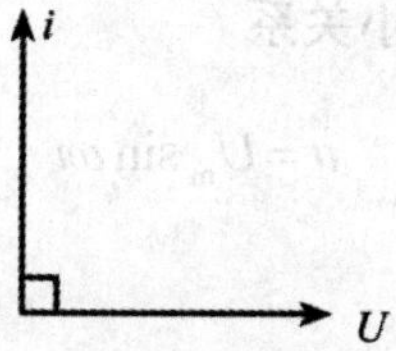

图 2-17　电容元件电流和电压的相量图

5. 电容元件的功率

（1） 瞬时功率。

由式（2-29）和 $p=ui$ 得

$$p=ui=U_m\sin\omega t\times I_m\sin\left(\omega t+90^\circ\right)=UI\sin 2\omega t$$

上式表明，电容元件的瞬时功率 p 也随时间按正弦规律变化，其频率为电流频率 ω 的两倍。图 2-18 所示给出了功率曲线图。

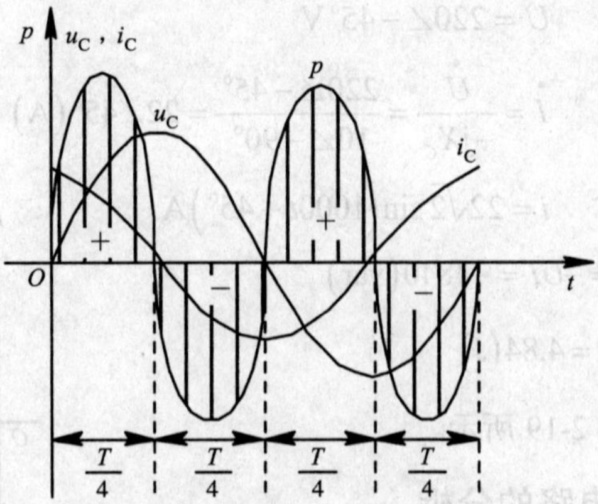

图 2-18　电容元件功率曲线

（2）　平均功率。

$$P=\frac{1}{T}\int_0^T p\mathrm{d}t=0 \tag{2-33}$$

与电感元件一样，电容元件也不是耗能元件，而是“储能元件”。

（3）　无功功率。

我们把电容元件上电压的有效值与电流的有效值乘积的负值，称为电容元件的无功功率，用 Q 表示。即

$$Q=-UI=-I^2X_C=-\frac{U^2}{X_C} \tag{2-34}$$

$Q<0$ 表示电容元件是发出无功功率的，单位是乏（var）或千乏（kvar）。

【例 2.12】已知一电容器 C=50 μF，接到 220 V，50 Hz 的正弦交流电源上，求：（1）X_C；（2）电路中的电流 I 和无功功率 Q；（3）电源频率变为 1000 Hz 时的容抗。

解：　（1）$X_C=\frac{1}{\omega C}=\frac{1}{2\pi fC}=63.7(\Omega)$

（2）$I=\frac{U}{X_C}=3.45(\mathrm{A})$；$Q=-UI=-759(\mathrm{var})$

（3）当 $f=1000\mathrm{Hz}$ 时，$X_C=\frac{1}{2\pi fC}=3.18(\Omega)$

【例 2.13】一电容器 C=100 μF，接于 $u=220\sqrt{2}\sin(1000t-45^o)\mathrm{V}$ 的电源上。求：（1）流过电容器的电流 i；（2）电容元件的有功功率 P 和无功功率 Q；（3）电容器中储存的最大电场能量 W_m；（4）绘出电流和电压的相量图。

解：（1）$X_C=\frac{1}{\omega C}=10(\Omega)$

$$\dot{U}=220\angle-45^{\circ}\,\text{V}$$

$$\dot{I}=\frac{\dot{U}}{-\text{j}X_C}=\frac{220\angle-45^{\circ}}{10\angle-90^{\circ}}=22\angle45^{\circ}\,(\text{A})$$

$$i=22\sqrt{2}\sin\left(1000t+45^{\circ}\right)\text{A}$$

（2）$P=0$；$Q=-UI=-4840(\text{var})$

（3）$W_{\text{m}}=\frac{1}{2}Cu_{\text{m}}^{2}=4.84(\text{J})$

（4）相量图如图 2-19 所示。

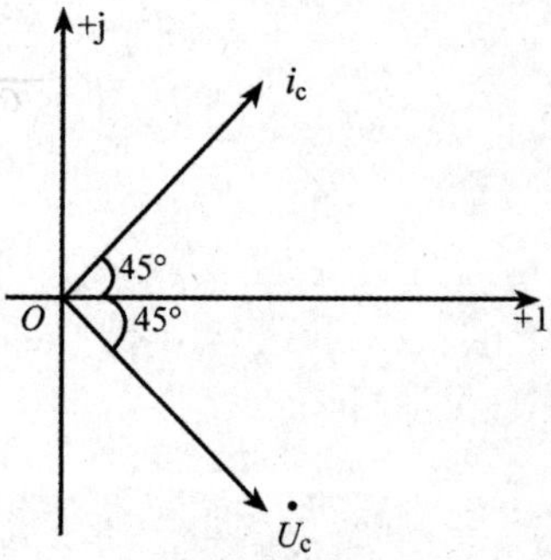

图 2-19　例 2.13 图

知识拓展　正弦交流电路的分析

在知识拓展里，首先阐述基尔霍夫定律的相量形式。对于任何电压和电流，其瞬时值都应满足基尔霍夫定律，即

$$\sum i=0\,,\ \sum u=0 \qquad (2\text{-}35)$$

在正弦电路中，用相量来表示正弦量，即得基尔霍夫定律的相量形式。

KCL 的相量形式为

$$\sum \dot{I}=0 \qquad (2\text{-}36)$$

式（2-36）的意义为正弦电流电路中流出（或流入）任一结点的各支路电流相量的代数和等于零。在一般情况下，各电流的初相位并不相同，有效值的代数和并不一定等于零。

KVL 的相量形式为

$$\sum \dot{U}=0 \qquad (2\text{-}37)$$

即在正弦电路中，沿任一回路绕行一周，各段电压相量的代数和等于零。在一般情况下，沿任一回路正弦电压的有效值的代数和也并不一定等于零。

【例 2.14】如图 2-20（a）、图 2-20（b）所示电路中，已知电流表 A_1、A_2、A_3 都是 10 A，求电路中电流表 A 的读数。

解：设端电压

$$\dot{U}=U\angle0^{\circ}$$

（1）选定电流的参考方向，如图 2-20（a）所示，则

$$\dot{I}_1=10\angle0^{\circ}\,\text{A},\ \dot{I}_2=10\angle-90^{\circ}\,\text{A}$$

$$\dot{I}=\dot{I}_1+\dot{I}_2=10\angle0^{\circ}+10\angle-90^{\circ}=10\sqrt{2}\angle-45^{\circ}(\text{A})$$

电流表 A 的读数为$10\sqrt{2}$A 。注意：这与直流电路是不同的，总电流并不是 20 A。

（2） 选定电流的参考方向如图 2-20（b）所示，则

$$\dot{I}_1 = 10\angle 0^{\circ}\,\text{A}，\dot{I}_2 = 10\angle -90^{\circ}\,\text{A}，\dot{I}_3 = 10\angle 90^{\circ}\,\text{A}$$

由 KCL 得：$\dot{I} = \dot{I}_1 + \dot{I}_2 + \dot{I}_3 = 10\angle 0^{\circ} + 10\angle -90^{\circ} + 10\angle 90^{\circ} = 10(\text{A})$

电流表 A 的读数为 10 A。

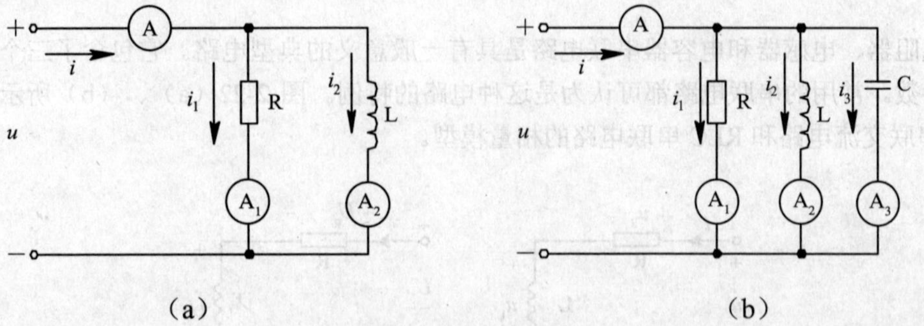

图 2-20　例 2-14 图

【**例 2.15**】如图 2-21（a）、图 2-21（b）所示电路中，电压表 V_1、V_2、V_3 的读数都是 50 V，试分别求各电路中 V 表的读数。

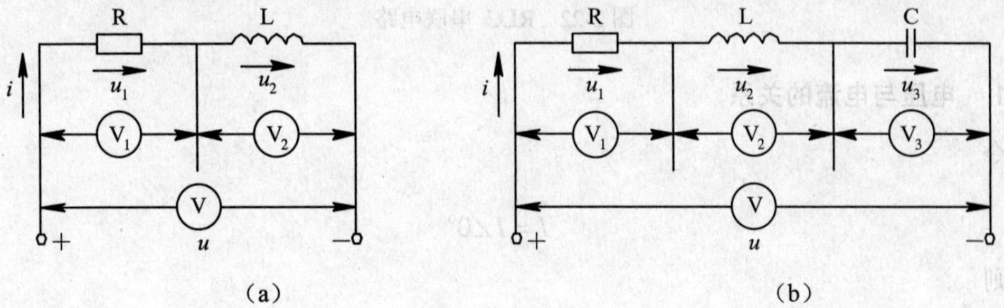

图 2-21　例 2-15

解：设电流为参考相量，即即 $\dot{I} = I\angle 0^{\circ}$

（1）选定 i、u_1、u_2、u 的参考方向如图 2-21（a）所示，则

$$\dot{U}_1 = 50\angle 0^{\circ}(\text{V})，\dot{U}_2 = 50\angle 90^{\circ}(\text{V})$$

由 KVL：$\dot{U} = \dot{U}_1 + \dot{U}_2 = 50\angle 0^{\circ} + 50\angle 90^{\circ} = 50\sqrt{2}\angle 45^{\circ}(\text{V})$

所以电压表 V 的读数为$50\sqrt{2}(\text{V})$ 。

（2）选定 i、u_1、u_2、u_3、u 的参考方向如图 2-21（b）所示，则

$$\dot{U}_1 = 50\angle 0^{\circ}(\text{V})，\dot{U}_2 = 50\angle 90^{\circ}(\text{V})，\dot{U}_3 = 50\angle -90^{\circ}(\text{V})$$

由 KVL：$\dot{U}=\dot{U}_1+\dot{U}_2+\dot{U}_3=50\angle 0^\circ+50\angle 90^\circ+50\angle -90^\circ=50(\mathrm{V})$

电流表 A 的读数为 50 V。

2.3　电阻器、电感器和电容器串/并联交流电路

2.3.1　电阻器、电感器和电容器串联交流电路

电阻器、电感器和电容器串联电路是具有一般意义的典型电路。它包含了三个不同的电路参数。常用的串联电路都可认为是这种电路的特例。图 2-22（a）、（b）所示分别为 RLC 串联交流电路和 RLC 串联电路的相量模型。

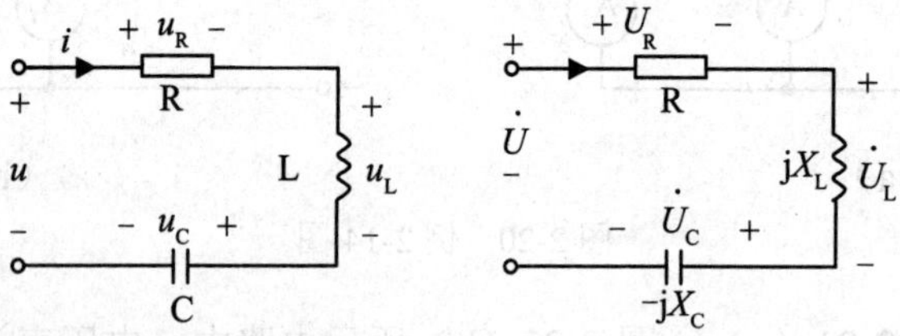

（a）RLC 串联电路　　　　（b）相量模型

图 2-22　RLC 串联电路

1. 电压与电流的关系

令

$$\dot{I}=I\angle 0^\circ$$

则

$$\dot{U}_R=\dot{I}R$$

$$\dot{U}_L=\dot{I}\,jX_L$$

$$\dot{U}_C=-\dot{I}\,jX_C$$

由 KVL

$$\dot{U}=\dot{U}_R+\dot{U}_L+\dot{U}_C=\dot{I}R+\dot{I}\,jX_L-\dot{I}\,jX_C=\dot{I}\left[R+j\left(X_L-X_C\right)\right]$$

$$\dot{U}=\dot{I}\left(R+jX\right)=\dot{I}Z \tag{2-38}$$

其中

$$Z=R+\mathrm{j}\left(X_{\mathrm{L}}-X_{\mathrm{C}}\right)=R+\mathrm{j}X \tag{2-39}$$

式 2-38 叫做欧姆定律的相量形式，复数 Z 称为复阻抗或阻抗，$X=X_L-X_C$ 称为 RLC 串联电路的电抗，X 的正、负关系到电路的性质。

$$Z=\dot{U}/\dot{I}=R+\mathrm{j}\left(X_{\mathrm{L}}-X_{\mathrm{C}}\right)=|Z|\angle\varphi \tag{2-40}$$

由上式可得

$$|Z|=\sqrt{R^2+\left(X_{\mathrm{L}}-X_{\mathrm{C}}\right)^2}=U/I \tag{2-41}$$

$$U=I|Z|=\sqrt{R^2+\left(X_{\mathrm{L}}-X_{\mathrm{C}}\right)^2} \tag{2-42}$$

$$\varphi=\arctan\frac{X_{\mathrm{L}}-X_{\mathrm{C}}}{R}=\theta_u-\theta_i \tag{2-43}$$

式 2-41 中，$|Z|$、R 、X_L-X_C 三者之间的关系可用直角三角形（称为阻抗三角形）来表示，如图 2-23 所示。

式 2-43 中，电源电压 u 与电流 i 的相位差角 φ 又可称为阻抗角。

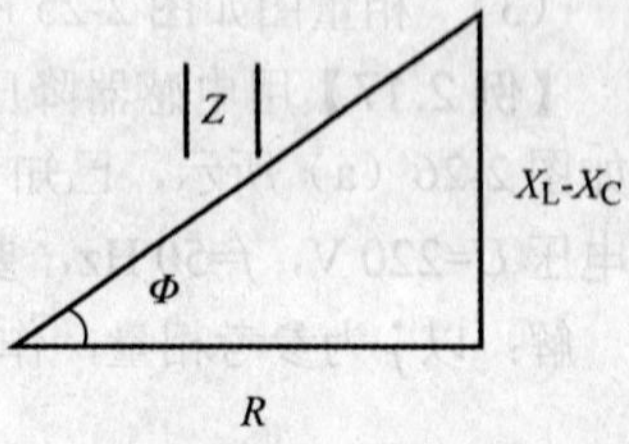

图 2-23　阻抗三角形

2. **电路的性质**

（1）　电感性电路：$X_L>X_C$。

此时 $X>0$，$U_L>U_C$。阻抗角 $\varphi=\arctan\dfrac{X}{R}>0$，相量图如图 2-24（a）所示，从相量图可看出，电流滞后电压 φ 角。

（2）　电容性电路：$X_L<X_C$。

此时 $X<0$，$U_L<U_C$。阻抗角 $\varphi<0$，相量图如图 2-24（b）所示，从相量图中可看出，电流超前电压 φ 角。

（3）　电阻性电路：$X_L=X_C$。

此时 $X=0$，$U_L=U_C$。阻抗角 $\varphi=0$，相量图如图 2-24（c）所示，从相量图可看出，电流与电压同相。

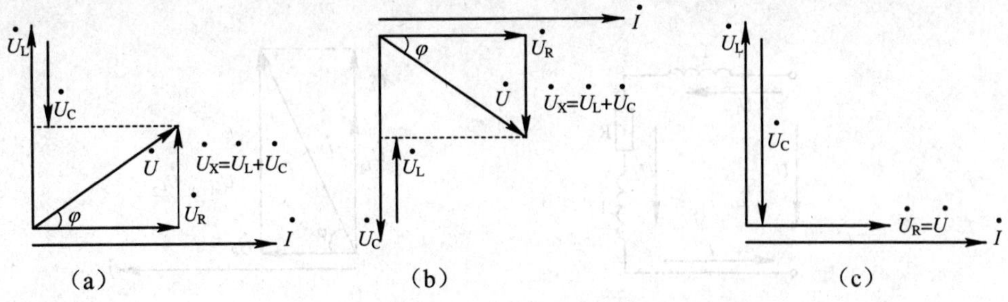

图 2-24　RLC 串联电路的相量图

【例 2.16】有一 RLC 串联电路，其中 R=30 Ω，L=382 mH，C=39.8 μF，外加电压 $u=220\sqrt{2}\sin(314t+60^{\circ})$V，试求：（1）复阻抗 Z，并确定电路的性质；（2）$\dot{I}$、$\dot{U}_{\rm R}$、$\dot{U}_{\rm L}$、$\dot{U}_{\rm C}$；（3）绘出相量图。

解：

（1）$Z=R+{\rm j}(X_{\rm L}-X_{\rm C})=50\angle 53.1^{\circ}(\Omega)$

$\varphi=53.1^{o}>0$，所以此电路为电感性电路。

（2）$\dot{I}=\dot{U}/Z=\dfrac{220\angle 60^{\circ}}{50\angle 53.1^{\circ}}=4.4\angle 6.9^{\circ}({\rm A})$

$\dot{U}_{\rm R}=\dot{I}R=4.4\angle 6.9^{\circ}\times 30=132\angle 6.9^{\circ}({\rm V})$

$\dot{U}_{\rm L}=\dot{I}\,{\rm j}X_{\rm L}=4.4\angle 6.9^{\circ}\times 120\angle 90^{\circ}=528\angle 96.9^{\circ}({\rm V})$

$\dot{U}_{\rm C}=-\dot{I}\,{\rm j}X_{\rm C}=4.4\angle 6.9^{\circ}\times\angle -90^{\circ}=352\angle -83.1^{\circ}({\rm V})$

（3） 相量图如图 2-25 所示。

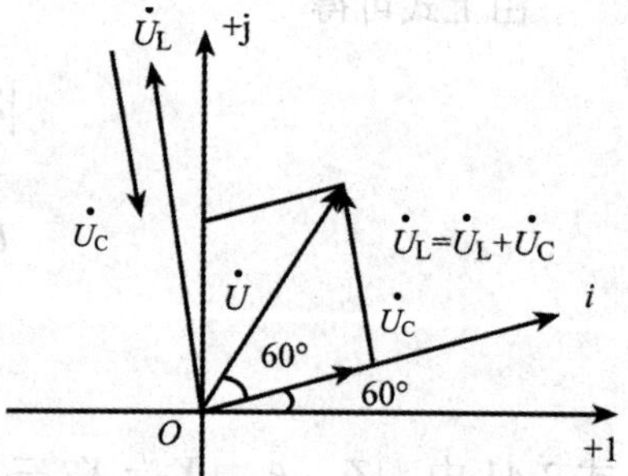

图 2-25 例 2-16 图

【例 2.17】用电感器降压来调速的电风扇的等效电路如图 2-26（a）所示，已知 R=190 Ω，$X_{\rm L_1}$=260 Ω，电源电压 U=220 V，f=50 Hz，要使 U_2=180 V，问串联的电感器的感抗 $X_{\rm L_x}$ 应为多少？

解：以 $\dot{I}$ 为参考相量，作相量图如图 2-26（b）所示。

$$Z_1=R+{\rm j}X_{\rm L_1}=322\angle 53.8^{\circ}(\Omega)$$

$$I=U_2/|Z_1|=0.56({\rm A})$$

$$U_{\rm R}=IR=106.4({\rm V})$$

$$U_{\rm L}=IX_{\rm L}=145.6({\rm V})$$

$$L_{\rm X}=X_{\rm L_x}/\omega=0.267({\rm H})$$

$$U=\sqrt{U_{\rm R}{}^2+\left(U_{\rm L_1}+U_{\rm L_x}\right)^2}\Rightarrow U_{\rm L_x}=64.96({\rm V})$$

$$X_{\rm L_x}=U_{\rm L_x}/I=83.9(\Omega)$$

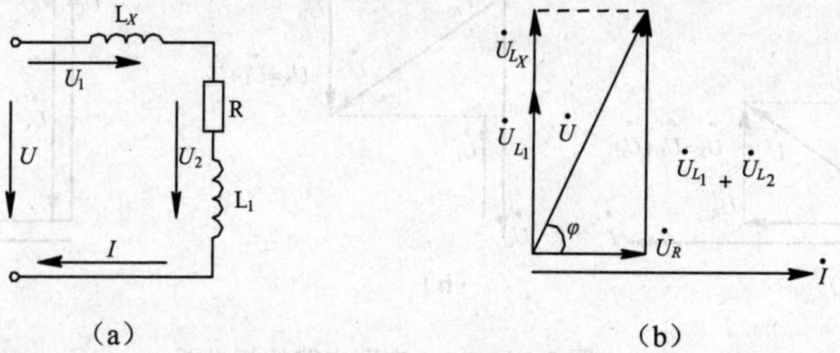

图 2-26 例 2-17 图

2.3.2　电阻器、电感器和电容器并联交流电路

1. 复阻抗的串并联

复阻抗的串并联计算规则和电阻电路的串并联计算规则相同。对于有 n 个阻抗串联而成的电路，如图 2-27 所示，其等效阻抗为

$$Z=\sum_{i=1}^{n} Z_i = Z_1 + Z_2 + \cdots + Z_i \tag{2-44}$$

两个阻抗 Z_1 和 Z_2 串联时，如图 2-28 所示，电压分配为

$$\dot{U}_1=\frac{Z_1}{Z_1+Z_2}\dot{U}\text{；}\quad \dot{U}_2=\frac{Z_2}{Z_1+Z_2}\dot{U} \tag{2-45}$$

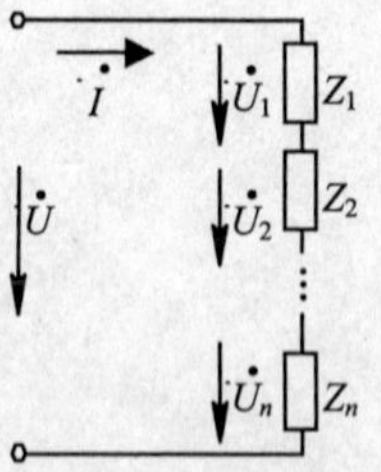

图 2-27　多阻抗串联

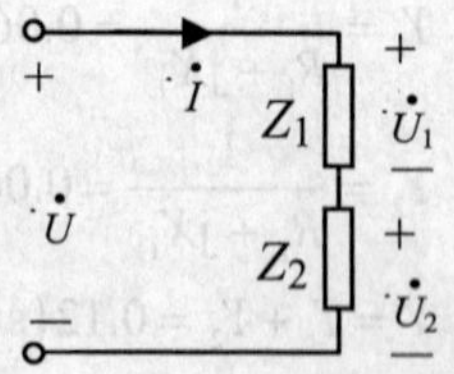

图 2-28　两阻抗串联

对于有 n 个阻抗并联而成的电路，如图 2-29 所示，其等效导纳为

$$Y=\sum_{i=1}^{n} Y_i = Y_1 + Y_2 + \cdots + Y_i \tag{2-46}$$

两个阻抗 Z_1 和 Z_2 并联时如图 2-30 所示，其等效阻抗 Z 及电流分配分别为：

$$Z=\frac{Z_1 Z_2}{Z_1+Z_2}\text{；}\qquad \dot{I}_1=\frac{Z_2}{Z_1+Z_2}\dot{I}\text{；}\qquad \dot{I}_2=\frac{Z_1}{Z_1+Z_2}\dot{I} \tag{2-47}$$

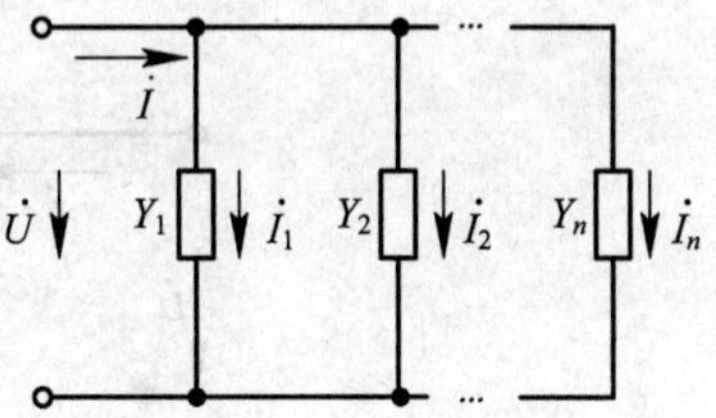

图 2-29　多阻抗并联

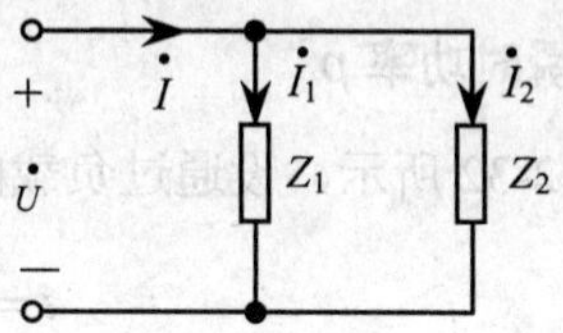

图 2-30　两阻抗并联

综上分析，我们可总结出电阻器、电感器和电容器串、并联组成的交流电路的分析步骤：

（1）　合并复阻抗；

（2）　根据相量形式欧姆定律求电压或电流。

【例 2.18】图 2-31 所示并联电路中，已知端电压

$$u = 220\sqrt{2}\sin\left(314t - 30^{\circ}\right)\text{V}，X_L=X_C=8\ \Omega$$

试求：（1）总导纳 Y；（2）各支路电流 $\dot{I}_1$、$\dot{I}_2$ 和总电流 $\dot{I}$。

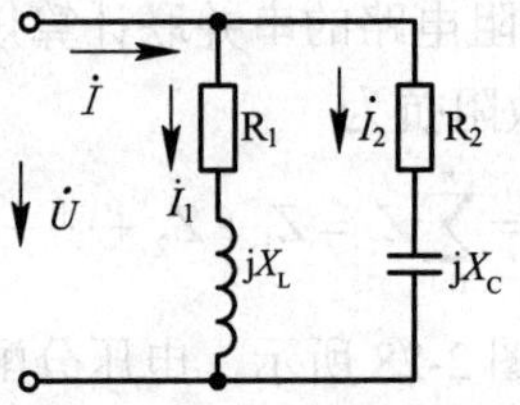

图 2-31　例 2-18 图

解：选 U、I、I_1、I_2 的参考方向如图 2-31 所示。

（1）$$Y_1 = \frac{1}{R_1 + \text{j}X_L} = 0.06 - \text{j}0.08(\text{s})$$

$$Y_2 = \frac{1}{R_2 + \text{j}X_C} = 0.06 - \text{j}0.08(\text{s})$$

$$Y = Y_1 + Y_2 = 0.12(\text{s})$$

（2）$$\dot{I}_1 = \dot{U}Y_1 = 22\angle -83.1^{\circ}(\text{A})$$

$$\dot{I}_2 = \dot{U}Y_2 = 22\angle 23.1^{\circ}(\text{A})$$

$$\dot{I} = \dot{U}Y = 26.4\angle -30^{\circ}(\text{A})$$

对于复阻抗的串并联电路，其分析方法类似于直流电阻器电路。需要指出的是，基于相量分析的直流电阻器电路的一般方法均可适用于正弦交流电路。

2.3.3　正弦交流电路的功率

前面我们已分别讨论了 R、L、C 的功率计算，现在我们来分析一下不是单个参数时电路中的功率计算。

1. 瞬时功率 p

如图 2-32 所示，设通过负载的电流为

$$i = \sqrt{2}I\sin\omega t$$

加在负载两端的电压为

$$u = \sqrt{2}U\sin(\omega t + \varphi)$$

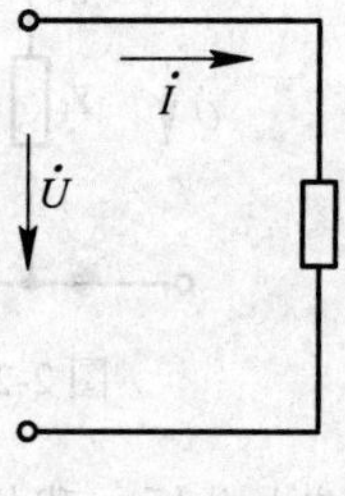

图 2-32　功率计算图

则在 u、i 取关联参考方向时，负载吸收的瞬时功率为

$$p = ui = \sqrt{2}U\sin(\omega t + \varphi)\times\sqrt{2}I\sin\omega t = UI\left[\cos\varphi - \cos(2\omega t + \varphi)\right]$$

可见，瞬时功率有恒定分量 $UI\cos\varphi$ 和正弦分量 $UI\cos(2\omega t + \varphi)$ 两部分，正弦分量的频率是电源频率的两倍。

2. 有功功率 *P*

我们把一个周期内瞬时功率的平均值称为“平均功率”，或称为“有功功率”，用字母“*P*”表示。即

$$P=\frac{1}{T}\int_0^T p\mathrm{d}t=\frac{1}{T}\int_0^T UI\left[\cos\varphi-\cos\left(2\omega t+\varphi\right)\right]\mathrm{d}t=UI\cos\varphi \tag{2-48}$$

这里的φ角是该负载的阻抗角，阻抗角的余弦（即$\lambda=\cos\varphi$）称做负载的“功率因数”。

由于电感元件、电容元件上的平均功率为零，即$P_L=0$，$P_C=0$，因而有功功率等于各电阻器消耗的平均功率之和，即有

$$P=UI\cos\varphi=P_R=U_R I=I^2R \tag{2-49}$$

3. 无功功率 *Q*

无功功率的定义式为

$$Q=UI\sin\varphi \tag{2-50}$$

在既有电感器又有电容器的电路中，总的无功功率等于两者的代数和，即

$$Q=Q_L+Q_C \tag{2-51}$$

式（2-50）中 Q 为一代数量，可正可负，Q 为正表示电抗从电源吸收能量，并转化为电场能或磁场能存储起来；Q 为负表示电抗向电源发出能量，将存储的电场能或磁场能释放出来。

4. 视在功率 *S*

视在功率的定义式为

$$S=UI \tag{2-52}$$

即视在功率为电路中的电压和电流有效值的乘积。视在功率的单位为伏安（VA），工程上也常用千伏安（kVA）表示。两者的换算关系为

1kVA=1000VA

5. 功率三角形

以上三种功率和功率因数$\cos\varphi$在数量上有一定关系，可以用“功率三角形”将它们联系在一起（如图 2-33 所示），即

$$S^2=P^2+Q^2$$

其中

$$S=\sqrt{P^2+Q^2}$$

$$\tan\varphi=\frac{Q}{P}$$

$$\lambda=\cos\varphi=\frac{P}{S}$$

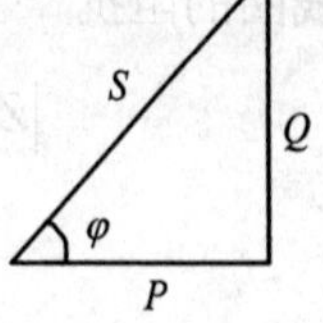

图 2-33　功率三角形

【例 2.19】已知一阻抗 Z 上的电压、电流分别为 $\dot{U}=220\angle 30^{\circ}\text{V}$，$\dot{I}=5\angle -30^{\circ}\text{A}$（电压和电流的参考方向一致），求 Z、$\cos\varphi$、P、Q、S。

解：$$Z=\frac{\dot{U}}{\dot{I}}=\frac{220\angle 30^{\circ}}{5\angle -30^{\circ}}=44\angle 60^{\circ}(\Omega)$$

$$\cos\varphi=\cos 60^{\circ}=0.5$$

$$P=UI\cos\varphi=550(\text{W})$$

$$Q=UI\sin\varphi=550\sqrt{3}(\text{var})$$

$$S=\sqrt{P^2+Q^2}=1100(\text{VA})$$

【例 2.20】已知 40 W 的日光灯电路如图 2-34 所示，在 U=220 V 的电压之下，电流值为 I=0.36 A，求该日光灯的功率因数 $\cos\varphi$ 及所需的无功功率 Q。

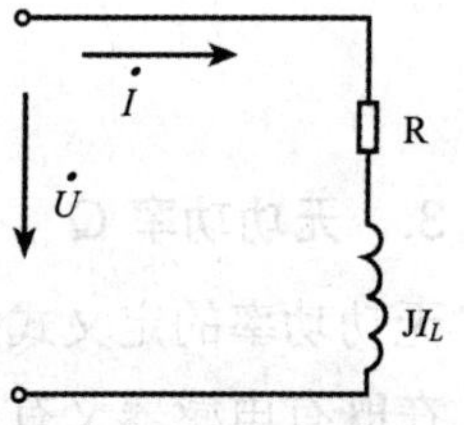

图 2-34　例 2.20 图

解：因为 $P=UI\cos\varphi$

所以

$$\cos\varphi=\frac{P}{UI}=0.5$$

由于是电感性电路，所以 $\varphi=60^{\circ}$。电路中的无功功率为

$$Q=UI\sin\varphi=69(\text{var})$$

【例 2.21】用三表法测量一个线圈的参数，如图 2-35 所示，得出相关数据：电压表的读数为 50 V，电流表的读数为 1 A，功率表的读数为 30 W，试求该线圈的参数 R 和 L（电源的频率为 50 Hz）。

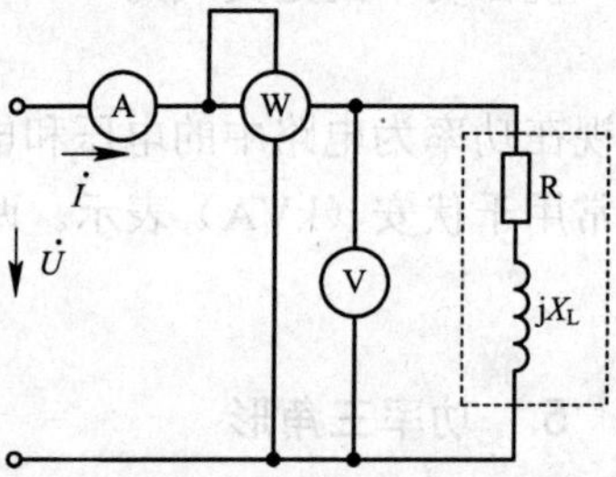

图 2-35　例 2-21

解：选 u、i 为关联参考方向，如图 2-35 所示。根据

$$P=I^2R\Rightarrow R=\frac{P}{I^2}=30(\Omega)$$

线圈的阻抗　$$|Z|=U/I=50(\Omega)$$

$$|Z|=\sqrt{R^2+{X_{\text{L}}}^2}\Rightarrow X_{\text{L}}=40(\Omega)$$

$$L=\frac{X_{\text{L}}}{\omega}=0.127(\text{H})$$

6. 功率因数的提高

（1） 提高功率因数的意义。

由于供电系统中的负载多为感性负载，如交流感应电动机、日光灯、变压器、发电机等，常常会使 $\cos\varphi$ 减小，从而造成 P 下降，能量不能充分地利用。

同时由于 $P=UI\cos\varphi$，所以 $I=P/\cos\varphi$，在输电功率与输电电压一定的情况下，$\cos\varphi$

越小，输电电流越大。因而增加了线路与发动机绕组的功率损耗。

所以，提高功率因数一方面可以使电源设备的容量得到充分的利用，同时也能节约大量电能。

（2）提高功率因数的方法。

按照供电规则，高压供电的工业企业平均功率因数不低于 0.90。提高功率因数的常用方法就是与电感性负载并联电容器，其电路图和相量图如图 2-36 所示。

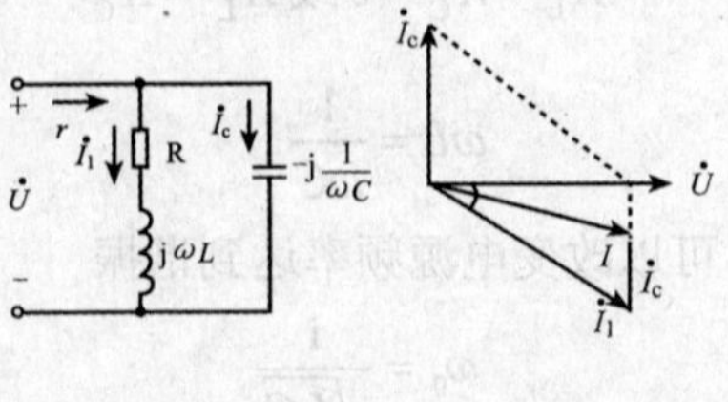

图 2-36　功率因数的提高

由相量图可知，并联电容器以后，总电压 u 和线路电流 i 之间的相位差 φ 变小了，即 $\cos\varphi$ 变大了。

由相量图可求得

$$C=\frac{P}{\omega U^2}\left(\tan\varphi_1-\tan\varphi_2\right) \tag{2-53}$$

【例 2.22】如图 2-37 所示为一日光灯装置等效电路，P=40 W，U=220 V，I=0.4 A，f=50 Hz，求：

（1）此日光灯的功率因数；

（2）若要把功率因数提高到 0.9，需并联多大的电容器？

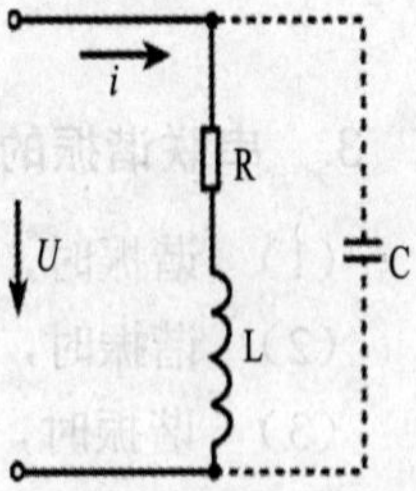

图 2-37　例 2-22 图

解：（1）$P=UI\cos\varphi \Rightarrow \cos\varphi=\dfrac{P}{UI}=0.455$

$\cos\varphi_1=0.455 \Rightarrow \varphi_1=63^{\circ} \Rightarrow \tan\varphi_1=19.6$

$\cos\varphi_2=0.9 \Rightarrow \varphi_2=26^{\circ} \Rightarrow \tan\varphi_2=0.487$

利用式（2-53）可得

$$C=\frac{P}{\omega U^2}\left(\tan\varphi_1=63^{\circ}-\tan\varphi_2\right)=3.88(\mu\text{F})$$

知识拓展一　交流电路中的谐振

一、串联谐振

1. 谐振现象

图 2-38 所示是由 R、L、C 组成的串联电路，在正弦激励下，该电路的复阻抗为

$$Z=R+\text{j}\left(X_{\text{L}}-X_{\text{C}}\right)=R+\text{j}X=|Z|\angle\varphi$$

当 $X=X_L-X_C=0$ 时，电路相当于“纯电阻器”电路，其总电压 u 和总电流 i 同相。电路出现的这种现象称为“谐振”。串联电路出现的谐振又称“串联谐振”。

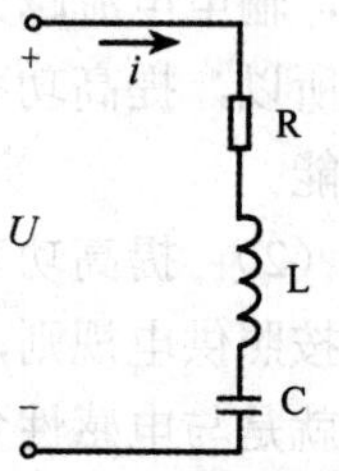

图 2-38　RLC 串联电路

2. 产生谐振的条件

由以上分析可知，串联谐振的条件是

$$X_L-X_C=0 \text{或} X_L=X_C$$

即

$$\omega L=\frac{1}{\omega C}$$

（1） 当 L、C 固定时，可以改变电源频率达到谐振

$$\omega_0=\frac{1}{\sqrt{LC}}$$

$$f_0=\frac{1}{2\pi\sqrt{LC}}$$

$$T_0=2\pi\sqrt{LC} \tag{2-54}$$

（2） 当电源的频率 ω 一定时，可改变电容量 C 和电感量 L 使电路谐振。

$$C=\frac{1}{\omega^2 L}$$

$$L=\frac{1}{\omega^2 C}$$

3. 串联谐振的基本特征

（1） 谐振时，电路的电抗为零，阻抗最小，且为纯阻性。

（2） 谐振时，电路中的电流最大，且与外加电源电压同相。

（3） 谐振时，电感和电容上的电压大小相等，相位相反，且其大小为电源电压 Us 的 Q 倍。Q 称为电路的品质因数。电路的 Q 值一般为 50～200，所以串联谐振又称电压谐振。电阻器上电压等于外加电压。即

$$\dot{U}=\dot{U}_R \tag{2-55}$$

串联谐振相量图如图 2-39 所示。

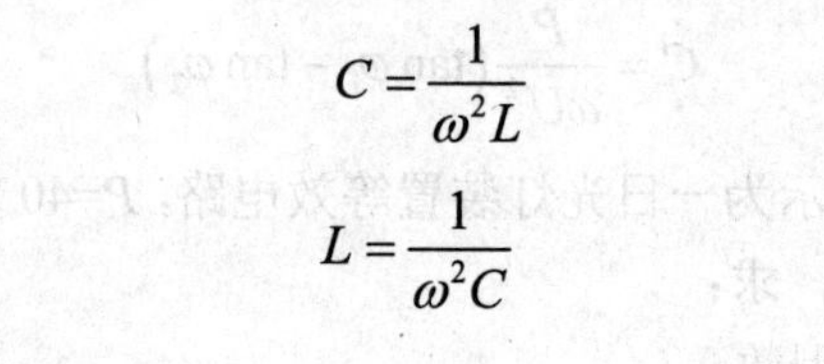

图 2-39　串联谐振相量图

【例 2.23】串联谐振电路如图 2-40 所示，已知电压表 V_1、V_2 的读数分别为 150 V 和 120 V，试问电压表 V 的读数为多少？

解：$Z = R + j(X_L - X_c)$

$$X_L = X_c$$

$$U_L = U_c = 120(V)$$

$$U = U_R = \sqrt{U_1^2 - U_2^2} = 90(V)$$

所以，电压表的读数为 90 V。

二、并联谐振

工程上也常用到电感线圈与电容器并联的谐振电路。如图 2-41 所示，其中电感线圈用 R 和 L 串联组合来表示。

同串联谐振一样，当端电压 u 和总电流 i 同相时，电路的这一工作状态称为并联谐振。

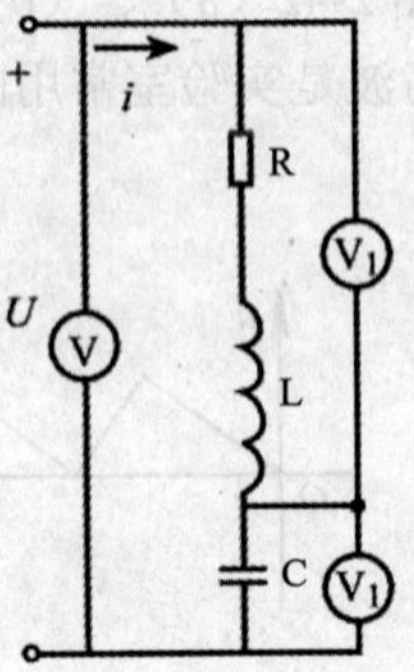

图 2-40　例 2-23

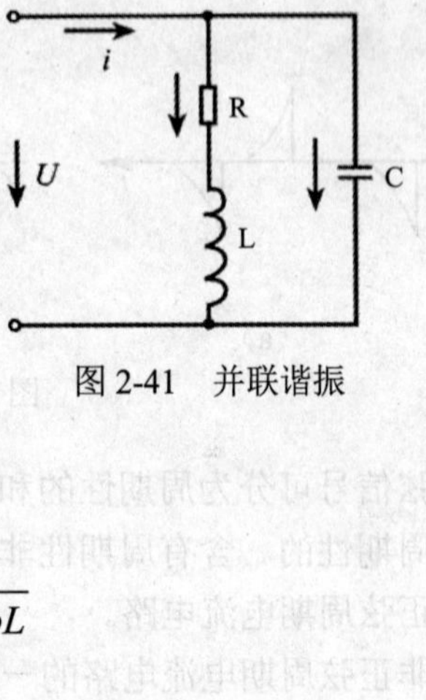

图 2-41　并联谐振

1. 并联谐振的条件

$$Z_1 = R + j\omega L，Z_C = \frac{1}{j\omega L}$$

所以，并联谐振的条件是

$$\omega_0 \approx \frac{1}{\sqrt{LC}} (\omega L \gg R)$$

$$f_0 \approx \frac{1}{2\pi\sqrt{LC}}$$

2. 并联谐振的特征

在 $\omega L \gg R$ 的情况下，并联谐振电路与串联谐振电路的谐振频率相同。

（1） 谐振时，阻抗（$Z = \frac{L}{RC}$）为最大值，且为纯阻性。

（2） 谐振时总电流最小，且与端电压同相。电感器支路与电容器支路的电流大小近似相等，为总电流的 Q 倍，所以并联谐振又称电流谐振。

谐振为交流电路中的一种特殊现象，在无线电和电工技术中得到广泛应用。另一方面，发生谐振可能造成某种危害而应该避免。当 R 很小时，出现串联谐振的电路中，电感器和电容器上的电压会超出外加电压许多倍；而在并联谐振时电感器和电容器上的电流会超出外加电流许多倍，故在电力系统中要防止谐振的发生，以免引起过电压、过电流造成系统的设备损坏或人身事故。

知识拓展二　非正弦周期电流电路

前面我们研究了正弦电流电路的性质和分析方法，在实际工程中，还会经常遇到电流、电压不按正弦变化的非正弦交流电路。电力工程中应用的正弦励磁只是近似的。发电机与变压器等设备中均存在非正弦周期电流或电压。在通信工程、自动控制和电子技术中，脉冲信号广泛应用，其电流和电压也是非正弦的。因此，了解非正弦周期电流电路是非常必要的。

工程中比较常见的几种非正弦周期量如图 2-42（a）、（b）所示为脉冲电路中常遇到的尖脉冲和矩形脉冲，图 2-42（c）所示的锯齿波是实验室常用的示波器中扫描电压所具有的波形。

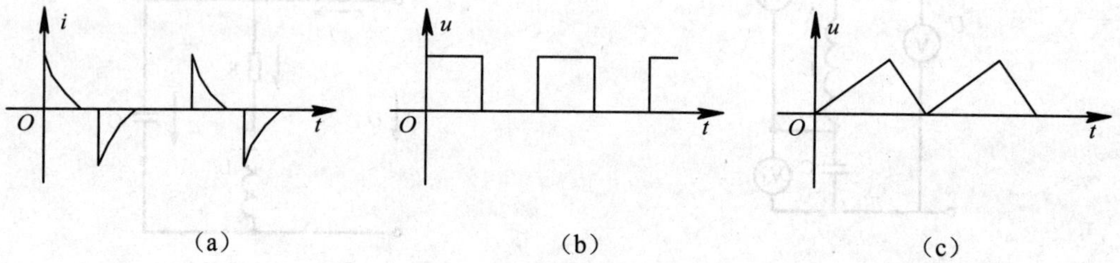

图 2-42　几种常见的非正弦波

非正弦信号可分为周期性的和非周期性的两种。以上波形虽然形状各不相同，但变化规律都是周期性的。含有周期性非正弦信号的电路，称为非正弦周期电流电路。我们这里仅讨论非正弦周期电流电路。

分析非正弦周期电流电路的一般步骤如下：

（1）　将给定的非正弦激励信号分解为傅里叶级数，并根据计算精度要求，取有限项高次谐波。

（2）　分别计算各次谐波单独作用下电路的响应，计算方法与直流电路及正弦交流电路的计算方法完全相同。对直流分量，电感元件等于短路，电容元件等于开路。对各次谐波，电路成为正弦交流电路。

（3）　应用叠加原理，将各次谐波作用下的响应解析式进行叠加。

电容元件和电感元件对不同次谐波的作用不同。电感元件对高次谐波有较强的抑制作用，而高次谐波电流有畅通作用。利用电感器和电容器的这些作用可以组成各种形式的电路，将这种电路连接在输入和输出之间时，可以让某些所需要的频率分量顺利地通过而抑制某些不需要的分量，这种电路称为滤波器。滤波器在通信工程中应用很广，一般按照它的功能可以分为低通滤波器、高通滤波器、单通滤波器等。

图 2-43（a）所示为一个简单的低通滤波器，图中电感元件对高频电流有很强的抑制作用，而电容元件对高频电流有很强的分流作用，这样输出信号中的高频成分小，而低频成分大。图 2-43（b）所示为一个简单的高通滤波器，可近似地分析其作用原理。不过，实际滤波器电路的结构要复杂得多。

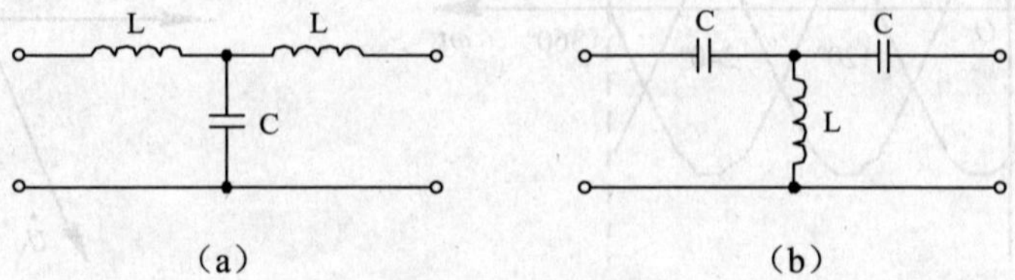

图 2-43　简单滤波器

2.4　三相交流电路

目前，世界各国的电力系统中电能的生产、传输和供电方式绝大多数都采用三相制。所谓三相制，就是由三个同频率、等幅值、相位依次相差 120° 的正弦交流电源所组成的供电系统，又称三相电路。三相电力体系是由三相电源、三相负载和三相输电线路三部分组成的。三相交流电路与单相交流电路相比较，三相交流电在发电、输电和用电等方面具有许多优点。

2.4.1　三相交流电源

一、三相电源

三相正弦电压是由三相发电机产生的。图 2-44 所示是三相交流发电机的原理图。在发电机的转子上，固定有三组完全相同的绕组，它们的空间位置相差 120° 。其中 U_1、V_1、W_1 为这三个绕组的始端；U_2、V_2、W_2 为三个绕组的末端。其定子是一对磁极，由于磁极面的特殊形状，使定子与转子间的空气隙中的磁场按正弦规律分布。

当发电机的转子以角速度 ω 按逆时针旋转时，在三个绕组的两端分别产生幅值相同、频率相同、相位依次相差 120° 的正弦交流电压。每个绕组电压的参考方向通常规定为由绕组的始端指向绕组的末端。这一组正弦交流电压叫三相对称正弦交流电压。由这三个电压组成的电源称为对称三相电源（本书今后所提到的三相电源均指对称三相电源）。它们的波形图和相量图分别如图 2-45 和图 2-46 所示。

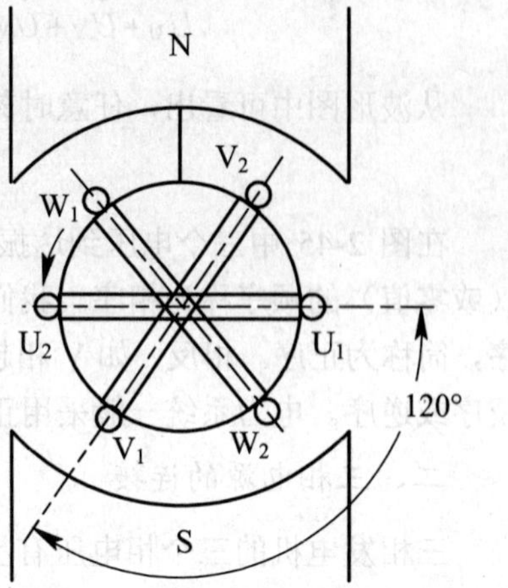

图 2-44　三相交流发电机的原理图

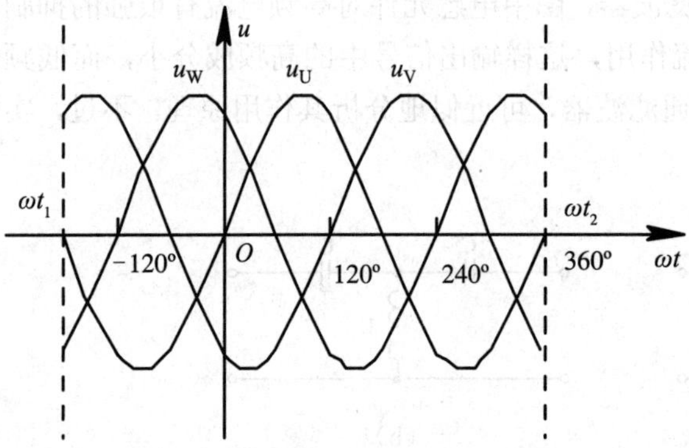

图 2-45　对称三相正弦量的波形图

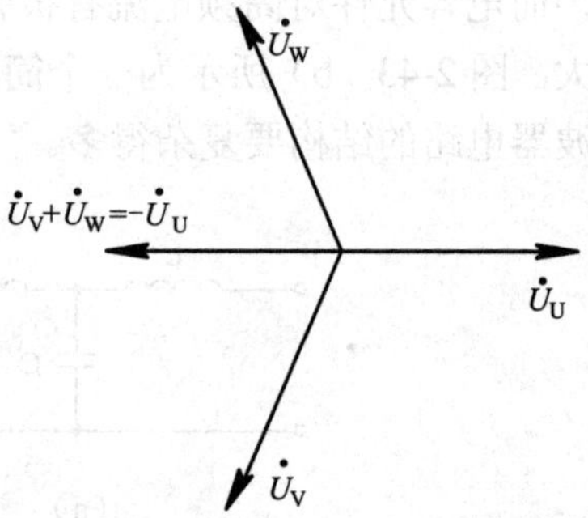

图 2-46　对称三相正弦量的相量图

若以 $u_U=u_{U1U2}$ 为参考正弦量，则三个正弦电压的瞬时表达式分别为

$$\begin{cases} u_U = u_{U1U2} = U_{pm}\sin\omega t = \sqrt{2}U_p\sin\omega t \\ u_V = u_{V1V2} = U_{pm}\sin\left(\omega t - 120^\circ\right) = \sqrt{2}U_p\sin\left(\omega t - 120^\circ\right) \\ u_W = u_{W1W2} = U_{pm}\sin\left(\omega t + 120^\circ\right) = \sqrt{2}U_p\sin\left(\omega t + 120^\circ\right) \end{cases} \tag{2-56}$$

三个电压的相量分别表示为

$$\begin{cases} \dot{U}_U = U_p\angle 0^\circ \\ \dot{U}_V = U_p\angle -120^\circ \\ \dot{U}_W = U_p\angle 120^\circ \end{cases} \tag{2-57}$$

从相量图中不难看出，这组对称三相正弦电压的相量之和等于零，即

$$\dot{U}_U + \dot{U}_V + \dot{U}_W = U_p\angle 0^\circ + U_p\angle -120^\circ + U_p\angle 120^\circ = 0 \tag{2-58}$$

从波形图中可看出，任意时刻三个正弦电压的瞬时值之和恒等于零，即

$$u_U + u_V + u_W = 0$$

在图 2-45 中三个电压到达振幅值的顺序为 u_U、u_V、u_W。对称三相正弦量达到最大值（或零值）的顺序称为相序。我们把 U 相超前于 V 相，V 相超前于 W 相的顺序称为正相序，简称为正序。相反，如 V 相超前 U 相 120°，W 相超前于 V 相 120°，这种相序称为反序或逆序。电力系统一般采用正序。

二、三相电源的连接

三相发电机的三个相电压有星形（Y）和三角形（△）两种连接方式，下面对这两种连接方式分别加以讨论。

1. 三相电源的星形（Y）连接

将三个绕组的末端 U_2、V_2、W_2 连接在一起，而从绕组的三个始端 U_1、V_1、W_1 引出三根导线与外电路相连的三相电路称为三相电源的星形（Y）连接，如图 2-47 所示。从始端引出的导线称为端线（俗称火线）。连接三个末端的节点N称为中性点。从中性点可以引出导线，与外电路相连接，这条连接线称为中线（俗称地线）。若三相电路中有中线，则称为三相四线制星形电路；若无中线，则称为三相三线制星形电路。

在星形电路中，端线与中线间的电压称为相电压，用 u_U、u_V、u_W 表示。两端线间的电压称为线电压，用 u_{UV}、u_{VW}、u_{WU} 表示。因此，在三相四线制电路中，可以按需要提供两组不同的对称三相电压；而三相三线制只能提供一组对称的线电压。

在图 2-48 所示的相量图中，根据 KVL 可求得线电压与相电压的关系，即

$$\dot{U}_{UV}=\dot{U}_U-\dot{U}_V=\dot{U}_U+\left(-\dot{U}_V\right)=\sqrt{3}\dot{U}_U\angle 30^\circ \tag{2-59}$$

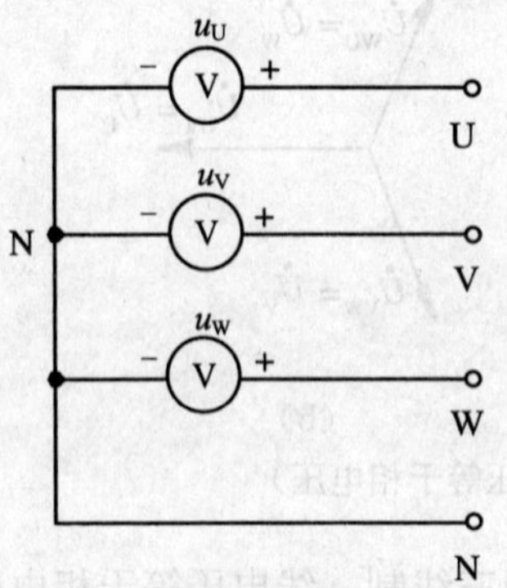

图 2-47　三相电源的星形（Y）连接

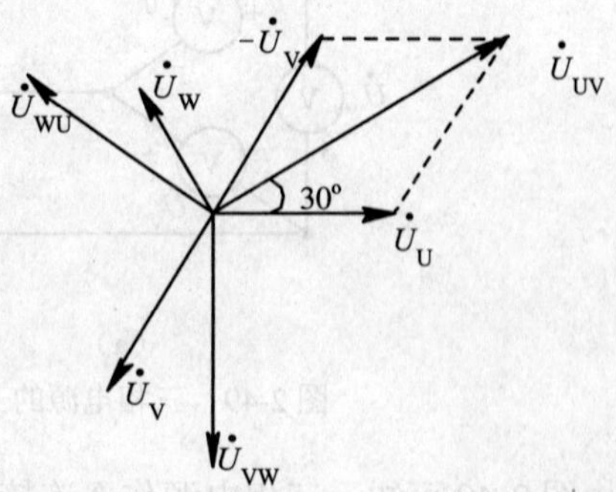

图 2-48　星形（Y）连接的三相电源相电压、线电压的相量图

同理可得

$$\dot{U}_{VW}=\sqrt{3}\dot{U}_V\angle 30^\circ \tag{2-60}$$

$$\dot{U}_{WU}=\sqrt{3}\dot{U}_W\angle 30^\circ \tag{2-61}$$

即线电压的大小是相电压大小的 $\sqrt{3}$ 倍，且线电压的相位比相应相电压相位超前 30°。

在三相电路中，三个线电压之间的关系是

$$\dot{U}_{UV}+\dot{U}_{VW}+\dot{U}_{WU}=\dot{U}_U-\dot{U}_V+\dot{U}_V-\dot{U}_W+\dot{U}_W-\dot{U}_U=0 \tag{2-62}$$

或用瞬时值表示为

$$u_{UV}+u_{VW}+u_{WU}=u_U-u_V+u_V-u_W+u_W-u_U=0 \tag{2-63}$$

即三个线电压的相量和等于零，或三个线电压瞬时值的代数和恒等于零。

【例 2.24】 星形连接的对称三相电源，线电压是 $u_{UV}=380\sin 314t\,\text{V}$，试求出其他各线电压和各相电压的解析式。

解：根据星形对称三相电源的特点，可以求得各线电压分别为

$$u_{VW}=380\sin\left(314t-120^\circ\right)\text{V}$$

$$u_{WU}=380\sin\left(314t+120^{\circ}\right)\text{V}$$

各相电压分别为

$$u_{U}=220\sin\left(314t-30^{\circ}\right)\text{V}$$

$$u_{V}=220\sin\left(314t-150^{\circ}\right)\text{V}$$

$$u_{W}=220\sin\left(314t+90^{\circ}\right)\text{V}$$

2. 三相电源的三角形（△）连接

如果将三相发电机的三个绕组依次首（始端）尾（末端）相连，接成一个闭合回路，就可构成三角形连接，如图 2-49 所示，从三个连接点引出的三根导线即为三根端线。

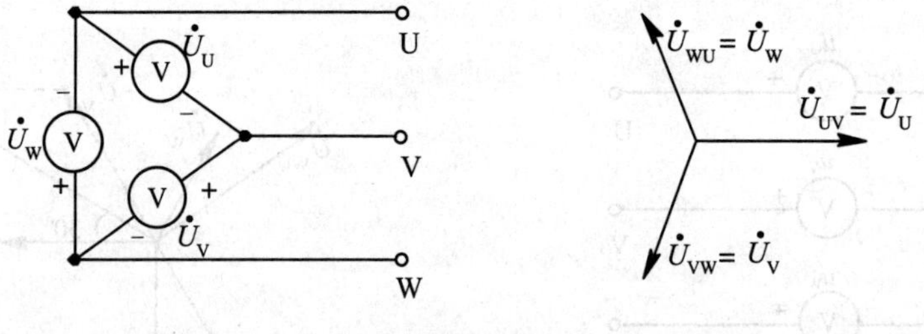

图 2-49　三相电源的三角形连接（线电压等于相电压）

由图 2-49 可知，三相电源作△连接时，只能是三相三线制，线电压等于相电压，即

$$\begin{cases}\dot{U}_{UV}=\dot{U}_{U}\\ \dot{U}_{VW}=\dot{U}_{V}\\ \dot{U}_{WU}=\dot{U}_{W}\end{cases}\tag{2-64}$$

三个线电压之间的关系是

$$\dot{U}_{UV}+\dot{U}_{VW}+\dot{U}_{WU}=\dot{U}_{U}-\dot{U}_{V}+\dot{U}_{V}-\dot{U}_{W}+\dot{U}_{W}-\dot{U}_{U}=0\tag{2-65}$$

$$u_{UV}+u_{VW}+u_{WU}=u_{U}-u_{V}+u_{V}-u_{W}+u_{W}-u_{U}=0\tag{2-66}$$

【例 2.25】三相发电机接成三角形供电。如果误将 U 相接反，会产生什么后果？如何使连接正确？

解：U 相接反时的电路如图 2-50（a）所示。此时回路中的电流为

$$\dot{I}_{s}=\frac{-\dot{U}_{U}+\dot{U}_{V}+\dot{U}_{V}}{3Z_{sp}}=\frac{-2\dot{U}_{U}}{3Z_{sp}}$$

由图 2-50（b）所示的相量图可以看出，此时闭合回路内总电压的大小为一相电压大小的 2 倍。而发电机绕组的阻抗一般都很小，将在绕组回路中引起很大的电流，使发电机绕组过热而损坏。

为了连接正确，可以按图 2-50（c）所示将一电压表（量程大于 2 倍的相电压）串接在三个绕组的闭合回路中，若发电时电压为零，说明连接正确。这时即可撤去电压表，再将回路闭合。

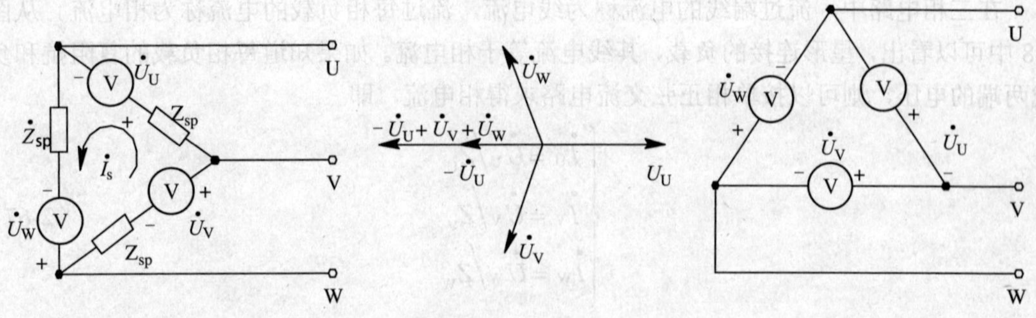

（a）　　（b）　　（c）

图 2-50　例 3-2 图

2.4.2　三相负载的连接

三相电路的负载由三部分组成，其中每一部分称为一相负载。若三相负载具有相同的参数，则称为对称三相负载。由对称三相负载所组成的三相电路称为对称三相电路（包括三根端线的阻抗也相同）。

与三相电源一样，三相负载也有两种连接方式：星形连接和三角形连接，下面分别加以讨论。

一、三相负载的星形（Y）连接

在图 2-51 所示的三相四线制电路中，若中线的阻抗远小于负载的阻抗，则中线连接的两中点的电压 $\dot{U}_{NN}=0$。此时，不计线路阻抗，根据 KVL 可得，各相负载的电压就等于该相电源的相电压。

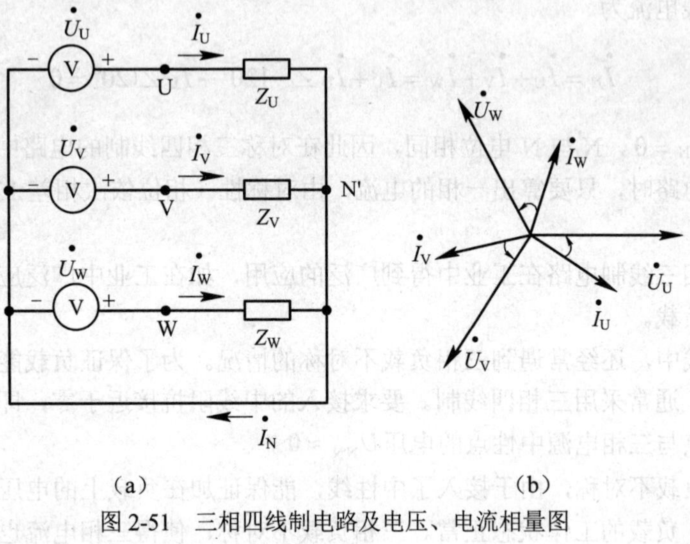

（a）　　（b）

图 2-51　三相四线制电路及电压、电流相量图

不论负载对称与否，负载端的电压总是对称的，这是三相四线制电路的一个重要特点。因此，在三相四线制供电系统中，可以将各种单相负载如照明、家用电器接入其中一相使用。

在三相电路中，流过端线的电流称为线电流，流过每相负载的电流称为相电流。从图3-8中可以看出，星形连接的负载，其线电流等于相电流。如果知道每相负载的复阻抗和负载两端的电压，则可以按单相正弦交流电路求得相电流，即

$$\begin{cases}\dot{I}_U=\dot{U}_U/Z_U\\ \dot{I}_V=\dot{U}_V/Z_V\\ \dot{I}_W=\dot{U}_W/Z_W\end{cases} \tag{2-67}$$

中线电流则为

$$\dot{I}_N=\dot{I}_U+\dot{I}_V+\dot{I}_W \tag{2-68}$$

如果电源线电压对称，负载的复阻抗相等，即 $Z_U=Z_V=Z_W=Z$，这便是对称三相电路。由于电压对称，因此负载端相电流大小相等，相位依次相差 120°，也是一组对称的正弦量。

$$\begin{cases}\dot{I}_U=\dfrac{\dot{U}_U}{Z}\\ \dot{I}_V=\dfrac{\dot{U}_V}{Z}=\dfrac{\dot{U}_U\angle-120^\circ}{Z}=\dot{I}_U\angle-120^\circ\\ \dot{I}_W=\dfrac{\dot{U}_W}{Z}=\dfrac{\dot{U}_U\angle120^\circ}{Z}=\dot{I}_U\angle120^\circ\end{cases} \tag{2-69}$$

此时，中线电流为

$$\dot{I}_N=\dot{I}_U+\dot{I}_V+\dot{I}_W=\dot{I}_U+\dot{I}_U\angle-120^\circ+\dot{I}_U\angle120^\circ=0 \tag{2-70}$$

中线电流 $\dot{I}_N=0$，N′与N电位相同，因此在对称三相四线制的电路中可去掉中线。在计算对称三相电路时，只要算出一相的电流，由对称性（相位依次相差120°），可写出另外两相的电流。

对称的三相三线制电路在工业中得到广泛的应用，如在工业中广泛应用的三相电动机就是对称三相负载。

在工程实践中，还经常遇到三相负载不对称的情况。为了保证负载能正常工作，在低压配电系统中，通常采用三相四线制。要求接入的中线阻抗接近于零，即 $Z_N\approx0$，来保证三相负载中性点与三相电源中性点的电压 $U_{N'N}\approx0$。

虽然三相负载不对称，由于接入了中性线，能保证加在负载上的电压对称，使得各相负载相互独立，负载的工作状态正常。三相负载不对称，使得三相电流也不对称，中性线

电流 $\dot{I}_N \neq 0$。

通过以上分析，得到中性线存在的重要性。为了避免中性线的断开，在中性线上是不允许接入开关和熔断器的。

【例 2.26】三相四线制电路中，星形负载各相阻抗分别为 Z_U=8+j6 Ω，Z_U=3−j4 Ω，Z_W=10 Ω，电源线电压为 380 V，求各相电流及中线电流。

解：设电源为星形连接，则由题意知

$$U_p = U_l / \sqrt{3} = 220(\text{V})$$

$$\dot{U}_U = 220\angle 0^\circ (\text{V})$$

则各相负载的相电流为

$$\dot{I}_U = \frac{\dot{U}_U}{Z_U} = \frac{220\angle 0^\circ}{10\angle 36.9^\circ} = 22\angle -36.9^\circ (\text{A})$$

$$\dot{I}_V = \frac{\dot{U}_V}{Z_V} = \frac{220\angle -120^\circ}{5\angle -53.1^\circ} = 44\angle -66.9^\circ (\text{A})$$

$$\dot{I}_W = \frac{\dot{U}_W}{Z_W} = \frac{220\angle 0^\circ}{10\angle 0^\circ} = 22\angle 120^\circ (\text{A})$$

中线电流为

$$\dot{I}_N = \dot{I}_U + \dot{I}_V + \dot{I}_W = 42\angle -55.4^\circ (\text{A})$$

二、负载的三角形（△）连接

图 2-52（a）所示为负载的三角形电路。不计线路阻抗时，电源的线电压直接加于各相负载，负载的相电压等于电源的线电压。由于电源的线电压总是对称的，因此，无论负载本身是否对称，负载的相电压总是对称的。相电流为

$$\begin{cases} \dot{I}_{UV} = \dot{U}_{UV} / Z_{UV} \\ \dot{I}_{VW} = \dot{U}_{VW} / Z_{VW} \\ \dot{I}_{WU} = \dot{U}_{WU} / Z_{WU} \end{cases} \tag{2-71}$$

线电流为

$$\begin{cases} \dot{I}_U = \dot{I}_{UV} - \dot{I}_{WU} \\ \dot{I}_V = \dot{I}_{VW} - \dot{I}_{UV} \\ \dot{I}_W = \dot{I}_{WU} - \dot{I}_{VW} \end{cases} \tag{2-72}$$

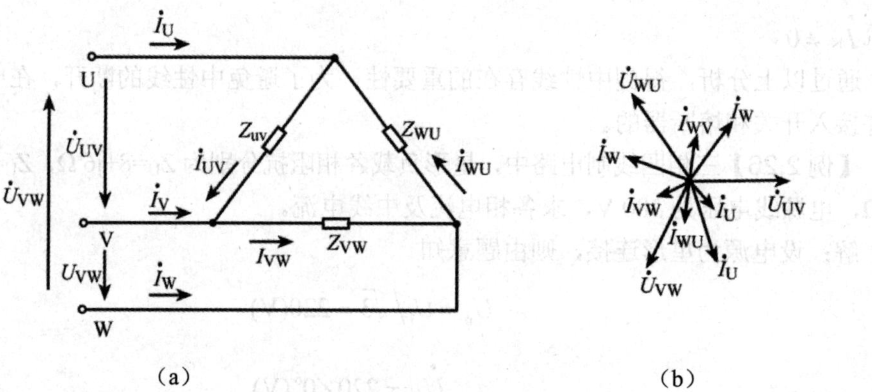

图 2-52　负载的三角形连接及电压、电流相量图

如果负载对称，即

$$Z_{UV}=Z_{VW}=Z_{WU}=Z$$

则相电流为

$$\begin{cases}\dot{I}_{UV}=\dfrac{\dot{U}_{UV}}{Z_{UV}}=\dfrac{\dot{U}_{UV}}{Z}\\ \dot{I}_{VW}=\dfrac{\dot{U}_{VW}}{Z_{VW}}=\dfrac{\dot{U}_{VW}}{Z}=\dfrac{\dot{U}_{VW}\angle-120^{\circ}}{Z}=\dot{I}_{UV}\angle-120^{\circ}\\ \dot{I}_{WU}=\dfrac{\dot{U}_{WU}}{Z_{WU}}=\dfrac{\dot{U}_{WU}}{Z}=\dfrac{\dot{U}_{WU}\angle 120^{\circ}}{Z}=\dot{I}_{UV}\angle 120^{\circ}\end{cases}\tag{2-73}$$

由上式可知，相电流是对称的，如图 2-52（b）所示。从相量图可求得各线电流分别为

$$\begin{cases}\dot{I}_U=\dot{I}_{UV}-\dot{I}_{WU}=\sqrt{3}\,\dot{I}_{UV}\angle-30^{\circ}\\ \dot{I}_V=\dot{I}_{VW}-\dot{I}_{UV}=\sqrt{3}\,\dot{I}_{VW}\angle-30^{\circ}\\ \dot{I}_W=\dot{I}_{WU}-\dot{I}_{VW}=\sqrt{3}\,\dot{I}_{WU}\angle-30^{\circ}\end{cases}\tag{2-74}$$

可见，线电流也是一组对称三相正弦量，其有效值为相电流的 $\sqrt{3}$ 倍，相位滞后于相应的相电流 30°。

【例 2.27】对称负载接成三角形，接入线电压为 380 V 的三相电源，若每相阻抗 Z=6+j8Ω，求负载各相电流及各线电流。

解：设线电压 $\dot{U}_{UV}=380\angle 0^{\circ}\,\text{V}$，则负载各相电流

$$\dot{I}_{UV}=\frac{\dot{U}_{UV}}{Z}=\frac{380\angle 0^{\circ}}{10\angle 53.1^{\circ}}=38\angle -53.1^{\circ}\,(A)$$

$$\dot{I}_{VW}=\frac{\dot{U}_{VW}}{Z_{VW}}=\dot{I}_{UV}\angle -120^{\circ}=38\angle -173.1^{\circ}\,(A)$$

$$\dot{I}_{WU}=\frac{\dot{U}_{WU}}{Z_{WU}}=\dot{I}_{UV}\angle 120^{\circ}=38\angle 66.9^{\circ}\,(A)$$

负载各线电流为

$$\dot{I}_{U}=\sqrt{3}\,\dot{I}_{UV}\angle -30^{\circ}=66\angle -83.1^{\circ}\,(A)$$

$$\dot{I}_{V}=\dot{I}_{U}\angle -120^{\circ}=66\angle 156.9^{\circ}\,(A)$$

$$\dot{I}_{W}=\dot{I}_{U}\angle 120^{\circ}=66\angle 36.9^{\circ}\,(A)$$

三、三相电路的功率

1. 三相负载的有功功率

三相负载的总有功功率等于各相负载有功功率之和，即

$$P=P_U+P_V+P_W=U_U I_U\cos\phi_U+U_V I_V\cos\phi_V+U_W I_W\cos\phi_W \tag{2-75}$$

或

$$P=P_U+P_V+P_W=I_U^2R_U+I_V^2R_V+I_W^2R_W \tag{2-76}$$

其中，U_U、U_V、U_W分别为各相电压的有效值，I_U、I_V、I_W分别为各相电流的有效值，$\cos\phi_U$、$\cos\phi_V$、$\cos\phi_W$分别为各相负载的功率因数。

若三相负载对称，则三相电压、电流分别对称、有效值相等，即

$$U_U I_U\cos\phi_U=U_V I_V\cos\phi_V=U_W I_W\cos\phi_W=U_P I_P\cos\phi_P \tag{2-77}$$

三相总有功功率为

$$P=P_U+P_V+P_W=3U_P I_P\cos\phi_P \tag{2-78}$$

式中，U_P、I_P代表负载上的相电压和相电流。

当负载为星形连接时，有

$$U_P=U_1\big/\sqrt{3}\,,\quad I_P=I_1 \tag{2-79}$$

$$P=\sqrt{3}U_1I_1\cos\phi_P$$

当负载为三角形连接时，有

$$U_P=U_1\,,\quad I_P=I_1\big/\sqrt{3}$$

$$P=\sqrt{3}U_1I_1\cos\phi_P$$

即对称三相电路的有功功率的计算公式为$P=\sqrt{3}U_1I_1\cos\phi_P$，与负载的连接方式无关，但$\phi_P$仍然是相电压与相电流之间的相位差，由负载的阻抗角决定。

2. 三相负载的无功功率

三相负载总无功功率等于各相负载无功功率之和，即

$$Q=Q_U+Q_V+Q_W=U_UI_U\sin\phi_U+U_VI_V\sin\phi_V+U_WI_W\sin\phi_W \tag{2-80}$$

或

$$Q=Q_U+Q_V+Q_W=I_U^2X_U+I_V^2X_V+I_W^2X_W \tag{2-81}$$

其中，X_U、X_V、X_W分别为U、V、W三相负载阻抗的电抗部分（复阻抗的虚部）。

若三相负载是对称的，则各相负载的无功功率相等，均为

$$Q_P=U_PI_P\sin\phi_P \tag{2-82}$$

无论负载接成星形还是三角形，则有

$$Q=Q_U+Q_V+Q_W=3U_PI_P\sin\phi_P=3I_P^2X_P \tag{2-83}$$

3. 三相负载的视在功率

三相负载的视在功率为

$$S=\sqrt{P^2+Q^2} \tag{2-84}$$

若三相负载对称，则

$$S=\sqrt{\left(\sqrt{3}U_1I_1\cos\phi_P\right)^2+\left(\sqrt{3}U_1I_1\sin\phi_P\right)^2}=\sqrt{3}U_1I_1 \tag{2-85}$$

但要注意在不对称三相制中，视在功率不等于各相电压与相电流之和，即

$$S\neq S_U+S_V+S_W$$

4. 三相负载的功率因数

三相负载的功率因数为

$$\lambda=\frac{P}{S}=\cos\varphi' \tag{2-86}$$

若负载对称，则

$$\lambda=\frac{\sqrt{3}U_1I_1\cos\phi_P}{\sqrt{3}U_1I_1}=\sqrt{3}\cos\phi_P \tag{2-87}$$

在对称情况下，$\cos\varphi'=\cos\varphi$是一相负载的功率因数，$\varphi'=\varphi$，即为负载的阻抗角。在

不对称负载中，各相功率因数不同，三相负载的功率因数值无实际意义。

【例 2.28】有一对称三相负载，每相阻抗 Z=80+j60Ω，电源线电压 U_1=380 V。求当三相负载分别连接成星形和三角形时电路的有功功率和无功功率。

解：（1） 负载为星形连接时

$$U_P = U_1/\sqrt{3} = 220(\text{V})$$

$$I_P = I_1 = \frac{U_P}{|Z|} = 2.2(\text{A})$$

由阻抗三角形可得

$$\cos\phi_P = \frac{80}{\sqrt{80^2+60^2}} = 0.8，\ \sin\phi_P = 0.6$$

所以

$$P = \sqrt{3}U_1 I_1 \cos\phi_P = 1.16(\text{kW})$$

$$Q = \sqrt{3}U_1 I_1 \sin\phi_P = 0.87(\text{kvar})$$

（2） 负载为三角形连接时

$$U_P = U_1 = 380(\text{V})$$

$$I_1 = \sqrt{3}I_P = 6.6(\text{A})$$

$$P = \sqrt{3}U_1 I_1 \cos\phi_P = 3.84(\text{kW})$$

$$Q = \sqrt{3}U_1 I_1 \sin\phi_P = 2.61(\text{kvar})$$

通过上面题目的分析，得知电源电压一定的情况下，三相负载连接形式的不同，负载的有功功率不同，所以一般三相负载在电源电压一定的情况下，都有确定的连接形式（星形连接或三角形连接），不能任意连接。

5. 对称三相电路的瞬时功率

三相电路总瞬时功率可以表示为

$$p = p_U + p_V + p_W = u_U i_U + u_V i_V + u_W i_W \tag{2-88}$$

由于电路是对称三相电路，三相电压是一组对称量，电流也是一组对称量。将各相电压、电流值代入上式，得

$$p = \sqrt{3}U_1 I_1 \cos\phi_P$$

即对称三相电路中，虽然各相功率是随时间变化的，但三相瞬时总功率等于平均功率，是不随时间变化的常数。因此作为三相对称负载的电动机的转矩是恒定的，运转平稳，这种对称三相电路也称为平衡三相电路。

2.5　供电与用电

电能在生产、传送、使用中比其他能源更易于调控，因此它是最理想的二次能源，是现代社会的主要能源。

电力系统是由各种电压的线路将一些发电厂、变电站、电力线路和用电设备联系在一起的发电、输电、变电、配电和用电的统一整体。

由图 2-53 所示可知，送电过程：发电机→升压→高压输电线路→降压→配电。

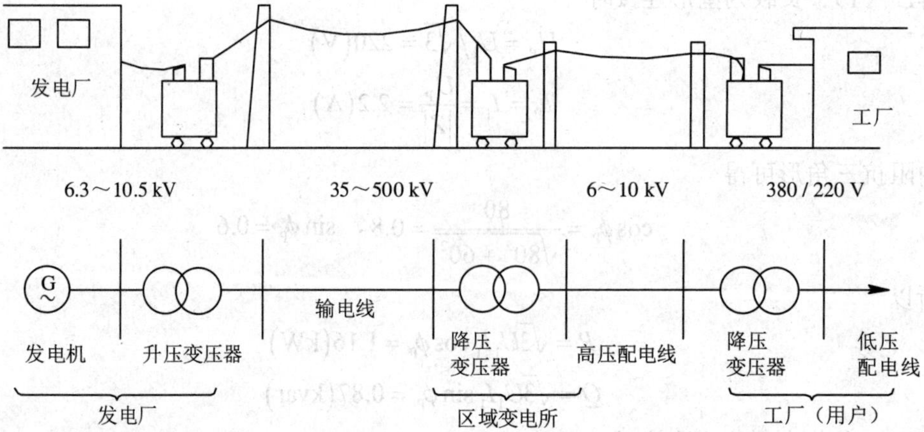

图 2-53　电力系统结构示意图

2.5.1　发电、输电与配电

一、发电

发电是指利用发电动力装置将水能、石化燃料的热能、核能以及太阳能、风能、地热能、海洋能等转换为电能的生产过程。发电动力装置按能源的种类分为火电动力装量、水电动力装置、核电动力装置及其他能源发电动力装置。火电动力装置由电厂锅炉、汽轮机和发电机（惯称三大主机）及其辅助装置组成。各种发电厂中的发电机几乎都是三相交流发电机。我国生产的交流发电机的电压等级有 400/230V 和 3.15kV、6.3 kV、10.5kV、13.8kV、15.75kV、18kV 等多种。

二、输电

大中型发电厂大多建在水力资源丰富的地区或产煤地区附近，距离用电地区往往是几十公里，几百公里甚至一千公里以上。为了降低电能在传输中的损耗，发电厂生产的电能要用高压的方式输送到用电地区，然后再降压分配给各用户。

通过输电，把相距甚远的发电厂和负荷中心联系起来，使电能的开发和利用超越地域的限制。和其他能源的传输（如输煤、输油等）相比，输电的损耗小、效益高、灵活方便、易于调控、环境污染少；输电还可以将不同地点的发电厂联接起来，实行峰谷调节。

输电电压的高低是输电技术发展水平的主要标志。将电能从发电厂传输到用户的导线系统称为电力网

三、配电

配电是指电力系统中直接与用户相连并向用户分配电能的环节。配电电压通常有 35～

60kV 和 3～10kV 以及 380V、220V 等。

常用的交流供电方式有以下三种。

（1）三相三线制：分为三角形接线（用于高压配电，三相 220V 电动机和照明）和星形接线（用于高压配电、三相 380V 电动机）。

（2）三相四线制：用于 380/220V 低压动力与照明混合配电。

（3）单相二线制：主要供应居民用电。

电能由发电厂产生后，经升压变压器进入超高压（220～500kV）电力网或高压（35～110 kV）电力网，再经输电线送至各地区域变电站，由地方电网的中高压（6～10 kV）输电网络供给用户。如图 2-54 所示。

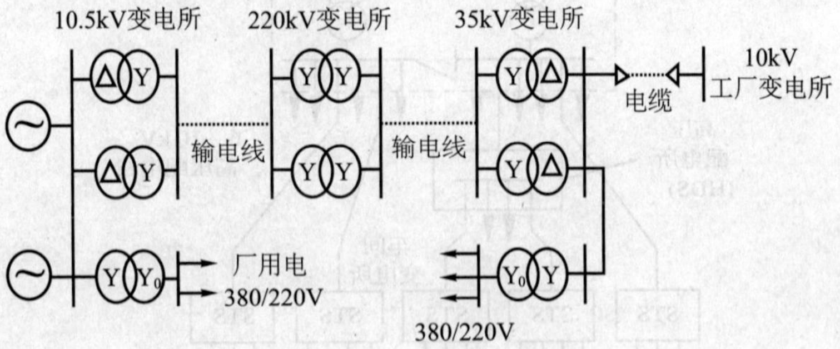

图 2-54　发电、输电和配电系统简图

2.5.2　工厂供电

一、工厂供电的意义和要求

工厂是电力用户，它接受从电力系统送来的电能。工厂供电就是指工厂把接收的电能进行降压，然后再进行供应和分配。工厂供电是企业内部的供电系统。

工厂供电工作要很好地为工业生产服务，切实保证工厂生产和生活用电的需要，并做好节能工作，这就需要有合理的工厂供电系统。合理的供电系统需达到以下基本要求。

（1）安全：在电能的供应分配和使用中，不应发生人身和设备事故。

（2）可靠：应满足电能用户对供电的可靠性要求。

（3）优质：应满足电能用户对电压和频率的质量要求。

（4）经济：供电系统投资要少，运行费用要低，并尽可能地节约电能和材料。

此外，在供电工作中，应合理地处理局部和全部、当前和长远的关系，既要照顾局部和当前利益，又要顾全大局，以适应发展要求。

二、工厂供电系统组成

工厂供电系统由高压及低压两种配电线路、变电所（包括配电所）和用电设备组成。一般大、中型工厂均设有总降压变电所，把 35～10 kV 电压降为 6～10 kV 电压，向车间变电所或高压电动机和其他高压用电设备供电，总降压变电所通常设有一两台降压变压器。

在一个生产车间内，根据生产规模、用电设备的布局和用电量的大小等情况，可设立一个或几个车间变电所（包括配电所），也可以几个相邻且用电量不大的车间公用一个车间变电所。车间变电所一般设置一两台变压器（最多不超过三台），其单台容量一般为1000 kVA 或 1000 kVA 以下（最大不超过 1800 kVA），将 6～10 kV 电压降为 220 V/380 V 电压，对低压用电设备供电。一般大、中型工厂的供电系统如图 2-55 所示。小型工厂，所需容量一般为 1000 kVA 或稍大些，因此，只需设一个降压变电所，由电力网以 6～10 kV 电压供电，其供电系统如图 2-56 所示。

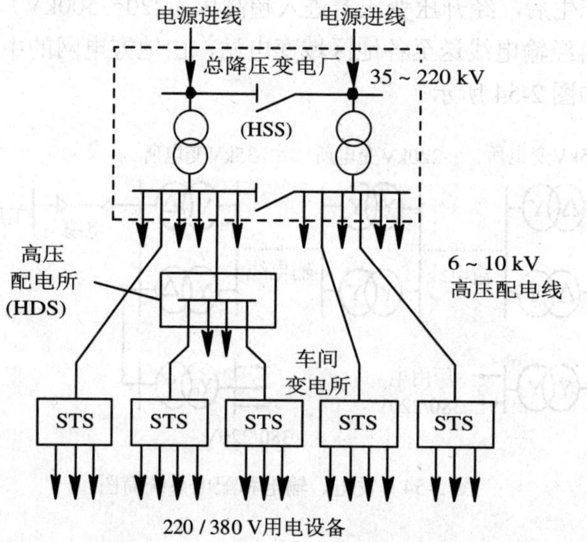

图 2-55　大、中型工厂供电系统图

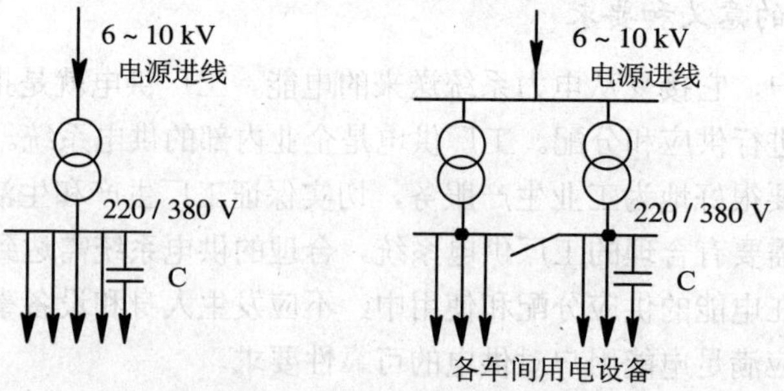

（a）装有一台变压器　　（b）装有两台变压器

图 2-56　小型工厂供电系统图

变电所中的主要电气设备是降压变压器和受电、配电设备及装置。用来接受和分配电能的电气装置称为配电装置，其中包括开关设备、母线、保护电器、测量仪表及其他电气设备等。对于 10 kV 及 10 kV 以下系统，为了安装和维护方便，总是将受电、配电设备及装置做成成套的开关柜。

工业企业高压配电线路主要作为厂区内输送、分配电能之用。高压配电线路应尽可能采用架空线路，因为架空线路建设投资少且便于检修维护。但在厂区内，由于对建筑物距离的要求和管线交叉、腐蚀性气体等因素的限制，不便于架设架空线路时，可以敷设地下电缆线路。

工业企业低压配电线路主要作为向低压用电设备输送、分配电能之用。户外低压配电线路一般采用架空线路，因为架空线路与电缆相比有较多优点，如成本低、投资少、安装容易、维护和维修方便、易于发现和排除故障。

电缆线路与架空线路相比，虽具有成本高，投资大、维修不便等缺点，但是它具有运行可靠、不易受外界影响、不需架设电杆、不占地面空间、无碍观瞻等优点，特别是在有腐蚀性气体和易燃、易爆场所，不宜采用架空线路时，则只有敷设电缆线路，随着经济发展，在现代化工厂中，电缆线路得到了越来越广泛的应用。在车间内部则应根据具体情况，或用明敷配电线路或用暗敷配电线路。

在工厂内，照明线路与电力线路一般是分开的，可采用 220/380 V 三相四线制，尽量由一台变压器供电。

2.6　常用照明电路

2.6.1　常用照明附件

常用照明附件包括灯座、开关、插座、挂线盒及木台等器件

1. 灯座

灯座的种类大致分为插口式和螺旋式两种。灯座外壳分瓷、胶术和金属材料三种根据不同的应用场合，分平灯座、吊灯座、防水灯座、荧光灯座等。常用灯座如图 2-57 所示。

（a）插口吊灯座　（b）插口平灯座　（c）螺口吊灯座　（d）螺口平灯座

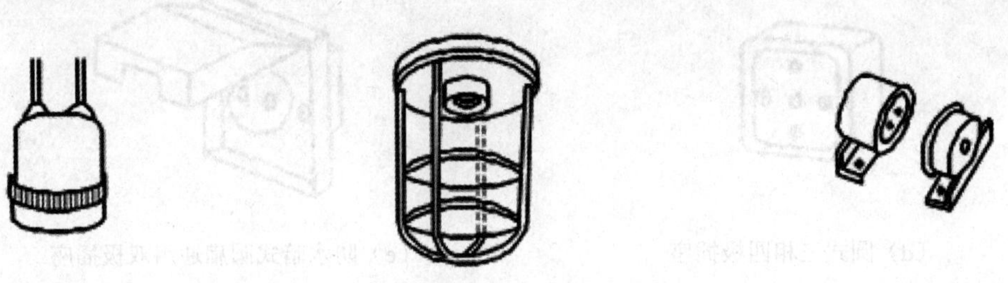

（e）防水螺口吊灯座　（f）防水螺口平灯座　（g）安全荧光灯座

图 2-57　常用灯座

2. 开关

开关的作用是在照明电路中接通或断开照明灯具的器件。按其安装形式分明装式和暗装式，按其结构分单联开关、双联开关、旋转开关等。常用开关如图 2-58 所示。

3. 插座

插座是为各种可移动用电器提供电源的器件。其安装形式可分为明装式和暗装式，从其结构可分为单相双极插座、单相带接地线的三极插座及带接地线的三相四极插座等，如图 2-59 所示。

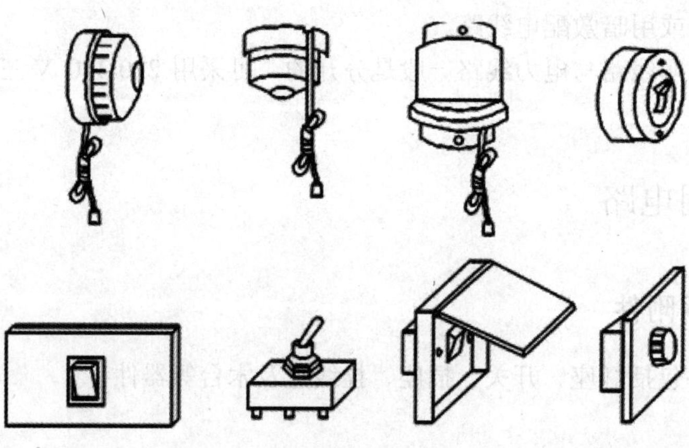

图 2-58 常用开关

（a）圆扁通用双极插座

（b）扁式单相三极插座

（c）暗式圆扁通用双极插座

（d）圆式三相四极插座

（e）防水暗式圆扁通用双极插座

图 2-59 常用插座

4. 挂线盒和木台

挂线盒俗称“先令”，用于悬挂吊灯并起接线盒的作用，制作材料有瓷质和塑料。木台用来固定挂线盒、开关、插座等，形状有圆形和方形，制作材料有木质和塑料。

2.6.2　安全用电

1.　白炽灯的构造和种类

白炽灯具有结构简单、安装简便、使用可靠、成本低、光色柔和等特点。

一般灯泡为无色透明灯泡，一也可根据需要制成磨砂灯泡、乳自灯泡及彩色灯泡

（1）　白炽灯的构造。白炽灯由灯丝、玻璃壳、玻璃支架、引线、灯头等组成。灯丝一般用钨丝制成，当电流通过灯丝时，由于电流的热效应使灯丝温度上升至白炽程度而发光功率在 40W 以下的灯泡，制作时将玻璃壳内抽成真空；功率在 40 W 及以上的灯泡，则在玻璃壳内充氢气或氮气等惰性气体，使钨丝在高温时不易挥发。

（2）　白炽灯的种类。白炽灯的种类很多，按其灯头结构，可分为插口式和螺口式两种，按其额定电压，可分为 6 V、12 V、24 V、36 V、110 V 和 220 V 等 6 种。

按其用途可分为普通照明用白炽灯、投光型白炽灯、低压安全灯、红外线灯及各类信号指示灯等各种不同额定电压的灯泡外形很相似，所以在安装使用灯泡时应注意灯泡的额定电压必须与线路电压一致。

2.　白炽灯照明线路

（1）　用单联开关控制白炽灯。一只单联开关控制一盏白炽灯的接线原理图如图 2-60（a）所示。

（2）　用双联开关控制白炽灯。两只双联开关控制一盏白炽灯的接线原理图如图 2-60（b）所示。

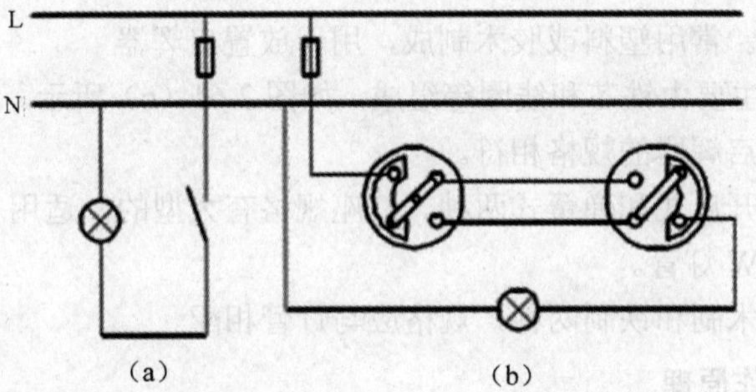

（a）　单联开关控制白炽灯接线原理图　（b）　双联开关控制白炽灯接线原理图

图 2-60　白炽灯照明线路

2.6.3　荧光灯照明线路

1.　荧光灯及其附件的结构

荧光灯照明线路主要由灯管、启辉器、启辉器座、镇流器、灯座、灯架等组成。

（1）　灯管。由玻璃管、灯丝、灯头、灯脚等组成，其外形结构如图 2-61（a）所示玻璃管内抽成真空后充入少量汞（水银）和氢等惰性气体，管壁涂有荧光粉，在灯丝上涂有电子粉。

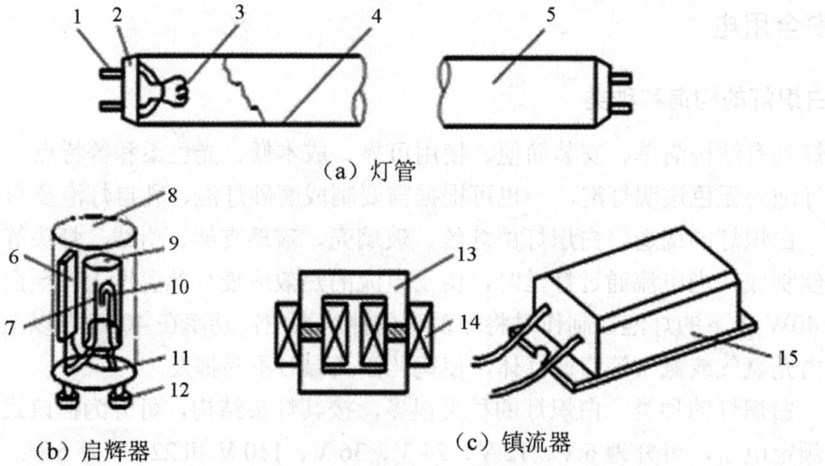

（a）灯管

（b）启辉器　　（c）镇流器

1-灯脚；2-灯头；3-灯丝；4-荧光粉；5-玻璃管；6-电容器；7-静触片；
8-外壳；9-氖泡；10-动触片；11-绝缘底座；12-出线脚；13-铁芯；14-线圈；15-金属外壳

图 2-61　荧光灯照明装置的主要部件结构

灯管常用规格有 6 W、8 W、12 W、15 W、20 W、30 W 及 40 W 等。灯管外形除直线形外，也有制成环形或 U 形等。

（2）启辉器。由氖泡、纸介质电容器、出线脚、外壳等组成，氖泡内有门形动触片和静触片，如图 2-61（b）所示。常用规格有 4～8 W、15～20 W、30～40 W，还有通用型 4～40 W 等

（3）启辉器座。常用塑料或胶木制成，用于放置启辉器

（4）镇流器。主要由铁芯和线圈等组成，如图 2-61（c）所示。使用时镇流器的功率必须与灯管的功率及启辉器的规格相符。

（5）灯座。有开启式和弹簧式两种。灯座规格有大型的，适用 15W 及以上的灯管；小型的，适用 6～12 W 灯管。

（6）灯架。有木制和铁制两种，规格应与灯管相配。

2.　荧光灯的工作原理

荧光灯工作原理图如图 2-62 所示。闭合开关接通电源后，电源电压经镇流器、灯管两端的灯丝，加在启辉器的门形动触片和静触片之间，引起辉光放电。放电时产生的热量使得用双金属片制成的门形动触片膨胀并向外伸展，与静触片接触，使灯丝预热并发射电子。在门形动触片与静触片接触时，二者间电压为零而停止辉光放电，门形动触片冷却收缩并复原而与静触片分离。

在动、静触片断开瞬间，镇流器两端产生一个比电源电压高得多的感应电动势，该感应电动势与电源电压串联后加在灯管两端，使灯管内惰性气体被电离而引起弧光放电。随着灯管内温度升高，液态汞汽化游离，引起汞蒸气弧光放电而发出肉眼看不见的紫外线，紫外线激发灯管内壁的荧光粉后，发出近似日光的可见光。

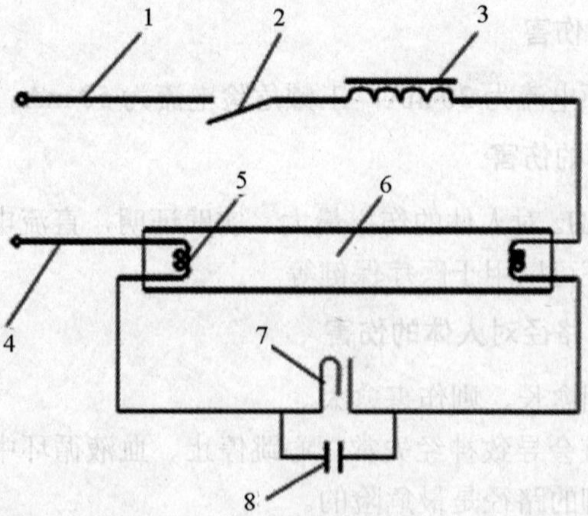

1-相线；2-开关；3-整流器；4-中性线；5-灯丝；6-灯管；7-金属片；8-电容器

图 2-62　荧光灯的工作原理图

3. 镇流器的作用

镇流器在电路中除上述作用外，还有两个作用：一是在灯丝预热时限制灯丝所需的预热电流，防止预热电流过大而烧断灯丝，保证灯丝电子的发射能力；二是在灯管启辉后，维持灯管的工作电压和限制灯管的工作电流在额定值，以保证灯管稳定工作。

4. 启辉器内电容器的作用

该电容器有两个作用:一是与镇流器线圈形成 LC 振荡电路，延长灯丝的预热时间和维持感应电动势；二是吸收干扰收音机和电视机的交流杂声。

2.6.4　安全用电

一、触电

当人体触及带电体承受过高的电压而导致死亡或局部受伤的现象称为触电。触电依伤害程度不同可分为电击和电伤两种。

电击是指电流通过人体而使内部器官受到损害，影响呼吸系统、心脏和神经系统，造成人体内部组织的破坏乃至死亡。电击多发生在对地电压为 220 V 的低压线路或带电设备上，因为这些带电体是人们日常工作和生活中易接触到的。

电伤是指在电弧作用下或熔断丝熔断时，对人体外部的伤害，如烧伤、金属溅伤等。电伤多发生在 1000 V 或 1000 V 以上的高压带电体上，其危险虽不像电击那样严重，但也不容忽视。

调查表明，绝大部分的触电事故都是由电击造成的。电击伤害的程度取决于通过人体电流的大小、持续时间、电流的频率以及电流通过人体的途径等。

1. 人体电阻值

人体电阻值因人而异，通常为 10^4～10^5 Ω，当角质外层破坏时，则降到 800～1000 Ω。

2. 电流强度对人的伤害

人体允许的安全工频电流为 30 mA，工频危险电流为 50 mA。

3. 电流频率对人体的伤害

电流频率在 40～60 Hz 对人体的伤害最大。实践证明，直流电对血液有分解作用，而高频电流不仅没有危害还可以用于医疗保健等。

4. 电流持续时间与路径对人体的伤害

电流通过人体的时间愈长，则伤害愈大。

电流的路径通过心脏会导致神经失常、心跳停止、血液循环中断，危险性最大。其中电流的流经从右手到左脚的路径是最危险的。

我们把人体触电后最大的摆脱电流称为安全电流。我国规定安全电流为 30 mA，即触电时间在 1 s 内，通过人体的最大允许电流为 30 mA。

5. 电压对人体的伤害

触电电压越高，通过人体的电流越大就越危险。

人体触电时，如果接触电压在 36 V 以下，通过人体的电流就不超过 30 mA，因此我国把 36 V 以下的电压定为安全电压。工厂进行设备检修使用的手灯及机床照明都采用安全电压。

二、触电方式

1. 单相触电

在人体与大地之间互不绝缘情况下，人体的某一部位触及三相电源线中的任意一根导线，电流从带电导体经过人体流入大地而造成的触电伤害。单相触电可分为中性点接地和中性点不接地两种情况。

（1） 电源中性点接地的单相触电。

在中性点接地的电网中，发生单相触电情形如图 2-63 所示。这时人体处于相电压下，危险较大。

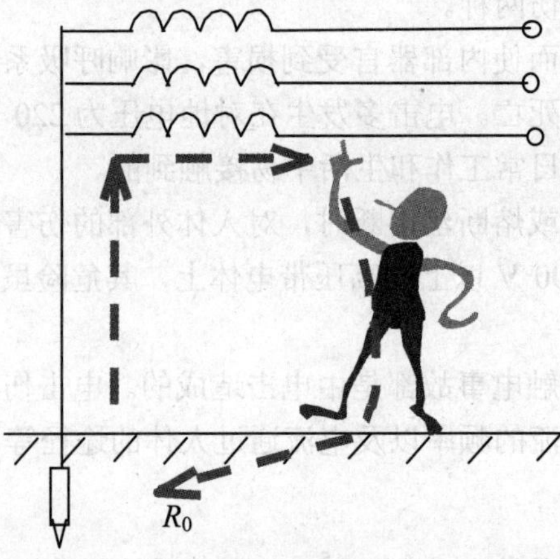

图 2-63 中性点接地系统的单相触电

（2） 电源中性点不接地系统的单相触电。

在中性点不接地的电网中，发生单相触电情形如图 2-64 所示。

人体接触某一相时，通过人体的电流取决于人体电阻值 R_b 与输电线对地绝缘电阻值 R' 的大小。

若输电线绝缘良好，绝缘电阻值 R' 较大，对人体的危害性就减小。

但导线与地面间的绝缘可能不良（R' 较小），甚至有一相接地，这时人体中就有电流通过。

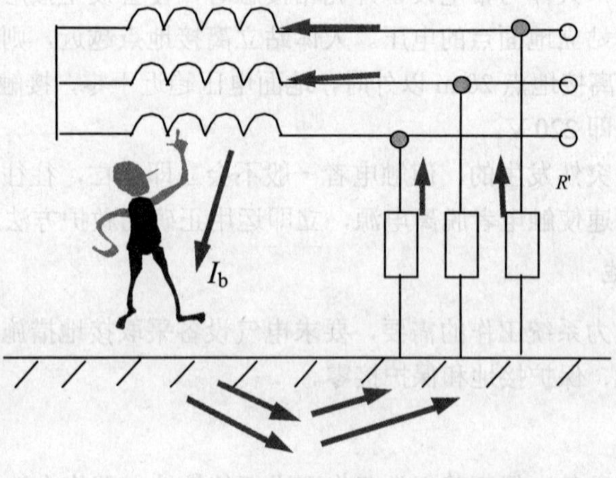

图 2-64　中性点不接地系统的单相触电

2. 双相触电

双相触电是指在人体与大地绝缘的情况下，同时接触到两根不同的相线，或者人体同时触及电气设备的两个不同相的带电部位时，电流由一根相线经过人体到另一根相线，形成闭合回路，如图 2-65 所示。

图 2-65　双相触电示意图

此时人体处于线电压下，通过人体的电流为 0.38A，所以，触电后果更为严重。

3. 接触正常不带电的金属体

当电气设备内部绝缘损坏而与外壳接触，将使其外壳带电。当人触及带电设备的外壳时，相当于单相触电。大多数触电事故属于这一种。

4. 跨步电压触电

在高压输电线断线落地时，有强大的电流流入大地，在接地点周围产生电压降。

5. 接触电压触电

导线接地后，不但会产生跨步电压触电，还会产生另一种形式的触电，即接触电压触电。

由于接地装置布置不合理，接地设备发生碰壳时造成电位分布不均匀而形成一个电位分布区域。在此区域内，人体与带电设备外壳相接触时，便会发生接触电压触电。接触电压等于相电压减去人体站立地面点的电压。人体站立离接地点越近，则接触电压越小，反之就越大。当站立点距离接地点 20 m 以外时，地面电压趋近于零，接触电压为最大，约为电气设备的对地电压，即 220 V。

触电事故虽然总是突然发生的，但触电者一般不会立即死亡，往往是“假死”，现场人员应该当机立断，迅速使触电者脱离电源，立即运用正确的救护方法加以抢救。

三、触电预防措施

为了人身安全和电力系统工作的需要，要求电气设备采取接地措施。按接地目的的不同，主要分为工作接地、保护接地和保护接零。

1. 工作接地

工作接地是指电气设备为保证其正常工作而进行的接地，即将中性点接地。

工作接地目的：

（1） 降低触电电压。

（2） 迅速切断故障。在中性点接地的系统中，一相接地后的电流较大，保护装置迅速动作，断开故障点。

（3） 降低电气设备对地的绝缘水平。

2. 保护接地

保护接地是指为保证人身安全，防止人体接触设备外露部分而触电的一种接地形式。在中性点不接地系统中，设备外露部分必须与大地进行可靠电气连接，即保护接地。

3. 保护接零（用于 380/220 V 三相四线制系统）

保护接零是指在电源中性点接地系统中，将设备需要接地的外露部分与电源中性线直接连接。相当于设备外露部分与大地进行了电气连接。

当电气设备绝缘损坏造成一相碰壳，该相电源短路，其短路电流使保护设备动作，将故障设备从电源切除，防止人身触电。

4. 重复接地

在电源中性线做了工作接地的系统中，为确保保护接零的可靠，还需相隔一定距离将中性线或接地线重新接地，称为重复接地。

在重复接地的系统中，即使出现中性线断线，但外露部分因重复接地而使其对地电压大大下降，对人体的危害也大大下降。不过应尽量避免中性线或接地线出现断线的现象。

5. 漏电保护

漏电保护为近年来推广采用的一种新的防止触电的保护装置。在电气设备中发生漏电或接地故障而人体尚未触及时，漏电保护装置已切断电源；或者在人体已触及带电体时，漏电保护器能在非常短的时间内切断电源，减轻对人体的危害。漏电保护器的种类很多，这里不做详细介绍。

四、安全用电的意义

在使用电能的过程中，如果不注意用电安全，可能造成人身触电伤亡事故或电气设备的损坏，甚至影响到电力系统的安全运行，造成大面积的停电事故，使国家财产遭受损失，给生产和生活造成很大的影响。因此，我们在使用电能时，必须注意安全用电，以保证人身、设备、电力系统三方面的安全，防止发生事故。

五、安全用电措施

安全用电是指在保证人身及设备安全的条件下，应采取的科学措施和手段。通常从以下两方面着手。

1. 建立健全各种操作规程和安全管理制度

（1） 安全用电，节约用电，自觉遵守供电部门制定的有关安全用电规定，做到安全、经济、不出事故。

（2） 禁止私拉电网，禁用“一线一地”接照明灯。

（3） 屋内配线，禁止使用裸导线或绝缘破损、老化的导线，对绝缘破损部分，要及时用绝缘胶皮缠好。发生电气故障和漏电起火事故时，要立即拉断电源开关。在未切断电源以前，不要用水或酸、碱泡沫灭火器灭火。

（4） 电线断线落地时，不要靠近，对于 6～10 kV 的高压线路，应离开落地点 10 m 远。更不能用手去捡电线，应派人看守，并赶快找电工停电修理。

（5） 电气设备的金属外壳要接地；在未判明电气设备是否有电之前，应视为有电；移动和抢修电气设备时，均应停电进行；灯头、插座或其他家用电器破损后，应及时找电工更换，不能“带病”运行。

（6） 用电要申请，安装、修理找电工。停电要有可靠联系方法和警告标志。

2. 技术防护措施

为了防止人身触电事故，通常采用的技术防护措施有电气设备的接地和接零、安装低压触电保护器两种方式。

实践任务一 日光灯电路的安装与功率因数的提高

一、任务目的

（1） 了解日光灯的工作原理，正确连接日光灯的线路。

（2）了解提高功率因数的意义和方法。

（3） 进一步学习交流电流表、交流电压表及功率表的使用方法。

二、仪器与设备

（1） 交流电流表，0～300 mA，1 只；

（2） 交流电压表，0～300～600 V，1 只；

（3） 交流功率表，D26 W，1 只；

（4） 日光灯管，220 V，20 W，1 支；

（5） 镇流器，20 W，1 只；

（6） 启辉器及日光灯附件，1 套；

（7） 可变电容器箱，0～10 μF，1 个。

三、任务基本原理

1. 日光灯电路的组成

日光灯电路由日光灯管、镇流器、启辉器等部分组成，如图 2-66 所示。

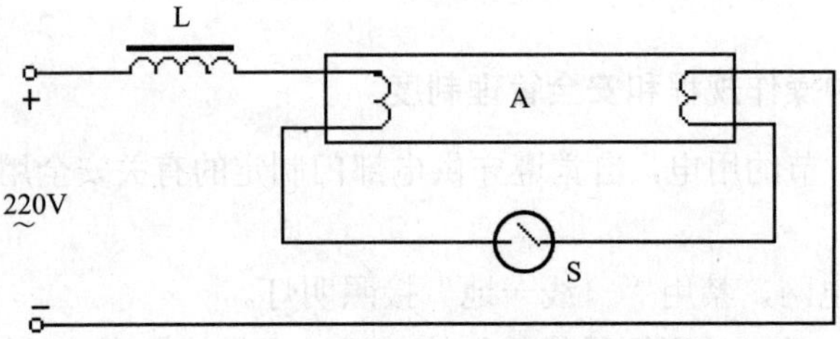

图 2-66 日光灯电路原理图

（1） 日光灯管：日光灯管是一支细长的玻璃管，在管内壁涂上荧光粉，并充以氩气和少量的汞。灯管两端各装有灯丝，它需要有一瞬时高电压帮助启燃。在正常工作时，灯管两端电压比较低，需要有一限流元件（如镇流器）与它串联才能接于 220 V 电源上正常工作。在实验电路中将灯管视为一电阻性元件。

（2） 镇流器：镇流器是一个带有铁芯的电感线圈。其在电路中有两个作用：一是在灯管启燃瞬间产生一高压帮助灯管启燃，二是在正常工作时，限制电路中的电流不致过大。在实验电路中镇流器属于有电阻值的感性元件。

（3） 启辉器：启辉器主要由辉光放电管即氖泡和电容器组成。在充有氖气的玻璃泡内装有两个电极，一为固定电极，另一为双金属片制成的 U 形可动电极。当两电极加以一定高的电压时，则氖气电离形成气体导电，同时拌有热量产生使双金属片受热膨胀而与固定电极接触，此时气体停止导电，双金属片不再受热而收缩恢复原来状态。启辉器在电路中起自动开关作用。

日光灯启燃过程如下：

当闭合开关 K，此时由于日光灯管未启燃不能导电，电压通过镇流器、灯管的灯丝施加于启辉器两电极上。启辉器两极间气体导电，双金属片与固定电极接触，由于电路中电流突然消失，电流经镇流器、灯管而流通。灯管启燃后，两端压降较低，启辉器不再动作，日光灯正常工作。

2. 功率因数的提高

交流电路中功率因数的大小，关系到电源设备及输电线路能否得到充分利用。为了提高功率因数，一般最常用的方法是在负载两端并联一个大小合适的电容器，抵消负载的一部分无功分量。实验中，在日光灯电路两端并联电容器，当电容器的电容量逐步增加时，电容器支路的电流 I_C 也随之增加。由于电路的总电流 $\dot{I}=\dot{I}_C+\dot{I}_L$，所以随着 I_C 的增加，电路的总电流反而逐渐减小，如图 2-67 所示是电路图和相量图。

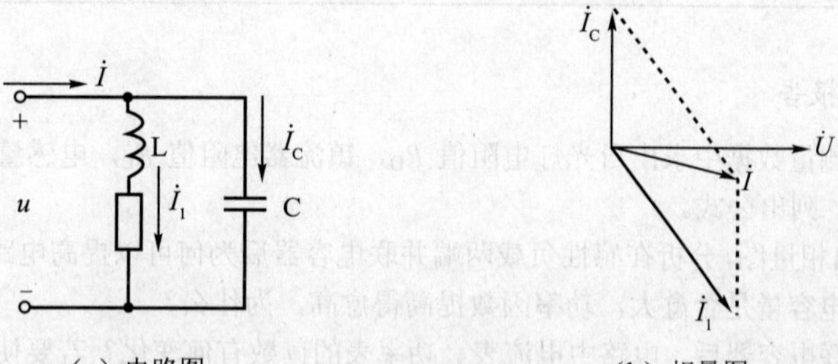

（a）电路图　　（b）相量图

图 2-67　日光灯电路图及电流相量图

注意： 电容器 C 的取值不能过大，否则会使电路变成电容性，总电流将会逐步增大。

四、任务内容及步骤

（1） 日光灯的安装，按图 2-68 所示实验线路接线，经检查无误后，方可通电，观察日光灯是否亮。

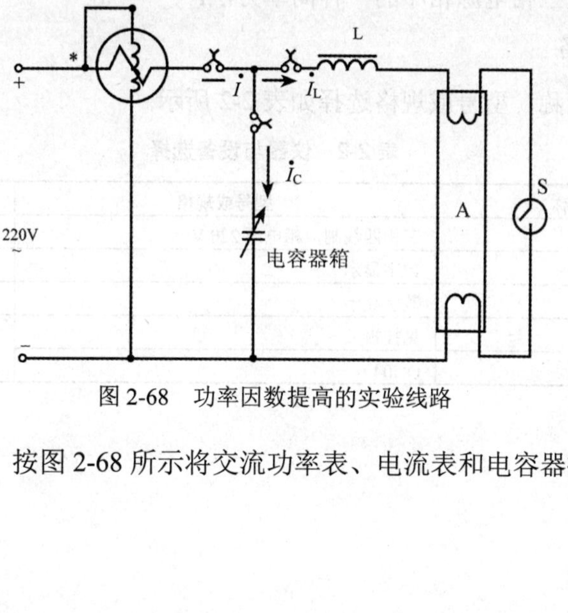

图 2-68　功率因数提高的实验线路

（2） 切断电源，按图 2-68 所示将交流功率表、电流表和电容器接入电路，经检查无误后，方可通电进行实验。

（3） 未并联电容器时，把电容器开关断开，读取数据，记入表 2-1 中。

（4） 改变可变电容器箱的电容量（1 μF，3 μF），读取数据，记入表 2-1 中。

表 2-1　日光灯电路及功率因数的提高

序　号	电 容 量	测 量 数 值						
		P/W	U/V	U_L/V	U_R/V	I/mA	I_L/mA	I_C/mA
1	0							
2	1 μF							
3	3 μF							

五、任务报告

（1） 从测量数据中求出日光灯电阻值 R_D，镇流器电阻值 R_L，电感量 L 和并联电容器的电容量 C，列出公式。

（2）画出相量图，分析在感性负载两端并联电容器后为何可以提高电路的功率因数？并联电容器的电容量是否愈大，功率因数提高得愈高，为什么？

（3） 并联电容器后，电路中电流表、功率表的读数有何变化？若要使功率因数为 1，应并联多大的电容量？列出公式进行计算。

实践任务二　三相交流电路电压与电流的测量

一、任务目的

（1） 学习电阻性三相负载星形连接和三角形连接的方法。

（2） 验证三相对称负载星形连接和三角形连接时线电压与相电压、线电流与相电流之间的关系。

（3） 了解不对称三相星形负载的中性点位移和中线的作用。

（4） 学习测定三相电源相序的一种简单方法。

二、仪器与设备

仪器与设备的名称、型号或规格选择如表 2-2 所示。

表 2-2　仪器与设备选择

名　　称	型号或规格	数　　量
电源	三相四线制，相电压 220 V	1
交流电压表	数字显示	1
交流电流表	数字显示	1
功率表	见挂板	1
三相负载装置	DG04	8 只白炽灯

三、任务原理

1. 负载的连接方式

在三相电路中，无论是电源还是负载，都有星形和三角形两种连接方式。在星形连接中又包括有中线（三相四线制）和无中线（三相三线制）两种情况。

1） 负载做星形连接，如图 2-69（a）所示。

（1） 负载对称，即 $Z_A=Z_B=Z_C$，电路中存在以下关系

$$\begin{cases} U_l = \sqrt{3}U_P \\ I_t = I_P \end{cases} \qquad \begin{cases} U_{NN} = 0 \\ I_N = 0 \end{cases}$$

即没有电流流过中线。

（2） 负载不对称，$Z_A \neq Z_B \neq Z_C$，有中线时，若忽略中线阻抗，则 $U_{NN}=0$，各相负载电压相等，仍有 $U_t=\sqrt{3}\,U_P$；但由于各相负载不对称，三相电流也不对称，中线电流将不为零，即

$$I_N = I_U + I_V + I_W \neq 0$$

若无中线，就会出现负载中性点位移现象，各相负载电压不再相等，电压、电流关系如下

$$\begin{cases} U_{UV} = U_{UN} - U_{VN} \\ U_{VW} = U_{VN} - U_{WN} \\ U_{WU} = U_{WN} - U_{UN} \end{cases} \qquad \begin{cases} I_r = I_P \\ U_t \neq \sqrt{3}U_P \\ U_{NN} \neq 0 \end{cases}$$

2） 负载做三角形连接，如图 2-69（b）所示。

（1） 负载对称，电路中存在以下关系

$$U_t = U_P \qquad I_t = \sqrt{3}I_P$$

（2） 负载不对称，电路中电压、电流关系如下

$$I_U=I_{UV}-I_{WU} \qquad U_t=U_P$$

$$I_V=I_{VW}-I_{UV} \qquad I_t \neq \sqrt{3}I_p \qquad I_W=I_{UW}-I_{VW}$$

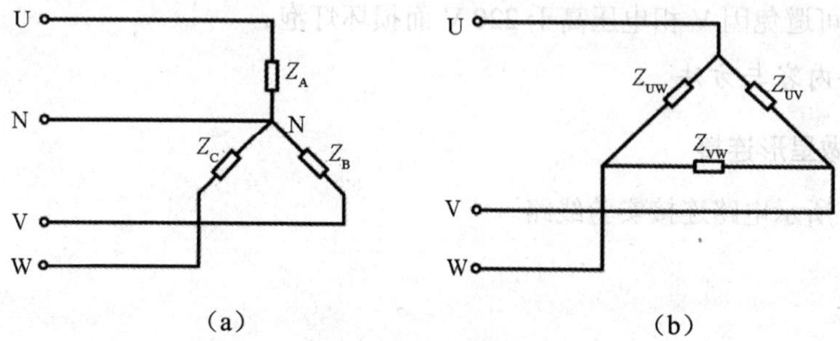

图 2-69　负载的连接

2. 三相电源相序的确定

三相电源的相序可用相序表直接测定，也可以利用在星形连接的三相三线制电路中，因负载不对称造成中性点位移，使负载相电压有规律地（与相序有关）不对称分布来判定相序。

图 2-70 所示是一简单的电阻器与电容器组成的相序测试器。电路中点电压为

$$\dot{U}_{NN}=\frac{j\omega C U_A+G\left(\dot{U}_B+\dot{U}_C\right)}{j\omega C+2G}\qquad（G\text{ 为灯的电导}）$$

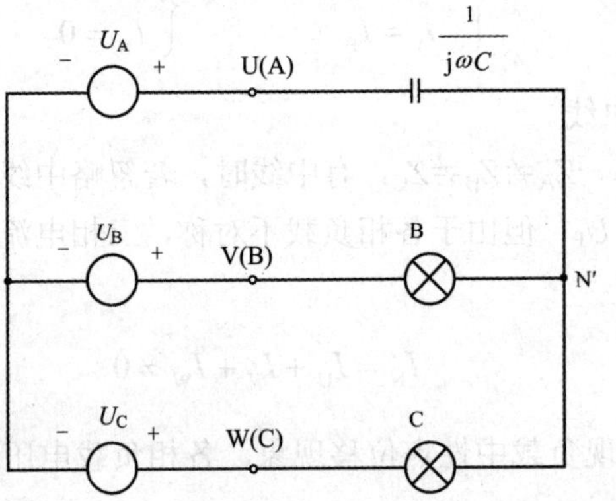

图 2-70

令 $\dot{U}_A=U\angle 0^{\circ}\left(\mathrm{V}\right)$，代入上式后，得

$$\dot{U}_{NN}=\left(-0.2+j0.6\right)U=0.63U\angle 108.4^{\circ}$$

B 相灯泡承受的电压 $\dot{U}_{BN'}$ 为

$$\dot{U}_{BN}=\dot{U}_{BN}-\dot{U}_{NN}=1.5U\angle -101.5^{\circ}$$

经类似的计算可得

$$\dot{U}_{CN}=\dot{U}_{CN}-\dot{U}_{NN}=0.4U\angle -133.4^{\circ}$$

根据上述结果 $\dot{U}_{BN}>\dot{U}_{CN}$ 就可以判定：当电容器所在的那一相为 A 相时，则灯泡较亮的一相为 B 相，较暗的一相为 C 相。

对于电压是 380/220 V 规格的电源，测定相序时，图 2-71 所示电路中，每相最好用两个灯泡串联，可避免因 V 相电压高于 220 V 而损坏灯泡。

四、任务内容与方法

1. 负载做星形连接

按图 2-71 所示电路连接实验线路。

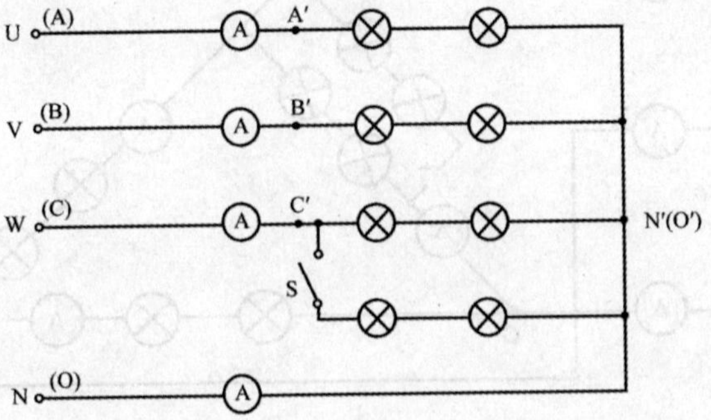

图 2-71

（1）　有中线。

当负载对称（每相开两只灯）和不对称（其中一相多并联 2 只灯）时，测量三相负载的线电压、相电压、线电流（即相电流）与中线电流。

（2）　无中线。

当负载对称和不对称时，测量三相负载的线电压、相电压、中点电压及线（相）电流。

将以上数据记入表 2-3 中，并核算：在有、无中线的情况下，三相负载对称和不对称时，其线电压和相电压之间是否存在 $\sqrt{3}$ 的数量关系？

观察现象：

在负载不对称的情况下，有中线时，各相灯泡亮度是否一样？为什么？

无中线时，各相灯泡亮度是否一样？为什么？

表 2-3　负载星形连接

内容＼数据		$U_{A'B'}$	$U_{B'C'}$	$U_{C'A'}$	$U_{A'0'}$	$U_{B'0'}$	$U_{C'0'}$	$U_{NN'}$	I_A	I_B	I_C	I_0
负载对称	有中线											
	无中线											
负载不对称	有中线											
	无中线											
A 相开路（负载对称）	有中线											
	无中线											

2.　负载做三角形连接

按图 2-72 所示电路连接实验线路。

当负载对称和不对称时，测量三相负载的线电压（即相电压）、线电流与相电流。

将测量数据记入表 2-4 中，并核算，负载作三角形连接，当负载对称和不对称时，其线电 g94 流和相电流之间是否存在 $\sqrt{3}$ 的数量关系？

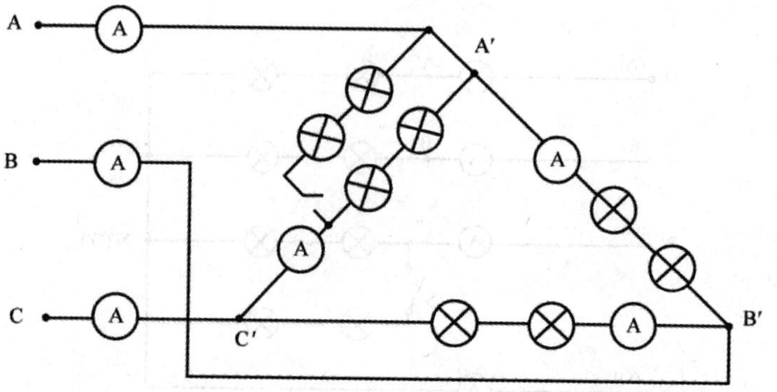

图 2-72

表 2-4 负载三角形连接

测量项目	线（相）电压______V			线电流______A			相电流______A			I_e与I_P有无$\sqrt{3}$关系
负载情况	U_U	U_V	U_W	I_U	I_V	I_W	I_{UV}	I_{VW}	I_{WU}	
对称										
不对称										

3. 测定三相电源的相序

按图 2-70 所示电路，测定实验台上三相电源的相序。

根据实验原理，若在 U 相中接入电容器，则灯泡较亮的一相为 V 相，灯泡较暗的一相为 W 相，与实际标注的相序相比较，是否相符。

五、任务思考题

（1） 负载不对称，星形连接，有中线时，各灯泡亮度是否一样？断开中线，各灯泡亮度是否还一样？注意在实验中观察并记录这一重要现象，加深理解中线的作用。

（2） 负载做三角形连接时，若某一相发生短路故障. 将会出现什么情况？

（3） 在不对称三相四线制电路中，能用二瓦计法测量三相功率吗？

六、任务报告要求

（1） 根据测得的实验数据，计算出结果，并得出相应的结论。

（2） 根据实验数据及观察到的现象，说明三相四线制供电系统设置中线的必要性。

（3） 回答思考题。

七、注意事项

（1） 任务中电压较高，通电后不得触及导电部件，换线路必须先拉闸断电。

（2） 任务中不仅要记录仪表读数，还应注意灯泡的明暗变化。

本章小结

（1）正弦交流电的三要素是最大值（或幅值）、角频率（或周期、频率）和初相位。

（2） 正弦交流电主要有瞬时值解析式、波形图和相量三种表示方法。

（3） 两个同频率的正弦交流电量的一般相位关系有超前或滞后；特殊相位关系有同相、反相等。

（4） 单一参数交流电路（纯电阻电路、纯电感电路及纯电容电路）中电压、电流及其功率关系对比如表 2-5 所示。

表 2-5 单一参数电路的对比

单一参数电路	阻 抗	电流与电压的关系			功 率	
		大小关系	相位关系	相量关系	有功功率	无功功率
R	R	u_R 和 i 同相	$U_R = IR$	$\dot{U}_R = \dot{I} R$	$P = U_R I$	$Q_R = 0$
L	jX_L	u_L 超前 i 90°	$U_L = IX_L$	$\dot{U}_L = jX_L \dot{I}$	$P=0$	$Q_L = U_L I$
C	$-jX_C$	u_C 滞后 i 90°	$U_C = IX_C$	$\dot{U}_C = -jX_C \dot{I}$	$P=0$	$Q_C = U_C I$

（5） 提高电力系统功率因数，对国民经济的发展及节能减排具有重要的意义，可以使发电设备的容量得到充分利用，减小输电线路的能量损耗。对于功率因素较低的电感性负载，可在其两端并联适合的电容器来提高供电系统的功率因数。

（6） 三相交流电源由三相交流发电机产生的，三相对称电源电压幅值相等、频率相等、相位互差 120°。

（7） 三相交流电源的连接方法如下。

① 星形连接——三相四线制：$U_L = \sqrt{3}U_P$；

② 三角形连接——三相三线制：$U_L = U_P$。

（8） 三相交流负载的连接方法如下。

① 星形连接：$U_L = \sqrt{3}U_P$，$I_L = I_P$；

② 三角形连接：$U_L = U_P$，$I_L = \sqrt{3}I_P$。

若三相负载对称，星形连接时的中线电流 $\dot{I}_N = \dot{I}_U + \dot{I}_V + \dot{I}_W = 0$，则中线可省去。

（9） 三相对称电路的功率。

$$P = \sqrt{3}U_L U_P \cos\varphi，\quad Q = \sqrt{3}U_L U_P \sin\varphi，\quad S = \sqrt{3}U_L U_P。$$

（10） 电力系统的组成包括发电设备、电力输送设备和用电设备三大部分。

（11） 介绍了安全用电的的基本知识，建立了接地和接零的概念。在同一低压配电网中，不允许将有的设备接零，有的设备接地。

习题

2-1　已知正弦交流电压 $u=220\sqrt{2}\sin(314t+60^\circ)\text{V}$，则它的最大值、有效值、角频率、相位、初相位各为多少？

2-2　已知 Z_1=12+j9，Z_2=12+j16，求 $Z_1\cdot Z_2$ 和 Z_1/Z_2。

2-3　已知 $u_1=220\sqrt{2}\sin(314t+60^\circ)\text{V}$，$u_2=220\sqrt{2}\cos(314t+30^\circ)\text{V}$，试作 u_1 和 u_2 的相量图，并求：u_1+u_2，u_1-u_2。

2-4　在 5 Ω 电阻器的两端加上电压 $u=311\sin 314t\text{V}$，求：（1）流过电阻器的电流有效值；（2）电流瞬时值；（3）有功功率。

2-5　有一电感量 L=0.626 H，加正弦交流电压 U=220 V，f=50 Hz，求：（1）电感器中的电流 I_m、I；（2）无功功率 Q_L。

2-6　一个 C=50 μF 的电容器接于 $u=220\sqrt{2}\sin(314t+60^\circ)\text{V}$ 的电源上，求 i_c 及 Q_c。

2-7　图 2-73 所示电路中，U_1=4 V，U_2=6 V，U_3=3 V，则 U 为多少？

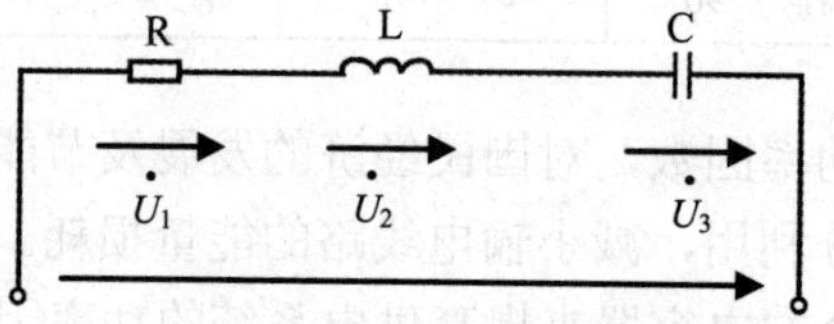

图 2-73　题 2-7 图

2-8　在 RLC 串联电路中，已知 $R=30\Omega$，$L=40\text{mH}$，$C=100\mu\text{F}$，$\omega=1000\text{rad/s}$，$\dot{U}_\text{L}=10\angle 0^\circ$。试求：（1）电路的阻抗 Z；（2）电流 $\dot{I}$ 和电压 $\dot{U}_\text{R}$，$\dot{U}_\text{C}$ 及 $\dot{U}$。。

2-9　已知 RLC 串联电路中，$R=10\Omega$，$X_\text{L}=15\Omega$，$X_\text{C}=5\Omega$，其中电流 $\dot{I}=2\angle 30^\circ(\text{A})$，试求：（1）总电压 $\dot{U}$；（2）cosφ；（3）该电路的功率 P，Q，S。

2-10　如图 2-74 所示电路中，$X_\text{C}=15\Omega$，$R_1=10\Omega$，$R_2=X_\text{L}=7.5\Omega$，电容元件的端电压为 $\dot{U}_\text{C}=150\angle-45^\circ\text{V}$ 求：（1）电流 $\dot{I}_1$、$\dot{I}_2$ 和 $\dot{I}$；（2）等效阻抗 Z；（3）电压 $\dot{U}$。

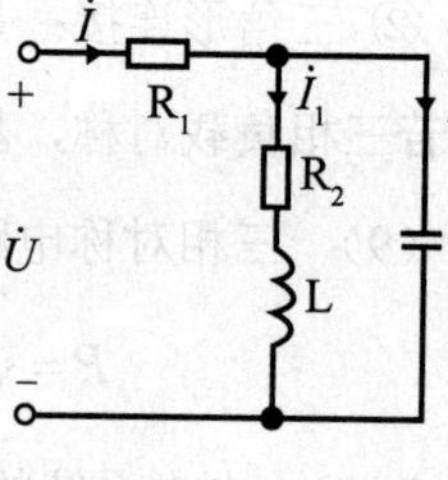

图 2-74　题 2-10 图

2-11　已知 40 W 的日光灯电路，在 U=220 V 正弦交流电压下正常发光，此时电流值 I=0.36 A，求该日光灯的功率因数和无功功率 Q。

2-12　在三相四线制供电系统中，相电压，按照正序写出（1）对称三相相电压 $\dot{U}_\text{U}$、$\dot{U}_\text{V}$；（2）对称三相线电压 $\dot{U}_\text{UV}$、$\dot{U}_\text{VW}$、$\dot{U}_\text{WU}$。

2-13　对称三相负载的阻抗 $Z=10+\text{j}17.32\Omega$，每相负载的额定电压 $U_\text{N}=220\text{V}$。三相四线制电源的线电压为 380V。求：（1）如何将对称三相负载接入三相四线制电源？（2）求

三相负载的相电流 $\dot{I}_{\mathrm{U}}$ 、$\dot{I}_{\mathrm{V}}$ 和 $\dot{I}_{\mathrm{W}}$ 及中线电流 $\dot{I}_{\mathrm{N}}$ ；（3）若 U 相断开，求相电流 $\dot{I}_{\mathrm{U}}$ 、$\dot{I}_{\mathrm{V}}$ 和 $\dot{I}_{\mathrm{W}}$ 及中线电流 $\dot{I}_{\mathrm{N}}$ 。

2-14　将一个对称三相负载作三角形连接后接到对称三相电源上，已知每相负载的抗 $Z=(8+\mathrm{j}6)\Omega$ ，对称三相电源的线电压 $u_{\mathrm{UV}}=380\sqrt{2}\sin(314t-30^{\circ})\mathrm{V}$ 。试求：（1）三相负载的相电流 $\dot{I}_{\mathrm{UV}}$ 、$\dot{I}_{\mathrm{VW}}$ 和 $\dot{I}_{\mathrm{WU}}$ ；（2）三相负载的线电流 $\dot{I}_{\mathrm{U}}$ 、$\dot{I}_{\mathrm{V}}$ 和 $\dot{I}_{\mathrm{W}}$ ；（3）三相负载的总有功功率、总无功功率和总视在功率。

2-15　人体触电有哪几种方式？试比较其危害程度。

2-16　启辉器内电容器的作用有哪些？

2-17　接地和接零有什么不同，分别用在什么情况下？

第3章 变 压 器

本章要点

学	知识重点	1. 磁路的基本物理量 2. 磁路欧姆定律 3. 变压器的结构及工作原理
	知识难点	1. 磁路与电路物理量及基本定律的对比 2. 变压器变换电压、变换电流及变换阻抗的原理 3. 特殊变压器的结构特点及应用
	建议学时	10 学时
练	理论知识	1. 磁路的基本物理量 2. 变压器的结构及工作原理 3. 变压器变换电压、变换电流及变换阻抗的原理 4. 三相变压器和特殊变压器的结构特点及应用
	练习方法	理论联系实际操作，学中练，练中学
做	实际操作	单相变压器的简单测试
	实际技能	学会判别变压器绕组的同极性端

主要内容

变压器是一种电能转换装置，也是一种常见的电气设备。它具有变压、变流和变阻抗的作用，因而在各个工程领域获得广泛应用。

3.1 磁路

在很多电工设备（如电机、变压器、电工测量仪表、控制及保护装置以及其他各种铁磁元件）中，不仅有电路的问题，还有磁路的问题。只有同时掌握了电路和磁路的基本理论，才能对各种电工设备作全面的分析。

3.1.1 磁路的基本物理量

1. 磁感应强度 *B*

磁感应强度是表示磁场中某点的磁场强弱和方向的物理量，是个矢量。磁场中某点的磁感应强度可以用该点磁场作用于 1 m 长，通以 1 A 电流的导体上的力 F 来衡量。该导体与磁场方向垂直。磁感应强度 B 与电流之间的方向关系可用右手螺旋定则来确定，其大小可用下式表示

$$B=\frac{F}{Il} \tag{3-1}$$

在单位制中，B 单位为 T（特斯拉），特斯拉也就是韦伯每平方米（Wb/m^2）。一般永久磁铁的 B 为 0.2～0.7 T，电机和变压器铁芯的 B 约为 0.8～1.5 T。

2. 磁通 *Φ*

磁通是表示磁场中一个面上磁场情况的物理量，是个矢量。在均匀磁场中，磁感应强度 B 与垂直于磁场方向的面积 S 的乘积，称为通过该面积的磁通，记为 Φ。即

$$\Phi=BS \tag{3-2}$$

磁通的单位是 Wb（韦伯）。

3. 磁导率 *μ*

磁导率是用来表示磁场中介质导磁性能的物理量，单位为 H/m（亨每米）。

实验测得，真空的磁导率是个常数，为 $\mu_0=4\pi\times10^{-7}$H/m。其他介质的磁导率一般用与真空磁导率的倍数来表示，记作 μ_r，称为相对磁导率。μ_r 越大，介质的导磁性能越好。

自然界中的物质按磁导率大小可分为磁性材料和非磁性材料两大类。前者的 μ_r 很大，如硅钢片 μ_r=6000～8000 H/m，后者的 μ_r 很小（$\mu_r\approx1$ H/m），如空气 μ_r=1.000003 H/m，铜 μ_r=0.999 99 H/m。

铁磁性物质广泛应用在变压器、电机、磁电式电工仪表等电工设备中，只要在线圈中通入不大的电流，就可获得足够强的磁场（即产生足够大的磁感应强度）。

4. 磁场强度 *H*

在外磁场（如载流线圈的磁场）作用中，物质会被磁化而产生附加磁场，不同的物质，其附加磁场的大小就不同，这就给分析带来不便。为分析电流和磁场的依存关系，引入了一个把电和磁定量沟通起来的辅助量，即磁场强度 H。

在载流线圈中，H 这个量只与电流的大小有关，而与线圈中被磁化物质，即与物质的磁导率 μ 无关。但载流线圈中磁感应强度 B 的大小却与线圈中被磁化物质的磁化能力，即物质的磁导率 μ 有关。H 的大小由 B 与 μ 的比值决定，即磁场强度为

$$H=\frac{B}{\mu} \tag{3-3}$$

在单位制中，H 单位为 A/m（安培每米）。

3.1.2　磁路及磁路的欧姆定律

1. 磁路

在电磁设备中，为了获得强磁场，把线圈绕在铁芯上，当线圈通过电流时，铁芯中便产生很强的磁场，且磁通几乎全部集中在铁芯中。图 3-1 所示为变压器和电机的铁芯及磁力线示意图。这种由铁磁材料构成的，能使磁通集中通过的路径称为磁路。

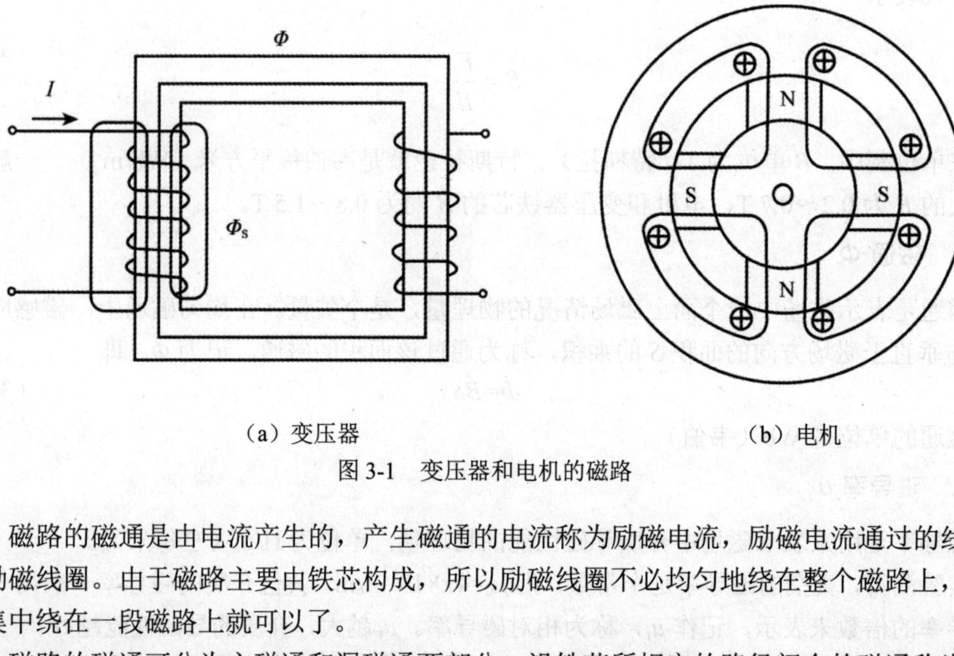

（a）变压器　　（b）电机

图 3-1　变压器和电机的磁路

磁路的磁通是由电流产生的，产生磁通的电流称为励磁电流，励磁电流通过的线圈称为励磁线圈。由于磁路主要由铁芯构成，所以励磁线圈不必均匀地绕在整个磁路上，而只要集中绕在一段磁路上就可以了。

磁路的磁通可分为主磁通和漏磁通两部分，沿铁芯所规定的路径闭合的磁通称为主磁通或工作磁通，是电磁能量传递的媒介。穿出铁芯沿空气或其他非铁磁物质而闭合的磁通称为漏磁通。一般情况下，漏磁通很小，如变压器的漏磁通只占主磁通的 0.1%～0.2%，因此在磁路的分析计算中，可以忽略不计，而只考虑主磁通的作用，这样做误差不大，在工程上是允许的。

2. 磁路的欧姆定律

对于一段截面积为 S，长度为 l，磁导率为 μ 的磁路，磁通为 Φ，则该段磁路的磁压为

$$U_{\mathrm{m}}=Hl=\frac{B}{\mu}l=\frac{l}{\mu S}\Phi \tag{3-4}$$

令式中 $R_m = \frac{l}{\mu S}$，称为该磁路的磁阻，单位是 H^{-1}（每亨）。

这样，式 3-4 可写为

$$U_m = R_m \Phi \quad (3-5)$$

上式与电路的欧姆定律很相似，故称为磁路的欧姆定律。

由于铁磁物质的磁导率 μ 不是常数，它随励磁电流大小而变化，所以铁磁物质的磁阻是非线性的。

磁路与电路的物理量及基本定律在形式上有相似之处，但实质上是不同的。电路中的电流是带电质点的运动，而磁通并不是质点的运动。电流通过电路有功率损耗，恒定磁通通过磁路不产生功率损耗。电路中有电动势但不一定有电流，磁路中有磁通势则必有磁通。电路中无电动势必无电流，但磁路中无磁通势仍可能有磁通，例如剩磁。表 3-1 所示列出了电路与磁路对应的物理量及其关系式。

表 3-1 磁路和电路中对应的物理量及其关系式

电 路		磁 路	
电流	I	磁通	Φ
电阻定律	$R = \rho \frac{l}{S}$	磁阻	$R_m = \frac{l}{\mu S}$
电阻率	ρ	磁导率	μ
电动势	E	磁通势	$E_m = IN$
电路欧姆定律	$I = \frac{E}{R}$	磁路欧姆定律	$\Phi = \frac{E_m}{R_m}$

3.2 变压器的基本结构

3.2.1 变压器的用途

变压器是根据电磁感应原理制成的一种电气设备，它的符号如图 3-2 所示，T 是它的文字符号。

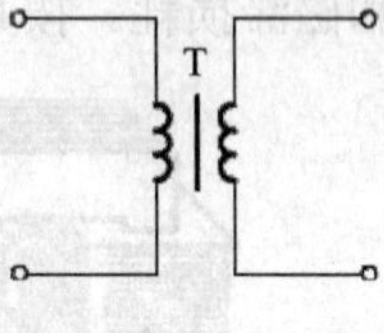

图 3-2 变压器的符号

在电力系统中进行远距离输电时，线路损耗 P 与电流的平方 I^2 和线路电阻值 R 的乘积成正比。当输送的电功率一定时，电压越高，电流就越小，输电线路上的损耗就越小，这样不仅可以减小输电导线截面，节省材料，而且还可以减少功率损耗。因此，电力系统中均采用高电压进行电能的远距离输送。如 35 kV、110 kV、220 kV、330 kV 和 500 kV 等。图 3-3 所示是输配电系统示意图，发电机的电压通常为 6.3～10.5 kV，用升压变压器将电压升高到 35～500 kV 进行远距离输电。当电能送到用电地区后，再用降压变压器将电压降低到较低的配电电压（一般为 10 kV），分配到各工厂、用户。最后再用配电变压器将电压降低到用户所需的电压等级（如 380 V/220 V），供用户使用。

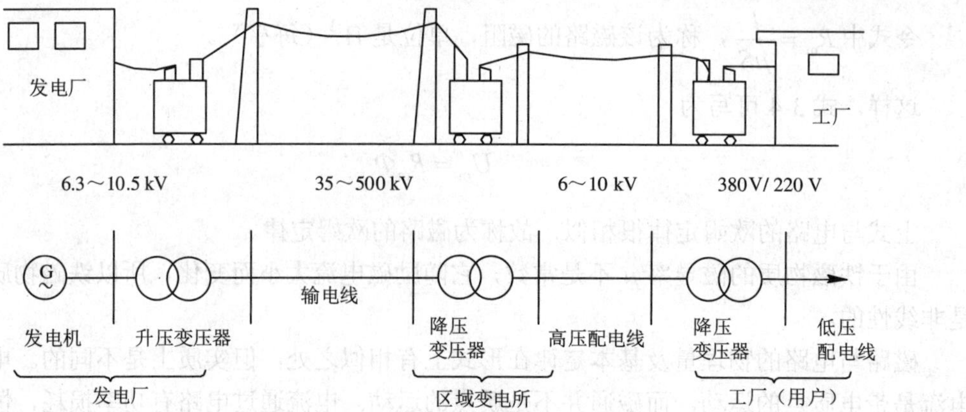

图 3-3 输配电系统示意图

输电距离、输电功率与输电电压的关系如表 3-2 所示。

表 3-2

输电电压	输电功率	输电距离
110 kV	5×104 kW	50～150 km
220 kV	（20～30）×104 kW	200～400 km
500 kV	100×104 kW	≥500 km

在电子线路中，变压器可以使负载获得适当电压等级的电源，还可用来传递信号和实现阻抗匹配。

变压器的种类很多，按交流电的相数不同，分为单相变压器和三相变压器；按用途分为输配电用的电力变压器，调节电压用的自耦变压器，测量电路用的仪用互感器，以及电子设备中常用的电源变压器、耦合变压器、脉冲变压器等。

3.2.2 变压器的基本结构

变压器主要由铁芯和线圈两部分构成。

铁芯是变压器的磁路通道，是用磁导率较高且相互绝缘的硅钢片制成的，以便减少涡流和磁滞损耗。按其构造形式可分为芯式和壳式两种，如图 3-4 所示。

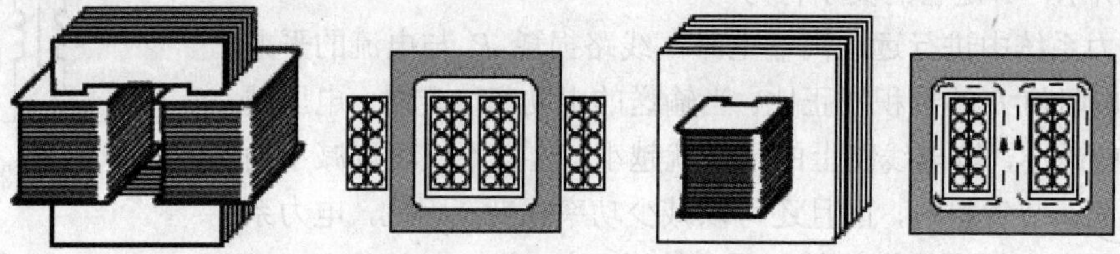

（a）芯式　　（b）壳式

图 3-4 芯式和壳式变压器

线圈是变压器的电路部分，是用漆包线、沙包线或丝包线绕成的。其中和电源相连的线圈叫原线圈（初级绕组），和负载相连的线圈叫副线圈（次级绕组）。

其他还有油箱、油、油枕、散热器、保护设备等。

3.2.3 变压器的主要额定值

额定值是制造厂家根据设计或试验数据，对变压器正常运行状态所作的规定值。这些额定值都写在每台变压器的铭牌上。

1. 额定容量（S_N）

额定容量是指变压器在铭牌规定的条件下，以额定电压、电流连续运行时所输送的单相或三相总视在功率。变压器的额定容量，是以二次绕组的额定电压和额定电流的乘积所决定的视在功率来表示的，它的单位为 VA、kVA 或 MVA。

单相双绕组变压器

$$S_N = U_{2N} I_{2N} \tag{3-6}$$

三相双绕组变压器：

$$S_N = \sqrt{3} U_{2N} I_{2N} \tag{3-7}$$

2. 额定电压

额定电压是指变压器长时间运行时，设计条件所规定的电压值（线电压）。

变压器一次侧的额定电压是指规定的加到一次侧的线电压，变压器二次侧的额定电压是指变压器空载，而一次侧加上额定电压时，二次侧的端电压（线电压）。

3. 额定电流

额定电流是指变压器在额定容量、额定电压下运行时通过的线电流。三相变压器一次侧和二次侧的额定电流，等于变压器的额定容量或该侧的额定容量除以 $\sqrt{3}$ 倍的该侧额定电压，所得的电流值就是相应的额定电流。

3.3 单相变压器

单相变压器的工作原理图如图 3-5 所示，为了分析的方便，将一、二次绕组分别画在两个铁芯柱上，与电源相连的绕组称为原绕组（或称初级绕组、一次绕组、原边），对应的电压用 U_1 表示；与负载相连的绕组称为副绕组（或称次级绕组、二次绕组、副边），对应的电压用 U_2 表示，设原、副边绕组的匝数分别为 N_1、N_2。

当原绕组接上交流电源后，交变电流即在铁芯中产生交变磁场，磁感线绝大部分都在闭合的铁芯中通过，磁感线不光在原绕组中产生感应电动势，而且由于磁感线穿过副绕组，从而也在副绕组中产生感应电动势，如图 3-5 所示。由此可见，变压器是利用电磁感应原理，将能量从一个绕组传输到另一个绕组而进行工作的。

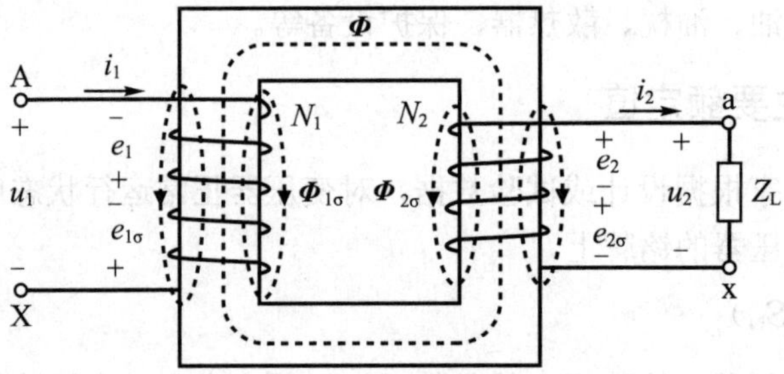

图 3-5　变压器原理示意图

3.3.1　变换交流电压

原线圈接上交流电压，铁芯中产生的交变磁通同时通过原、副线圈，原、副线圈中交变的磁通可视为相同。

设原线圈匝数为 N_1，副线圈匝数为 N_2，磁通为Φ，感应电动势为

$$E_1 = N_1\Delta\Phi/\Delta t，\ E_2 = N_2\Delta\Phi/\Delta t \tag{3-8}$$

由此得

$$\frac{E_1}{E_2} = \frac{N_1}{N_2} \tag{3-9}$$

忽略线圈内阻得

$$\frac{U_1}{U_2} = \frac{N_1}{N_2} = K \tag{3-10}$$

式中 K 称为变压比。由此可见：变压器原、副线圈的端电压之比等于匝数比。

如果 $N_1<N_2$，$K<1$，电压上升，称为升压变压器。

如果 $N_1>N_2$，$K>1$，电压下降，称为降压变压器。

3.3.2　变换交流电流

根据能量守恒定律，变压器输出功率与从电网中获得功率相等，即 $P_1=P_2$，由交流电功率的公式可得

$$U_1 I_1 \cos\varphi_1 = U_2 I_2 \cos\varphi_2 \tag{3-11}$$

式中，$\cos\varphi_1$——原线圈电路的功率因数；$\cos\varphi_2$——副线圈电路的功率因数。φ_1，φ_2 相差很小，可认为相等，因此得到

$$U_1 I_1 = U_2 I_2 \tag{3-12}$$

$$\frac{U_1}{U_2} = \frac{N_2}{N_1} = \frac{1}{K} \tag{3-13}$$

可见，变压器工作时原、副线圈的电流跟线圈的匝数成反比。高压线圈通过的电流小，

用较细的导线绕制；低压线圈通过的电流大，用较粗的导线绕制。这是在外观上区别变压器高、低压绕组的方法。

3.3.3 变换交流阻抗

设变压器初级输入阻抗为$|Z_1|$，次级负载阻抗为$|Z_2|$，则

$$|Z_1| = U_1/I_1 \tag{3-14}$$

将$U_1 = \dfrac{N_1}{N_2}U_2$，$I_1 = \dfrac{N_2}{N_1}I_2$代入，得

$$|Z_1| = \left(\frac{N_1}{N_2}\right)^2 \frac{U_2}{I_2} \tag{3-15}$$

因为

$$\frac{U_2}{I_2} = |Z_2|$$

所以

$$|Z_1| = \left(\frac{N_1}{N_2}\right)^2 |Z_2| = K^2 |Z_2| \tag{3-16}$$

可见，次级接上负载$|Z_2|$时，相当于电源接上阻抗为 $K^2|Z_2|$的负载。变压器的这种阻抗变换特性，在电子线路中常用来实现阻抗匹配和信号源内阻相等，使负载上获得最大功率。

【例 3.1】有一电压比为 220/110 V 的降压变压器，如果次级接上 55 Ω的电阻器，求变压器初级的输入阻抗。

解：$|Z_1| = K^2|Z_2| = \left(\dfrac{N_1}{N_2}\right)^2 |Z_2| = 220(\Omega)$

3.4 三相变压器

现代电力系统都采用三相制供电，因而需要采用三相变压器来实现三相电压的变换。三相变压器用于三相交流电的传输，其外形及结构如图 3-6 所示。三相变压器一般用于电力传输系统，容量大，电压高。三相变压器有三个原绕组和三个副绕组，其铁芯有三个芯柱，每相的原、副绕组同芯地装在一个芯柱上。原绕组首端用 U_1、V_1、W_1 标明，末端用 U_2、V_2、W_2 标明；副绕组的首端用 u_1、v_1、w_1 标明，末端用 u_2、v_2、w_2 标明，如图 3-6（b）所示。由于三相原绕组所加的电压是对称的，因此磁通也是对称的，副边电压也是对称的。另外，为了散去变压器运行时由于自身损耗所产生的热量，铁芯和绕组通常浸在盛有变压器油的油箱中，通过油管将热量散发出来。

三相变压器的工作原理与单相变压器相同，每相高、低压绕组绕在同一铁芯上，穿过同一磁通，通过电磁感应进行电能输送。

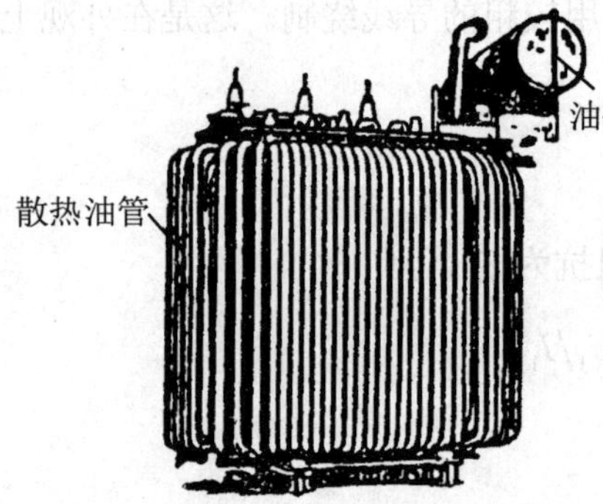

（a）外形

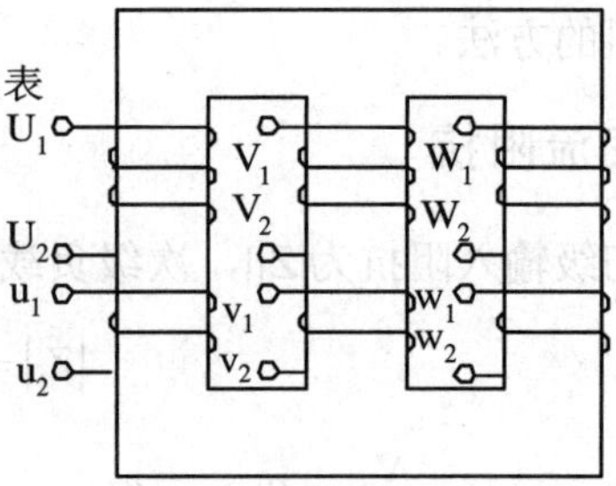

（b）结构示意图

图 3-6　三相变压器

三相变压器的原、副绕组可以分别接成星形（Y）或三角形（△）。工厂供电用电力变压器三相绕组常用的连接方式有 Y，Y_n（即 Y/Y_0）和 Y，d（即 Y/△）两种，如图 3-7 所示。Y，Y_n 表示原边为星形，副边为有中线引出的星形连接方法。这种接法常用于车间配电变压器，其优点在于不仅给用户提供三相电源，同时还提供单相电源。通常使用的动力与照明混合供电的三相四线制系统就是用 Y，Y_n 连接方式的变压器供电的。Y，d 连接的变压器原边接成星形，副边接成三角形，主要用在变电站的升压或降压变压器上。

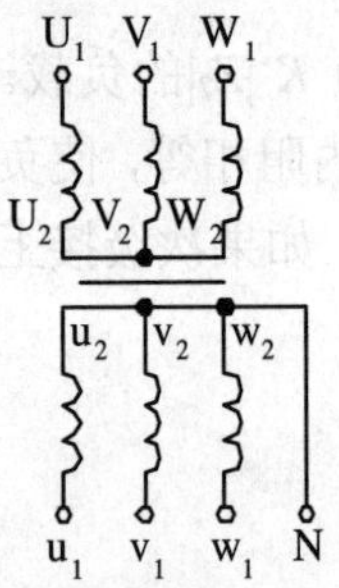

（a）Y，Y_n 连接

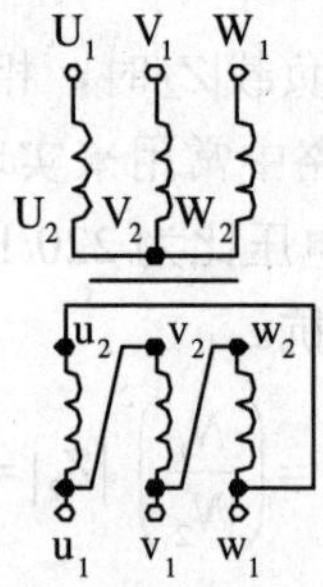

（b）Y，d 连接

图 3-7　三相变压器的两种接法

3.5　其他变压器

1.　自耦变压器

前面介绍的双绕组变压器的原、副绕组是相互绝缘的，它们之间只有磁的耦合而无电的直接关系。如果把两个绕组合二为一，使低压绕组成为高压绕组的一部分，这样，原、副绕组不仅有磁的耦合，而且还有电的直接联系。

自耦变压器的外形与结构如图 3-8 所示。自耦变压器的工作原理与普通双绕组变压器基本相同。

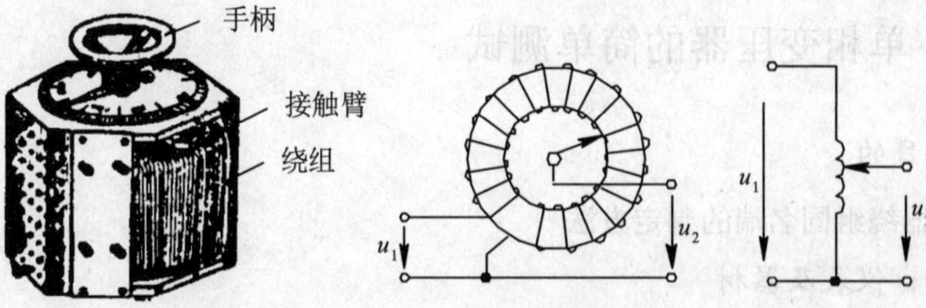

（a）外形　　（b）示意图　　（c）图形符号

图 3-8　自耦变压器

2. 小功率电源变压器

小功率电源变压器容量和体积一般都很小，用于给各种仪器设备提供所需的电源电压。为了满足不同部件不同电压的需要，这种变压器通常有多个副绕组，可以从副边得到多个不同的电压。如图 3-9 所示为具有三个副绕组的小功率电源变压器。

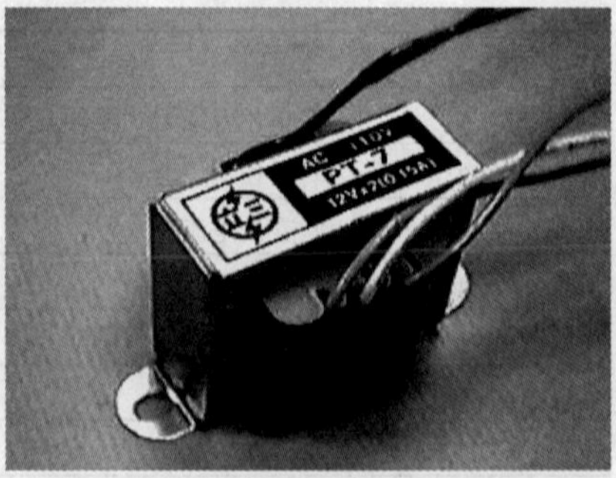

图 3-9　小功率电源变压器的外形

3. 仪用互感器

仪用互感器是在交流电路中专供电工测量和自动保护装置使用的变压器，它可以扩大测量装置的量程，使测量装置与高压电路隔离以保证安全，为高压电路的控制和保护设备提供所需的低电压、小电流，并可以使其后连接的测量仪表或其他测量电路结构简化。仪用互感器按用途不同可分为电压互感器和电流互感器两种，如图 3-10 和图 3-11 所示。

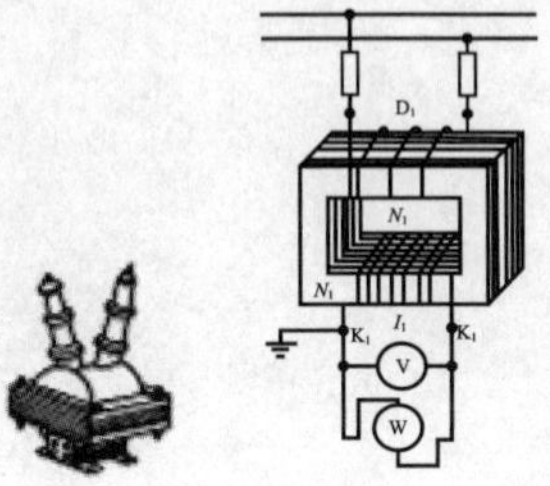

（a）外形　　（b）结构原理图

图 3-10　电压互感器图

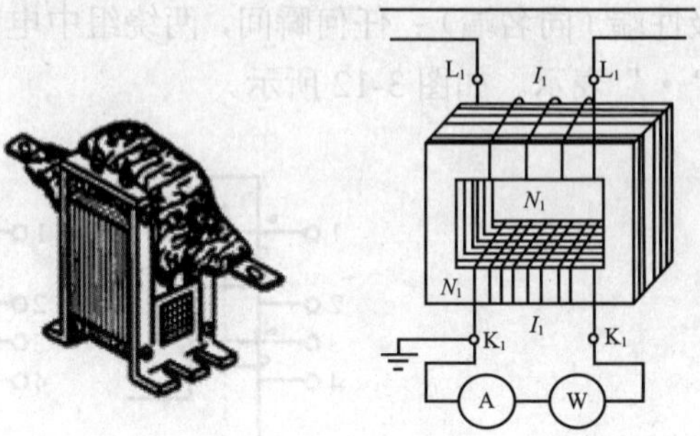

（a）外形　　（b）结构原理图

图 3-11　电流互感器图

此外还有专用变压器，如电焊用的电焊变压器、冶炼用的电炉变压器、电解用的整流变压器等。

实践任务　单相变压器的简单测试

一、任务目的

掌握变压器绕组同名端的判定方法

二、工具、仪表及器材

（1） 仪表：万用表 1 只；

（2） 器材：如表 3-3 所示。

表 3-3　任务训练所需器材与元件

序　号	名　称	型号规格	数　量
1	单相双绕组变压器	220V/36A　100VA	1 个
2	单相调压器	0 ～ 250V	1 个
3	交流电流表	0 ～ 1A	1 个
4	交流电流表	0 ～ 5A	1 个
5	灯泡	36V/50W	2 个
6	开关	250V/5A	2 个
7	导线		若干

三、任务内容及步骤

1. 判别变压器绕组极性的理论知识

变压器绕组的极性是指变压器原、副绕组在同一磁通的作用下所产生的感应电势之间的相位关系。

同极性端（同名端）：任何瞬间，两绕组中电势极性相同的两个端钮。符号用星号“*”或黑点“·”表示。如图 3-12 所示。

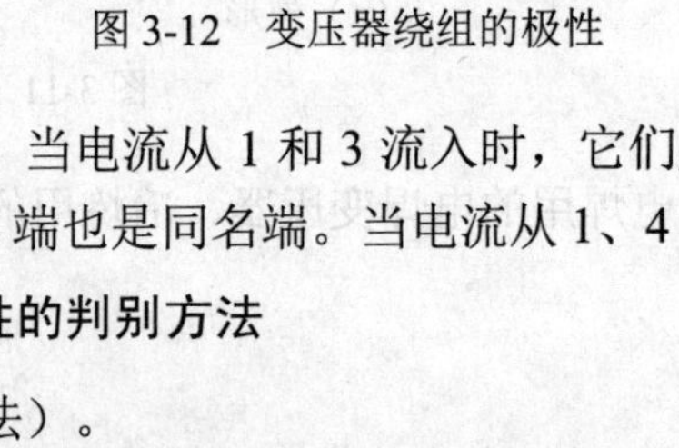

图 3-12　变压器绕组的极性

对一、二次绕组的方向，当电流从 1 和 3 流入时，它们所产生的磁通方向相同，因此 1、3 端是同名端，同样 2、4 端也是同名端。当电流从 1、4 流入时，则 1、4 是同名端。

2. 单相变压器绕组极性的判别方法

（1） 交流法（电压表法）。

如图 3-13 所示是用交流法测变压器绕组极性的方法，将 2 和 4 点连起来。在它的原绕组上加适当的交流电压，副绕组开路。工厂中常用 36V 照明变压器输出的 36V 交流电压进行测试，测试时既方便又安全。

用电压表分别测出原边电压 U_{12}、副边电压 U_{34} 和 1-3 两端电压 U_{13}。$U_{13}=U_{12}-U_{34}$ 时 1 和 3 是同名端；$U_{13}=U_{12}+U_{34}$ 时 1 和 4 是同名端。

采用这种方法，应使电压表的量限大于 $U_{12}+U_{34}$。

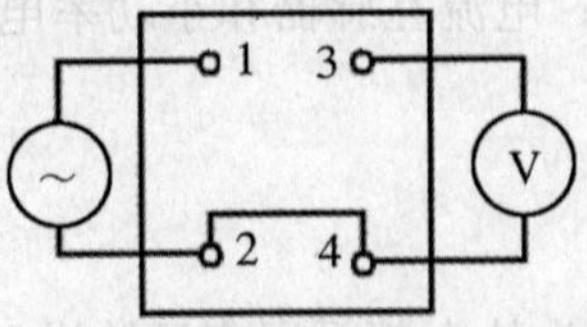

图 3-13　交流法测变压器绕组极性

（2）　直流法。

如图 3-14 所示，接通开关，在通电瞬间，注意观察电流计指针的偏转方向，如果电流计的指针正方向偏转，则表示变压器接电池正极的端头和接电流计正极的端头为同名端（1、3）；如果电流计的指针负方向偏转，则表示变压器接电池正极的端头和接电流计负极的端头为同名端（2、4）。

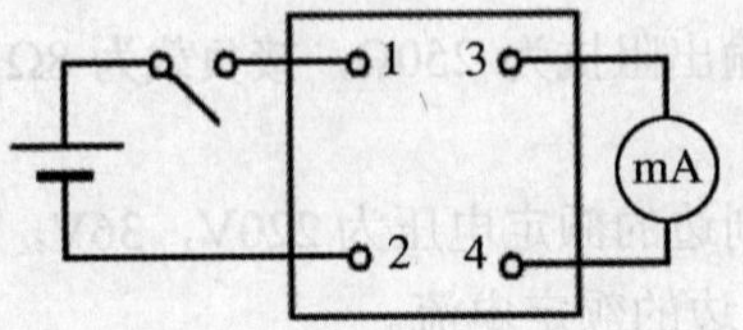

图 3-14　直流法测变压器绕组极性

采用这种方法，应将高压绕组接上电池，以减少电能的消耗，而将低压绕组接电流计，减少对电流计的冲击。

3.　同名端判定测量

（1）　按图 3-13 所示接线，检查无误后，接通电源。

（2）　用万用表分别测量 U_{12}、U_{34}、U_{13}，并记录于表 3-4 中。

（3）　根据测量数据判定出同名端。

表 3-4　同名端判定测量

项　目	U_{12}/V	U_{34}/V	U_{13}/V	同名端
测 量 值				

本章小结

本章介绍了磁路的基本知识，重点学习了变压器的工作原理。

（1）　磁路的基本物理量有磁感应强度、磁通量、磁导率、磁场强度。

（2） 磁路是磁通经过的路径，磁场基本分布在铁芯内部，形成磁路。磁路欧姆定律是分析磁路的重要依据。

（3） 变压器的三种变换作用：变换电压、变换电流和变换阻抗。对应三种作用，变压器分别应用于电力供电电路、测量装置和电子电路。

（4） 变压器通常划分为单相变压器和三相变压器两类，生活中应用比较多的特殊变压器有自耦变压器、电压互感器、电流互感器和小功率电源变压器。

习题

3-1 在电能输送的过程中，为什么都采用变压输送？

3-2 变压器的作用是什么？

3-3 变压器主要由哪几部分组成？它们各自起什么作用？

3-4 有一单相照明变压器，容量为 10 kVA，电压 3300/220 V。今欲在副绕组接上 60W、220 V 的白炽灯，如果要变压器在额定情况下运行，这种白炽灯可接多少个？并求原、副绕组的额定电流。

3-5 理想变压器，原边的输入电压为 220V，副边输出电压为 22V，若将副边增加 100 匝，其输出电压增大为 33V，则原边的匝数为多少？

3-6 某晶体管收音机的输出阻抗为 250Ω，接负载为 8Ω 的扬声器，求输出变压器的变压比。

3-7 单相变压器原边、副边的额定电压为 220V，36V，容量为 2kVA 的照明变压器。

（1） 求变压器原边、副边的额定电流。

（2） 副边接 36V、100W 的白炽灯 10 盏，此时，原边、副边的电流为多少？

第4章 电工测量

本章要点

学	知识重点	1. 电工仪表的基本组成和原理 2. 电路中常用参数的测量 3. 常用电工仪表的使用方法
	知识难点	1. 电工仪表的基本知识 2. 万用表的用途及使用 3. 测量电流、电压、电阻值、电功率及电能所用的测量仪表 4. 电工仪表的正确使用方法
	建议学时	10学时
练	理论知识	1. 电工仪表的基本知识 2. 万用表的使用 3. 常用电工仪表的使用方法及注意事项
	练习方法	掌握理论知识更好地应用到实际操作中
做	实际操作	万用表的使用
	实际技能	熟练掌握万用表、功率表、电度表的使用方法

主要内容

电工测量的主要任务是应用适当的电工仪器、仪表对电流、电压、功率和电阻值等各种电量和电路参数进行测量，各种电工、电子产品的生产、调试、鉴定和各种电气设备的使用、检测、维修都离不开电工测量。

4.1 电工仪表的基本知识

电工仪表是实现电磁测量过程所需技术工具的总称。电工专业领域中，经常接触的是电工指示仪表。电路中的各个物理量（如电压、电流、功率、电能及电路参数等）的大小，除用分析与计算的方法外，常用电工测量仪表去测量。

电工测量技术的应用主要有以下优点：

（1） 电工测量仪表的结构简单，使用方便，并有足够的精确度。

（2） 电工测量仪表可以灵活地安装在需要进行测量的地方，并可实现自动记录。

（3） 电工测量仪表可实现远距离的测量问题。

（4） 能利用电工测量的方法对非电量进行测量。

4.1.1 电工仪表的基本原理及组成

电工仪表的基本原理是把被测电量或非电量变换成仪表指针的偏转角。因此它也称为机电式仪表，即用仪表指针（可动部分）的机械运动来反映被测电量的大小。电工仪表通常由测量线路和测量机构两部分组成，如图 4-1 所示。测量机构是实现电量转换为指针偏转角，并使两者保持一定关系的机构，它是电工仪表的核心部分。测量线路将被测电量或非电量转换为测量机构能直接测量的电量，测量线路必须根据测量机构能够直接测量的电量与被测量的关系来确定，一般由电阻器、电容器、电感器或其他电子元件构成。

图 4-1 电工指示仪表的组成

各种测量机构都包含固定部分和可动部分。从基本原理上看，测量机构都有产生转动力矩、反作用力矩和阻尼力矩的部件，这三种力矩共同作用在测量机构的可动部分上，使可动部分发生偏转并稳定在某一位置上保持平衡。因此，尽管电工指示仪表的种类很多，但只要弄清楚产生这三个力矩的原理和它们之间的关系，也就懂得了仪表的基本工作原理。

4.1.2 电工仪表的分类

电工仪表可以根据原理、结构、测量对象、使用条件等进行分类。

（1） 根据测量机构的工作原理，可以把电工仪表分为磁电系、电磁系、电动系、感应系、静电系、整流系等。

（2） 根据电工指示仪表的测量对象，可以分为电流表、电压表、功率表、电度表、电阻表、相位表等。

（3） 根据电工仪表工作电流的性质，可以分为直流仪表、交流仪表和交直流两用仪表。

（4） 按电工仪表的使用方式，可以分为安装式仪表和便携式仪表等。

（5） 按电工仪表的准确度，可分为 0.1、0.2、0.5、1.0、1.5、2.5 和 5.0 七个准确度等级。

（6）按对外界磁场的防御能力分类，指示仪表有Ⅰ、Ⅱ、Ⅲ、Ⅳ四个等级。

4.1.3　电工仪表的表面标记

为了便于正确选择和使用仪表，通常对仪表类型、测量对象、电流性质、准确度等级、放置方法、对外磁防御能力等，均以符号形式标注在仪表的表盘上，使用时可参阅表 4-1 所列。

表 4-1　常用指示仪表的表面标记

分　类	符　号	名　称	被测量的种类
电流种类	—	直流电表	直流电流、电压
	～	交流电表	交流电流、电压、功率
	≃	交直流两用表	直流电量或交流电量
	或 3～	三相交流电表	三相交流电流、电压、功率
测量对象	Ⓐ (mA) (μA)	安培表、毫安表、微安表	电流
	Ⓥ (kV)	伏特表、千伏表	电压
	Ⓦ (kW)	瓦特表、千瓦表	功率
	[kW·h]	千瓦时表	电能量
	(φ)	相位表	相位差
	(f)	频率表	频率
	(Ω) (MΩ)	欧姆表、兆欧表	电阻值、绝缘电阻值
工作原理		磁电式仪表	电流、电压、电阻值
	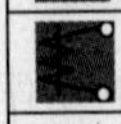	电磁式仪表	电流、电压
		电动式仪表	电流、电压、电功率、功率因数、电能量
		整流式仪表	电流、电压
		感应式仪表	电功率、电能量
准确度等级	1.0	1.0 级电表	以标尺量限的百分数表示
	(1.5)	1.5 级电表	以指示值的百分数表示
绝缘等级		绝缘强度试验电压	表示仪表绝缘经过 2kV 耐压试验
工作位置	→	仪表水平放置	
	↑	仪表垂直放置	
	∠60°	仪表倾斜 60° 放置	
端钮	+	正端钮	
	−	负端钮	
	±或	公共端钮	
	⊥或⏚	接地端钮	

4.1.4 电工仪表使用注意事项

（1）仔细阅读说明书，按照说明书要求使用仪表。

（2）正确选用仪表的量程，应使被测量的大小尽量在仪表量程的 2/3 以上。

（3）仪表使用前应将指针调到零位，测量时要正确读数。

（4）测量电路连接要正确，测量进行中不得带电变换仪表的开关位置和变换测量电路。

（5）仪表用完后，应正确复位，并妥善保管。

4.2 电流与电压测量

电流与电压的测量是电工测量中最基本的部分，测量电流的仪表称为电流表，测量电压的仪表称为电压表。

4.2.1 电流的测量

根据被测电流的大小，电流表可分为微安表、毫安表、安培表和千安表。根据被测电压的大小，电压表也可以分为毫伏表、伏特表和千伏表

测量某一电路中的电流，通常是将电流表串联在被测电路中，由于电流表存在一定的内阻，会对被测电路产生影响，引起测量误差，所以选用电流表时必须选用内阻值远小于电路负载电阻值的电流表。

1. 直流电流的测量

测量直流电流须用直流电流表或交直流两用表，电流表与被测电路串联如图 4-2（a）所示。直流电流表具有极性，在两个接线端钮处标有“+”、“−”号（或者只标“−”，正端标注电流表的量程）。接线时，应使被测电流方向从电流表“+”端流进，“−”端流出，不能接反，否则将损坏测量仪表

（a）电流表直接接入电路　　（b）电流表量程的扩大

图 4-2　直流电流测量电路

仪表指针满刻度偏转时的数值称为量程，被测量值必须小于量程，否则仪表将可能损坏。有些仪表往往有好几挡量程可供使用时选择，在测量时应根据被测量值大小选择合适的量程，以提高测量的准确度。在无法估计被测量值大小时，一般先选用大量程挡（或大量程仪表）进行测量，得到大致数值后再选用合适的量程。

如果需要测量超过电流表量程的电流，可在电流表上并联一个分流电阻器进行分流，

将电流表的量程扩大，电路如图 4-2（b）所示。扩大量程的方法是在电流表上并联一个称为分流器的低电阻值 R_A，分流器的电阻值为：$R_A=R_0/(n-1)$。式中 R_0 为电流表内阻，$n=I/I_0$ 为需要扩大电流量程的倍数，其中 I_0 为电流表的量程，I 为扩大后的量程。

2. 交流电流的测量

测量交流电流一般采用交流电流表或交直流两用表。同直流电流测量电路一样，只要被测电流在电流量程范围内就可以将电流表直接串联在被测电路中，如图 4-3（a）所示交流电流表不分极性，两个接线端钮可以随意变换方向。

如果被测电流大于电流表量程，一般采用电流互感器来扩大电流表的量程，电路如图 4-3（b）所示.。在实际工程中，配电流互感器的电流表通常量程为 5A，电流互感器二次侧额定电流一般也为 5A，与电流表相接，这样只要改变电流互感器的电流比（即改变一次额定电流），就可以将 5A 的电流表扩大到不同的量程。例如量程为 5A 的电流表配上电流比为 100/5 的互感器后，就可以作为量程为 100 A 的电流表使用。

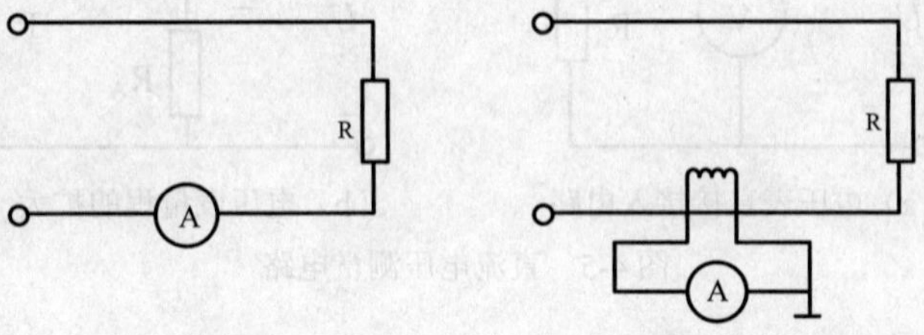

（a）电流表直接接入电路　　（b）电流表量程的扩大

图 4-3 交流电流测量电路

3. 钳形电流表

钳形电流表简称钳形表，是一种便携式仪表。它是一种特殊的交流电流表，不需要断开被测电路就可以进行交流电流的测量，这给测量工作带来了很大的方便。

钳形表的主要部分是一个铁芯可以张开的电流互感器和一只交流表，如图 4-4 所示。钳形表上都有量程选择开关，测量时必须注意选择合适的量程。当不知被测电流大小时，应先将量程开关置于最大位置，然后打开铁芯把被测量导线置于铁芯内，根据指针偏转程度，再将量程开关置于适当位置。

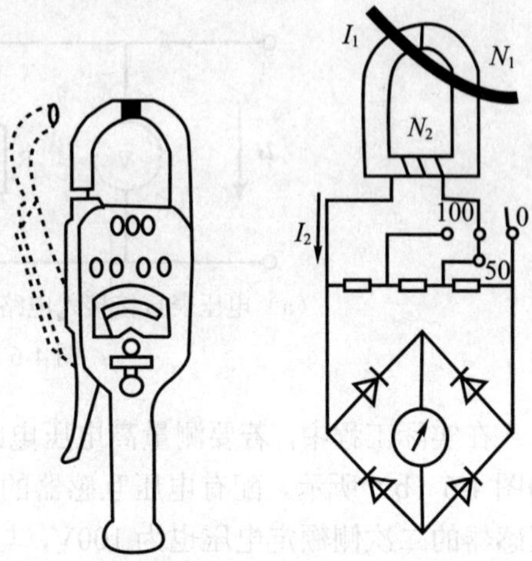

（a）外形图　　（b）原理图

图 4-4 钳形电流表

4.2.2 电压的测量

测量电路中任意两点间的电压时，须将电压表两端与被测电路两端并联，由于电压表本身存在一定的内阻，会对被测电路产生影响，引起测量误差。为了减小这种影响，选用电压表时必须选用内阻远大于被测电路电阻值的电压表。

1. 直流电压的测量

测量直流电压须用直流电压表或交直流两用电压表，电压表与被测电路并联，如图 4-5（a）所示。直流电压表与直流电流表一样具有极性，测量时电压表的“+”端接被测电路的高电位端（正端），“–”端接被测电路的低电位端（负端），不能接反，否则将可能损坏测量仪表。测量电压时同样也要正确选择电压表量程。

如果需要测量超过电压表量程的电压，可以与电压表串联一个附加电阻器进行分压，将电压表量程扩大，如图 4-5（b）所示。附加电阻器也称为倍压器，倍压器的电阻值为：$R_A=(m-1)R_0$。式中，R_A 为倍压器电阻值，R_0 为电压表内阻，$m=U/U_V$ 为需要扩大电流量程的倍数，其中 U_V 为电压表的量程，U 为扩大后的量程。

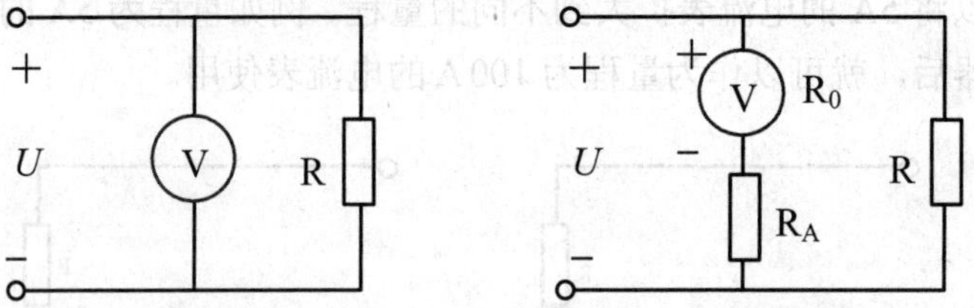

（a）电压表直接接入电路　（b）电压表量程的扩大

图 4-5　直流电压测量电路

2. 交流电压的测量

测量交流电压采用交流电压表，只要被测电压在电压表量程范围内，就可以将电压表直接并联在被测电路的两端，如图 4-6（a）所示。与直流电压测量不同的是交流电压表的两个接线端子没有极性，可以任意调换。

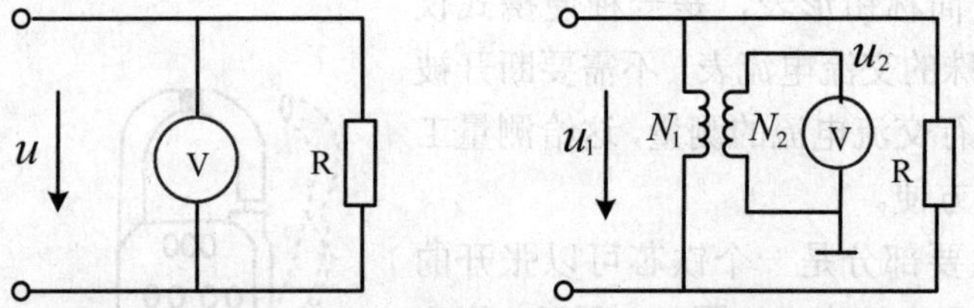

（a）电压表直接接入电路　（b）电压表量程的扩大

图 4-6　交流电流测量电路

在实际工程中，若要测量高电压电路，一般采用电压互感器来扩大交流电压表的量程，如图 4-6（b）所示。配有电压互感器的电压表一般采用量程为 100 V 的交流电压表，电压互感器的二次侧额定电压也为 100V，与电压表相接；一次侧额定电压决定了电压表扩程后的量程，接于被测电路的两端。例如量程为 100V 的电压表配上电压比为 1000/100 的电压互感器就组成了一个量程为 1000V 的交流电压表。与电压互感器配套使用的电压表表盘标度尺就是按照电压互感器一次侧额定电压进行分度的，所以测量时可以通过指针所在的位置直接读出被测电压值。在使用中，电压互感器二次绕组不允许短路。另外，二次绕组的一端与铁芯均需接地。

4.3　电阻值的测量

电气工程中经常需要对电气设备、电气元器件以及电气线路中的电阻值进行测量，而不同测量对象的电阻值往往差异很大，为了减小测量误差，对不同范围电阻值的电阻器应选择不同的仪表和测量方法。通常将电阻值在 1Ω以下的电阻器称为小电阻器，1Ω以上的电阻器称为中电阻器，0.1 MΩ以上的电阻器称为大电阻器。

4.3.1　伏安法

如果测量出被测电阻器 R_X 两端的电压 U 和流过 R_X 的电流 I，根据欧姆定律($R_X = U/I$)就可以求出被测电阻器的电阻值，这种测量方法就称为伏安法。这是一种间接测量法，一般适合测中电阻值电阻器。

伏安法测电阻有两种测量电路，一种为电流表内接电路，一种为电流表外接电路，如图 4-7 所示。

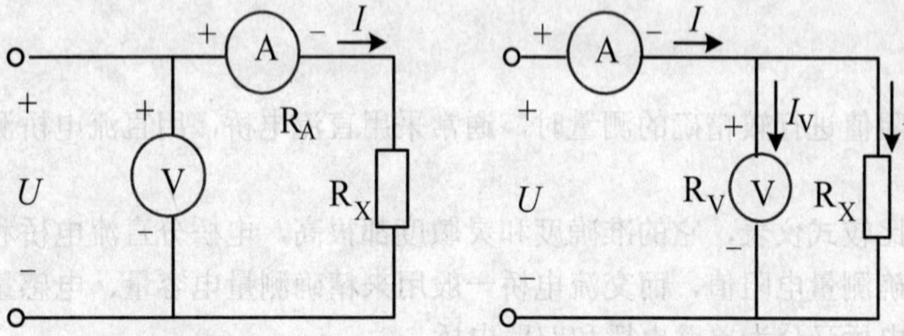

（a）电流表内接测量电路　　（b）电流表外接测量电路

图 4-7　伏安法测电阻值

1. 电流表内接测量电路

由图 4-7（a）所示测量电路可知，电流表测量出的电流 I，是流经被测电阻器 Rx 的电流，但是电压表测出的电压 U 却是被测电阻器 R_X 两端的电压与电流表两端的电压之和。因此有

$$U = IR_A + IR_X = I\left(R_A + R_X\right) \tag{4-1}$$

可得

$$\frac{U}{I} = R_A + R_X \tag{4-2}$$

只有当 $R_A \ll R_X$ 时，忽略 R_A，则有

$$R_X \approx \frac{U}{I} \tag{4-3}$$

可见该测量电路只适用 $R_A \ll R_X$ 的情况，即适用于测量大电阻值（电阻值远大于电流表内阻）的电阻器，否则将产生较大的误差。

2. **电流表外接测量电路**

由图 4-7（b）所示测量电路可知，电压表测量出的电压是被测电阻器 R_X 两端的电压，但是电流表测出的电流，却是流经被测电阻器 R_X 的电流 I_X 与流经电压表的电流 I_V 之和。因此有

$$I = I_X + I_V = \frac{U}{R_X} + \frac{U}{R_V} = U\left(\frac{1}{R_X} + \frac{1}{R_V}\right)$$

可得：

$$\frac{U}{I} = \frac{1}{\frac{1}{R_X} + \frac{1}{R_V}} = \frac{R_X R_V}{R_X + R_V} = \frac{R_X}{1 + \frac{R_X}{R_V}} \tag{4-4}$$

只有当 $R_X \ll R_V$ 时，即当 R_X/R_V，甚至可以忽略时，才有

$$R_X \approx \frac{U}{I} \tag{4-5}$$

可见该测量电路只适用 $R_X \ll R_V$ 的情况，即适用于测量小电阻值（电阻值远小于电流表内阻）的电阻器，否则也会产生较大的误差。

4.3.2 电桥法

当要求对电阻值进行较精确的测量时，通常采用直流电桥，用直流电桥测量电阻值的方法称为电桥法。

电桥是一种比较式仪表，它的准确度和灵敏度都很高，电桥分直流电桥和交流电桥。直流电桥用来精确测量电阻值，而交流电桥一般用来精确测量电容量、电感量等。根据结构的不同，直流电桥又分为单臂电桥和双臂电桥。

1. **直流单臂电桥**

直流单臂电桥又称惠斯登电桥，通常用于对 1～0.1 MΩ电阻值的测量。

1）直流单臂电桥的工作原理。

直流单臂电桥电路原理图如图 4-8 所示，电阻器 R_x、R_2、R_3、R_4 构成了电桥的四个桥臂，R_X 为被测电阻器，其余三个臂由电桥内部的标准可调电阻器组成。a，c 两点接直流电源 E，b，d 两点接检流计（相当于高灵敏度的小电流表）。测量时，通过调节桥臂可调电阻使得检流计的电流为零，即 $U_{bd} = 0$，这里电桥平衡，有

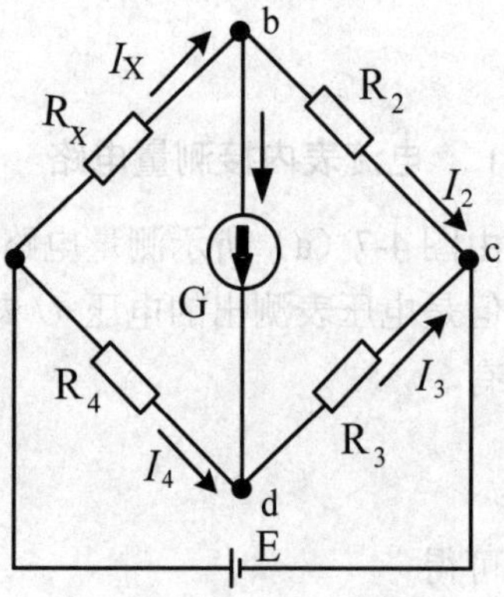

图 4-8　电桥电路原理图

$$R_X I_X = R_4 I_4 \qquad R_2 I_2 = R_3 I_3 \tag{4-6}$$

由于检流计中的电流为零，可得 $I_X = I_2$，$I_4 = I_3$，将其代入以上两式可得被测电阻值的表达式

$$R_X = \frac{R_2}{R_3} R_4 \tag{4-7}$$

2） 直流单臂电桥的使用方法（以 QJ23 型电桥为例）

常用直流单臂电桥的面板如图 4-9 所示。

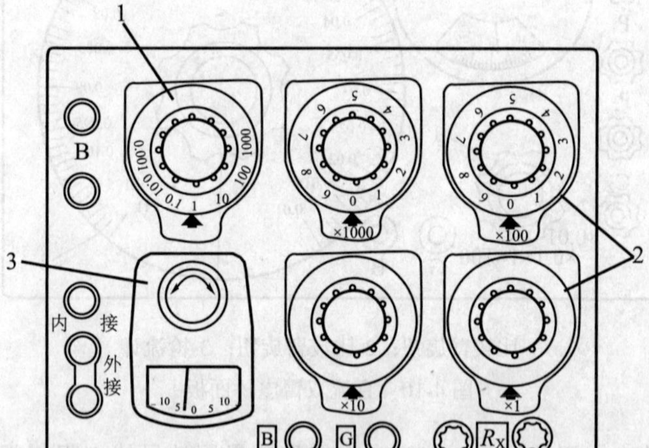

1-比较臂旋钮；2-比较臂旋钮；3-检流计

图 4-9 直流单臂电桥面板（QJ23 型）

（1） 使用前先检查电池，若电压偏低应及时更换。使用外接电源时注意极性，电压不能超过规定值。

（2） 打开检流计的机械锁扣。

（3） 调整好检流计的机械零位。

（4） 接入被测电阻器 R_X。

（5） 估计被测电阻器的电阻值大小，选好适当的倍率，使电桥比较臂的四挡都用上，这样可使设备得到充分利用，可以获得四位有效数字的读数。若其读数为几千、几百或几十欧姆时，倍率应选为 1；若读数中小数点后有两位，倍率应选 0.01；若读数中小数点后有三位，倍率就该选为 0.001。

（6）先按下电源按钮，再按下检流计按钮。

（7） 若检流计指针向“+”或向“-”偏转，需将比较臂的数值调小或调大，使指针指在零位。这时可以读出比较臂的示数几千、几百、几十欧姆，再乘上倍率的大小，即为被测电阻器的电阻值。

（8） 测完后，先断开检流计按钮，然后断开电源按钮。

（9） 拆下被测电阻器。

（10） 锁上检流计的机械锁扣。

2. 直流双臂电桥

直流双臂电桥也称凯尔文电桥，是用于 1Ω以下的小电阻值测量，其外形和面板如图

4-10 所示。

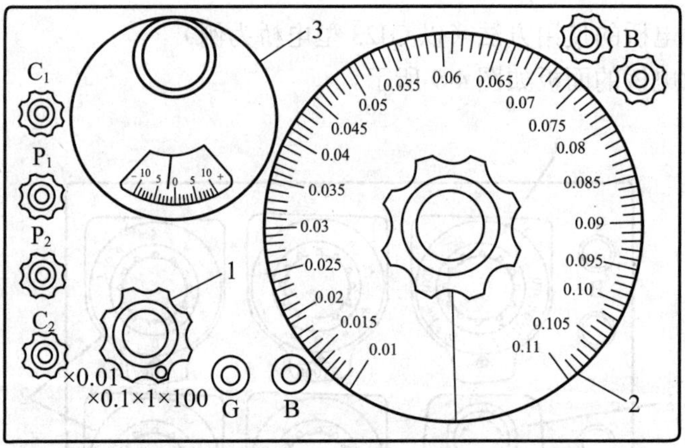

1-比较臂旋钮；2-比较臂旋钮；3-检流计

图 4-10　直流双臂电桥面板

对于 1Ω以下的小电阻值测量，接触电阻值和测量用的导线电阻值都不容忽略，因为它们都将对测量的准确度产生很大影响，直流双臂电桥正是能消除这种影响（电路原理略）。

直流双臂电桥的使用方法基本上与直流单臂电桥类似。使用中还应注意以下两个问题：

（1） 被测电阻值的接入，应采用“四端接法”。一般的电阻元件（如线圈等）只有两个端头。

（2） 直流双臂电桥的工作电流很大，应该注意电源电池的消耗情况，消耗严重的应及时换新电池。测量操作时，动作要迅速，测量结束后，应及时将电路断开。

4.3.3　兆欧表法

兆欧表法就是用兆欧表测量电阻值的方法，兆欧表又称绝缘电阻表（或摇表），是专门用来测量大电阻值的仪表。

在电气工程中为了保证电气设备的正常运行和操作人员的安全，需要经常检查电气设备的绝缘性能。由于这些设备使用的电压一般比较高，要求绝缘电阻值又比较大，如果用上述的几种方法进行测量显然无法满足要求，也无法获得准确的结果，因此在工程中测量绝缘电阻值必须采用兆欧表法。

1. 兆欧表的结构和规格

兆欧表的内部由一个手摇发电机和测量机构组成，外部有测量接线柱、手摇发电机手柄以及表盘和指针，表盘标度尺以 MSL 为单位，其外形和标度如图 4-11 所示。

兆欧表不同于其他仪表，它的指针在仪表不用时可以停留在任何位置。兆欧表的规格取决于手摇发电机的输出电压，常用的规格有 250 V、500 V、1 000 V、2 500 V 和 5 000 V 等多种。

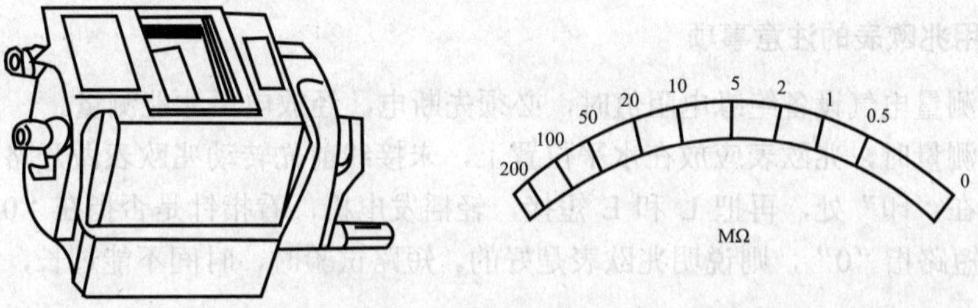

（a）外形　　（b）标度尺

图 4-11　兆欧表

2. 兆欧表的选用

选用兆欧表主要应考虑它的输出电压要与被测设备的额定电压相对应，通常测量额定电压在 500 V 以下的设备或线路的绝缘电阻值时，可选用 500 V 或 1 000 V 的兆欧表；测量额定电压在 500 V 以上的设备或线路的绝缘电阻值时，应选用 1 000～2 500 V 的兆欧表。

3. 兆欧表的接线和测量方法

兆欧表有三个接线柱，其中两个较大的接线柱上分别标有“接地”E 和“线路”L，另一个较小的接线柱上标有“保护环”或“屏蔽 G”。

（1） 测量照明或电力线路对地的绝缘电阻值。按图 4-12（a）把线接好，顺时针转动摇把，转速由慢变快，约 1 min 后，发电机转速稳定时（120 r/ min），表针一旦稳定下来，这时表针指示的数值就是所测绝缘电阻值。

（2） 测量电动机的绝缘电阻。将兆欧表的接线柱 E 接机壳，L 接电动机的绕组，如图 4-12（b）所示，然后进行摇测

（3） 测量电缆的绝缘电阻值。测量电缆的线芯和外壳的绝缘电阻值时，除将外壳接 E，线芯接 L 外，中间的绝缘层还需和 G 相接，如图 4-12（c）所示。

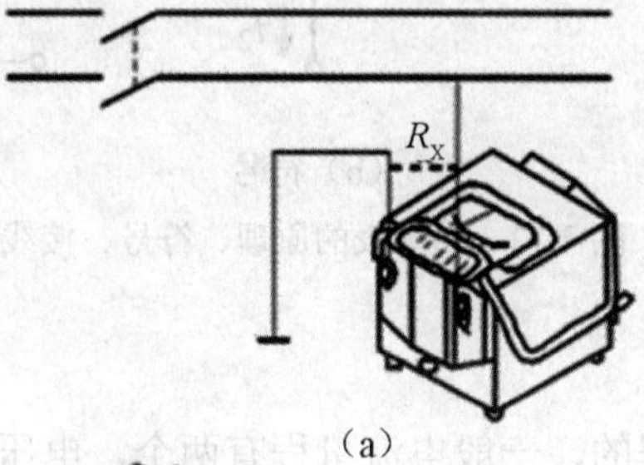

（a）

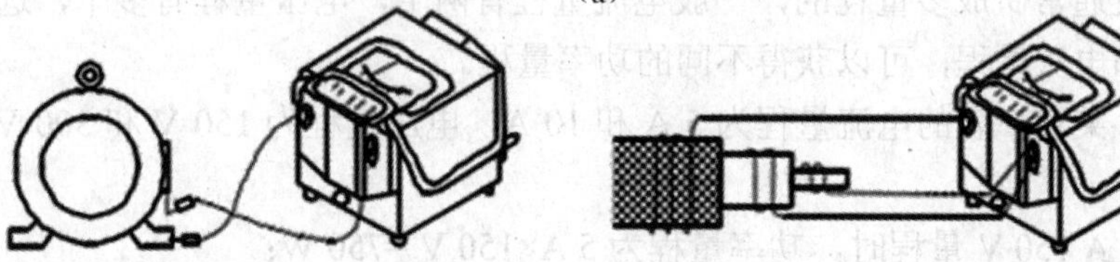

（b）　　（c）

（a）测量线路的绝缘电阻值；（b）测量电动机的绝缘电阻；（c）测量电缆的绝缘电阻值

图 4-12　兆欧表测量电路

4. 使用兆欧表的注意事项

（1） 测量电气设备绝缘电阻值时，必须先断电，经放电后才能测量。

（2） 测量时，兆欧表应放在水平位置上，未接线前先转动兆欧表做开路试验，确定指针是否指在“印”处，再把 L 和 E 短接，轻摇发电机，看指针是否指在“0”。若开路指“印”，短路指“0”，则说明兆欧表是好的。短路试验时，时间不能过长，否则会损坏仪表。

（3） 兆欧表接线柱的引线应采用绝缘良好的多股软线，同时各软线不能绞在一起。

（4） 兆欧表测完后立即使被测物放电，在兆欧表摇把未停止转动和被测物未放电前，不可用手去接触被测物的测量部分或拆除导线，以防触电。

4.4 电功率及电能的测量

4.4.1 电功率的测量

电功率的测量也是一种基本的电工测量。电功率通常采用功率表进行直接测量，功率表有两个线圈，即电压线圈（动圈）和电流线圈（定圈）。电压线圈串联倍压器后与被测负载电路并联，反映负载电压；电流线圈与被测负载电路串联，反映负载电流，在测量中，功率表的读数直接反映了被测电路的功率。其原理图、符号、接线图如图 4-13 所示。

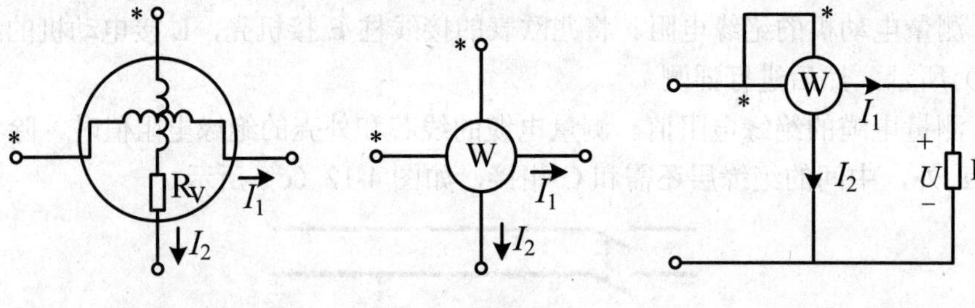

（a）原理图　　（b）符号　　（c）接线图

图 4-13　功率表的原理、符号、接线图

1. 功率表的量程

功率表通常做成多量程的，一般电流量程有两个，电压量程有多个，选用功率表中不同的电流和电压量程，可以获得不同的功率量程。

例如，某功率表的电流量程为 5 A 和 10 A，电压量程为 150 V 和 300 V，其功率量程可计算如下：

选用 5 A 150 V 量程时，功率量程为 5 A×150 V =750 W；

选用 5 A300 V 或 10 A150 V 时，功率量程为 5 A×300 V =1 500 W；

或 10 A×150 V=1 5 00W；

选用 10 A 300 V 时，功率量程为 10 A×300 V = 3 000 W。

2. 功率表的选择及正确使用

（1） 功率表量程的正确选择。选择功率表量程时，不仅要求被测功率在功率表功率额定量程之内，更重要的是被测电路的电压、电流均不能超过功率表的电压、电流的额定值（量程）。只要功率表的电压、电流量程满足了电路要求，功率量程等于电压量程与电流量程的乘积，自然就能满足要求。

反之，如果选择功率表量程时只注意功率的量程，而忽略了电压、电流额定值的选择，使用时将有可能使功率表损坏。

（2） 功率表的正确接线。功率表接线时应区别线圈绕组的“始端”与“终端”，通常功率表绕组的“始端”用“*”引出，称为“*”号端。功率表接线时，有电压线圈前接和电压线圈后接两种连接形式。电压线圈前接时，应把动圈和定圈的“*”连在一起，并使电流线圈（定圈）串联在负载支路中，流过电流线圈的电流等于负载电流，如图 4-14（a）所示，它适用于负载为高阻抗的情况。电压线圈后接时，如图 4-14（b）所示，此时，电流线圈的电流等于负载电流与动圈支路的电流之和，它适用于负载为低阻抗的情况。

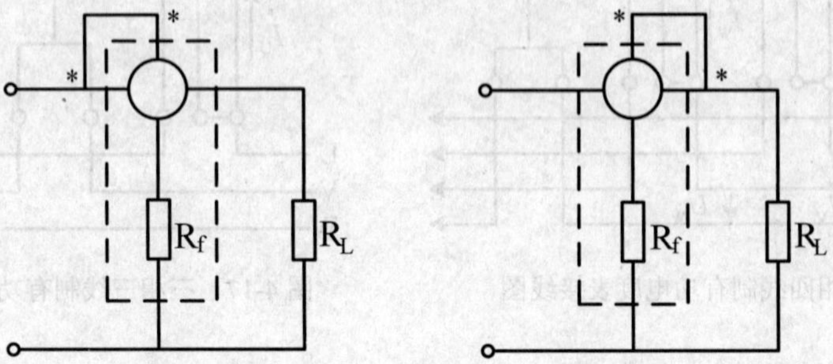

（a）电压线圈前接　　（b）电压线圈后接

图 4-14　功率表的两种连接方式

（3） 功率表的正确读数。在测量时用功率表指针偏转的格数乘上功率表的相应的分格常数，就可以得到被测电路的功率。

4.4.2 电能的测量

电度表是用于测量电能的仪表，以 kW・h（千瓦・小时）即“度”为单位。常见的电度表有单相电度表、三相四线制有功电度表、三相三线制有功电度表。目前民用电度表多采用直接接入形式，每个电度表的下部都有一个接线盒，盖板背面有接线图，安装时应按图接线。

1. 电度表的正确接线

电度表的接线如图 4-15～图 4-17 所示。

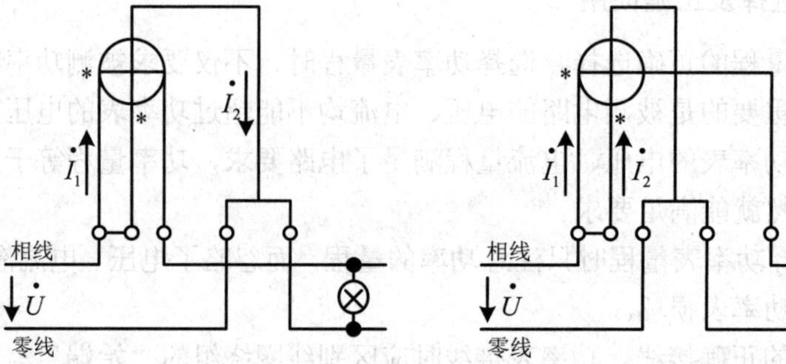

（a）单进单出　　　　（b）双进双出

图 4-15　单相电度表接线图

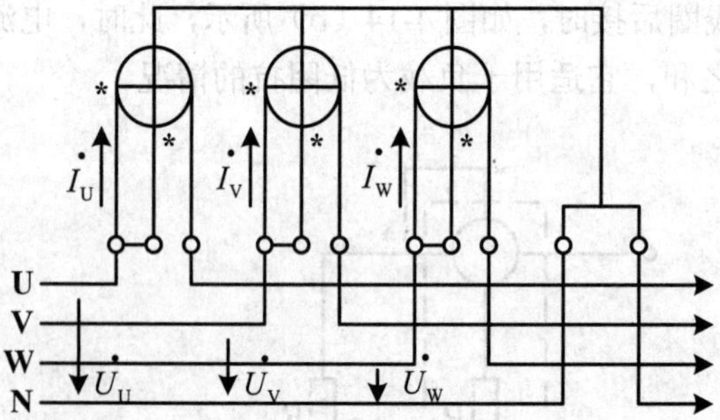

图 4-16　三相四线制有功电度表接线图

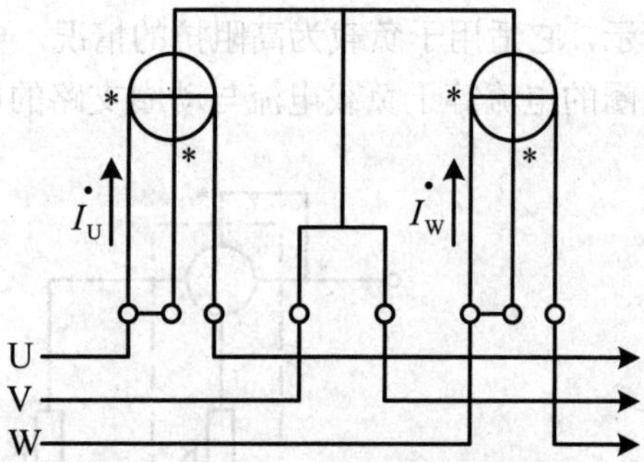

图 4-17　三相三线制有功电度表接线图

2. 电度表的读数

对于运行的电度表，其示数乘以实用倍率后才能得到所测量的电量。实用倍率可按下式计算

$$B_L = K_A K_V b / K_L K_Y \tag{4-8}$$

式中，K_A，K_V 为与电度表联用的电流、电压互感器使用的额定变比；K_L，K_Y 为电度表铭牌上标注的电流、电压互感器变比，未标者为 1；b 为计度器倍率，未标者为 1。

在了解实用倍率之后，就可以抄读电度表测得的电量，即

$$W = (W_2 - W_1) B_L \tag{4-9}$$

式中，W_1 为前次抄读数；W_2 为本次抄读数；B_L 为实用倍率。

在抄读电度表测得的电量时应注意以下两点：

（1） 电度表测得的电量是以 kW·h（千瓦·小时）即“度”为单位；

（2） 抄读电量时，要读到最小数值位的最小分格。

实践任务　万用表的使用

一、任务目的

（1）了解万用表的功能和特点。

（2）学会万用表的使用方法。

（3）分析测量结果，加深对测量电路的理解。

二、任务器材

本任务所需器材如表 4-2 所示。

表 4-2　任务所需器材

序　号	名　称	符　号	规　格	数　量
1	模拟式万用表		MF47 型	1
2	数字式万用表		DT830	1
3	变压器	T	220/36V	1
4	直流稳压电源		2A/0～36V	1
5	一字形螺钉旋具		3″	1
6	十字形螺钉旋具		3″	
7	电阻器	R_1	100 Ω/2 W	
8	电阻器	R_2	1 kΩ/2 W	
9	电阻器	R_3	10 kΩ/2 W	
10	电阻器	R_4	50 kΩ/2 W	
11	电阻器	R_5	180 kΩ/2 W	
12	导线			若干

三、任务内容与步骤

1. 电阻值的测量

1）分别用模拟式万用表和数字式万用表测量电阻器 R_1～R_5 的电阻值，将测量数据记录在表 4-3 中。

表 4-3　电阻值的测量

测量内容	R_1	R_2	R_3	R_4	R_5
电阻器标称值					
模拟式万用表量程					
模拟式万用表测量数据					
数字式万用表量程					
数字式万用表测量数据					

2）将电阻器 R_1～R_5 连接成图 4-18 所示电路，计算和测量表 4-4 所示各点间的电阻值并记录在表 4-4 中。

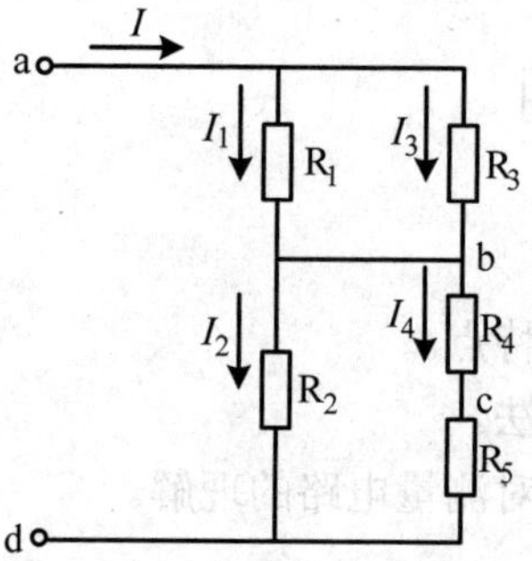

图 4-18　电路电阻值的测量

表 4-4　电路电阻值的测量

测量内容	R_{ab}	R_{ad}	R_{bc}	R_{bd}	R_{cd}
计算电阻值					
模拟式万用表量程					
模拟式万用表测量数据					
数字式万用表量程					
数字式万用表测量数据					

2. 交流电压的测量

1）将图 4-18 所示电路接上 220V/36V 变压器，电路如图 4-19 所示。

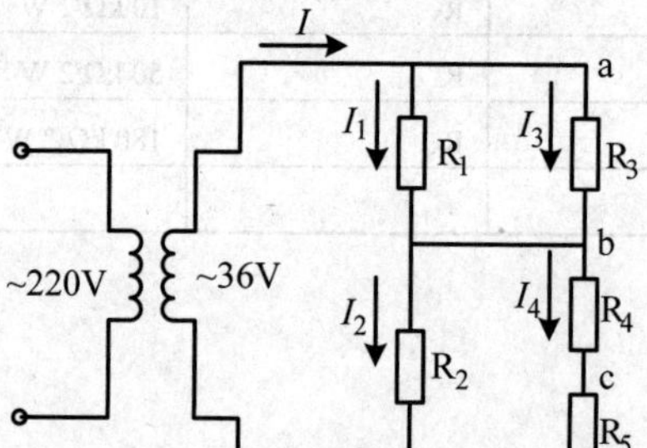

图 4-19　交流电压的测量

2）电路检查无误后，接通电源，分别用模拟式和数字式万用表测量U_{ab}、U_{ad}、U_{bc}、U_{bd}、U_{cd}，并将测量数记录在表 4-5 中。

表 4-5　交流电压的测量

测量内容	U_{ab}	U_{ad}	U_{bc}	U_{bd}	U_{cd}
模拟式万用表量程					
模拟式万用表测量数据					
数字式万用表量程					
数字式万用表测量数据					

3. 直流电压的测量

1）将图 4-19 中的变压器换接成稳压电源，电路如图 4-20 所示。

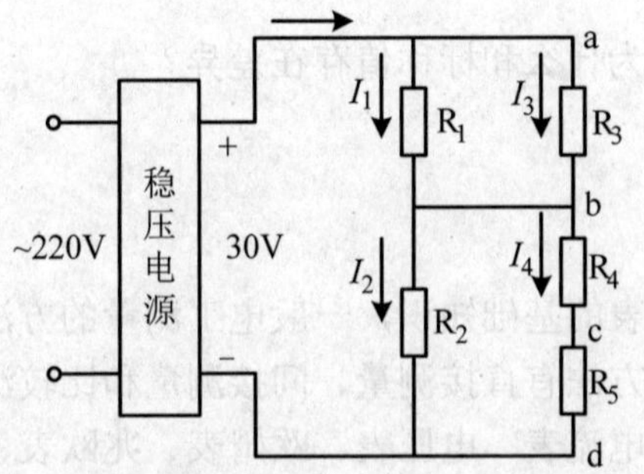

图 4-20　直流电压与电流的测量

2）电路检查无误后，接通电源，调节稳压电源，使输出电压在 30V 左右，分别用模拟式和数字式万用表测量 U_{ab}、U_{ad}、U_{bc}、U_{bd}、U_{cd}，并将测量数记录在表 4-6 中。

表 4-6　直流电压的测量

测量内容	U_{ab}	U_{ad}	U_{bc}	U_{bd}	U_{cd}
模拟式万用表量程					
模拟式万用表测量数据					
数字式万用表量程					
数字式万用表测量数据					

4. 直流电流的测量

1）电路如图 4-20 所示。

2）电路检查无误后，接通电源，调节稳压电源，使输出电压在 30V 左右。

3）分别用模拟式和数字式万用表测量电流 I、I_1、I_2、I_3、I_4，并将测量数记录在表 4-7 中，具体操作步骤为：

（1）切断电源；

（2）万用表串入被测电流支路中；

（3）选择好万用表量程；

（4）接通电源，读出数据并记录于表 4-7 中；

（5）重复以上步骤测下一个电压，直到全部测完。

表 4-7　电流的测量

测量内容	I	I_1	I_2	I_3	I_4
模拟式万用表量程					
模拟式万用表测量数据					
数字式万用表量程					
数字式万用表测量数据					

四、任务结果分析

（1） 模拟式万用表与数字式万用表所测量的数据为什么会产生误差？从测量中能看出什么问题？

（2） 电阻器的测量值为什么和标称值存在差异？

本章小结

本章介绍了电工测量仪表的基础知识，一般电工测量的方法和常用电工仪表的使用。

（1） 常用的电工测量方法有直接测量、间接测量和比较测量三种。

（2） 常用电工仪表有电流表、电压表、欧姆表、兆欧表、功率表、电度表，等等。

（3） 测量电流用电流表，并将电流表串联在被测电路中；测量电压用电压表，并将电压表并联在被测电路中。

（4） 测量直流电用直流表（或交直流两用表），直流表有极性，使用时应注意，不能接反；测量交流电用交流表（或交直流两用表），交流表不分极性。

（5） 电阻值的一般测量可用欧姆表（或万用表的欧姆挡）进行测量，测量方法简单，但误差较大；直流电桥能够精确地测量电阻值；兆欧表是一种可携式仪表，它是专门测量大电阻值的。

（6） 电路电功率的测量一般采用功率表。对于三相四线制完全对称电路可以采用一表法，不对称电路采用三表法；对于三相三线制电路，无论对称与否，可采用二表法。

（7） 电能的测量需用电度表进行。

习题

4-1 正确使用电工仪表应注意哪些问题？

4-2 电流表与电压表有何区别？在电路中如何连接？使用时应注意什么？

4-3 简述钳形电流表的主要结构和工作原理。

4-4 如何测量大、中、小电阻值？

4-5 有一电流表，量程为 5 mA，内阻 20 Ω。现将量程扩大为 1A，问需要并联多大的电阻器？

4-6 简述使用兆欧表的基本方法和注意事项。

4-7 电桥分为几种？它们的区别是什么？

第 5 章　电动机及其控制电路

本章要点

学	知识重点	1. 三相异步电动机结构和工作原理 2. 单相异步电动机结构和工作原理 3. 常用低压电器的结构、工作原理及图形符号 4. 三相异步电动机控制电路的基本结构和工作原理
	知识难点	1. 低压电器的使用和符号 2. 三相异步电动机控制电路的工作原理 3. 三相异步电机正反转线路的连接与调试
	建议学时	24 学时
练	理论知识	1. 低压电器的图形符号和工作原理 2. 启动控制电路的工作原理 3. 制动控制电路的工作原理 4. 调速控制电路的工作原理
	练习方法	理论联系实际操作
做	实际操作	三相异步电动机正反转控制电路的安装
	实际技能	读懂控制原理图；学会控制线路的安装

主要内容

电动机的作用是将电能转换成机械能，以驱动各种生产机械。现代生产上大量使用的电动机主要是交流电动机，其中以三相异步电动机应用最广泛。各种金属切割机床、起重机、中小型鼓风机、水泵及纺织机械等，都可以用异步电动机来驱动。

5.1 异步电动机

异步电动机是把交流电能转变为机械能的一种动力机械。它结构简单，制造、使用和维护简便，成本低廉，运行可靠，有较高运行效率和较好的工作特性，从空载到满载范围内接近恒速运行，能满足大多数工农业生产机械的传动要求，因此在工农业生产及日常生活中得以广泛应用。在各种电气传动系统中，有 90%左右采用异步电动机驱动，在电力网总负载中，异步电动机要占 60%左右。三相异步电动机被广泛用来驱动各种金属切割机床、起重机、中小型鼓风机、水泵及纺织机械等。单相异步电动机由于容量小，性能较差，常用于日常生活中的小家电及小功率电动工具。同步电动机是一种恒速电动机，主要用于拖动大功率恒速机械，如空气压缩机、球磨机、鼓风机等。

5.1.1 三相异步电动机

三相异步电动机主要是由定子和转子两大部分组成的，这两部分之间由气隙隔开。根据转子结构的不同，分为鼠笼形和绕线形两种。图 5-1（a）所示为三相鼠笼形异步电动机的结构。

一、三相异步电动机的基本结构

1. 定子

定子是由机壳（包括机座和端盖）、定子铁芯、定子绕组三部分组成的。定子的作用是产生旋转磁场，并与转子构成磁的通路。

机座是电动机的支架，一般由铸铁或铸钢制成。在机座的内圆中固定着铁芯。机座两端的端盖中嵌放着轴承，用以支撑转子转动，并用轴承盖加以保护。定子铁芯是电动机磁路的一部分，用互相绝缘的 0.35～0.5 mm 厚的环形硅钢片叠压而成，铁芯内圆冲有均匀分布的槽，槽中嵌放着固定的定子绕组。铁芯片间的绝缘是为了减少涡流损失。定子绕组是电动机的电路部分。三相异步电动机有三个独立的绕组，每个绕组包含着若干个线圈，每个线圈又有许多匝，均匀地嵌放在铁芯槽中。三相绕组的六个端头引出固定在机座的接线盒中，并按照接线盒中的标志接线，可接成星形或三角形方式。

2. 转子

转子由转轴、转子铁芯和转子绕组三部分组成。转子在电磁力作用下产生的电磁转矩使转子转动。

转轴一般由中碳钢锻造而成，中间套着转子铁芯，两端用轴承支撑。转子铁芯是电动机磁路的一部分，是用互相绝缘的 0.35～0.5 mm 厚的硅钢片叠压而成的，铁芯外圆冲有均匀分布的槽孔。

鼠笼形转子绕组是铸铝的笼条，嵌放在转子铁芯槽内，伸出铁芯的端头用端环焊接成短路环，如图 5-1（b）所示。因形似鼠笼，故称为鼠笼形异步电动机。

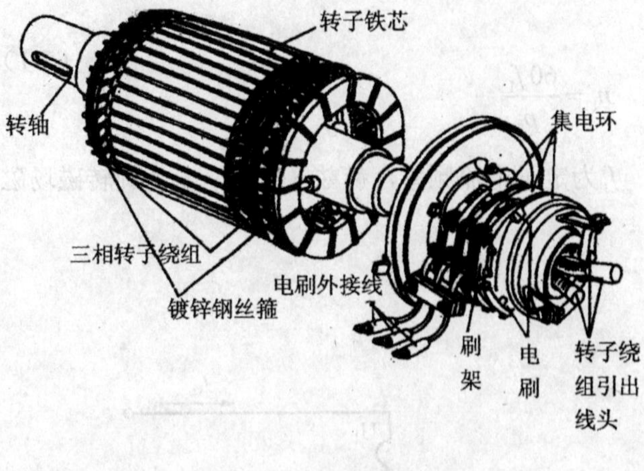

（a）转子绕组

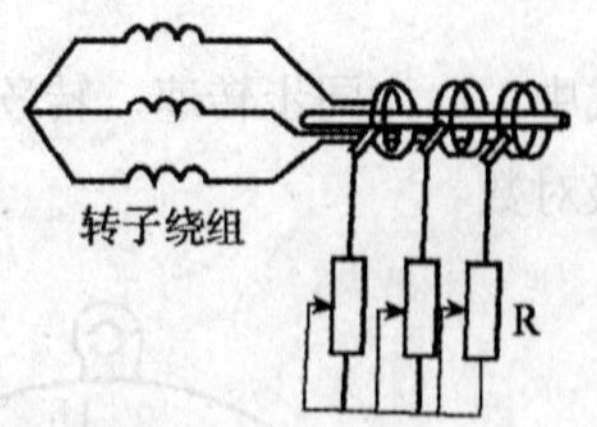

（b）转子绕组与外加变阻器的连接方式

图 5-1　三相鼠笼形异步电动机结构图

绕线形转子绕组结构与定子绕组相似，三相线圈对称地嵌放在转子铁芯槽内，一般接成星形，末端接在一起，首端分别引至轴上的三个铜制的集电环上，集电环彼此对轴绝缘，通过固定在端盖上的三个电刷引出。

气隙、定子铁芯、转子铁芯构成电动机完整的磁路部分。

二、三相异步电动机的转动原理

1. 旋转磁场的概念

旋转磁场是幅值不变、分布状况不变，在空间以一定速度做旋转变化的磁场。

将一组三相绕组沿铁芯内圆表面均匀分布，各相绕组互差 120º，三相绕组的尾端 U_2、V_2、W_2 接成星形连接，U_1、V_1、W_1 接电源，如图 5-2（a）、（b）所示。绕组通过交流电流，电流的波形如图 5-2（c）所示。U 相电流先达到最大值，经过 $T/3$ 的时间，V 相达到最大值，再经过 $T/3$ 的时间，W 相达到最大值。设定达到正的最大值的一相电流（U 相）是从首端（U1）流进（用符号⊗表示），尾端（U2）流出（用符号⊙表示），其他两相（V、W）均为负的 1/2 最大值，电流是从尾端流进，首端流出，如图 5-2（d）所示。按照右手螺旋定则可画出磁感线方向（即磁场方向）；经过 $T/3$ 时间，V 相达到最大值，电流从 V_1 端流进，V_2 端流出。其他两相与之相反，画出磁感线与 U 相达最大值时比较，磁场沿 U、V、W 的方向旋转 120°；电流经过 $T/3$ 的时间，W 相达到最大值，电流从 W_1 端流进，W_2 端流出，其他两相与之相反，画出磁感线与 V 相达最大值时比较，磁场沿 U、V、W 的方向又旋转了 120°；再经过 $T/3$ 的时间，又重复了前面分析的状态。一相绕组通过一相交流电流产生的磁场，就像一个两极圆形磁铁在空间旋转一样。

两组三相线圈通过三相交流电流产生四极旋转磁场，分析略。

三相绕组通过三相交流电流所产生磁场的规律：

（1）旋转磁场的磁极对数与每一相的绕组数有关。

（2）旋转磁场每分钟的转速用 n_1 或 n_0 表示，称为同步转速，与交流电的频率 f 成正

比，与绕组的磁极对数成反比，即

$$n_1 = \frac{60 f_1}{p} \tag{5-1}$$

式中，n_1为同步转速，转/分（r/min）；f_1为定子电流频率，赫兹（Hz）；p为旋转磁场磁极对数。

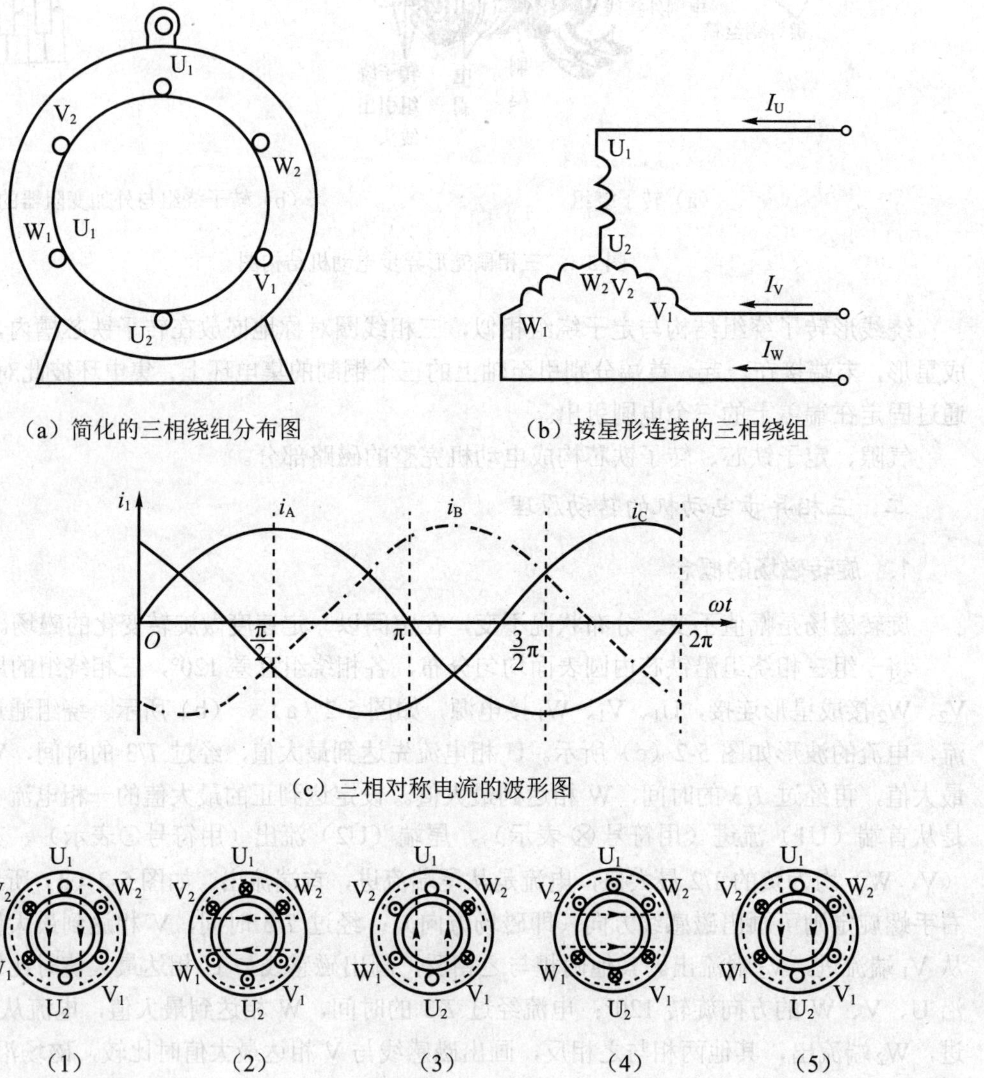

（a）简化的三相绕组分布图　　（b）按星形连接的三相绕组

（c）三相对称电流的波形图

（d）二极绕组的旋转磁场

图 5-2　三相绕组通过三相交流电流产生的两极旋转磁场

（3）旋转磁场的旋转方向取决于绕组中电流的方向。因此，要改变旋转磁场的旋转方向，只要改变电流的相序（即将绕组与电源的三相接头中，任意调换两个）即可。

2. 三相异步电动机的转动原理

三相异步电动机的转动原理如图 5-3 所示。三相异步电动机的定子绕组，通入三相对称交流电流，便产生旋转磁场，其转速为同步转速，即 $n_1 = \dfrac{60 f_1}{p}$。

转子有一闭合绕组，由于旋转磁场与转子绕组存在相对运动，旋转磁场切割转子绕组，在转子绕组中便产生感应电动势，即有感应电流流过。转子绕组感应电动势的方向由右手螺旋定则确定，若略去转子绕组电抗，则感应电势的方向即是感应电流的方向。转子中的感应电流与旋转磁场相互作用，在转子上产生电磁力 F，电磁力的方向用左手螺旋定则判定。电磁力所形成的电磁转矩，驱动转子沿着旋转磁场的方向转动，这就是三相异步电动机的工作原理。

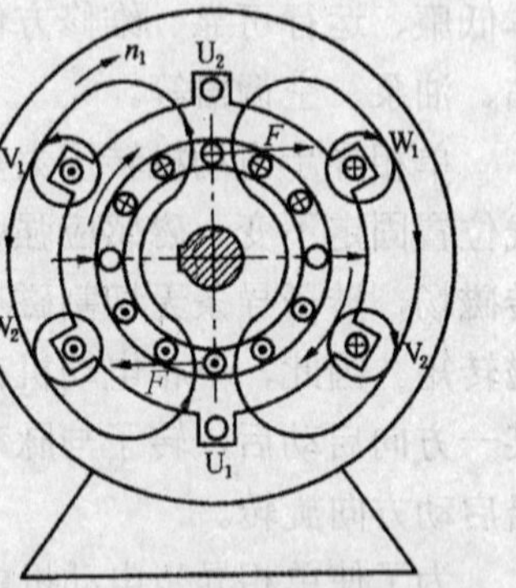

图 5-3　三相异步电动机的转动原理

转子转动的方向与旋转磁场的方向相同，但两者的转速不相同。转子的转速称为转子转速，用 n 表示。n 总是小于 n_1，因为 n 与 n_1 如果相同，转子绕组与旋转磁场就没有相对运动，转子绕组中就不会感应出电势和电流，这样转子不会受到电磁转矩的作用，当然不会继续转动。n 不会大于 n_1，否则电动机将变成发电机运行。由此可见，异步电动机转子的转速 n 总是和同步转速 n_1 存在一定差别，“异步”因此得名。n 和 n_1 的差异是异步电动机产生电磁转矩的必要条件。

转子的转速 n 与同步转速 n_1 的差异引出了转差率的概念，即同步转速 n_1 与转子的转速 n 之差（$\Delta n=n_1-n$）称为转差；转差与同步转速的比值称为转差率，用 S 表示，即

$$s = \frac{n_1 - n}{n_1} \tag{5-2}$$

转差率 S 是分析异步电动机运行时的一个极其重要的概念和变量。电动机在启动瞬间转子未转动，即 n=0，S=1；如果转子不带机械负载，而且处于没有空载损耗的理想空载状态，转子将以同步转速旋转；即：$n=n_1$，S=0，这种状态在电动机的实际运行中是不存在的。异步电动机的转速范围为 $n=0\sim n_1$，相应的转差率的范围为 S=1～0。异步电动机额定运行时的转差率一般为 0.02～0.06，可见异步电动机的转速很接近旋转磁场的转速。

在实际工作中，电动机要实现正转和反转的可逆运转。由于转子旋转的方向与定子旋转磁场的方向是一致的，而改变电源的电流相序即改变旋转磁场的方向，因此可以达到改变电动机转子转动方向的目的。

【例 5.1】一台额定转速 n_N=1450 r/min 的三相异步电动机，试求它额定负载运行时的转差率 S_N。

解：

$$n_N = n_1 = \frac{60 f_1}{p}$$

$$p = \frac{60f}{n_N} = 2.07 \qquad 取 p \approx 2$$

$$n_1 = \frac{60f_1}{p} = 1500(\text{r/min}), \quad s_N = \frac{N_1 - N}{n_1} = 0.033$$

5.1.2 单相异步电动机

单相异步电动机是利用单相交流电源供电的一种小容量交流电动机，容量一般在750W以下，与同容量的三相异步电动机相比。它的体积大，运行性能差，但是它结构简单、成本低廉、运行可靠、维修方便，广泛运用在小容量的场合，如电扇、洗衣机、电冰箱、电钻、油泵、空调器等。

单相异步电动机转子大多数是鼠笼形的。当绕组通入单相交流电时会产生一个磁极轴线位置固定不变、磁感应强度的大小随时间做正弦变化的脉动磁场。由于脉动磁场不是旋转磁场，转子导条无切割磁场的运动，所以在转子导条中不能产生感应电流，不会形成电磁转矩。因此，单相电动机在没有启动转矩时不能旋转。理论分析表明，当外力使转子沿某一方向启动后，转子与脉动磁场之间出现相对运动，由此产生的电磁转矩将使转子继续沿启动方向旋转。

为了使单相异步电动机能产生启动电磁转矩，常采用电容分相和罩极两种方法。

一、电容分相式单相异步电动机

图5-4所示为电容分相式单相异步电动机工作原理图。在定子铁芯上嵌放有两套绕组，即工作绕组 U_1U_2（又称主绕组）和启动绕组 Z_1Z_2（又称副绕组）。它们结构相同，但在空间上互差 90° 电角度。启动绕组与适当的电容器C串联后，可使两个绕组中的电流在相位上相差 90°，这就是分相。在空间相位上互差 90° 电角度的两相电流，也能产生旋转磁场，单相异步电动机的鼠笼形转子便在该旋转磁场作用下获得转矩而旋转起来。

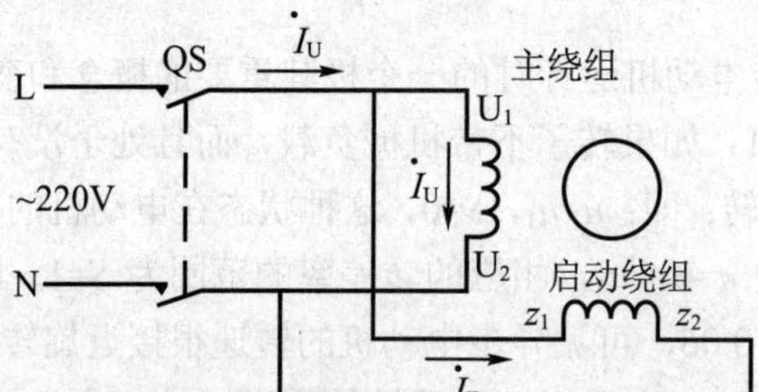

图5-4 电容分相式单相异步电动机工作原理

电动机转动以后，如切断启动绕组，电动机仍能够继续运行。故在转子转速接近额定转速时，有的借助离心力的作用把开关断开（启动时是依靠弹簧使其闭合的），以切断启动绕组；有的采用启动继电器把它的吸引线圈串联在工作绕组的电路中。

启动时由于电流比较大，继电器动作，其常开触点闭合，将启动绕组与电源接通。随着转速的增大，工作绕组中电流减小，当减小到一定值时，继电器复位，切断启动绕组。

电容分相式单相异步电动机结构简单，使用方便，只要将其中任一绕组的首端和末端与电源的接线改变一下，就能够实现电动机的反转。其常用于吊风扇、台风扇、电冰箱、洗衣机、空调器、通风机、录音机、复印机、电子仪表及医疗机械等各种空载或轻载启动的机械上。

二、单相罩极式异步电动机

单相罩极式异步电动机是结构最简单的一种单相异步电动机，它的定子铁芯部分通常由 0.5 mm 厚的硅钢片叠压而成的。

按磁极形式的不同可分为凸极式和隐极式两种，其中凸极式结构最为常见。凸极式按励磁绕组布置位置的不同又可分为集中励磁和单独励磁两种。图 5-5 所示为单独励磁罩极式异步电动机结构图。

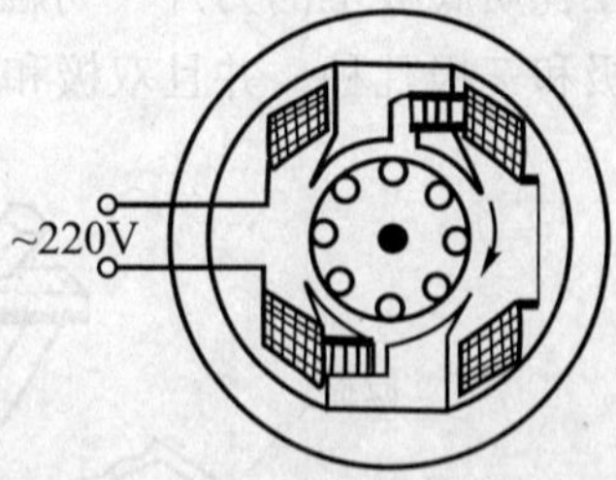

图 5-5　罩极式电动机结构图

罩极式电动机每个磁极面的 1/4～1/3 处开有小槽，在小槽部分的极面上套有铜制的短路环，就好像把这部分磁极罩起来一样，所以称为罩极式电动机。励磁绕组用具有绝缘层的铜线绕成，套装在磁极上，转子则采用笼形结构给罩极式电动机励磁绕组通入单相交流电时，磁极中将产生随电流交变的磁场。由于短路环的影响，被短路环罩住的那部分磁极中的磁通变化将滞后于未罩住部分的磁通变化，这样在磁极之间即形成一个连续移动的磁场，从未罩部分磁极向被罩部分磁极移动，就像旋转磁场一样，从而使鼠笼形转子受力而旋转。

罩极式电动机的主要优点是结构简单、制造方便、成本低、运行噪声小、维护方便；缺点是启动性能及运行性能差，效率和功率因数都较低。其主要用于小功率空载启动的设备，如换气扇、录音机、电动工具及办公自动化设备等。

5.2　常用低压电器

低压电器是指在交流电压低于 1200V，直流电压低于 1500V 的电路中起接通、断开、保护、控制或调节作用的电气设备。

低压电器按用途和所控制的对象右可分为低压配电电器和低压控制电器两大类；而按其动作方式可分为自动切换电器和非自动切换电器；按其执行机构可分为有触点电器和无触点电器；按工作原理又可分为电磁式电器和非电量控制电器。

电磁式电器主要由电磁机构、触头系统和灭弧系统三部分构成。其中，电磁机构将电磁能转换为机械能并带动触头动作；触头系统则通过触头的分、合控制电路的通、断。电路在负载情况下断开时，由于电流的变化率很大，触头间可能会产生高压使空气被击穿而形成弧光放电，这就是电弧。电弧使电路难以断开，甚至可能酿成事故。所以，灭弧系统是必不可少的。

5.2.1 低压开关

低压开关主要用于电路的隔离、转换、接通和断开，有时也用来控制小容量电动机的启动、停止和反转。低压电器一般为非自动切换电器，常用的有刀开关、转换开关和低压断路器。

一、刀开关（QS）

刀开关俗称刀闸开关或刀闸，是一种最常用的手动电器，其结构如图 5-6 所示，由安装在瓷质底板上的刀片（动触头）、刀座（静触头）和胶木盖构成。刀开关可分为单极、双极和三极几种，并且双极和三极均配有熔断器。

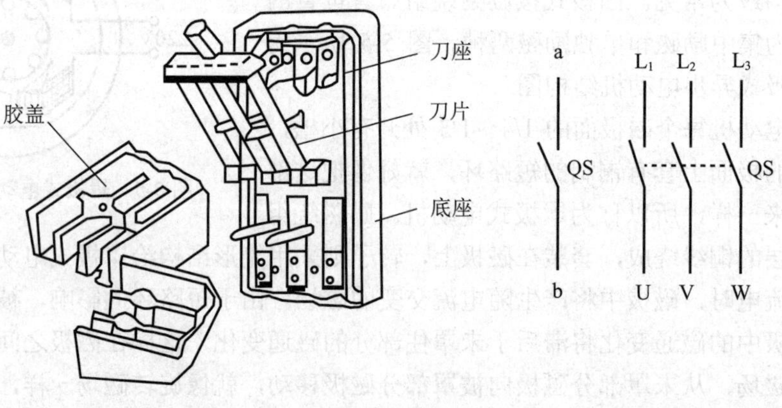

（a）实物图　　　　（b）图形符号

图 5-6　刀开关及图形符号

刀开关主要用于不频繁地接通与断开的交直流电源电路，通常只作隔离开关用，一也可用于小容量三相异步电动机的直接启动。使用刀开关切断电流时，在刀片与刀座分开时会产生电弧，特别是切断较大电流时，电弧持续不易熄灭。因此，选用刀开关时，一定要根据电源的负载情况确定其额定电压和额定电流。

二、低压断路器

低压断路器俗称自动空气开关，是具有一种或多种保护功能的开关，用于低压（500 V 以下）交、直流配电系统中，相当于刀开关、熔断器、过电流继电器、欠电压继电器和热继电器的一种组合，因而它是一种既有手动开关作用又能自动进行欠电压、失电压、过载和短路保护的开关电器。断路器的结构和工作原理如图 5-7 和图 5-8 所示，主要由触点、脱扣器、灭弧装置和操作机构组成。正常工作时，手柄处于“合”位置，此时触头保持闭合状态；扳动手柄置于“分”位置时，主触头处于断开状态。空气断路器的“分”和“合”在机械上都是互锁的。

低压断路器的保护原理如下。

（1） 短路保护：当被保护电路发生短路或产生瞬时过电流时，过电流脱扣器的衔铁被吸合，撞击杠杆，顶开搭钩，则连杆在弹簧的拉力下断开主电路。

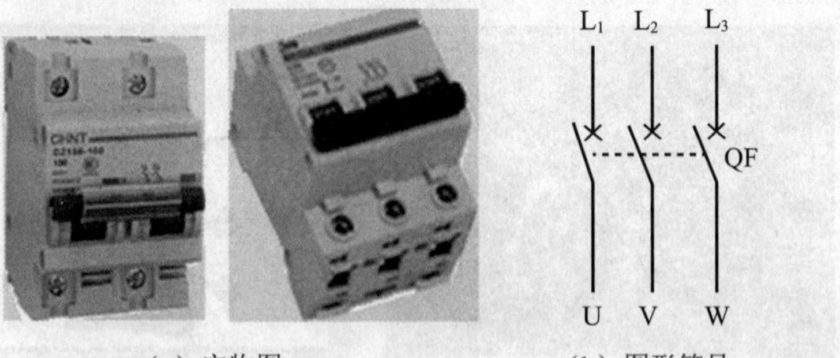

（a）实物图　　（b）图形符号

图 5-7　低压断路器

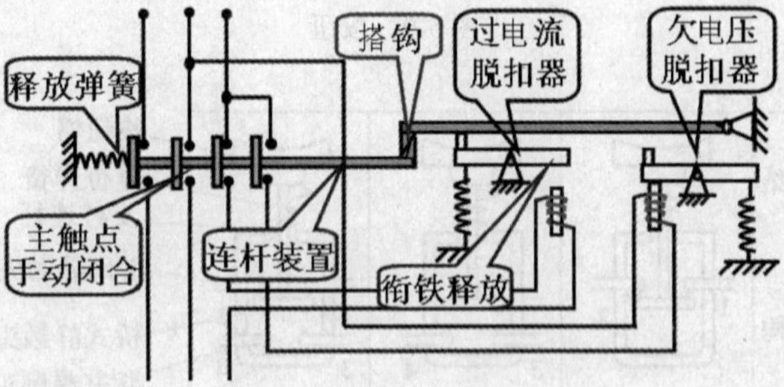

图 5-8　低压断路器电路结构

（2） 过载保护：当被保护电路发生过载时，通过发热元件的电流增大，双金属片向上弯曲变形，达一定幅度时，推动杠杆，顶开搭钩，主触头断开，起到过载保护作用

（3） 欠压保护：当被保护电路失电压或电压过低时，欠电压脱扣器的电磁吸力小于弹簧的拉力，衔铁被弹簧拉开，撞击杠杆而将搭钩顶开，电路分断起到欠电压保护作用。

5.2.2　主令电器

主令电器包括按钮和行程开关，是自动控制系统中发出指令或信号的操纵电器。

一、按钮（SB）

按钮是一种手动主令电器，按钮内的动合（常开）触头用来接通控制电路，发出“启动”指令；动断（常闭）触头用来断开控制电路，发出“停止”指令。但它触点面积小，不能用来控制大电流的主电路，其额定电流不能超过 5A，只能短时接通和分断小电流的控制电路。

按钮一般由按钮帽、复位弹簧、桥式动触头、静触头、支柱连杆及外壳组成。最常见的按钮是复合式的，包括一个动合触头和一个动断触头，其外形、结构和符号如图 5-9 和图 5-10 所示。

常开按钮在常态下触头是断开的，当按下按钮帽时，触头闭合；松开后，按钮在复位弹簧的作用下自动复位。

（a）外形图　　（b）结构

图 5-9　按钮

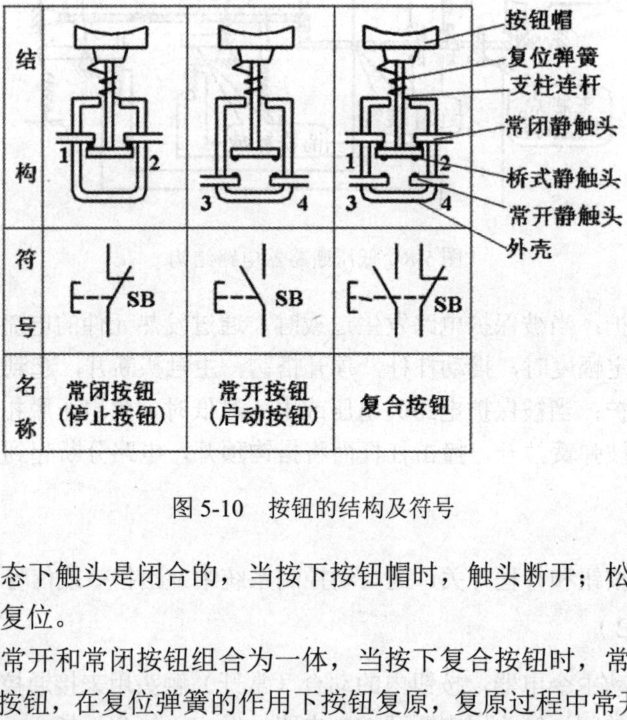

图 5-10　按钮的结构及符号

常闭按钮在常态下触头是闭合的，当按下按钮帽时，触头断开；松开后，按钮在复位弹簧的作用下自动复位。

复合按钮是将常开和常闭按钮组合为一体，当按下复合按钮时，常闭触头先断，常开触头后闭合；松开按钮，在复位弹簧的作用下按钮复原，复原过程中常开触头先恢复断开，常闭触头后恢复闭合。

按钮帽上有颜色之分，规定红色的按钮帽做停止使用，绿色、黑色等做启动使用。

二、行程开关（SQ）

行程开关也是主令开关的一种，通常行程开关用来限制机械运动的位置或行程，使运动机械按一定的位置或行程实现自动停止、反向运动、变速运动或自动往返运动等。图 5-11 所示为各类行程开关的外形图。

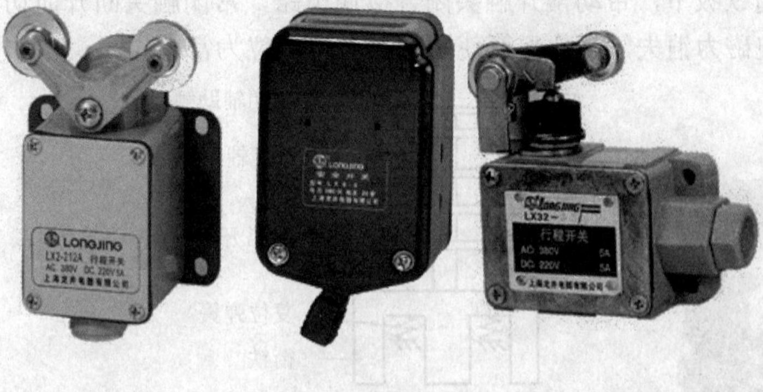
（a）按钮式　　（b）单轮旋转式　　（c）双轮旋转式

图 5-11　JLXK1 系列行程开关外形图

行程开关的结构及符号如图 5-12 所示，其工作原理如下：

当运动机械的挡铁压到滚轮上时，杠杆连同转轴一起转动，并推动撞块，当撞块被压到一定位置时，推动微动开关动作，使常开触头分断，常闭触头闭合，当运动机械的挡铁离开后，复位弹簧使行程开关各部位部件恢复常态。

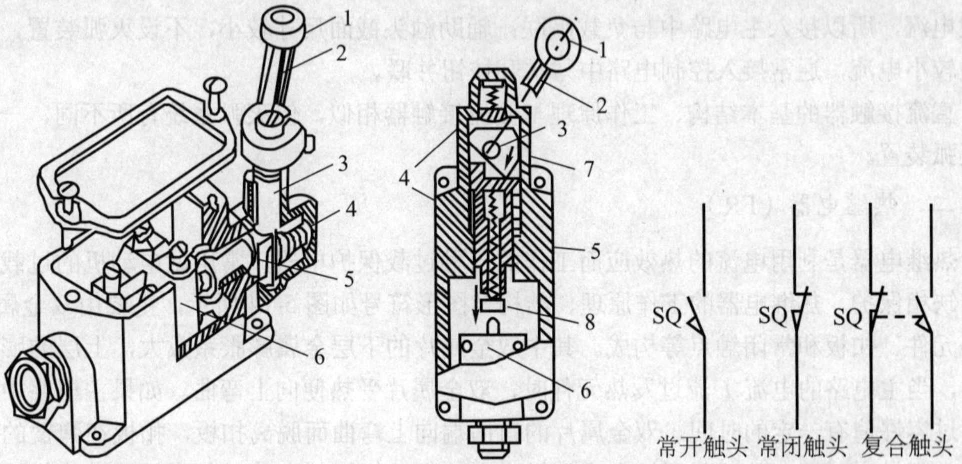

（a）结构　　（b）动作原理　　（c）图形符号

1—滚轮；2—杠杆；3—转轴；4—复位弹簧；5—撞块；6—微动开关；7—凸轮

图 5-12　行程开关结构原理及图形符号

5.2.3　自动控制电器

一、交流接触器（KM）

接触器主要用来远距离接通和分断低压电力线路以及频繁控制交、直流电动机通、断的执行电器。接触器按电流种类分为交流接触器和直流接触器。常用交流接触器的外形、结构及符号如图 5-13 所示。它主要由电磁机构、触头系统和灭弧装置等组成。电磁机构包括吸引线圈、静铁芯和衔铁，所有触头均和衔铁相连接。当吸引线圈两端施加额定电压时，产生电磁力将衔铁吸下，带动常开触头闭合接通电路，常闭触头断开而切断电路。当吸引线圈断电时，电磁力消失，复位弹簧使所有触头均复位为常态。

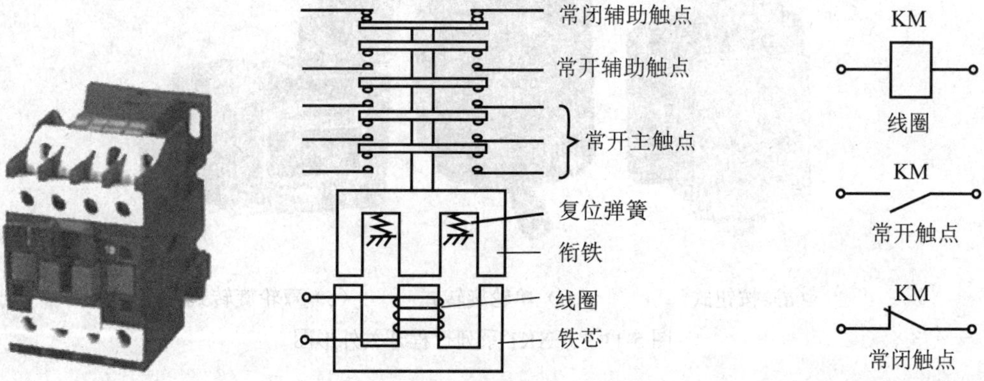

（a）外形　（b）结构　（c）图形符号

图 5-13　交流接触器

一般情况下，交流接触器有五对常开触头，两对常闭触头。其中五对常开触头又有主触头（三对）和辅助触头（两对）之分。主触头截面尺寸较大，设有灭弧装置，允许通过较大电流，所以接入主电路中与负载串联；辅助触头截面尺寸较小，不设灭弧装置，允许通过较小电流，通常接入控制电路中与常开按钮并联。

直流接触器的基本结构、工作原理与交流接触器相似，但灭弧系统有所不同，一般加装灭弧装置。

二、热继电器（FR）

热继电器是利用电流的热效应而工作的一种过载保护电器，常用做电动机的过载、断相和缺相保护。热继电器的工作原理、结构及图形符号如图 5-14 所示，主要由双金属片、发热元件、扣板和常闭触点等构成。其中双金属片的下层金属膨胀系数大，上层的膨胀系数小，当主电路的电流 I 流过发热元件时，双金属片受热便向上弯曲。如果主电路中的电流超过容许值有一定的时间，双金属片的自由端向上弯曲而脱离扣板，扣板在弹簧的拉力下将常闭触点断开，从而断开接在常闭触点上的电动机控制电路，起到长期过载保护的作用。电流 I 断开一定时间后，双金属片因冷却而伸直，再按下复位按钮即可将双金属片复位。

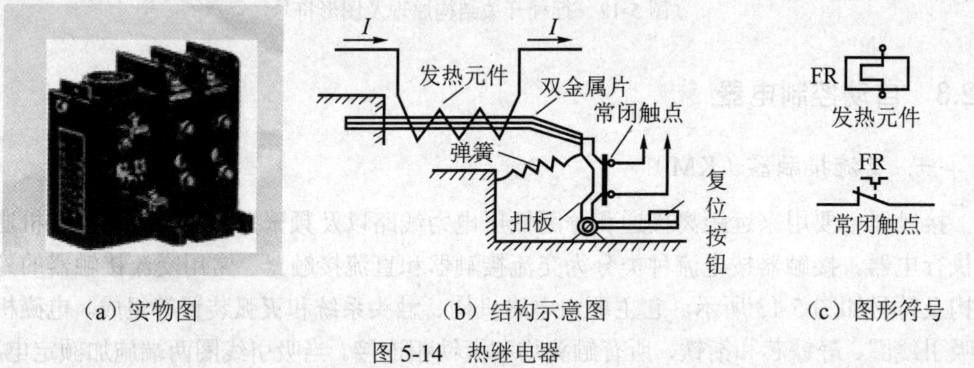

（a）实物图　（b）结构示意图　（c）图形符号

图 5-14　热继电器

因为热继电器的常闭触点和接触器的电磁线圈相串联，所以当热继电器动作后，接触器的线圈断电，其主触点也随之切断了电气设备主电路，起到了过载保护的目的。欲使热继电器重新工作，须待双金属片冷却后，按下复位按钮，使热继电器的常闭触点恢复闭合状态方可。

因双金属片的热惯性，其自由端向上弯曲而脱离扣板需要一定的时间，故热继电器不能用做短路保护。

三、时间继电器（KT）

时间继电器是在电路中起动作时间控制作用的继电器。当它的感应部分接受输入信号后，要经过一定的时间（延时）才使它的执行部分动作，并输出信号以操纵控制回路。交流电路常用的时间继电器是利用电磁原理和机械原理实现延时控制的。

时间继电器按工作原理可分：电磁式、空气阻尼式、电子式和电动机式；按延时方式可分为通电延时类和断电延时类；不同的延时方式的图形符号如图 5-15 所示，延时长短可根据实际需要预先进行调整。

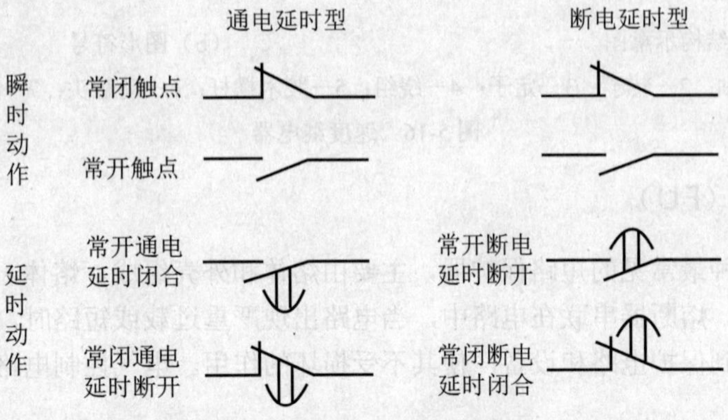

图 5-15　时间继电器的图形符号

在生产实际中常用的是空气阻尼式时间继电器，其优点是结构简单、价格低廉、延时范围较大，且不受电源电压及频率波动的影响；缺点是延时精确度低、延时误差大。

四、速度继电器（KS）

速度继电器主要用做鼠笼形异步电动机的反接制动控制，亦称反接制动继电器。它主要由转子、定子和触点三部分组成。转子是一个圆柱形永久磁铁，定子是一个鼠笼形空心圆环，由硅钢片叠成，并装有鼠笼形铝条

速度继电器的工作原理如图 5-16（a）所示。其转子轴与电动机的轴相连接，而定子套在转子上。当电动机转动时，速度继电器的转子（永久磁铁）随之转动，在空间产生旋转磁场，定子铝条切割旋转磁场，而在其中感应出电流。此电流又在旋转的转子磁场作用下产生转矩，使定子沿转子转动方向而旋转，和定子装在一起的摆锤推动动触点动作，使常闭触点断开，常开触点闭合。

当电动机转速低于某一值时，定子产生的转矩减小而使动作的触点复位。

常用的速度继电器有 JY1 型和 JFZO 型。一般速度继电器的动作转速为 120 r/ min 以上，

触点的复位转速在 100 r/ min 以下，转速为 3 000～3 600 r/min 时能可靠工作。

速度继电器的图形及符号如图 5-16（b）所示。

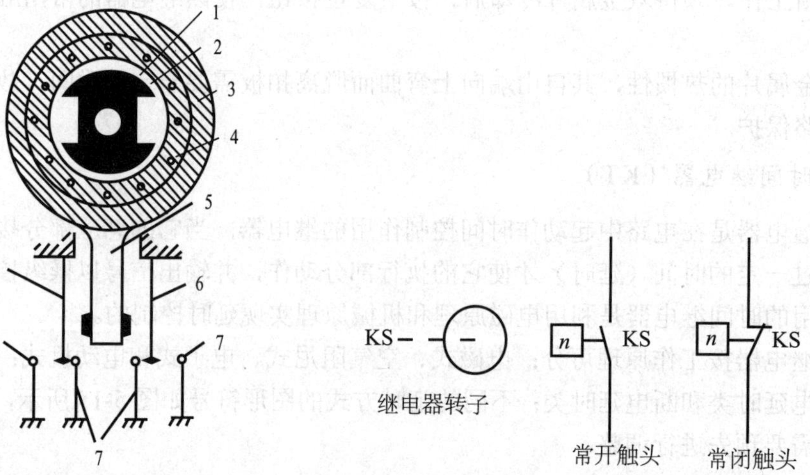

（a）结构示意图　　（b）图形符号

1—转轴；2—转子；3—定子；4—绕组；5—胶木摆杆；6—动触头；7—静触头

图 5-16　速度继电器

5.2.4　熔断器（FU）

熔断器是一种最常见的短路保护器，主要由熔体和外壳组成。熔体一般用电阻率较高的易熔合金制成。熔断器串联在电路中，当电路出现严重过载或短路时，熔体因过热而迅速熔断，从而达到保护电路和设备，使其不受损坏的作用。电气控制电路中常用的熔断器如图 5-17 所示。

（a）螺旋式　　（b）插入式　　（c）图形符号

图 5-17　几种常用的熔断器结构图和电气图

熔断器主要由熔体、熔管和熔座 3 部分组成。熔体材料有两种：一种是由铅、铅锡合金或锌等熔点较低的材料制成的，多用于小电流电路；另一种是由银或铜等熔点较高的材料制成的，主要用于大电流电路。熔体的形状多制成片状、丝状或栅状。熔体串联于电路中，当电路发生短路事故时，熔体快速熔断，保护电源和电动机。

5.3　基本控制电路

用电动机来带动各种生产机械称为电力拖动。为保证生产过程的顺利进行，并达到预期的效果，电力拖动要求对电动机的运行加以各种控制。这些控制都可以通过相应的电路来自动完成。电动机的基本控制有启动控制、正反转控制、制动控制和调速控制，等等。

三相异步电动机控制电路由主电路和控制电路两部分组成。主电路是电动机与电源连接的部分电路，其工作电流大，取决于电动机容量；控制电路是控制电器组成的部分电路，其工作电流小。

5.3.1　三相异步电动机的启动控制电路

电动机接上电源，转速由零开始增大，直至稳定运转，称为启动过程。三相异步电动机启动有直接启动（全压启动）和降压启动两种方式。

一、三相异步电动机全压启动控制电路

全压启动就是利用闸刀开关或接触器将电动机直接接到额定电源上。这种启动方法的优点是简单，在变压器容量允许的情况下，鼠笼形异步电动机应尽可能采用全电压直接启动，这样，一方面可以提高控制电路的可靠性；另一方面也可以减少电气的维修工作量。

1. 点动控制电路

图 5-18 所示为电动机点动控制电路的原理图，主电路中，空气开关 QS 用于电路的通断控制；熔断器 FU1 对主电路进行短路保护，主电路的接通与分断是由接触器 KM 的三对主触点完成的。控制电路中熔断器 FU2 做短路保护；常开按钮 SB 控制 KM 电磁线圈的通断。点动控制电路是通过按下或松开启动按钮来实现电动机的启动或停止的；而且，采用这种控制方式的电动机连续运行时间一般不长，因而也不需要过载保护。

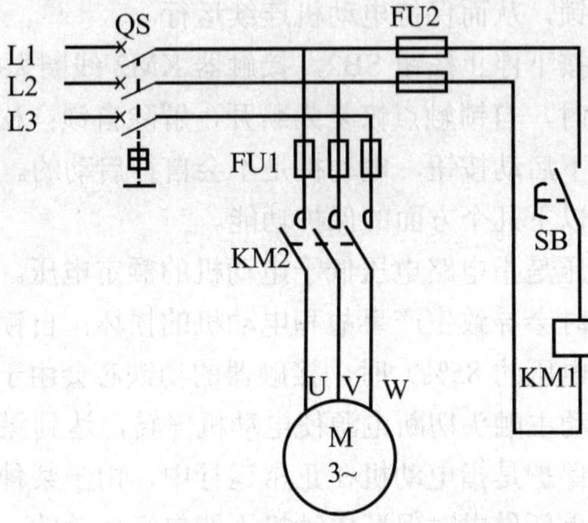

图 5-18　三相异步电动机点动控制电路原理图

电路的工作原理分析：合上空气开关 QS，按下按钮 SB，交流接触器 KM1 线圈得电，

KM2 三对主触点闭合，电动机启动运行；松开按钮 SB，接触器 KM1 线圈失电，KM2 三对主触点断开，电动机停止运转。

由于采用了接触器控制，达到了以小电流控制大电流的效果，提高了安全性。显然，点动控制不适合电动机和长时间连续运行。

2. 连续运行控制电路

图 5-19 所示为电动机连续运行控制电路的原理图，它是在点动控制电路的基础上增加了停止按钮 SB2，并且将接触器 KM1 的一对辅助常开触点与启动按钮 SB1 并联，还增加了热继电器作为过载保护。

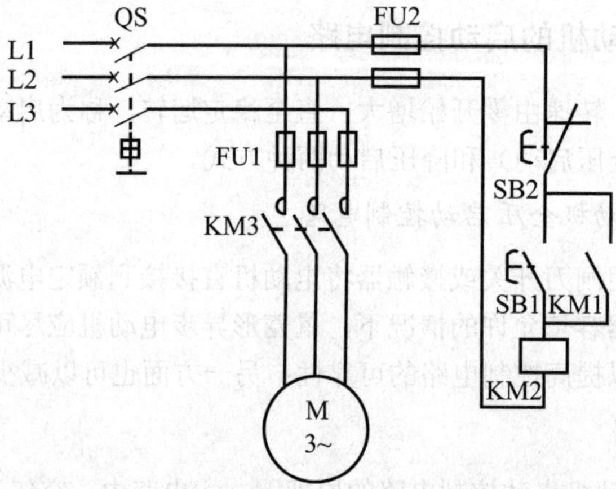

图 5-19 三相异步电动机连续运行控制电路原理图

电路的工作原理分析：合上空气开关 QS，按下启动按钮 SB1，交流接触器 KM2 线圈得电，KM3 三对主触点闭合，电动机接通电源直接启动运转；与此同时，与 SB1 并联的接触器辅助常开触点也闭合。这样，即使松开按钮 SB1，接触器 KM2 线圈仍可通过 KM1 触点通电，这就是所谓的自锁，从而保持电动机连续运行。

需要电动机停转时，按下停止按钮 SB2，接触器 KM2 线圈失电，KM3 三对主触点断开，电动机停止运转。同时，自锁触点恢复为断开，解除自锁；松开停止按钮后控制电路仍维持断电，除非再次按下启动按钮，电动机是不会自行启动的。

自锁控制电路还具有以下几个方面的保护功能。

1） 欠压保护：欠电压是指电路电压低于电动机的额定电压。欠电压的后果是电动机的转矩、转速下降，严重时会导致生产事故和电动机的损坏；自锁控制电路当电源电压降低到一定值（一般为额定电压的 85%）时，接触器的动铁芯会由于电磁力减小而在弹簧反力的作用下释放，从而带动主触头切断电源使电动机停转，达到保护的效果。

2） 失压保护：失压保护是指电动机在正常运行中，由于某种原因引起突然断电时能自动切断电动机电源，当重新供电时保证电动机不能自行启动的一种保护，以保证人身和设备的安全。接触器可实现失压保护，因为接触器自锁触点和主触点在电源断电时已经断开，在电源恢复供电时，只要不按动按钮，电动机就不会自行启动。

3）过载保护：过载是指电动机由于机械负载过重或操作频繁，或一相断线等原因，使电动机的电流超过额定值，但又未达到熔断器的熔断电流。长时间地过载会导致电动机的绕组过热，损坏电动机的绝缘。采用热继电器可以起到过载保护的作用。它的热元件串联在主电路中，通过的电流就是电动机的电流。当电动机过载超过一定时间，热元件会受热弯曲使接在控制电路的常闭触点断开，使接触器 KM2 线圈断电，串联在电动机回路中的 KM3 的主触点断开，电动机停转，从而达到保护电动机的目的。

二、降压启动

三相鼠笼形异步电动机采用全压启动，控制电路简单，但当电动机容量超过 10kW 时，因启动电流较大，一般采用降压启动。降压启动可以减小启动电流，从而降低线路电压，也就减小了启动时对线路的影响。但电动机的电磁转矩与电动机定子端电压平方成正比，所以电动机的启动转矩相应减小，故降压启动适用于空载或轻载下启动。

对于正常运行时定子绕组接成三角形的三相鼠笼形异步电动机，均可采用 Y/△降压启动。启动时，定子绕组先接成星形进行降压启动，待电动机转速上升到接近额定转速时，将定子绕组换接成三角形，电动机便进入全压下的正常运转。

图 5-20 所示为 Y/△降压启动控制电路图。该电路的工作原理：合上三相电源开关 QS，按下启动按钮 SB2，则 KM，KT 线圈同时通电吸合并自锁，电动机三相定子绕组接成星形进行降压启动；当电动机转速接近额定转速时，通电延时型时间继电器 KT 动作，其触点 KT（5、8）断开，KT（4、6）闭合。前者使 KM3 线圈断电释放，后者使 KM2 线圈（6、7）触头通电吸合，电动机由星形改接成三角形，进入正常运转。而 KM2（4、5）触头断开，使 KT 和 KM3 在电动机 Y/△降压启动完成后断电释放，并实现 KM2 与 KM3 的电气互锁。

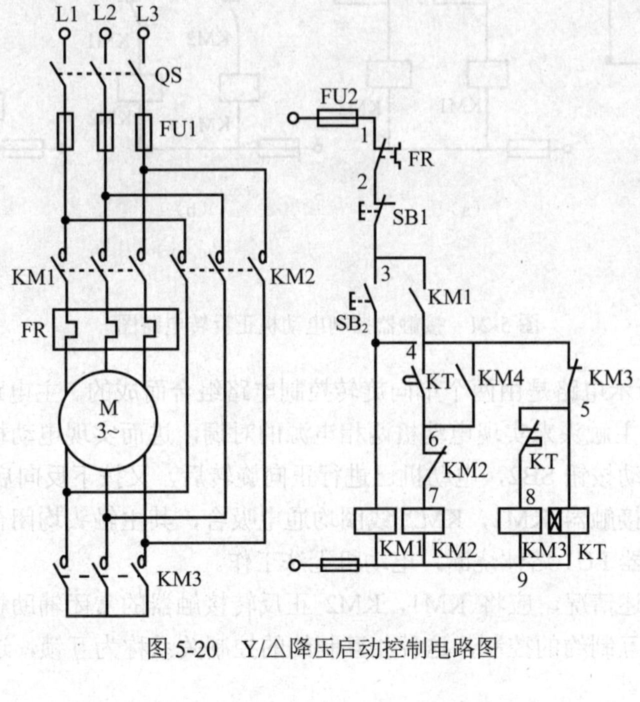

图 5-20　Y/△降压启动控制电路图

此电路具有短路保护、过载保护、失压保护、欠压保护和电路的互锁，适用于电动机容量，125 kW 的三相异步电动机作 Y/△降压启动和停止的控制。

5.3.2 三相异步电动机的正反转控制电路

生产机械的运行部件往往要求实现正反两个方向的运动，如机床主轴正转和反转，起重机吊钩的上升与下降，机床工作台的前进与后退等，这就要求拖动电动机实现正反转。由电动机的原理可知，将接至三相异步电动机的三相交流电源进线中的任意两相对调，即可实现三相异步电动机的正反转。

此种电路实质上是一个电动机正转接触器控制电路与一个电动机反转接触器控制电路的组合，但为了避免误操作引起电源的相间短路，在两个单向运行控制电路中设置了必要的互锁。图 5-21 所示为接触器控制电动机正反转电路图。

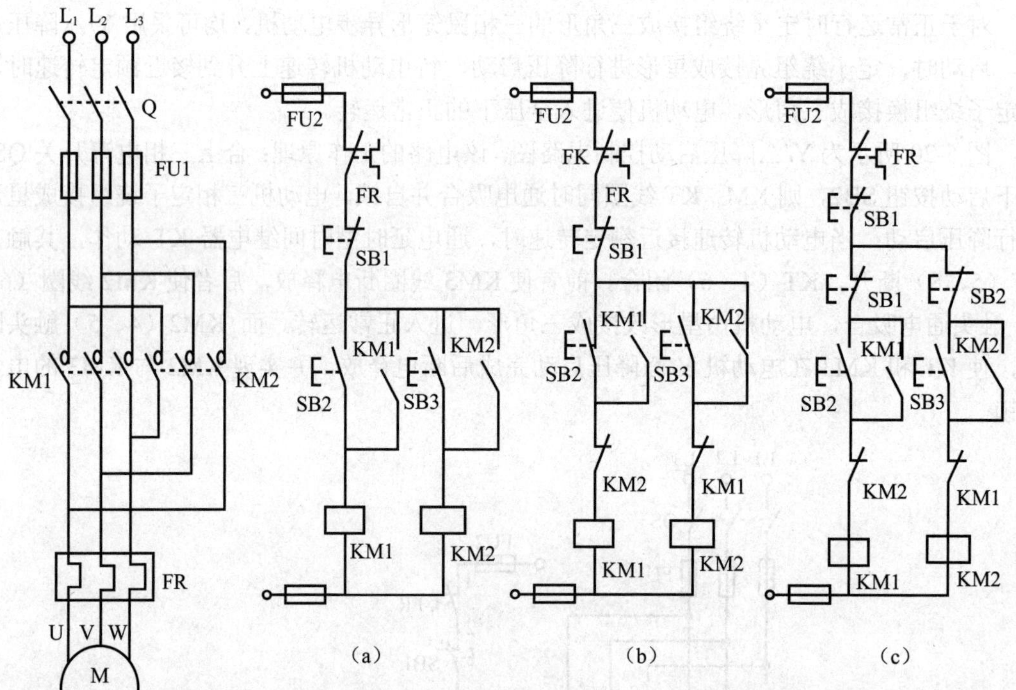

图 5-21 接触器控制电动机正反转电路图

图 5-21（a）所示电路是由两个单向旋转控制电路组合而成的。主电路由正、反转接触器 KM1、KM2 的主触头来实现电动机两相电源的对调，进而实现电动机的正反转。但若发生在按下正转启动按钮 SB2，电动机已进行正向旋转后，又按下反向启动按钮 SB3 的情况时，由于正反转接触器 KM1，KM2 线圈均通电吸合，其主触头均闭合，将发生电源两相短路，致使熔断器 FU1 熔体烧断，电动机无法工作。

为防止出现上述情况，应将 KM1，KM2 正反转接触器的常闭辅助触头串接到对方线圈电路中，形成相互制约的控制，这种相互制约的控制关系称为互锁，这两对起互锁作用的常闭触头称为互锁触头。按电动机正反转运行操作顺序的不同，有“正-停-反”与“正-反-停”两种控制电路。

1. 电动机“正-停-反”控制电路

图 5-21（b）所示是利用正反转接触器的常闭辅助触头 KM1，KM2 实现互锁的，这种由接触器或继电器常闭触点构成的互锁为电气互锁。在这一电气互锁的电气控制电路中，要实现电动机由正转变反转或由反转变正转，都必须先按下停止按钮，然后再进行反转或正转的启动控制。这就构成了“正-停-反”或“反-停-正”的操作控制。

2. 电动机“正-反-停”控制电路

在生产实际中，为提高劳动生产率，减少辅助工时，要求直接进行电动机正转变反转或反转变正转的换向控制。为此，将正、反转启动按钮的常闭触头串接在反、正转接触器线圈电路中，起互锁作用，这种互锁称按钮互锁，也称机械互锁。图 5-21（c）所示是具有电气、按钮双重互锁的电动机正反转电路。这种电路，若电动机正转运行要直接转换为反转时，可按下反转启动按钮 SB3，此时反转启动按钮的常闭触头先断开，于是切断了正转接触器线圈电路，正转接触器立即断电释放，使串接在反转接触器电路中的正向接触器常闭辅助触头 KM1 恢复闭合；进一步按下反转启动按钮，方使其常开触头闭合，于是接通反转接触器线圈电路，反转接触器线圈通电吸合，KM2 主触头闭合，电动机反向启动旋转，实现了电动机正反转的直接变换；直到电动机须停止时才按下停止按钮 SB1，完成了“正-反-停”的操作控制。这种具有双重互锁的电动机正反转电路在电力拖动控制系统中广为应用。

5.3.3　三相异步电动机的制动控制电路

因为电动机的转动部分有惯性，所以把电源切断后，电动机还会继续转动一定时间后停止。为了缩短辅助工时，提高生产机械的生产率，并为了安全起见，往往要求电动机能够迅速停车和反转。这就需要对电动机制动。即制动是指断开电动机的电源时，克服转子的惯性作用，迅速而准确地停止转动。对电动机制动，也就是要求它的转矩与转子的转动方向相反。这时的转矩称为制动转矩。

异步电动机常用的制动方法分为机械制动和电气制动两种。

机械制动中最常用的是电磁抱闸。它是利用弹簧的压力使闸瓦紧紧压在电动机转轴的闸轮上来制动的，该制动的制动力强，广泛应用在起重设备上。它安全可靠，不会因突然断电而发生事故。但电磁抱闸体积较大，制动器磨损严重，快速制动时会产生振动。

一、反接制动控制电路

反接制动是在电动机停车时，利用改变电动机定子绕组中三相电源的相序，产生与转动方向相反的转矩而得到制动作用的。为防止电动机制动停车时反转，必须在电动机转速接近零时，及时将反接电源切除，电动机才能真正地停下来。在反接制动时，转子与定子旋转磁场的相对转速接近电动机同步转速的两倍，此时转子绕组中流过的反接制动电流相当于电动机全压启动时启动电流的两倍，为此，在反接制动时，应在电动机定子电路中反接制动电阻器，以减小反接制动电流，减小制动冲击。由于反接制动转矩大，因而制动迅速。机床中广泛应用速度继电器来实现电动机反接制动的控制。电动机与速度继电器转子是同轴连接的，当电动机转速为 120～3000 r/min 时，速度继电器的触点动作；转速低于 100 r/min 时，其动作的触点恢复原位。

图 5-22 所示为电动机单向反接制动控制电路，图中 KM1 为电动机单向运行接触器，KM2 为反接制动接触器，KS 为检测电动机转速的速度继电器，R 为定子反接制动电阻器。

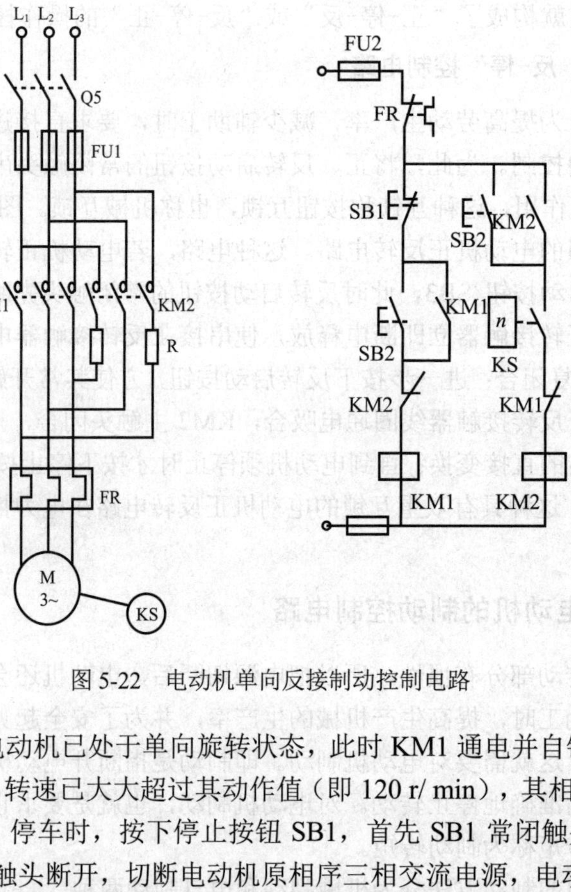

图 5-22　电动机单向反接制动控制电路

电路工作原理：电动机已处于单向旋转状态，此时 KM1 通电并自锁，与电动机有机械连接的速度继电器 KS 转速已大大超过其动作值（即 120 r/ min），其相应的常开触点闭合，为反接制动动作准备。停车时，按下停止按钮 SB1，首先 SB1 常闭触头断开，使 KM1 线圈断电释放，KM1 主触头断开，切断电动机原相序三相交流电源，电动机仍以惯性高速旋转此时，将停止按钮 SB1 按到底时，其常开触头闭合，使 KM2 线圈经 KS 常开触点（早已闭合）通电并自锁，电动机定子串入不对称制动电阻器，经 KM2 主触头接入反相序三相交流电源进行反接制动，电动机转速迅速下降。当速度继电器转速低于 100 r/ min 时，KS 释放，其常开触点复位，使 KM2 线圈断电释放，电动机断开反相序交流电源，反接制动结束，电动机自然停止。

二、能耗制动控制电路

能耗制动是电动机脱离三相交流电源后，给电动机定子绕组加一直流电源，以产生静止磁场，起阻止旋转的作用，达到制动的日的。能耗制动比反接制动所消耗的能量小，其制动电流比反接制动时要小得多。因此，能耗制动适用于电动机能量较大，要求制动平稳和制动频繁的场合，但能耗制动需要直流电源的整流装置。下面以时间控制原则来分析单向运行能耗制动的控制电路。

图 5-23 所示为时间控制原则电动机单向运行能耗制动电路。图中 KM1 为单向运行接触器，KM2 为能耗制动接触器，KT 为时间继电器，T 为整流变压器，UR 为桥式整流电路。

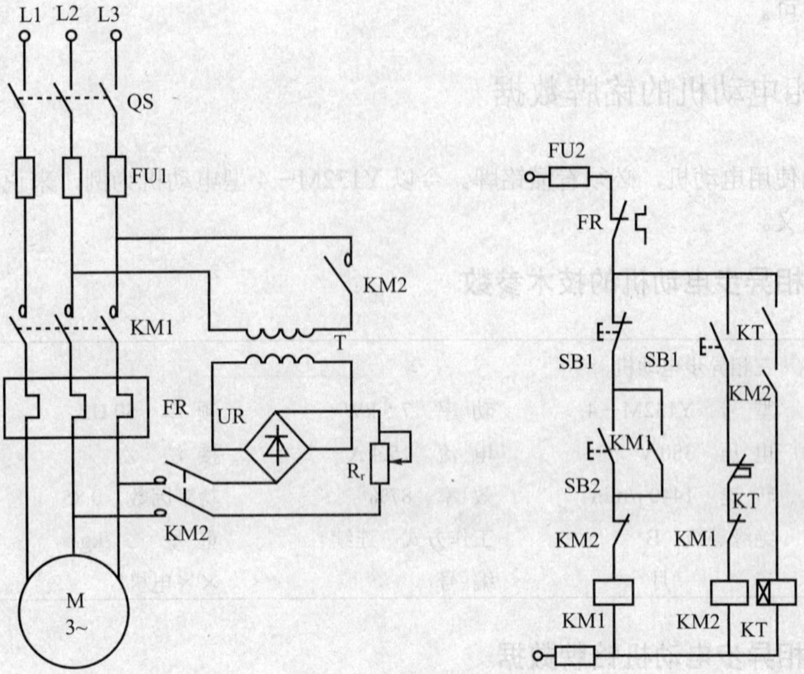

图 5-23　能耗制动电路

电路工作原理：如果电动机现已处于单向运行状态，KM1 通电并自锁。若要使电动机停止转动，按下停止按钮 SB1，KM1 线圈断电释放，其主触头断开，电动机断开三相交流电源。同时，KM2，KT 线圈通电并自锁。KM2 主触头将电动机两相定子绕组接入直流电源，进行能耗制动，电动机转速迅速降低，当转速接近零时，时间继电器 KT 延时时间结束，其常闭触点断开，KM2，KT 线圈相继断电释放，能耗制动结束。

图 5-23 中 KT 的瞬动常开触点与 KM2 自锁触头串接，其作用是当 KT 线圈断线或发生机械卡住故障，致使 KT 通电延时，常闭触点断不开，常开瞬动触点也合不上时，按下停止按钮 SB1，只构成点动能耗制动。

若无 KT 常开瞬动触点串接在 KM2 常开辅助触点电路中，在发生上述故障时，按下停止按钮 SB1 时，将使 KM2 线圈长期通电，造成电动机两相定子绕组长期接入直流电源。

知识拓展　可编程控制器 PLC

20 世纪 60 年代前，工业控制主要还是以继电接触器组成控制系统。由于继电接触器机械接触点多、接线复杂、可靠性低、功耗高，并在生产工艺流程改变时须重新设计和改装控制线路，通用性和灵活性较差，因此满足不了现代化生产过程复杂多变的控制要求。1968 年美国 GM（通用汽车）公司提出取代继电电气控制装置的要求，并由美国数字公司研制出了基于集成电路和电子技术，并采用程序化手段，用于电气控制的控制装置，即所谓的可编程控制器（Programmable Logic Controller，简称为PLC）。PLC将继电接触器控制的概念和计算机相结合，用“软件编程”代替继电接触器控制的“硬触点”和“硬接线”实现自动控制。当控制功能需要改变时，只要变更少量外部接线，主要是通过修改相应的控制程序即可。

5.4 三相电动机的铭牌数据

要正确使用电动机，必须看懂铭牌。今以Y132M－4型电动机为例，来说明铭牌上各个数据的意义。

5.4.1 三相异步电动机的技术参数

三相异步电动机		
型 号 Y132M－4	功 率 7.5 kW	频 率 50 Hz
电 压 380 V	电 流 15.4 A	接 法 △
转 速 1440 r/min	效 率 87%	功率因数 0.85
绝缘等级 B	工作方式 连续	重 量 kg
年 月	编 号	××电机厂

5.4.2 三相异步电动机铭牌数据

1. 型号

为了适应不同用途和不同工作环境的需要，电动机制成不同的系列，每种系列用各种型号表示。型号用以表明电动机的系列、几何尺寸和极数。

例如：

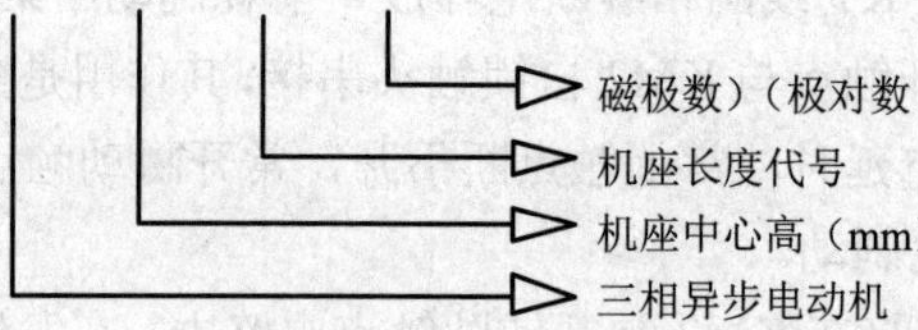

异步电动机产品名称代号如表5-1所示。

表5-1 步电动机产品名称代号

产品名称	新代号	汉字意义	老代号
异步电动机	Y	异	J、JO
绕线型异步电动机	YR	异绕	JR、JRO
防爆型异步电动机	YB	异爆	JB、JBO
高启动转矩异步电动机	YQ	异启	JQ、JQO

2. 连接方法

电动机定子三相绕组的连接方法通常为以下两种。

Y 系列电动机功率在 3 kW 以下采用 Y 连接，如图 5-24 所示，功率在 4 kW 以下采用△连接，如图 5-25 所示。

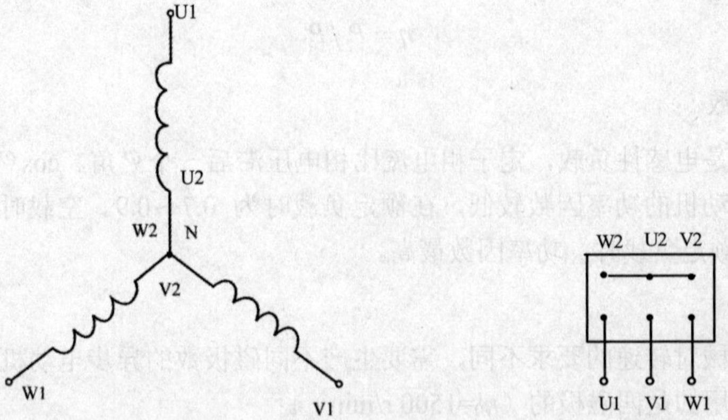

图 5-24　Y 连接

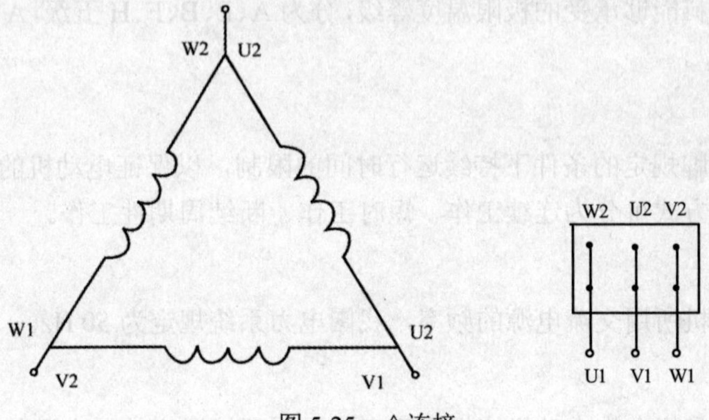

图 5-25　△连接

3. 电压

铭牌上所标的电压值是指电动机在额定运行时定子绕组上应加的线电压。例如 380/220 V、Y/△是指线电压为 380 V 时采用 Y 连接；线电压为 220 V 时采用△连接。

三相异步电动机的额定电压有 380 V，3000 V 及 6000 V 等多种。

4. 电流

铭牌上所标的电流值是指电动机在额定运行时定子绕组的线电流。

例如：Y/△、6.73/11.64A 表示星形连接下电动机的线电流为 6.73A；三角形连接下线电流为 11.64A。两种接法下相电流均为 6.73A。

5. 功率与效率

铭牌上所标的功率值是指电动机在额定运行时轴上输出的机械功率值。所谓效率就是输出功率与输入功率的比值。

额定功率是指电机在额定运行时轴上输出的机械功率 P_2，它不等于从电源吸取的电功率 P_1。

$$P_1 = \sqrt{3} U_N I_N \cos\varphi \tag{5-3}$$

$$\eta = P_2 / P_1 \tag{5-4}$$

6. 功率因数

因为电动机是电感性负载，定子相电流比相电压滞后一个 φ 角。$\cos\varphi$ 就是功率因数。三相异步电动机的功率因数较低，在额定负载时为 0.7～0.9。空载时功率因数很低，只有 0.2～0.3。额定负载时，功率因数最高。

7. 转速

由于生产机械对转速的要求不同，需要生产不同磁极数的异步电动机，因此有不同的转速等级。最常用的是四磁极的（n_0=1500 r/min）。

8. 绝缘等级

指电机绝缘材料能够承受的极限温度等级，分为 A、E、B、F、H 五级，A 级最低（105℃），H 级最高（180℃）。

9. 工作方式

对电动机在铭牌规定的条件下持续运行时间的限制，以保证电动机的温升不超过允许值。电动机的工作方式可分为连续工作、短时工作、断续周期性工作。

10. 频率

频率是指电动机所用交流电源的频率，我国电力系统规定为 50 Hz。

11. 温升

电动机的温升是指允许电动机绕组温度高出周围环境温度的最大温差。

【例 5.2】有一 Y225M－4 型异步电动机，铭牌数据如表 5-2 所示。

表 5-2 Y225M－4 型异步电动机铭牌数据

功率	转速	电压	效率	功率因数	接法
45 kW	1480	380 V	92.3%	0.88	△

求：（1）额定电流；

（2）额定转差率。

解：（1） $$P_{1N} = \sqrt{3} U_N I_N \cos\varphi$$

而 $$P_{1N} = P_{2N} / \eta = 48.75(\text{kW})$$

$$I_N = P_{1N} / \sqrt{3} U_N \cos\varphi \eta = 84.2(\text{A})$$

（2）由型号知 $$p = 2$$

$$n_1 = 60f_1/p = 1500(\text{r/min})$$

$$s = n_1 - n/n_1 = 0.013$$

实践任务　三相异步电动机正反转控制电路的安装

采用接触器联锁的三相异步电动机正反转控制，是工业生产中常见的电动机运行控制方式。线路由交流接触器、电源开关、熔断器、热继电器的按钮组成。

一、任务目的

（1）通过对接触器正反转联锁控制线路的安装接线，掌握安装接线的原理图。

（2）掌握三相异步电动机正反转线路的连接与调试。

二、仪表及器材

（1）工具：螺丝刀、电工钳、剥线钳、尖嘴钳、测电笔等；

（2）仪表：万用表 1 只；

（3）器材：如表 5-3 所示（挂板 1+挂板 2）。

表 5-3　任务训练所需器材与元件

代　号	名　称	型号规格	数　量
QF	三相漏电开关	DZ47LE—32	1 个
FU1	熔断器	RL1—60/3、熔体 20A	3 个
FU2	熔断器	RL1—15、熔体 5A	2 个
SB1,SB2,SB3	按钮	LA10—3H	3 个
FR	热继电器	JR16—20	1 个
KM1,KM2	交流接触器	CJ20—20、线圈电压 380V	2 个
M	三相交流异步电动机	Y132M—4—B3、7.5kW、1450r/min	1 台
HL1、HL2	指示灯	AD11—25/40	2 个
XT	端子排、线槽、导线		各适量

三、任务内容

1. 画出电气元件布置图

为了操作方便，又能有效防止电源的相间短路，可以采用按钮、接触器双重联锁的正反转控制线路。按钮接触器双重联锁的控制线路如图 5-26 所示。这个线路是把接触器联锁和按钮联锁两个控制线路的优点结合起来，可不按停止按钮而直接按反转按钮改变电动机的转动方向，当接触器发生熔焊等故障时又不会发生电源的相间短路，从而达到了双重保护的目的。

按钮接触器双重联锁的控制线路工作原理是合上电源开关 QS，按下按钮 SB1，接触器

KM1 电磁线圈获电，KM1 主触头闭合，电动机正转；KM1 常开辅助触头闭合形成自锁，同时指示灯 HL1 亮，KM1 常闭辅助触头断开反转 KM2 回路实现联锁。若需要反转，则按下按钮 SB2，SB2 的常闭触头断开，使 KM1 电磁线圈断电，KM1 主触头断开，电动机电源断开；KM1 常开辅助触头复位解除自锁，指示灯 HL1 灭，KM1 常闭辅助触头恢复闭合解除联锁；同时 SB2 的常开触头闭合，接触器 KM2 电磁线圈获电，KM2 主触头闭合，电动机反转；KM2 常开辅助触头闭合实现自锁，同时指示灯 HL2 亮，KM2 常闭辅助触头断开实现联锁。若需要停止，则按下按钮 SB3，工作的接触器电磁线圈断电，触点复位，电动机停止转动，指示灯灭。

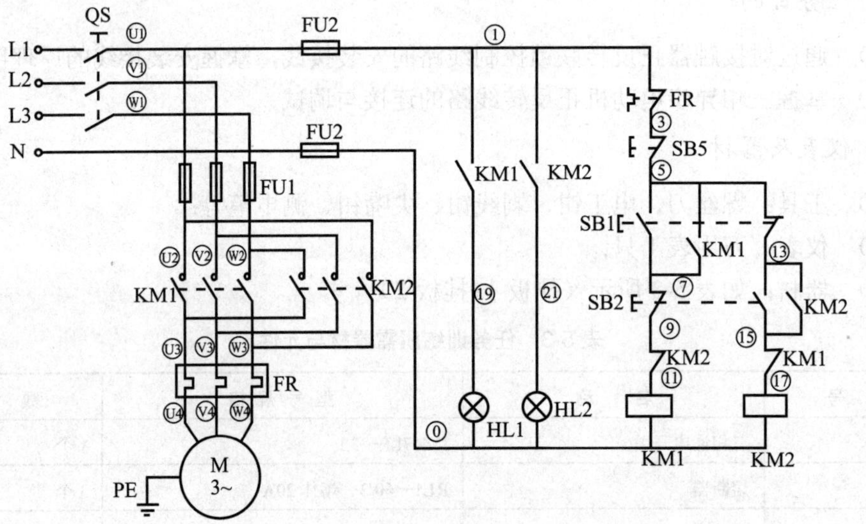

图 5-26　按钮接触器双重联锁的控制线路

根据控制线路原理图，画出电气元件布置图，如图 5-27 所示。

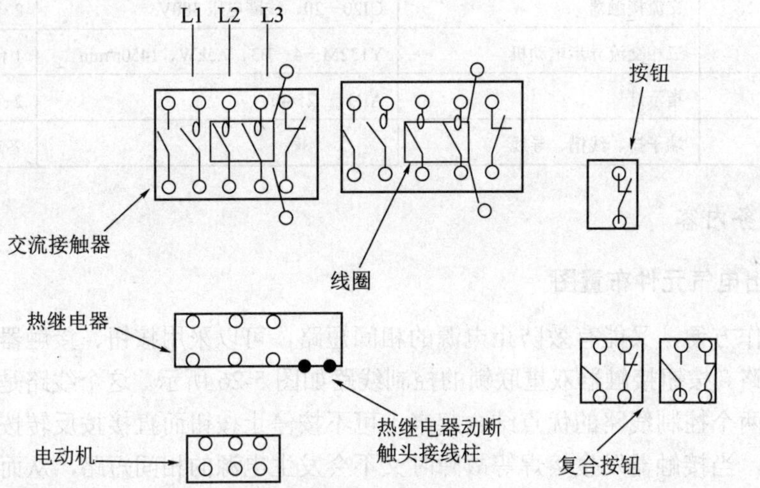

图 5-27　电气元件布置图

2. 按接线图连接线路

接触器和按钮双重联锁正反转接线图如图 5-28 所示，根据电动机额定电流选配连接主电路的导线，从 QS 处开始连接，在此先说明一下，此电路使用三相四线制，N 表示中线、L1、L2、L3 表示相线，连接电路时，应先连接主电路，后连接控制电路（这是对简单的电路连接方法，对复杂的电路，我们一般都采用先接控制电路后接主电路，这是为了避免导线与导线之间的交叉）。先连接开关与熔断器之间的线路 U1、V1、W1，接着把熔断器与接触器 KM1、KM2 的一边主触头连接 U2、V2、W2，一边把热继电器 FR 连接 U3、V3、W3，另一边与三相交流异步电动机连接 U4、V4、W4，最后把三相漏电开关跟三相四线相连 L1、L2、L3。主电路就连接完毕，便可继续安装控制线路。按接线图 5-28 所示的导线编号，在固定好的电器元件之间测量所需的长度，截取适当长度的导线。去除导线两端的绝缘层，套上线号管后，将导线直接接入接线端子。辅助电路连接完成后，电路中所有电器的金属外壳必须装接地线。

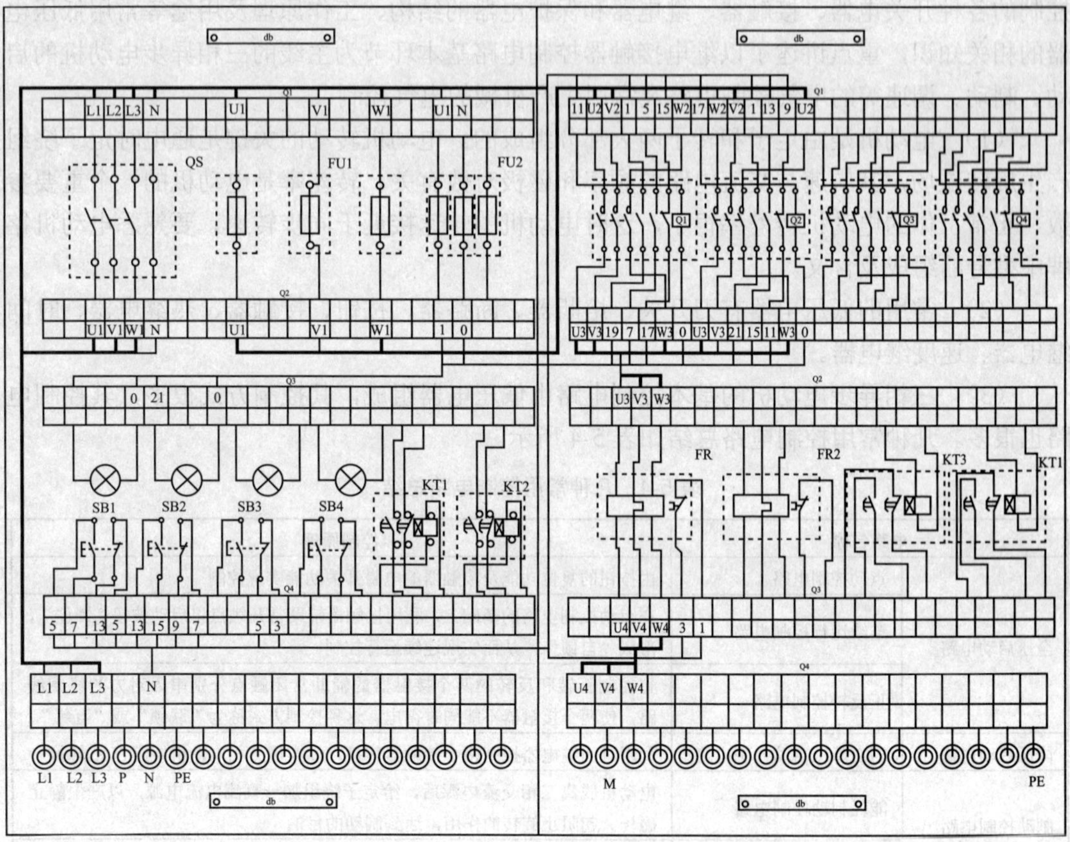

图 5-28 接触器和按钮双重联锁正反转接线图

电路全部连接完毕，但由于交流接触器的线圈为 220V，所以控制电路采用 220V 供电，主电路采用 380V 供电，因此本电路采用三相四线制供电，注意，不可将线电压接入控制线路，以防烧坏元件。

3. 通电试车

现在做最重要的一步，也是最后一步，这一步是每个电路所必须的，那就是检查。首先检查有无绝缘层压入接线端子，再检查裸露的导线线芯是否超过规定，最后检查所有导线与接线端子的接触情况。用手摇动、拉拔接线端子上的导线，不允许有松脱。接着用万用表“$R\times10$”挡检查线路通断。取控制电路的两只熔断器为测量点，先检查有无短路。然后按下启动按钮，万用表指示的电阻值为接触器电磁线圈的直流电阻值，表示控制电路在按下启动按钮时接通，松开启动按钮万用表指示回到“∞”位置。检查完毕并确保电路无误后就可以放心的通电了。

本章小结

本章介绍了常用的异步电动机的基本结构、工作原理及运行特性等，介绍了用于电气控制的各种开关电器、接触器、继电器和保护电器的结构、工作原理及用途等常用低压电器的相关知识，重点讲述了以继电接触器控制电路基本环节为主线的三相异步电动机的启动、制动、调速等的电气控制电路及常用生产机械的电气控制。

（1） 电动机是由定子和转子两大部分组成的。电动机转动的关键是通电时定子绕组产生旋转磁场，其转速与交流电路的频率和磁极对数有关。转差率是电动机的一个重要参数，正常工作的电动机转差率很小，这时电动机的转速接近于同步转速。要熟悉电动机铭牌中型号的组成及含义。

（2） 常用的低压电器有刀开关、熔断器、断路器、按钮、接触器、热继电器、时间继电器、速度继电器。

（3） 三相异步电动机的基本控制电路由低压电器组成，其控制方式很多，其控制电路也很多。几种常用控制电路总结如表 5-4 所示。

表 5-4 几种常用控制电路总结

电路名称		控制原理
全压启动电路	点动控制电路	由按钮的复位功能及接触器的电磁开关功能实现控制
	连续运行控制电路	在点动控制电路的基础上，利用接触器辅助常开触点将启动按钮“锁住”，形成“自锁”，从而实现连续运行控制
	正反转控制电路	将控制正转和反转的两个接触器的辅助常闭触点分别串入对方的线圈线路，使两个接触器不能同时得电，这种控制方式称为“联锁”或“互锁”
降压启动电路	Y/△降压启动控制电路	利用时间继电器控制两个接触器转接，以实现三相电动机绕组 Y/△转换
制动控制电路	能耗制动控制电路	电动机脱离三相交流电源后，给定子绕组加一直流电流电源，以产生静止磁场，起阻止旋转的作用，达到制动的目的
	反接制动控制电路	当转速降低到一定值时，利用速度继电器断开控制电路使电动机脱离电源
调速控制电路		采用改变极对数的方法调速，双速电动机的定子有两组三相绕组，通过控制电路将绕组拼成双 Y 形或△，可分别使电动机做低速或高速运转

习题

5-1　有的三相异步电动机有 380/220 V 两种额定电压，定子绕组可以接成星形或者三角形，试问何时采用星形接法？何时采用三角形接法？

5-2　接触器和继电器有什么区别？它们各起什么作用？

5-3　什么是主电路？什么是控制电路？两者有什么区别？

5-4　三相异步电动机全压启动和降压启动有什么区别？

5-5　三相异步电动机在运行电路中一般有哪几种保护措施？分别由哪种电器保护？

5-6　三相异步电动机控制电路中什么是自锁？什么是互锁？分别起什么作用？

5-7　在额定工作情况下的三相异步电动机，已知其转速为 960 r/min，试问电动机的同步转速是多少？有几对磁极对数？转差率是多大？

5-8　已知 Y180M－4 型三相异步电动机，其额定数据如表 5-5 所示。

表 5-5　Y180M－4 型三相异步电动机额定数据表

额定功率（kW）	额定电压（V）	满载时			接　法
		转速（r/min）	效率（%）	功率因数	
18.5	380	1470	91	0.86	△

求：（1）额定电流 I_N；（2）额定转差率 S_N。

5-9　图 5-29 所示是自动往返控制电路，分析其控制原理。

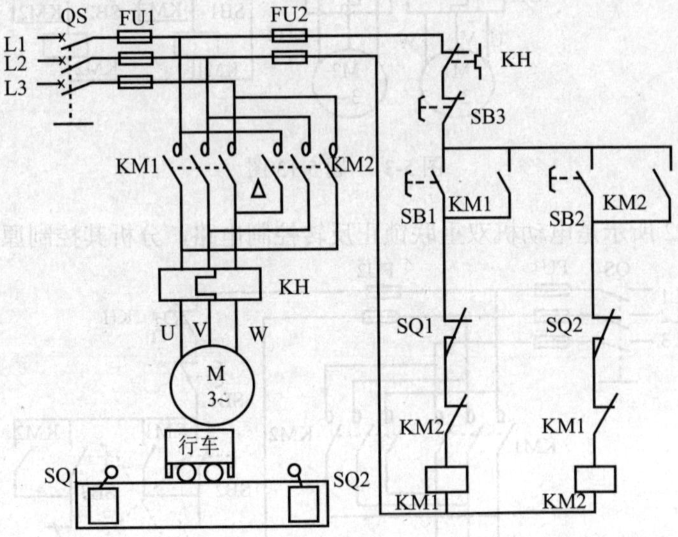

图 5-29　题 5-9 图

5-10　画出具有自锁、互锁环节的正反转控制电路。

5-11　画出既可实现点动控制又可实现连续运行控制的控制电路图，并分析其工作原理。

5-12　图 5-30 所示是电动机顺序启动电路，分析其控制原理。

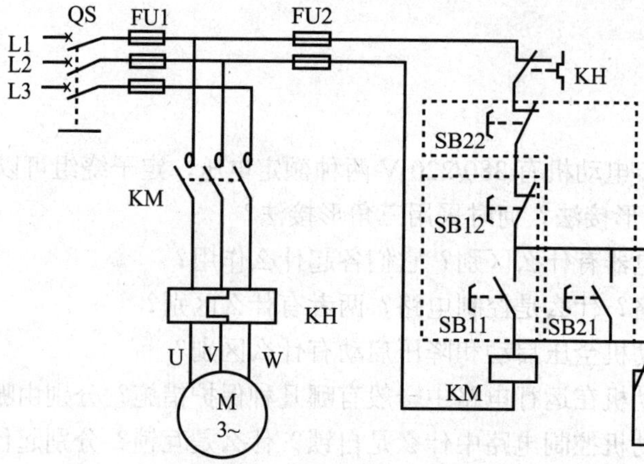

图 5-30　题 5-12 图

5-13　图 5-31 所示是两电动机控制电路，分析其控制原理。

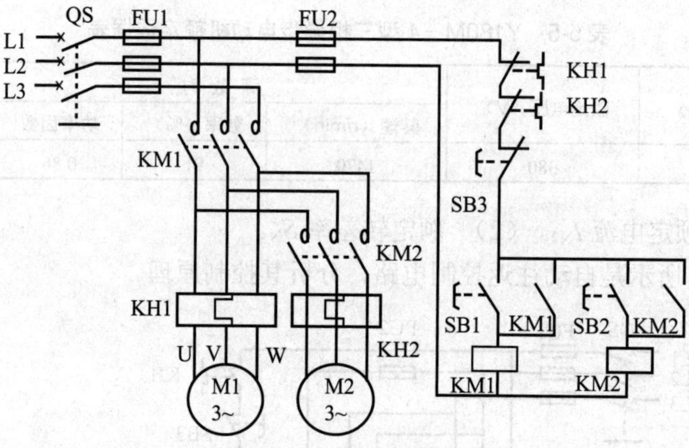

图 5-31　题 5-13 图

5-14　图 5-32 所示是电动机双重联锁正反转控制电路，分析其控制原理。

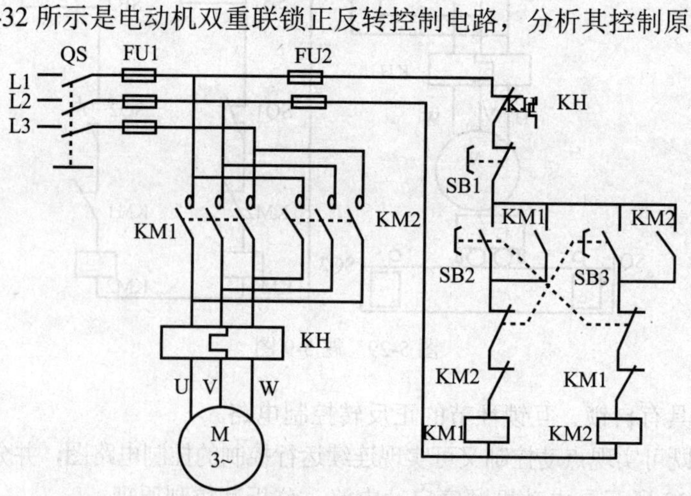

图 5-32　题 5-14 图

第6章 半导体器件

本章要点

学	知识重点	1. 半导体基本特性 2. PN 结的单向导电性 3. 二极管的结构、特性及主要参数 4. 三极管的结构、电流放大原理、特性及主要参数
	知识难点	1. PN 结的形成 2. 三极管工作区域及输入输出特性分析
	建议学时	14 学时
练	理论知识	1. 半导体光敏性、热敏性、掺杂性 2. PN 结的正向导通、反向截止性 3. 二极管的表示符号、作用、工作条件和伏安特性 4. 三极管的表示符号、作用、工作条件和伏安特性
	练习方法	理论联系实际操作，学中练，练中学
做	实际操作	二极管、三极管的好坏与极性的判别
	实际技能	掌握基本电子器件的简易测试方法

主要内容

电工与电子技术的另一大分支是电子技术，电子技术是电子元器件的应用技术，以半导体二极管三极管为主的半导体器件是构成电子线路的基本部件，由于它具有体积小、重量轻、使用寿命长、耗电省、可靠性强等优点，在现代电子学领域里得到了广泛的应用。

6.1 半导体的基础知识

自然界中的各种物质按导电能力分为导体、绝缘体、半导体。

半导体导电能力介于导体和绝缘体之间。常用的半导体材料有硅、锗、砷化镓和氮化镓等。半导体之所以作为制造电子器件的主要材料在于它具有热敏性、光敏性和掺杂性。

光敏性：半导体材料的导电能力随光照强度变化。利用这种特性可制成光电二极管、光电三极管和光敏电阻器等。

热敏性：温度升高使半导体的导电能力大大增强，利用这种特性可制成各种热敏电阻器等。

掺杂性：在纯净的半导体中掺入极其微量的杂质元素可使它的导电性能大大提高。利用这种特性可制成二极管、三极管、场效应晶体管等。

6.1.1 本征半导体

本征半导体是一种完全纯净的、结构完整的半导体晶体。

在电子器件中，用得最多的材料是硅和锗，硅和锗都是四价元素，最外层原子轨道上具有 4 个电子，称为价电子。每个原子的 4 个价电子不仅受自身原子核的束缚，而且还与周围相邻的 4 个原子发生联系，这些价电子一方面围绕自身的原子核运动，另一方面也时常出现在相邻原子所属的轨道上。这样，相邻的原子就被共有的价电子联系在一起，称为共价键结构。其共价键结构如图 6-1 所示。

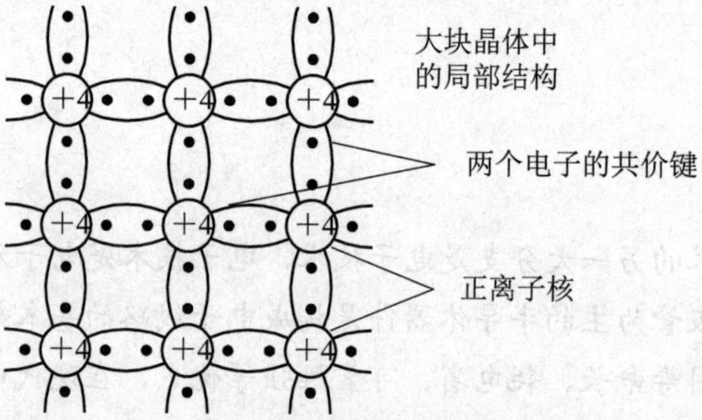

图 6-1　共价键结构

本征半导体在热力管温度 T=0 K 时和没有外界影响的条件下，价电子全部束缚在共价键中。当温度升高或受光照时，由于半导体共价键中的价电子从外界获得一定的能量，少数价电子会挣脱共价键的束缚，成为自由电子，同时在原来共价键的相应位置上留下一个空位，这个空位称为空穴，自由电子和空穴是成对出现的，所以在本征半导体中，电子与空穴的数量总是相等的，如图 6-2 所示。

我们把在热或光的作用下，本征半导体中产生电子空穴对的现象，称为本征激发，又称为热激发。

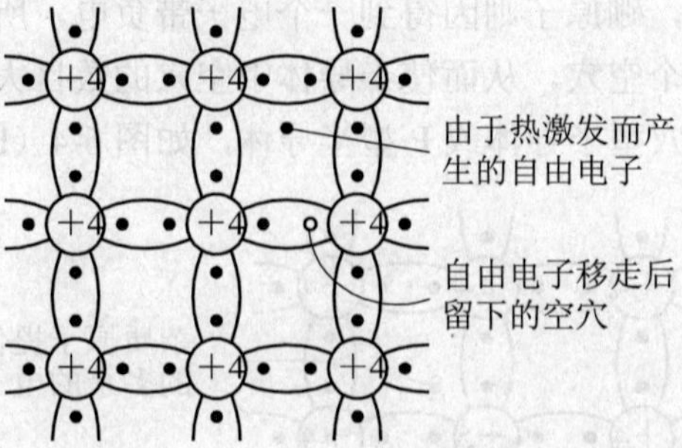

图 6-2　本征激发产生电子空穴对

由于共价键中出现了空位，在外电场或其他能源的作用下，邻近的价电子就可填补到这个空位上，而在这个价电子原来的位置上又留下新的空位，以后其他价电子又可转移到这个新的空位上，如图 6-3 所示。

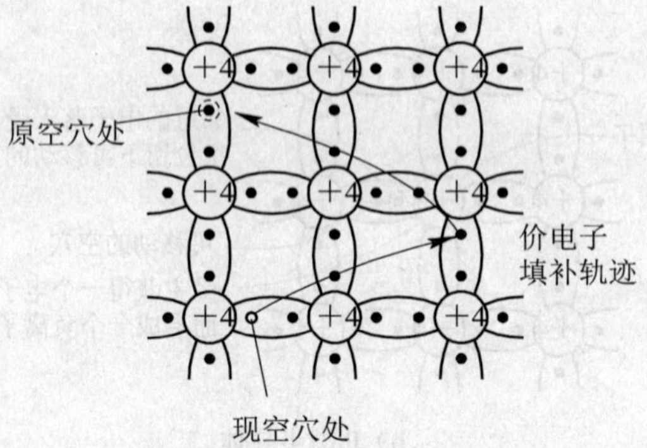

图 6-3　价电子的填补运动

为了区别于自由电子的运动，我们把这种价电子的填补运动称为空穴运动，认为空穴是一种带正电荷的载流子，它所带电荷和电子相等，符号相反。由此可见，本征半导体中存在两种载流子：电子和空穴。

6.1.2　杂质半导体

1. N 型半导体

在本征半导体硅（或锗）中掺入微量五价元素如磷等，由于磷原子有 5 个价电子，它与周围的硅原子组成共价键时，多余的一个价电子很容易摆脱原子核的束缚成为自由电子，磷原子则因失去一个电子带正电，所以整个晶体呈电中性。每掺入一个磷原子都能提供一个电子从而使半导体中电子的数目大大增加，这种半导体导电主要靠电子，所以称为电子型半导体或 N 型半导体，如图 6-4（a）所示。

2. P 型半导体

在本征半导体硅（或锗）中掺入微量三价元素，如硼等。由于硼原子只有 3 个价电子，它与周围硅原子组成共价键时，因缺少一个价电子而形成空穴，相邻的价电子很容易填补这个空穴，形成新的空穴，硼原子则因得到一个电子带负电，所以整个晶体呈电中性。每掺入一个硼原子都提供一个空穴，从而使半导体中空穴的数目大大增加，这种半导体导电主要靠空穴，所以称为空穴型半导体或P型半导体，如图6-4（b）所示。

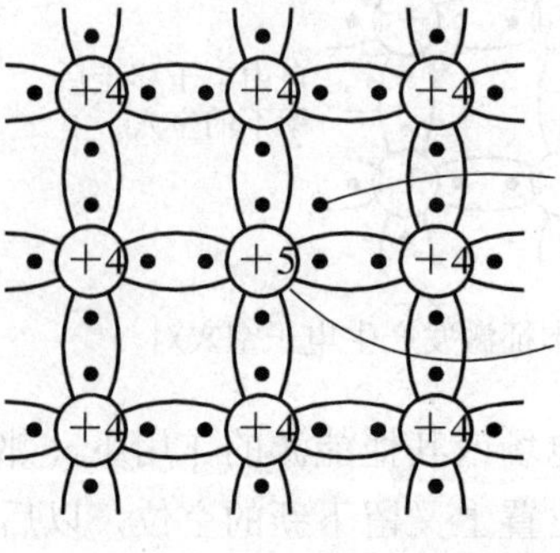

（a）N型半导体

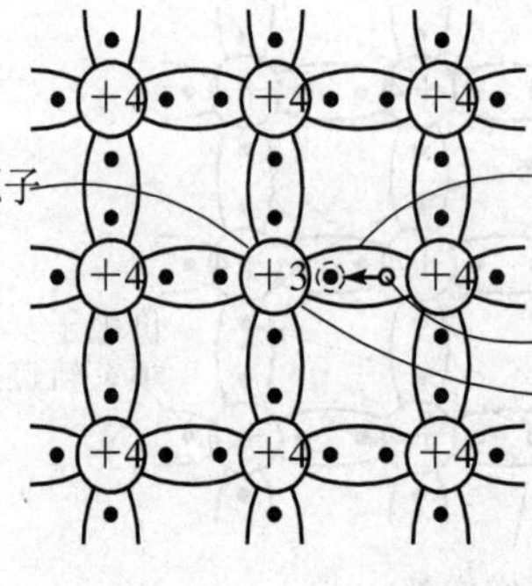

（b）P型半导体

图6-4　掺杂后的半导体

6.1.3 PN结及其单向导电性

1. PN结的形成

通过一定的制造工艺，使一块P型半导体和一块N型半导体结合在一起，在P型半导体和N型半导体交界处，由于P型半导体中空穴多于电子，N型半导体中电子多于空穴，这样在交界面附近将产生多数载流子的扩散运动。P区的空穴向N区扩散，与N区的电子复合，N区的电子向P区扩散，与N区的空穴复合。随着扩散运动的进行，在P区一侧留下不能移动的负离子，在N区一侧留下不能移动的正离子，这个区域称为空间电荷区，空间电荷区形成内电场，内电场的方向由N区指向P区，内电场对多数载流子的扩散运动起阻碍作用，内电场有助于少数载流子的漂移运动（漂移是指在电场作用下少数载流子越过空间电荷区进入另一侧），因此，在内电场作用下，N区空穴向P区漂移，P区的电子向N区漂移，其结果使空间电荷区变窄，内电场削弱。显然扩散运动与漂移运动是对立的，当两者的运动达到动态平衡时，空间电荷区的宽度和强度保持稳定。这种在P型半导体和N型半导体交界面处形成的稳定的内电场，称为PN结。

2. PN 结的单向导电性

在 PN 结两端外加电压，称为给 PN 结加偏置电压。

（1） PN 结正向偏置

给 PN 结加正向偏置电压，即 P 区接电源正极，N 区接电源负极，此时称 PN 结为正向偏置（简称正偏），如图 6-5 所示。

由于外加电源产生的外电场的方向与 PN 结产生的内电场方向相反，削弱了内电场，使 PN 结变薄，有利于两区多数载流子向对方扩散，形成正向电流，此时 PN 结处于正向导通状态。

（2） PN 结反向偏置

给 PN 结加反向偏置电压，即 N 区接电源正极，P 区接电源负极，称 PN 结反向偏置（简称反偏），如图 6-6 所示。

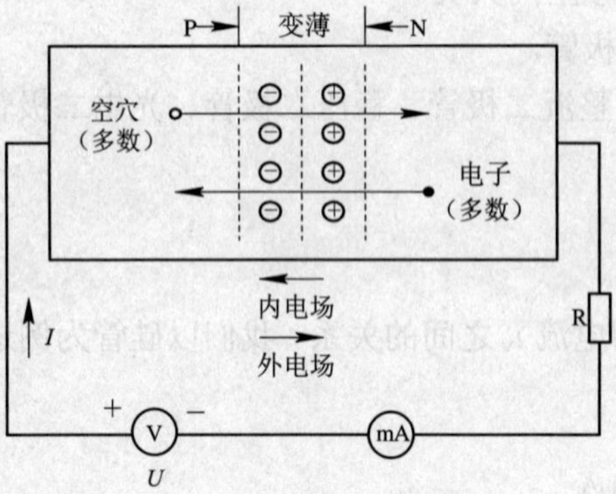

图 6-5　PN 结加正向电压

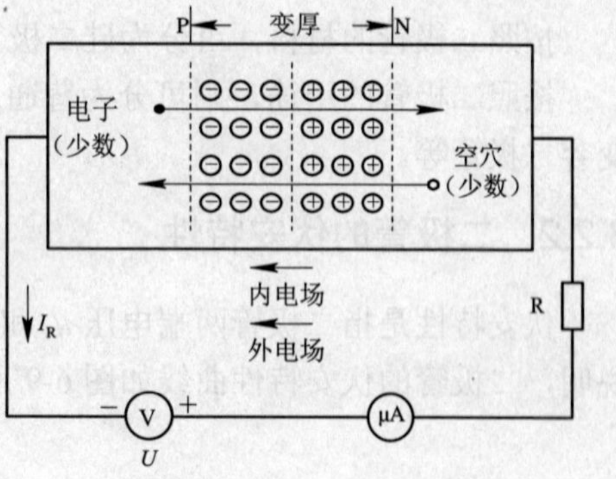

图 6-6　PN 结加反向电压

由于外加电场与内电场的方向一致，因而加强了内电场，使 PN 结加宽，阻碍了电子的扩散运动。在外电场的作用下，只有少数载流子形成的很微弱的电流，称为反向电流。

应当指出，少数载流子是由热激发产生的，因而 PN 结的反向电流受温度影响很大。

综上所述，PN 结具有单向导电性，即加正向电压时导通，加反向电压时截止。

6.2　半导体二极管

6.2.1　二极管的基本结构和种类与符号

1. 结构和符号

在 PN 结上加上引线和封装，就成为一个二极管。其结构和符号如图 6-7 所示。图 6-8 所示是常见二极管外形。

二极管按结构分为点接触型、面接触型和平面型三大类。

点接触型二极管的特点是 PN 结面积小，结电容量小，工作电流小，常用于高频检波电路；面接触型二极管的特点是 PN 结面积大，结电容量大，工作电流大，常用于高频整流电路；平面型二极管的特点是 PN 结面积可大可小，PN 结面积大的，主要用于功率整流；结面积小的可作为数字脉冲电路中的开关管。

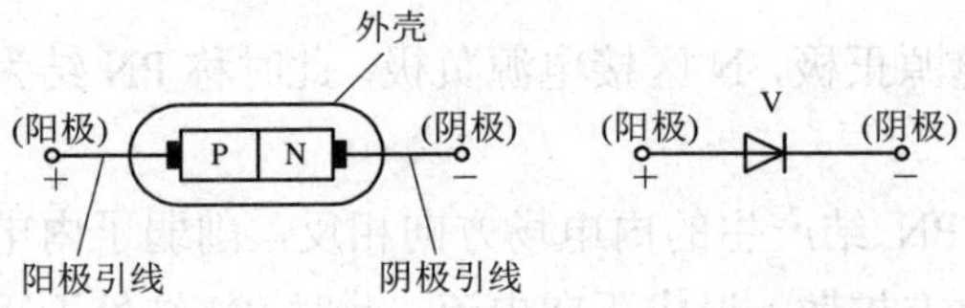

（a）二极管的结构　　（b）二极管的符号

图 6-7　二极管的结构和符号

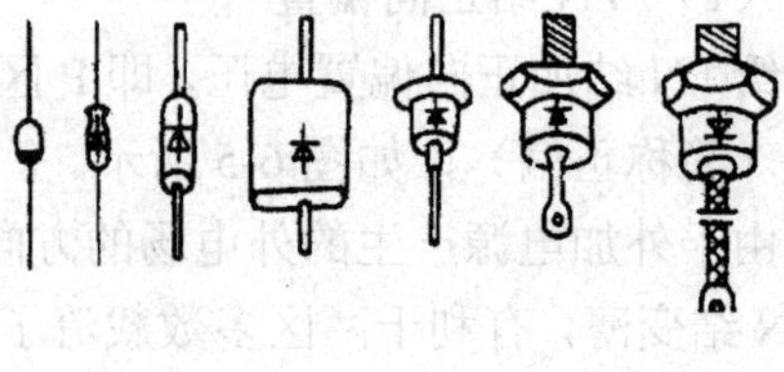

图 6-8　常见二极管外形

2. 分类

按照二极管的结构，可分为点接触型和面接触型两大类。

按照二极管的材料，可分为硅二极管和锗二极管。

按照二极管的用途，则可分为普通二极管、整流二极管、稳压二极管、光电二极管及变容二极管等。

6.2.2　二极管的伏安特性

伏安特性是指二极管两端电压 u_V 和流过它的电流 i_V 之间的关系。我们以硅管为例进行说明，二极管的伏安特性曲线如图 6-9 所示。

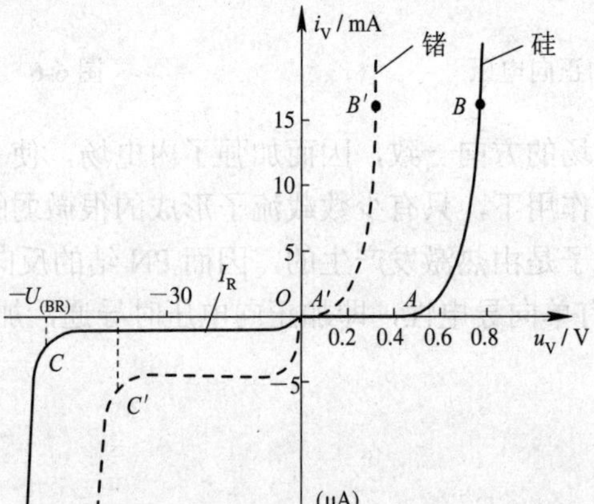

图 6-9　二极管伏安特性曲线

1. 正向特性

对应于图 6-9 所示曲线的 *AB* 段，为二极管伏安特性的正向特性曲线。这时加在二极管两端的电压不大，从数值上看，只有零点几伏，但此时流过二极管的电流却较大，即此时二极管呈现的正向电阻值较小。一般硅管正向导通压降约为 0.6～0.7 V，锗管约为 0.2～0.3 V。

电流几乎为零的范围称为死区电压或阈值电压，一般硅管的死区电压约为 0.5 V，锗管的死区电压约为 0.1 V，如图 6-9 所示曲线的 *OA* 段。

2. 反向特性

对应于图 6-9 所示曲线的 *OC* 段，是当二极管加反向电压的情况。二极管加反向电压时，由于少数载流子的漂移而形成反向电流，又由于少子的数目少，所以反向电流很小，且在一定的电压范围内基本不随反向电压变化而变化，这个电流称反向饱和电流，用 I_R 表示。

3. 反向击穿特性

对应于图 6-9 所示曲线的 *CD* 段。是二极管击穿后的情况，当作用在二极管的反向电压高达某一数值后，反向电流会剧增，而使二极管失去单向导电性，这种现象称为击穿，所对应的电压称为击穿电压，用 U_{BR} 表示。

提示： 当忽略二极管的正向压降和反向电流时，二极管称为理想管。理想二极管是一个电子开关，当其承受正向电压时开关闭合；当其承受反向电压时开关断开。

6.2.3 二极管的主要参数

二极管的参数是表征二极管的性能及其适用范围的重要依据，是选择、使用二极管的主要依据。

1. 最大整流电流

二极管长期工作允许通过的最大正向电流即为最大整流电流。在规定的散热条件下，二极管正向平均电流若超过此值，则会因结温过高而烧坏。

2. 最高反向工作电压 U_{BR}

二极管工作时允许外加的最大反向电压。若超过此值，则二极管可能因反向击穿而损坏。一般取 U_{BR} 值的一半。

3. 反向电流 I_R

二极管未击穿时的反向电流。I_R 越小，则二极管的单向导电性越好。但对温度敏感，随着温度的升高，其值增大。

4. 最高工作频率 f_m

二极管正常工作的上限频率。若超过此值，会因结电容量的作用而影响其单向导电性。

6.2.4 二极管的主要应用

1. 整流

所谓整流，就是将交流电变为单方向脉动的直流电。整流电路是二极管的主要应用领域之一。

2. 检波

就原理而言，从输入信号中取出调制信号是检波，以整流电流的大小（100 mA）作为界限，通常把输出电流小于 100 mA 的叫检波。

3. 钳位

利用二极管正向导通时压降很小的特性可组成钳位电路，如图 6-10 所示。二极管可正向导通，其压降很小，故 A 点的电位也被钳制在 0 V 左右，即 $U_A \approx 0$。

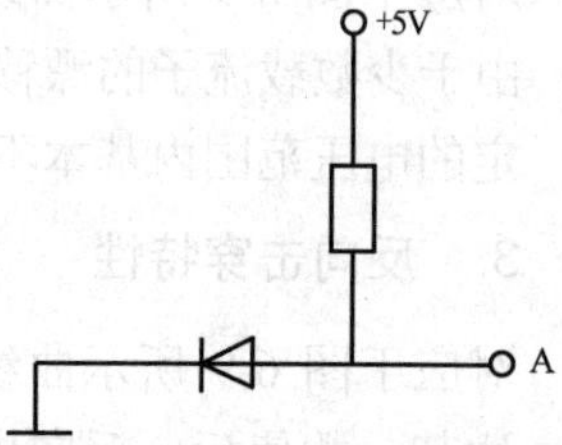

图 6-10 二极管钳位电路

4. 限幅

利用二极管正向导通后其两端电压很小且基本不变的特性，可以构成各种限幅电路，使输出电压幅度限制在某一电压值内，如图 6-11 所示。

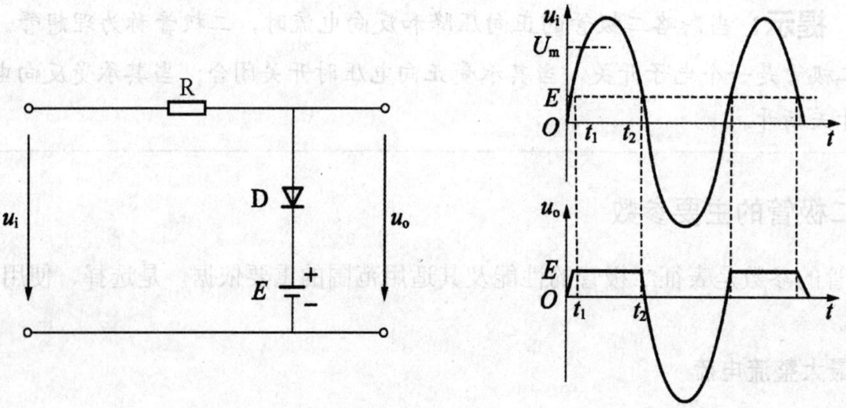

（a）电路　（b）输出电压波形

图 6-11 限制输出电压正半周幅度的限幅电路

5. 元件保护

在电子线路中，常用二极管来保护其他元器件免受过高电压的损害，在如图 6-12 所示的电路中，L 和 R 是线圈的电感器和电阻器。

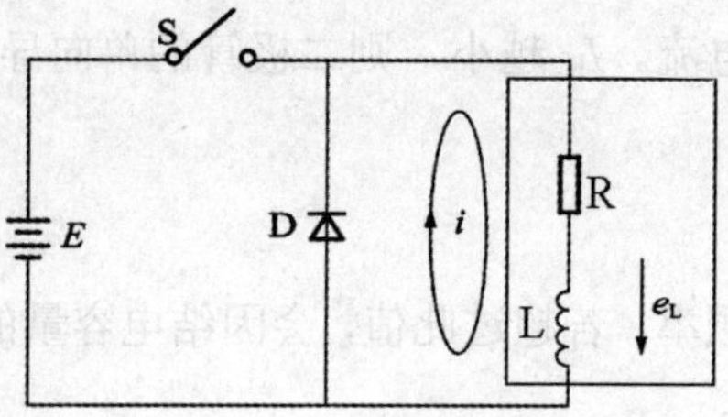

图 6-12 二极管保护电路

6.3　特殊二极管

6.3.1　稳压二极管

1. 稳压管的特性

稳压管是一种特殊的面接触型半导体二极管，通过反向击穿特性实现稳压作用，其正常工作在反向击穿区，其符号如图 6-13 所示。

稳压管的伏安特性与普通二极管类似，如图 6-14 所示。其正向特性为指数曲线；当外加反向电压的数值增大到一定程度时则发生击穿，击穿曲线很陡，几乎平行于纵轴，当电流在一定范围内时，稳压管表现出很好的稳压特性。

图 6-13　稳压管符号

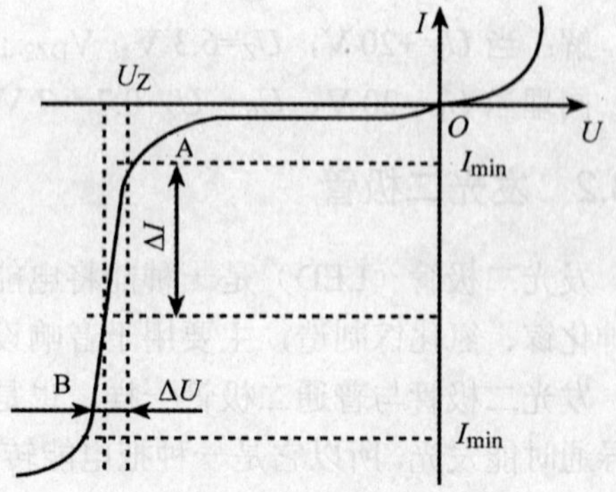

图 6-14　稳压管伏安特性

2. 稳压管的主要参数

（1） 稳定电压 U_Z。

稳定电压是反向击穿电压，同一型号的稳压管，其稳压值也有一定的离散性，使用时要进行测试，按需选用。

（2） 稳定电流 I_Z。

稳定电流是指稳压管工作在稳定电压时的电流值。

（3） 最大稳定电流 $I_{Z\,max}$ 和最小稳定电流 $I_{Z\,min}$。

如果稳定电流 I_Z 超过稳压管的最大稳定工作电流 $I_{Z\,max}$，管子将被热击穿。若小于最小稳定电流 $I_{Z\,min}$，则不能稳压。

（4） 动态电阻值 r_z。

$r_z=\Delta U_Z/\Delta I_Z$，$r_z$ 愈小，反映稳压管的击穿特性愈陡，稳压效果愈好。

（5） 额定功耗 P_{ZM}。

$P_{ZM}=U_Z \cdot I_{Z\,min}$，超过此值，管子会因结温升太高而烧坏。

3. 稳压管的稳压电路

稳压二极管在工作时应反接，并串入一只电阻器。电阻器有两个作用：一是起限流作用，以保护稳压管；二是当输入电压或负载电流变化时，通过该电阻上电压降的变化，取出误差信号以调节稳压管的工作电流，从而起到稳压作用。

【例 6.1】在图 6-15 中，已知稳压二极管的 U_Z=6.3V，正向导通压降为 0.7 V。若 U_i=±20 V，R=1 kΩ，求 U_o=？

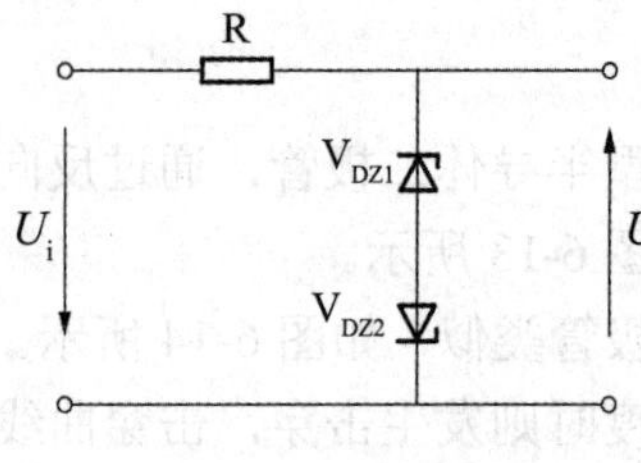

图 6-15　稳压电路

解：当 U_i=+20 V，U_Z=6.3 V，V_{DZ2} 正向导通，U_o=U_Z+0.7=7 V。

同理当 U_i=−20 V，U_o=−U_Z−0.7=−7 V。

6.3.2　发光二极管

发光二极管（LED）是一种能将电能转换成光能的半导体器件，其工作于正向偏置，用砷化镓、氮化镓制造，主要用于音响设备的电平显示及线路通、断状态的指示等。

发光二极管与普通二极管一样，也是由 PN 结构成的，同样具有单向导电性，但在正向导通时能发光，所以它是一种把电能转换成光能的半导体器件。电路符号如图 6-16 所示。

（a）发光二极管电路符号　　　　（b）光电二极管电路符号

图 6-16　发光二极管和光电二极管电路符号

6.3.3　光电二极管

光电二极管是将光信号转换成电信号的半导体器件，它主要用于需要光电转换的自动探测、计数、控制装置中。

光电二极管的管壳上有一个玻璃窗口，以便接收光照。它工作在反偏状态，其反向电流随光照强度的变化而变化。

6.4　半导体三极管

半导体三极管又称晶体管，是最重要的电子器件，它具有放大电流和开关的作用。图 6-17 所示为三极管的外形和封装。

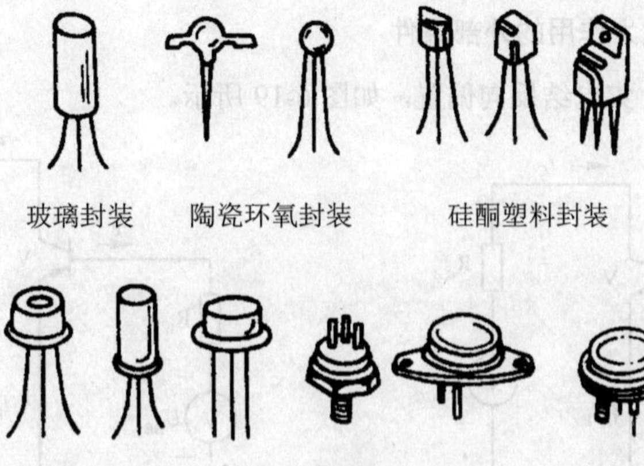

图 6-17　三极管的外形和封装

6.4.1　三极管的结构与符号

在一块极薄的硅和锗基片上通过一定的工艺制作出两个 PN 结就构成了 3 层半导体结构。三极管的结构示意图如图 6-18（a）所示，它是由三层不同性质的半导体组合而成的。按半导体的组合方式不同，可将其分为 NPN 型管和 PNP 型管。

无论是 NPN 型管还是 PNP 型管，它们均有三个区：发射区、基区、集电区；三个电极：发射极（e）、基极（b）和集电极（c）；两个结：发射结、集电结。

三极管的电路符号如图 6-18（b）所示，符号中的箭头方向表示发射结正向偏置时的电流方向。

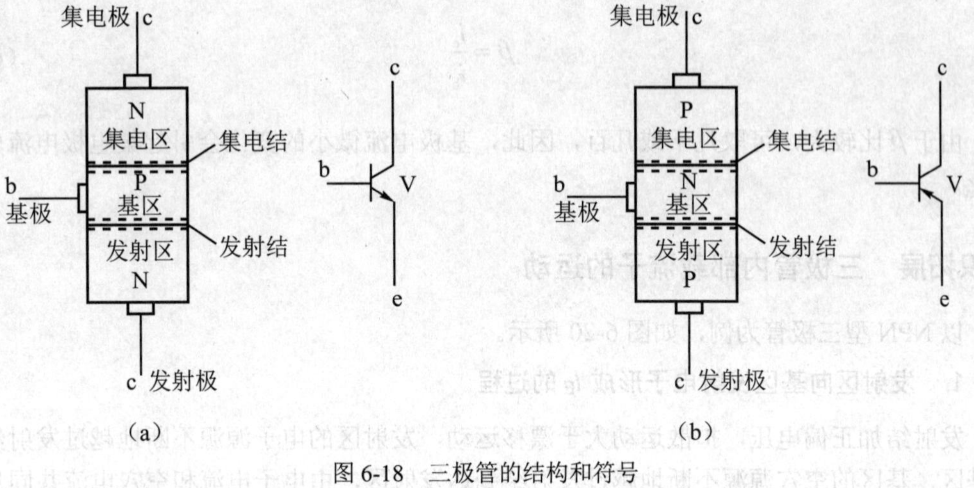

图 6-18　三极管的结构和符号

6.4.2　三极管的放大作用

1. 三极管实现放大作用的内部条件

基区做得很薄，且掺杂浓度低，发射区的掺杂浓度高，集电结面积大于发射结面积。

2. 三极管实现放大作用的外部条件

发射结正向偏置，集电结反向偏置，如图 6-19 所示。

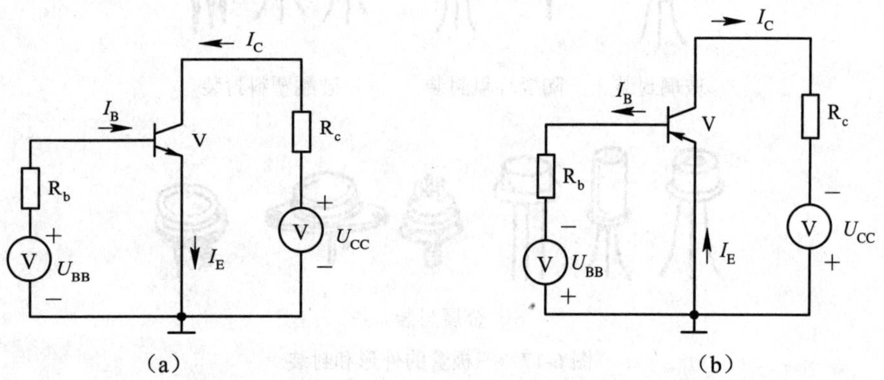

图 6-19　三极管具有放大作用的外部条件

3. 电流放大作用

分析可知，I_C 与 I_B 的分配比例取决于电子扩散和复合的比例。由于 I_{CBO} 很小，所以共发射极直流电流放大系数，用 $\overline{\beta}$ 表示，即

$$\overline{\beta}=\frac{I_{CN}}{I_{BN}}\approx\frac{I_C}{I_B} \tag{6-1}$$

把集电极电流的变化量与基极电流的变化量的比值称为三极管共发射极交流电流放大系数，用 β 表示，即

$$\beta=\frac{i_c}{i_b} \tag{6-2}$$

由于 β 比较大，可取几十或几百，因此，基极电流微小的变化会引起集电极电流较大变化。

知识拓展　三极管内部载流子的运动

以 NPN 型三极管为例，如图 6-20 所示。

1. 发射区向基区发射电子形成 I_E 的过程

发射结加正偏电压，扩散运动大于漂移运动，发射区的电子源源不断地越过发射结到达基区，基区的空穴源源不断地越过发射结到达发射区，由电子电流和空穴电流共同形成了发射极电流 I_E。

2. 电子在基区扩散与复合形成 I_{BN} 的过程

由发射区扩散到基区的电子浓度，靠近发射结处的浓度要高于靠近集电结处的浓度，存在浓度差，这样电子要向集电结继续扩散。在扩散过程中，绝大部分电子扩散到集电结边沿，很少部分电子与基区的空穴复合，复合掉的空穴由基区电源 U_{BB} 补充，从而形成基极电流 I_B 的主要部分 I_{BN}。

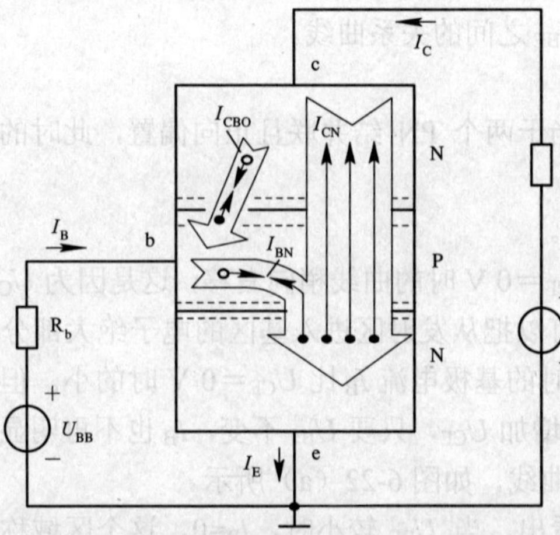

图 6-20　三极管内部载流子的运行情况

3. 电子被集电区收集形成 I_{CN} 的过程

集电结反偏，使内电场增强，因此一方面阻止了集电区电子向基区扩散，另一方面将基区扩散到集电结边沿的电子收集到集电区，形成了集电极电流 I_C 的主要部分 I_{CN}。

另一方面，集电结加反向电压使基区的少数电子和集电区的少数空穴通过集电结形成反向漂移电流，称为反向饱和电流 I_{CBO}。它的数值很小，但受温度影响很大，造成管子工作性能不稳定。

通过对三极管内部载流子的运动情况的分析可知对于 PNP 型管，三个电极产生的电流方向正好和 NPN 型管相反。

6.4.3 三极管的特性曲线

三极管的特性曲线是指各电极电压与电流关系的曲线，它是分析放大电路的重要依据。图 6-21 所示是测试共发射极电路输入特性和输出特性的电路。

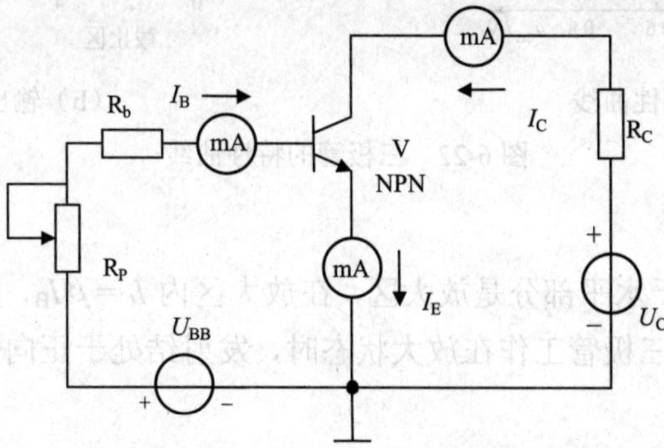

图 6-21　三极管特性曲线的测试电路

1. 输入特性曲线

三极管的输入特性曲线是指当集电极与发射极之间的电压 U_{CE} 一定时，输入回路中的基极电流 i_B 与基-射电压 U_{BE} 之间的关系曲线。

（1） 当 $U_{CE}=0$ 时。

从输入端看进去，相当于两个 PN 结并联且正向偏置，此时的特性曲线类似于二极管的正向伏安特性曲线。

（2） 当 $U_{CE}\geqslant 1$ V 时。

$U_{CE}\geqslant 1$ V 的曲线比 $U_{CE}=0$ V 时的曲线稍向右移，这是因为 $U_{CE}\geqslant 1$ V 时，集电结已反向偏置，内电场足够大，可以把从发射区进入基区的电子绝大部分拉入集电区。因此，在相同的 U_{BE} 下，$U_{CE}\geqslant 1$ V 时的基极电流 I_B 比 $U_{CE}=0$ V 时的小。但是，当 U_{CE} 超过一定数值（如 1 V）以后，即使再增加 U_{CE}，只要 U_{BE} 不变，I_B 也不再明显减小，所以通常只画出 $U_{CE}\geqslant 1$ V 的一条输入特性曲线，如图 6-22（a）所示。

从输入特性曲线可以看出，当 U_{BE} 较小时，$I_B=0$，这个区域称为死区，硅管的死区电压为 0.5 V，锗管的死区电压为 0.1 V。当 U_{BE} 大于死区电压时，三极管才有电流 I_B。正常工作时，硅管的 U_{BE} 为 0.6～0.7 V，锗管的 U_{BE} 为 0.2～0.3 V。

2. 输出特性曲线

输出特性曲线是指当 I_B 一定时，输出回路的 i_C 与 U_{CE} 之间的关系曲线。

在不同的 I_B 下，可得出一族不同的曲线，从输出特性曲线可以看出它可分为三个区域。如图 6-22（b）所示。

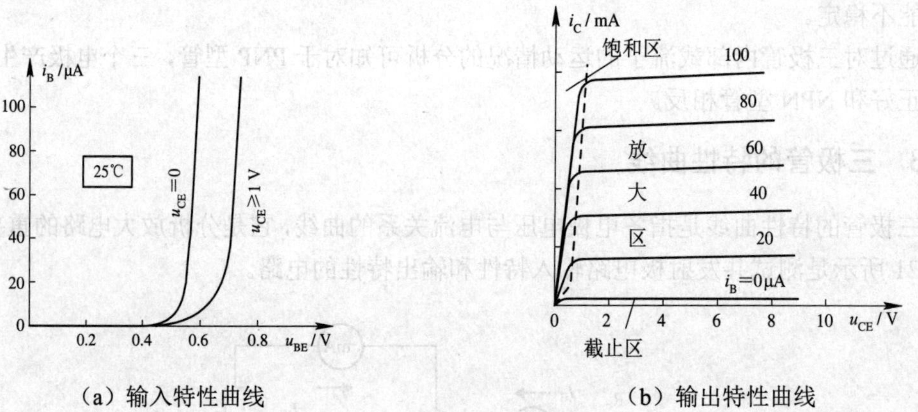

（a）输入特性曲线　　（b）输出特性曲线

图 6-22　三极管的特性曲线

（1） 放大区。

输出特性曲线的近于水平部分是放大区，在放大区内 $I_C=\beta I_B$，放大区也称线性区，因为 I_C 和 I_B 成正比关系。三极管工作在放大状态时，发射结处于正向偏置，集电结处于反向偏置。

（2） 截止区。

当 $I_B=0$ 时，曲线以下的区域称为截止区，此时电流 I_C 为基极开路时从发射极到集电极的反向截止电流，称为穿透电流，用 I_{CEO} 表示，常温下数值很小，可以忽略，相当于开关的断开。三极管工作于截止状态时，发射结和集电结均为反向偏置。

（3） 饱和区。

当 $U_{BE} \geqslant U_{CE}$ 时，发射结和集电结都处于正向偏置，三极管处于饱和工作状态，在饱和区 I_B 的变化对 I_C 的影响很小，两者不成正比。

提示： 三极管有三种工作状态，在模拟电子电路中，三极管大多数是工作在放大状态，作为放大管使用；在数字电子电路中，三极管大多数是工作在饱和与截止状态，作为开关管使用。

6.4.4 三极管的主要参数

1. 电流放大系数

（1） 共射直流电流放大系数 $\overline{\beta}$。

指在无输入信号（静态）时，集电极电流与基极电流的比值，即

$$\overline{\beta} = \frac{I_C}{I_B}$$

（2） 共射交流电流放大系数 β。

指在输入信号（动态）时，集电极电流变化量与基极电流变化量的比值，即

$$\beta = \frac{i_c}{i_b}$$

在近似计算时，可认为 $\beta \approx \overline{\beta}$。

2. 极间反向电流

（1） 集电极与基极之间的反向饱和电流 I_{CBO}。

I_{CBO} 是指发射极开路时，集电极和基极之间的电流，在一定的温度下，I_{CBO} 数值很小。I_{CBO} 受温度影响较大，温度升高，它的值增加。小功率硅管的 I_{CBO} 可达 μA 级，锗管一般为几微安到几十微安，所以硅管的热稳定性比较好。

（2） 集电极与发射极之间的穿透电流 I_{CEO}。

I_{CEO} 是指基极开路时，集电极流向发射极的电流，有

$$I_{CEO} = (1+\beta)\, I_{CBO} \tag{6-3}$$

当温度升高，I_{CBO} 增加，I_{CEO} 增加更快。对三极管工作影响更大。因此，I_{CEO} 是衡量管子质量好坏的重要参数，I_{CEO} 的值越小越好。

3. 极限参数

（1） 最大集电极电流 I_{cm}。

当集电极电流增加时，β 就要下降，当 β 值下降到线性放大区 β 值的 30%～70%时，所对应的集电极电流称为最大集电极电流 I_{CM}。可见，当 $I_C>I_{CM}$ 时，β 显著下降，性能降低，甚至会损坏三极管。

（2） 最大集电极耗散功率 P_{CM}。

当集电极电流流过集电结时，使集电结温度升高，管子发热，对于确定型号的晶体管，P_{CM} 是一个定值，$P_{CM}=U_{CE}I_{CM}$，当硅管的结温大于 150℃、锗管的结温大于 70℃时，管子的特性明显变坏，甚至烧坏。

（3） 极间反向击穿电压。

晶体管某一极开路时，另外两个电极之间所允许加的最高反向电压，即为极间反向击穿电压，超过此值管子会发生击穿现象。极间反向电压有三种：U_{CBO}、U_{CEO} 和 U_{EBO}。由于各击穿电压中 U_{CEO} 值最小，选用时应使其大于放大电路的工作电源 U_{CC}。

6.5 其他半导体器件

6.5.1 场效应晶体管

场效应晶体管与普通三极管相比具有体积小、重量轻、耗电低、寿命长、输入阻抗高、噪声低、热稳定性好、抗辐射、易于集成等优点。因此在近代微电子学中得到了广泛的应用。

场效应晶体管按结构分为结型场效应晶体管和绝缘栅型场效应晶体管两类。结型场效应晶体管的输入电阻值是 PN 结的反偏电阻值，一般在 $10^7\ \Omega$ 以上，绝缘栅型场效应晶体管的输入电阻值，一般高达 $10^9\ \Omega$ 以上。绝缘栅型场效应晶体管是一种金属-氧化物-半导体结构的场效应晶体管，简称 MOS 管。由于分析方法类似晶体三极管，具体内容在这里不做详述，有兴趣的读者请参阅相关资料。

6.5.2 光电三极管

光电三极管也称光敏三极管，其等效电路和电路符号如图 6-23 所示。它通常和发光二极管一起构成光电耦合器，如图 6-24 所示。

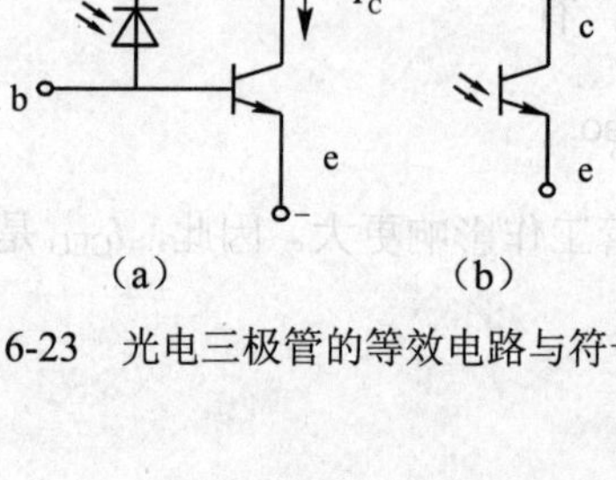

图 6-23 光电三极管的等效电路与符号

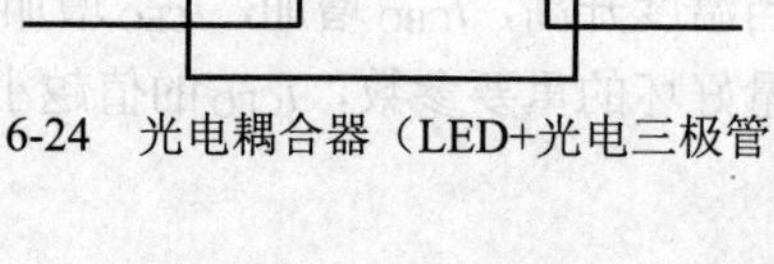

图 6-24 光电耦合器（LED+光电三极管）

6.5.3　光电耦合器

光电耦合器的工作原理是以光信号作为媒体将输入的电信号传送给外加负载，实现了电-光-电的传递与转换。光电耦合器主要用在高压开关、信号隔离器、电平匹配等电路中，起信号的传输和隔离作用。

实践任务　指针式万用表和晶体管特性图示仪

一、实验目的

（1）掌握用指针式万用表对电阻器、晶体二极管、晶体三极管进行简易测量的方法。

（2）熟悉用晶体管特性图示仪测量特性曲线的方法，加深对晶体二极管、晶体三极管特性曲线的理解。

二、实验仪器设备

指针式万用表、晶体管特性图示仪、晶体二极管和晶体三极管若干。

三、预习要求

（1）熟悉指针式万用表欧姆挡测试晶体二极管、晶体三极管的原理及方法。

（2）复习二极管正向特征、反向特征和三极管输出特征。

四、实验原理及说明

1. 万用表测量电阻值的原理

万用表“+”端表笔（红表笔）对应表内电源的负极，而“-”端表笔（黑表笔）对应表内电源的正极。

一般万用表都是以“×1k”挡作为基本挡，这时表内电源采用 1.5V 电池，而且“×100”“×10”“×1”挡的等效内阻较之基本挡依次降低为$\frac{1}{10}$。为了测量更大的电阻值，通常是提高电源电压 E，同时增加 r 的值。一般万用表“×10k”“×100k”挡中的等效电阻值较基本挡依次递增 10 倍，电源多采用 9V 或 12V 的干电池。

2. 万用表对二极管做简易测量

（1）判断二极管极性（用“×100”或“×1”挡）。

二极管内部是一个 PN 结，具有单向导电性，因此当以不同的方向接入万用表表笔之间时，测量回路的电流是不同的。若黑表笔（电源正极）接触二极管正极（与 P 区相连），红表笔（电源负极）接触二极管负极（与 N 区相连），这时回路电流较大，指示出的电阻值就较小，反之，回路电流较小，指示出的电阻值较大。故而在电阻值小的测量中，与黑表笔相接触的引脚就是二极管正极（阴极），如图 6-25 所示。

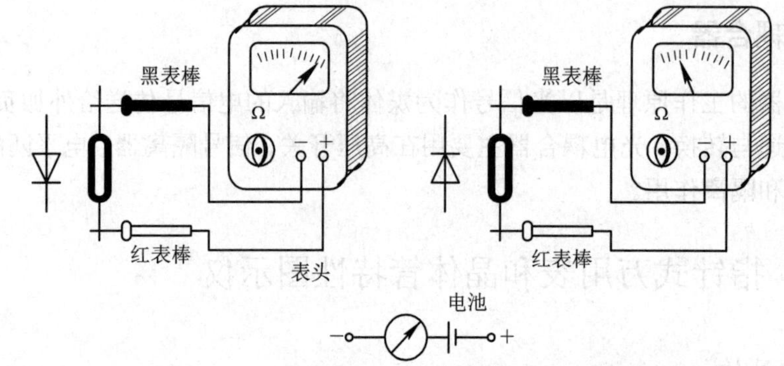

（a）电阻值小　　　　（b）电阻值大

图 6-25　万用表简易测试二极管示意图

> **注意：** 发光二极管因正、反向电阻值比普通二极管要大得多，故测试时要用“×10k”挡。

（2）判别二极管好坏。

二极管具有单向导电性，所以测量得到的正、反向电阻值应该差别很大，相差越大说明其单向导电性越好。通常，正常的正向电阻值小于数千欧，而反向电阻值则应该在 200 kΩ 以上。若正、反向测量时，二极管所呈现电阻值都很小，则说明这只二极管被击穿短路（坏）。若正、反向测量时，二极管所呈现的电阻值都很大，则说明这只二极管是断路的（坏）。

3. 万用表对三极管做简易测量

三极管基极、三极管好坏及其类型（用“×1k”挡），由于三极管基极 b 到集电极 c 和基极 b 到发射极 e 分别是两个 PN 结，其等效示意图如图 6-26 所示。首先将任一表笔接触假定的基极上，另一支表笔分别去接触另外两支引脚。若两次测得的电阻值一大一小则证明假定的基极不对，再换一个引脚假定为基极重测，若两次测量的电阻值都大（或都小），这时应将红、黑表笔互换，再重复以上测量，若测得的电阻值变为都小（或都大），则假定的基极就是正确的。如果又出现一大一小，则又不对，需换引脚重测，直到找出基极为止。假若三个引脚都不能确认为基极 b，则被测量管不是一只晶体管就是一只坏管。当基极确定后，假若黑表笔接触基极 b，红表笔接触集电极 c 或发射极 e，所测电阻值很小，则被测管为 NPN 管。假若红表笔接触基极 b，黑表笔接触集电极 c 或发射极 e，所测电阻值很小，则被测管为 PNP 管。

（1）判断三极管的晶体材料（用“×1k”挡）。

测量被测三极管的正向电阻值，对于 PNP 型三极管，黑表笔接触基极 b；对于 PNP 型三极管，红表笔接触基极 b，如果正向电阻值在 6～10kΩ，则为硅材料；6kΩ以下且不为 0，则为锗材料。

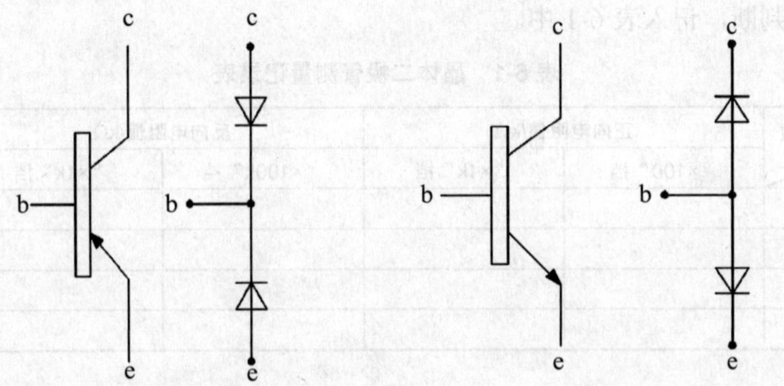

（a）电阻值小　　　　　（b）电阻值大

图 6-26　三极管等效示意图

（2） 判断三极管的集电极 c 和发射极 e。

在基极 b 确定后，假定另外两个电极中的一个为集电极 c，在集电极 c 与基极 b 之间加上一个电阻值在 100～200kΩ的电阻器（可用手指代替）作为基极 b 的偏置电阻器（用手指把基极 b 和假设的集电极 c 连接起来，但两极不能相碰），如图 6-27 所示。

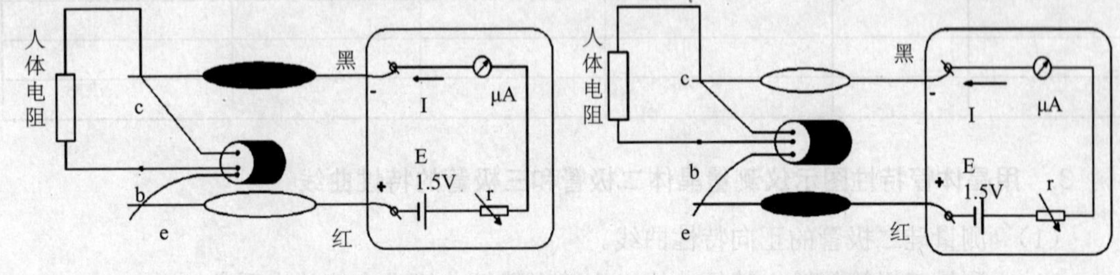

（a）NPN 型　　　　　（b）PNP 型

图 6-27　判别三极管集电极 c 和发射极 e 的原理示意图

（3） 对于 NPN 管，黑表笔接触假设的集电极 c，红表笔接触假设的发射极 e；对于 PNP 管，红表笔接触假设的集电极 c，黑表笔接触假设的发射极 e。记下此时的电阻值为 R_1。

（4） 再反过来设定一次，即原假设集电极 c 的改为发射极 e，原假设发射极 e 改为集电极 c，重复以上步骤，记下第二次的电阻值 R_2。

（5） 比较两次所测得的电阻值，电阻值小（指针偏转大）的一次假设即为正确的假设。

（6）注意：锗管的穿透电流较大，所以使用“×100”或“×10”挡测量效果更好，而硅管则通常采用“×1k”挡来测量。

（7） 测量三极管的电流放大系数 β。

五、实验内容及步骤

1. 晶体二极管的测量

按前面实验原理中介绍的方法用万用表测量二极管的正、反向电阻值 ，对二极管的极性、好坏做出判断，记入表 6-1 中。

表 6-1　晶体二极管测量记录表

型号＼参数	正向电阻值/kΩ		反向电阻值/kΩ		好坏判断
	"×100"挡	"×1k"挡	"×100k"挡	"×1k"挡	

2. 晶体三极管的测量

按前面实验原理中介绍的方法用万用表对三极管的引脚、类型和好坏做出判断，并记入表 6-2 中（标注三极管的 b、c、e 极时，应使引脚朝向自己，即以底视图方式标注）。

表 6-2　晶体三极管测量记录表

型号＼参数	好坏判断	三极管类型（NPN 或 PNP）	c、e 间电阻值	电流放大系数 β	极性标注（按底视图方式标注）

3. 用晶体管特性图示仪测量晶体二极管和三极管的特性曲线

（1） 测量硅二极管的正向特性曲线。

（2） 测量三极管的输出特征曲线，由输出特征曲线求电流放大系数。

六、实验报告

（1） 整理测试结果，对被测管做出判断。解释为何不用"×1"或"×10k"挡测试小功率管。

（2） 解释为什么用万用表不同欧姆挡测二极管正、反向电阻值时，测得的电阻值不同。

（3） 对用万用表测量晶体二极管、晶体三极管的方法进行小结。

本章小结

（1） 半导体具有热敏性、光敏性和掺杂性。把 P 型半导体和 N 型半导体用特殊的工艺结合在一起时，在 P 型半导体和 N 型半导体交界面处形成稳定的内电场，称为 PN 结。PN 结具有单向导电性。

（2） 二极管和稳压管都具有单向导电性，正向偏置时导通，反向偏置时截止。

（3） 三极管具有电流放大作用，是电流控制型器件。有 NPN 和 PNP 两种类型，有三种工作状态：放大状态、饱和状态、截止状态。

习题

6-1　半导体的特性是什么？

6-2　杂质半导体可以分为几种？

6-3　什么是 PN 结？PN 结最重要的特性是什么？

6-4　什么是二极管的死区电压？硅管和锗管的死区电压值各为多少？

6-5　写出如图 6-28 所示各电路的输出电压值，设二极管导通电压 U_o＝0.7 V。

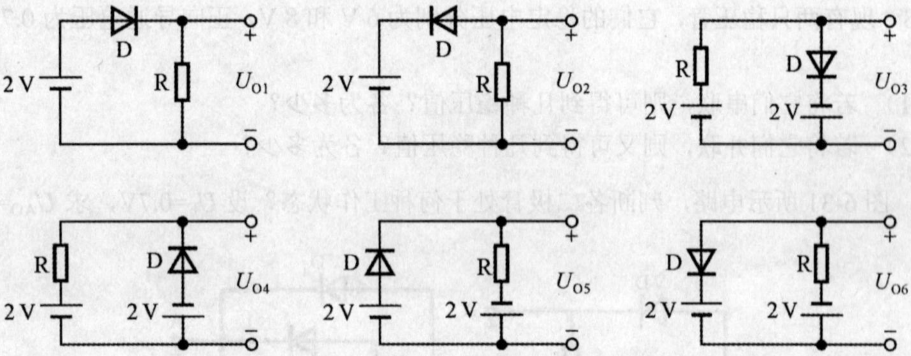

图 6-28　题 6-5 图

6-6　电路如图 6-29 所示，已知 u_i=5sin ωt（V），二极管导通电压 U_D＝0.7 V。试画出 u_i 与 u_o 的波形，并标出幅值。

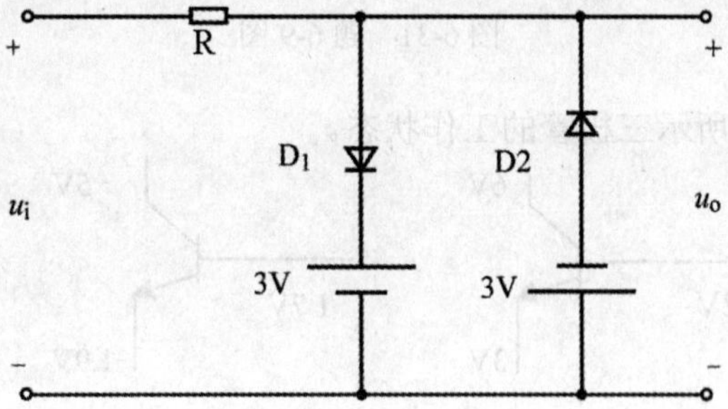

图 6-29　题 6-6 图

6-7　电路如图 6-30（a）所示，其输入电压 u_{I1} 和 u_{I2} 的波形如图 6-31（b）所示，二极管导通电压 U_D=0.7 V。试画出输出电压 u_0 的波形，并标出幅值。

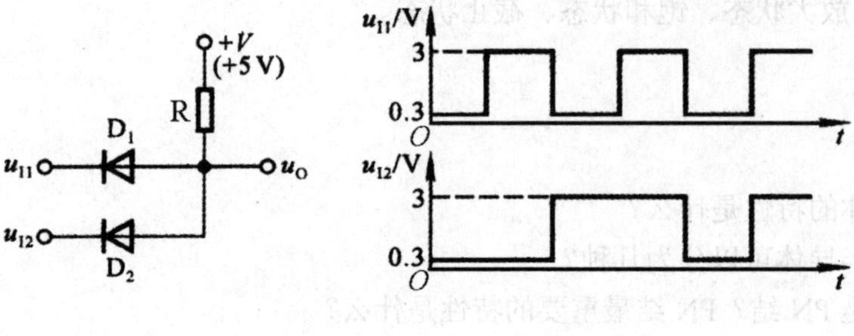

图 6-30　题 6-7 图

6-8　现有两只稳压管，它们的稳定电压分别为 6 V 和 8 V，正向导通电压为 0.7 V。试问：

（1）　若将它们串联，则可得到几种稳压值？各为多少？

（2）　若将它们并联，则又可得到几种稳压值？各为多少？

6-9　图 6-31 所示电路，判断各二极管处于何种工作状态？设 U_F=0.7V，求 U_{AO}=?

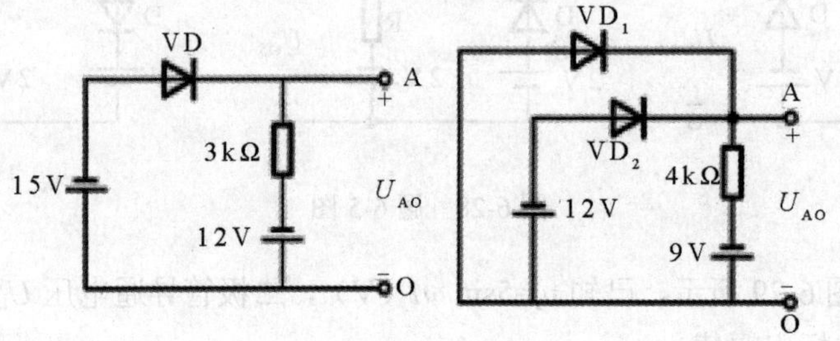

图 6-31　题 6-9 图

6-10　判断图 6-32 所示三极管的工作状态。

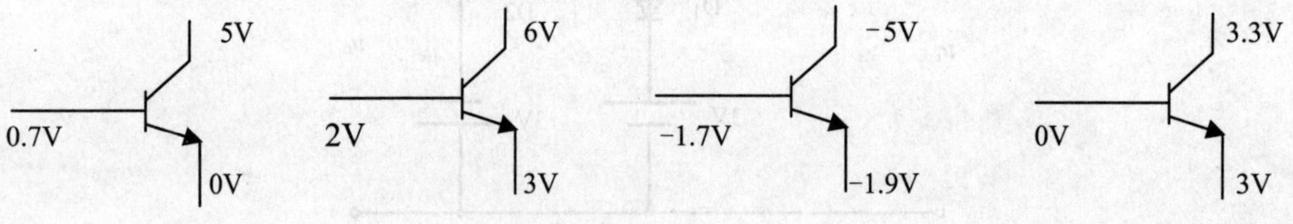

图 6-32　题 6-10 图

6-11　分别判断图 6-33 所示各电路中晶体管是否有可能工作在放大状态。

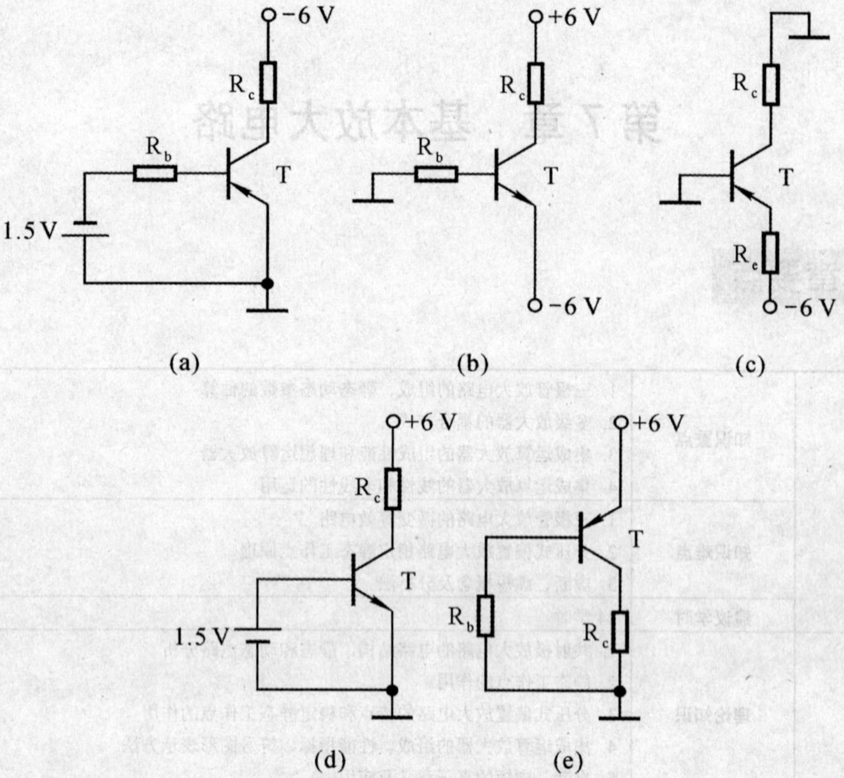

图 6-33　题 6-11 图

6-12　测得放大电路中三只晶体管三个电极的直流电位如图 6-34 所示。试分别判断它们的管型（NPN、PNP）、管脚以及所用材料（硅或锗）。

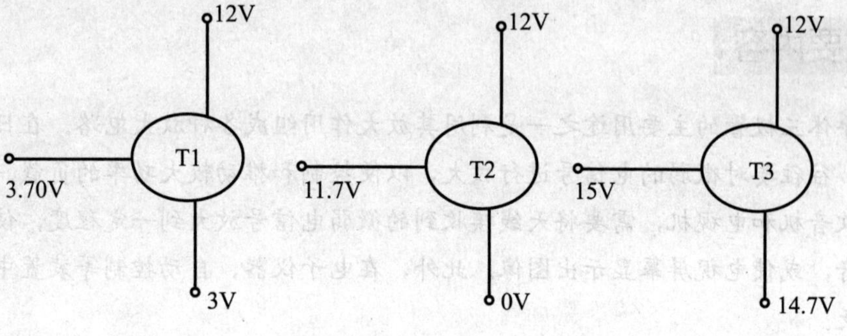

图 6-34　题 6-12 图

第 7 章　基本放大电路

本章要点

学	知识重点	1. 三极管放大电路的组成、静态动态参数的估算 2. 多级放大器的耦合方式 3. 集成运算放大器的组成性能和理想运算放大器 4. 集成运算放大器的线性和非线性的运用
	知识难点	1. 三极管放大电路的微变等效电路 2. 分压式偏置放大电路稳定静态工作点原理 3. 虚断、虚短概念及分析法
	建议学时	24 学时
练	理论知识	1. 共射极放大电路的电路结构，静态和动态电路分析 2. 静态工作点的作用 3. 分压式偏置放大电路的特点和稳定静态工作点的作用 4. 集成运算放大器的组成、性能指标、符号图形表示方法 5. 虚断、虚短的真正意义及应用
	练习方法	理论联系实际操作，学中练，练中学
做	实际操作	基本放大电路的测试
	实际技能	学会集成块的焊接，电子元器件的选用

主要内容

半导体三极管的主要用途之一是利用其放大作用组成各种放大电路。在日常生活实践中，往往要对微弱的电信号进行放大，以便控制和推动较大功率的负载。如日常使用的收音机和电视机，需要将天线接收到的微弱电信号放大到一定程度，使扬声器发出声音，或使电视屏幕显示出图像。此外，在电子仪器、自动控制等装置中应用也十分广泛。

7.1　基本放大电路的概述

7.1.1　放大概念

所谓放大，从表面上看是将信号由小变大，实质上，放大的过程是实现能量转换的过程。三极管有三个电极，三极管对小信号实现放大作用时在电路中可有三种不同的连接方式，即共射极接法、共集电极接法和共基极接法。这三种接法分别以发射极、集电极、基极作为输入回路和输出回路的公共端，而构成不同的放大电路，如图 7-1 所示（以 NPN 型管为例）。

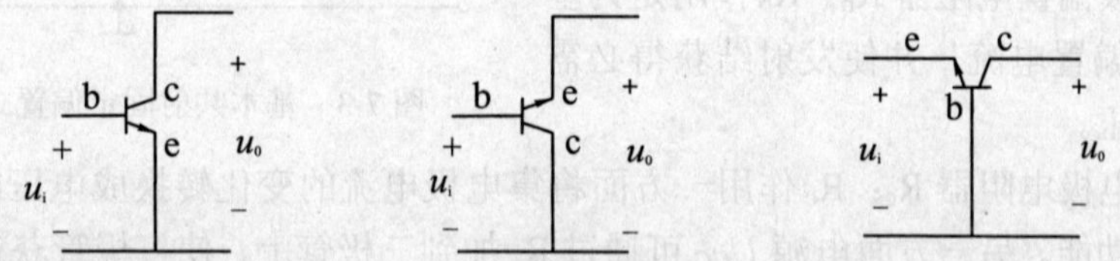

（a）共（发）射极电路　（b）共集电极电路　（c）共基极电路

图 7-1　放大电路中三极管的三种连接方法

7.1.2　放大电路中电压与电流符号的规定

电压与电流的符号习惯上规定如下。

1.　直流分量

如图 7-2（a）所示波形，用大写字母和大写下标表示。如 I_B 表示基极的直流电流。

2.　交流分量

如图 7-2（b）所示波形，用小写字母和小写下标表示。如 i_b 表示基极的交流电流。

3.　总变化量

如图 7-2（c）所示波形，是直流分量和交流分量之和，即交流叠加在直流上，用小写字母和大写下标表示。如 i_B 表示基极电流总的瞬时值，其数值为 $i_B=I_B+i_b$。

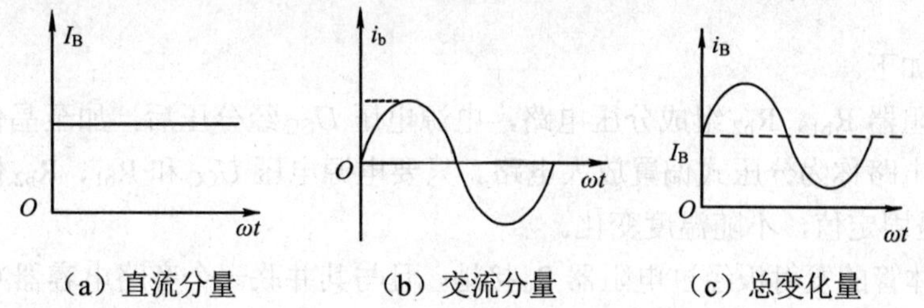

（a）直流分量　（b）交流分量　（c）总变化量

图 7-2　三极管基极的电流波形

7.1.3 放大电路的组成

一、基本共射固定偏置式放大电路

如图 7-3 所示，电路中各元件的作用如下。

（1） 三极管：具有电流放大作用，是放大电路的核心器件。

（2） 集电极电源 U_{CC}：U_{CC} 作用是为整个电路提供能源，保证三极管的发射结正向偏置，集电结反向偏置。

（3） 基极偏置电阻器 R_b：R_b 作用是为基极提供合适的偏置电流，并使发射结获得必需的正向偏置电压。

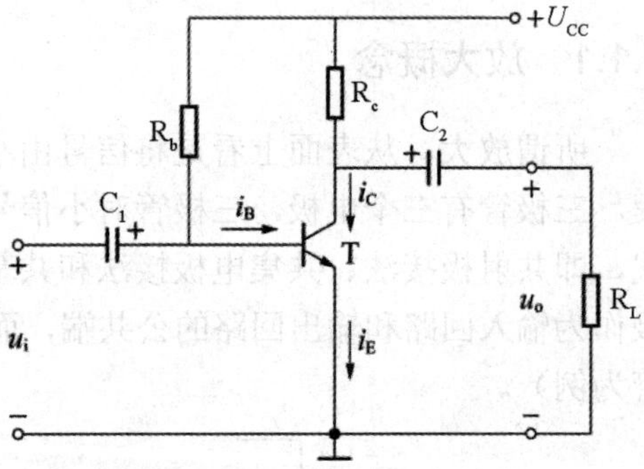

图 7-3 基本共射固定偏置式放大电路

（4） 集电极电阻器 R_c：R_c 作用一方面将集电极电流的变化转换成电压的变化，以实现电压的放大功能。另一方面电源 U_{CC} 可通过 R_c 加到三极管上，使三极管获得正常的工作电压。

（5） 耦合电容器 C_1、C_2：C_1、C_2 作用是隔直流、通交流。

另外，“⊥”为接地符号，是电路中的零参考电位。

二、共射分压式偏置放大电路

共射分压式偏置放大电路如图 7-4 所示。

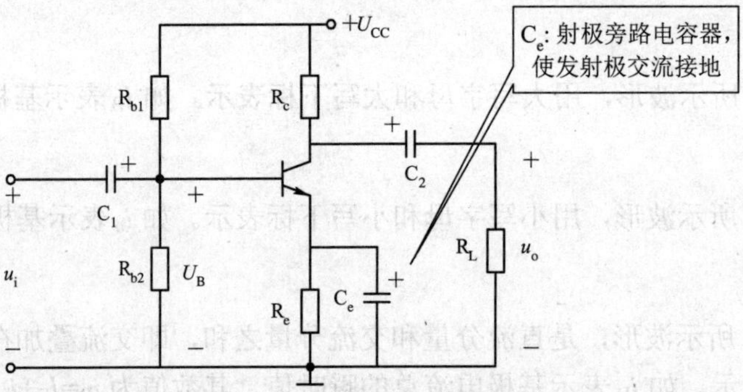

图 7-4 分压式偏置放大电路

电路特点如下。

（1） 电阻器 R_{b1}、R_{b2} 组成分压电路，电源电压 U_{CC} 经分压后，加至晶体管的基极，所以这种放大电路称为分压式偏置放大电路。只要电源电压 U_{CC} 和 R_{b1}、R_{b2} 保持不变，基极电位 U_B 就是固定值，不随温度变化。

（2） 晶体管的发射极经过电阻器 R_e 接地，且与其并联一个旁路电容器 C_e。利用电容器“隔直通交”的特性，R_e 在静态时起作用，而在动态时被 C_e 短路，对交流信号来说，晶体管发射极相当于接地。

7.1.4　直流通路和交流通路

1. 直流通路

所谓直流通路，是指当输入信号 u_i=0 时，在直流电源 U_{CC} 的作用下，直流电流所流过的路径。在画直流通路时，电路中的电容器开路，电感器短路。

2. 交流通路

所谓交流通路，是指在信号源 u_i 的作用下，只有交流电流所流过的路径。画交流通路时，放大电路中的耦合电容器短路；由于直流电源 U_{CC} 的内阻很小，对交流变化量几乎不起作用，故可看作短路。

7.2　放大电路的工作状态分析

7.2.1　静态工作情况

所谓静态，是指输入信号为零时放大电路的工作状态。

静态分析主要是确定放大电路静态值 I_{BQ}、I_{CQ} 和 U_{CEQ}，即选择合适的静态工作点 Q。如果 Q 点选择过高，使三极管工作于饱和区，可能会产生饱和失真，如果 Q 点选择过低使三极管工作于截止区，可能会出现截止失真。通常，Q 点选在三极管的特性曲线的中间位置。放大电路只有设置了合适的静态工作点 Q，才能不失真地放大交流信号。因此，设置直流偏置电路，是实现对交流信号放大的前提。以下是两种常见的偏置电路。

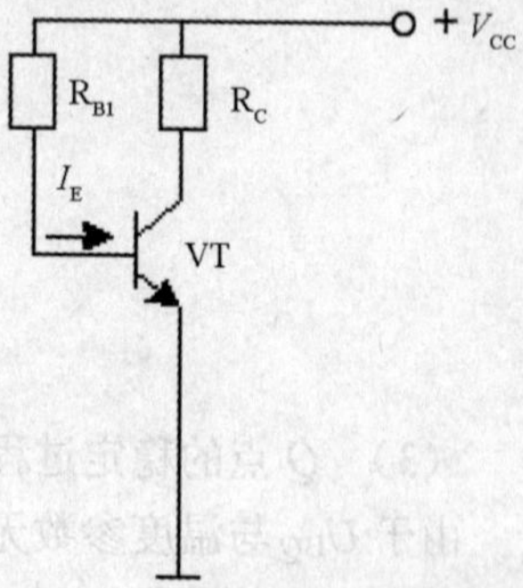

图 7-5　固定偏置式直流通路

1. 固定偏置电路

（1） 直流通路：电路组成如图 7-5 所示。

（2） 静态工作点的估算。

由电路可得

$$I_{BQ}=\frac{U_{CC}-U_{BEQ}}{R_B}\approx\frac{U_{CC}}{R_B} \tag{7-1}$$

$$I_{CQ}=\beta I_{BQ} \tag{7-2}$$

$$U_{CEQ}=U_{CC}-I_{CQ}R_C \tag{7-3}$$

2. 分压式偏置电路

（1） 直流通路：电路组成如图 7-6 所示。

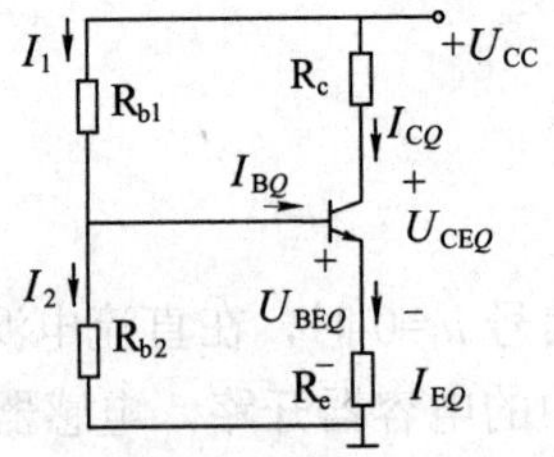

图 7-6 分压偏置式直流电路

（2） 静态工作点的估算。

由图 7-6 所示可知，$I_1=I_2+I_{BQ}$，一般 I_{BQ} 很小，所以 $I_1\approx I_2$，这样基极电位就等于 R_{b2} 上的分压。即

$$U_{BQ}=\frac{R_{b2}}{R_{b1}+R_{b2}}U_{CC} \tag{7-4}$$

由于 $U_{BQ}\gg U_{BEQ}$，所以，

$$I_{EQ}=\frac{U_{BQ}-U_{BEQ}}{R_E} \tag{7-5}$$

$$I_{CQ}\approx I_{EQ} \tag{7-6}$$

$$I_{BQ}=\frac{I_{CQ}}{\beta} \tag{7-7}$$

$$U_{CEQ}=U_{CC}-I_{CQ}(R_C+R_E) \tag{7-8}$$

（3） Q 点的稳定过程。

由于 U_{BQ} 与温度参数无关，不受温度影响；另有 $U_{BEQ}=U_{BQ}-U_{EQ}$，发射极电位 $U_{EQ}=I_{EQ}R_E$。其稳定工作点的过程如下：

$T\uparrow\to I_{CQ}\uparrow\to U_{BQ}\uparrow\to U_{BEQ}\downarrow$（$U_{BQ}$ 不变）$\to I_{BQ}\downarrow\to I_{CQ}\downarrow$（$I_{CQ}=\beta I_{BQ}$）

分压式偏置放大电路稳定静态工作点的关键是利用 I_E 的微小变化，在电阻器 R_E 上产生电压降，并反送回输入回路，使 U_{BE} 下降，使 I_B、I_C 向相反方向变化，达到稳定工作点的目的。

提示： 静态工作点的作用是保证输入交流信号得到完整放大，不失真。静态工作点过低会使输出信号产生截止失真；静态工作点过高会使输出信号产生饱和失真。

7.2.2 动态工作情况

所谓动态，是指放大电路输入信号不为零时的工作状态。

1. 放大电路的动态性能指标

动态分析主要是确定放大电路的电压放大倍数 A_u 与输入电阻值 r_i 和输出电阻值 r_o 三个动态性能指标。

（1） 电压放大倍数。

电压放大倍数表示放大电路放大信号电压的能力，它定义为

$$A_u = \frac{u_o}{u_i} \tag{7-9}$$

（2） 输入电阻值 r_i。

放大电路的输入端可以用一个等效交流电阻值 r_i 来表示，它定义为

$$r_i = \frac{u_i}{i_i} \tag{7-10}$$

它是衡量放大电路对信号源影响程度的一个指标。其值越大，放大电路从信号源索取的电流越小，对信号源影响也就越小。

（3） 输出电阻值 r_o。

从放大电路输出端看，放大电路对于负载 R_L 相当于一个信号源，该信号源的内阻就是放大电路的输出电阻值，用 r_o 表示，它定义为

$$r_o = \frac{u_o}{i_o} \tag{7-11}$$

它表征放大电路带负载能力强弱的一个重要指标，它的值越小，带负载能力越强。

动态分析的方法主要有图解法和微变等效电路法两种，由静态分析知，图解法不实用，所以我们常常使用微变等效电路法。

2. 微变等效电路分析法

（1） 三极管基-射极间的等效电路。

如图 7-7（a）所示的三极管，根据它的输入特性，当输入信号 u_i 在很小范围内变化时，输入回路的电压 u_{be}、电流 i_b 在 u_{ce} 为常数时，可认为其随 u_i 的变化作线性变化，即三极管输入回路基极与发射极之间可用等效电阻值 r_{be} 代替。其等效电路如图 7-7（b）所示。根据三极管输入回路结构分析，r_{be} 的数值可以用下列公式计算

$$r_{be} = r_{bb'} + (1+\beta)\frac{26}{i_b}\Omega \tag{7-12}$$

$r_{bb'}$ 是晶体管的基区体电阻值，低频小功率管为几百欧（工程上通常取 300 Ω）。

（2） 三极管集电-射极间的等效电路

当三极管工作于放大区时，i_c 的大小只受 i_b 控制，而与 u_{ce} 无关，即实现了三极管的受

控恒流特性，$i_c=\beta i_b$。所以，当输入回路的 i_b 给定时，三极管输出回路的集电极与发射极之间，可用一个大小为 βi_c 的理想受控电流源来等效，如图 7-7（c）所示。

图 7-7（d）所示是图 7-7（a）所示的三极管微变等效电路。

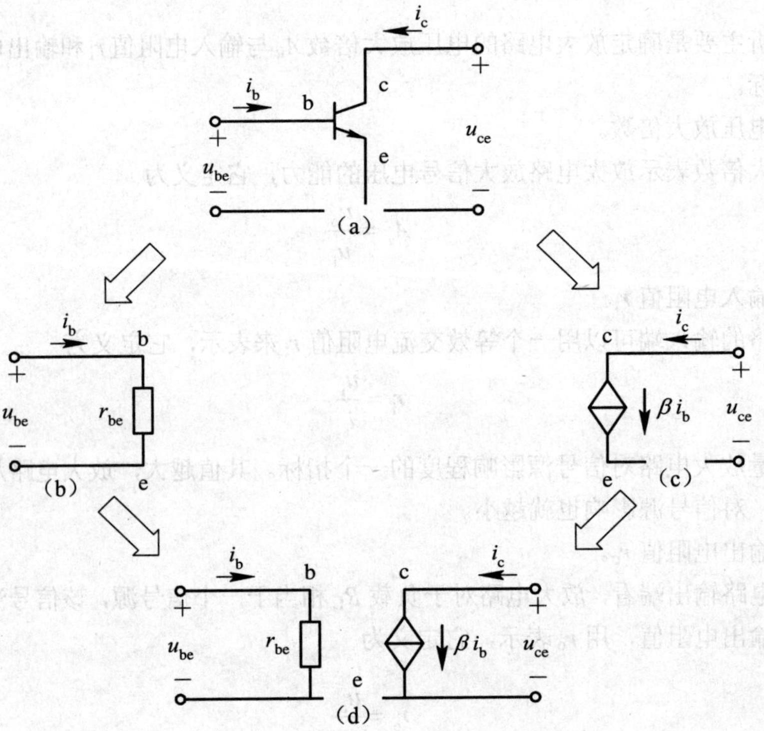

图 7-7　三极管的微变等效电路

3. 共射放大电路性能指标的估算

首先，我们先画出共射分压式偏置放大电路的交流通路如图 7-8 所示。

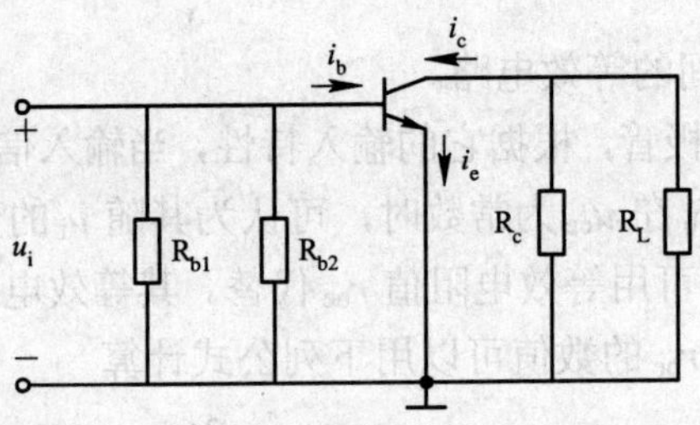

图 7-8　分压式偏置放大电路交流通路

其次，我们再把交流通路中的三极管用其微变等效电路表示，我们就得到了共射放大电路的微变等效电路如图 7-9（a）所示，图中 $R_b=R_{b1}//R_{b2}$。

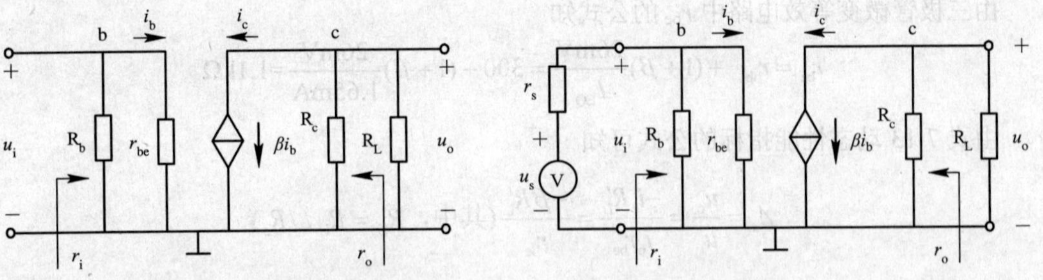

（a）不考虑信号源内阻的等效电路　　（b）考虑信号源内阻时的等效电路

图 7-9　共射放大电路的微变等效电路

最后，求解共射放大电路的动态性能指标。

$$A_u=\frac{u_o}{u}=\frac{-i_c R_L'}{i_b r_{be}}=\frac{-\beta R_L'}{r_{be}}(\text{其中，}R_L'=R_L\,//R_c) \tag{7-13}$$

$$r_i=\frac{u_i}{i_i}=R_b\,//r_{be}=R_{b1}\,//R_{b2}\,//r_{be} \tag{7-14}$$

求输出电阻值通常使用探查电压法，探查电压法是让信号源 u_s 短路保留其内阻 r_s，拿掉负载 R_L，在输出端加一探查电压 u_p，形成探查电流 i_p，i_p 所流经的路径就是 r_o，即

$$r_o=\frac{u_o}{i_o}=\frac{u_p}{i_p}=R_o \tag{7-15}$$

提示： 分压式偏置电路的静态工作点稳定性好，对交流信号基本无削弱作用。在更换三极管时不必重新调整静态工作点，所以分压式偏置电路在电气设备中得到了非常广泛的应用。

【例 7.1】分压式偏置放大电路如图 7-4 所示，已知 U_{CC}=12 V，R_{b1}=20 kΩ，R_{b2}=10 kΩ，R_L=R_c=R_e=2 kΩ，硅管的 β=50。试估算静态工作点，并求电压放大倍数、输入电阻值和输出电阻值？

解：由图 7-4 所示的静态工作点估算公式可知

$$U_{BQ}=\frac{R_{b2}}{R_{b1}+R_{b2}}U_{CC}=\frac{10}{10+20}12\text{V}=4\text{V}$$

$$I_{EQ}=\frac{U_{BQ}-U_{BEQ}}{R_e}=\frac{4\text{V}-0.7\text{V}}{2\text{k}\Omega}=1.65\text{V}$$

$$I_{CQ}\approx I_{EQ}=1.65\text{mA}$$

$$I_{BQ}=\frac{I_{CQ}}{\beta}=\frac{1.65\text{mA}}{50}=33\mu\text{A}$$

$$U_{CEQ}=U_{CC}-I_{CQ}(R_c+R_E)=12\text{V}-1.65(2+2)\text{V}=5.4\text{V}$$

由三极管微变等效电路中 r_{be} 的公式知

$$r_{be}=r_{bb'}+(1+\beta)\frac{26\text{mV}}{I_{EQ}}=300+(1+\beta)\frac{26\text{mV}}{1.65\text{mA}}=1.1\text{k}\Omega$$

由式 7-13 动态性能指标的公式可知

$$A_u=\frac{u_o}{u}=\frac{-i_c R_L'}{i_b r_{be}}=\frac{-\beta R_L'}{r_{be}}(\text{其中，}R_L'=R_L//R_c)$$

$$=\frac{-50\times 1}{1.1}\approx -45$$

$$r_i=\frac{u_i}{i_i}=R_b//r_{be}=R_{b1}//R_{b2}//r_{be}=10//20//1.1\approx 0.9\text{k}\Omega$$

$$r_o=\frac{u_o}{i_o}=\frac{u_p}{i_p}=R_0=2\text{k}\Omega$$

4. 共集放大电路性能指标的估算

电路如图 7-10（a）所示，交流信号从基极输入，从发射极输出，故该电路又称射极输出器。图 7-10（b）所示为该电路对应的交流通路。由交流通路可看出，集电极为输入、输出的公共端，故称为共集电极放大电路（简称共集放大电路）。

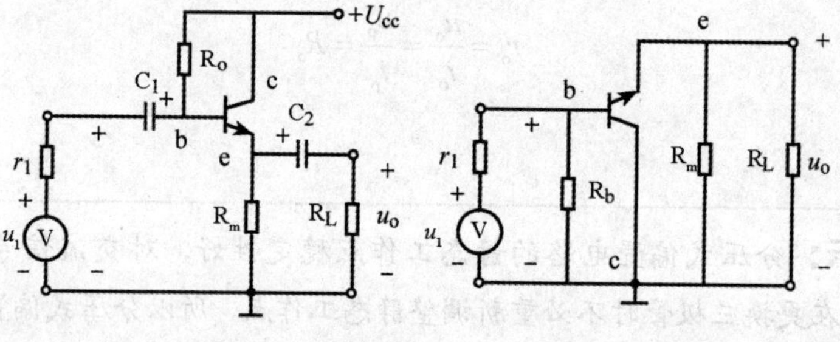

（a）电路　　　　（b）交流通路

图 7-10　共集电极放大电路

（1）等效电路。

画出电路的微变等效电路，如图 7-11 所示。

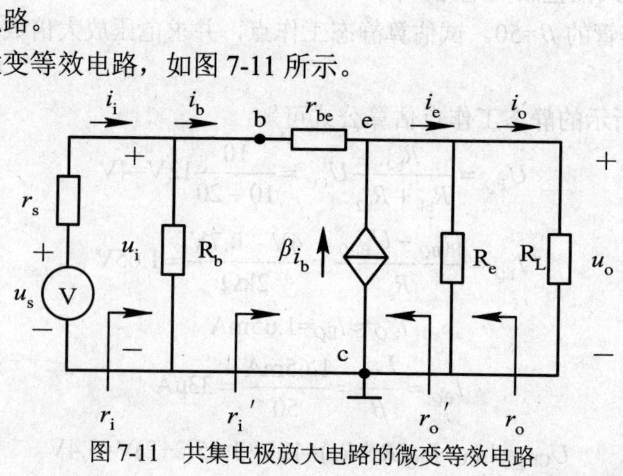

图 7-11　共集电极放大电路的微变等效电路

（2） 参数估算。

由图 7-11 所示可得

$$A_u = \frac{u_o}{u} = \frac{i_e R'_L}{i_b r_{be} + i_e R'_L} = \frac{-(1+\beta)R'_L}{r_{be} + (1+\beta)R'_L} (其中，R'_L = R_L // R_c) \quad (7\text{-}16)$$

$$r'_i = \frac{u_i}{i_b} = \frac{i_b r_{be} + i_c R'_L}{i_b} = r_{be} + (1+\beta)R'_L$$

$$r_i = \frac{u_i}{i_i} = R_b // r'_i = R_b // \left[r_{be} + (1+\beta)R'_L\right] \quad (7\text{-}17)$$

采用探查电压法求输出电阻值 r_o，由图得

$$r'_o = \frac{u_p}{-i_e} = \frac{-i_b(r_{be} + R_b // r_s}{-i_e} = \frac{r_{be} + R_b // r_s}{1+\beta}$$

$$r_o = \frac{u_p}{i_p} = R_e // \frac{r_{be} + R_b // r_s}{1+\beta} \quad (7\text{-}18)$$

除了上述两种放大电路外，还有共基放大电路，这里就不再赘述了。

7.3 多级放大电路

前面分析的放大电路都是由晶体管构成的单级放大电路，它们的放大倍数极其有限，为了提高放大倍数，以满足实际应用的需要，通常采用多级放大电路。多级放大电路耦合方式有阻容耦合、直接耦合、变压器耦合。

7.3.1 阻容耦合多级放大电路

如图 7-12 所示电路为阻容耦合两级放大电路，该电路通过耦合电容器与下一级输入电阻器连接。各级静态工作点互不影响，可以单独调整到合适位置且不存在零点漂移问题，但不能放大变化缓慢的信号和直流信号，且需要大容量的耦合电容器，不适合在集成电路中使用。

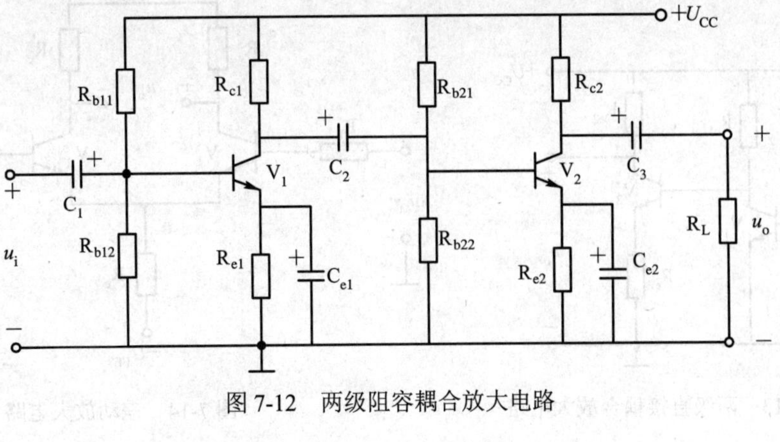

图 7-12 两级阻容耦合放大电路

1. 静态工作点分析

由于各级静态工作点互不影响，各级单独计算。

2. 动态分析

（1） 电压放大倍数等于各级电压放大倍数的乘积，即

$$A_u = \frac{u_o}{u_i} = \frac{u_{o1}}{u_{i1}}\frac{u_{o2}}{u_{i2}} = A_{u1}A_{u2} \tag{7-19}$$

同理，n 级放大电路的电压放大倍数为

$$A_u = A_{u1}A_{u2}A_{u3}\cdots A_{un} \tag{7-20}$$

注意： 计算前一级的电压放大倍数时必须考虑后一级的输入电阻值，因为后一级的输入电阻值就是前级的负载。

（2） 输入电阻值就是第一级的输入电阻值。

（3） 输出电阻值就是最后一级的输出电阻值。

7.3.2 直接耦合多级放大电路

如图 7-13 所示为直接耦合两级放大电路，该电路能放大变化缓慢的信号和直流信号，且由于没有耦合电容器，故非常适合于大规模集成。但各级静态工作点互相影响，且由于温度的影响等因素，放大电路在无输入信号的情况下，输出电压 u_o 出现缓慢、不规则波动的现象，将这种现象称作零点漂移。

抑制零点漂移的方法很多，如采用温度补偿电路，稳压电源以及精选电路元件等。最为有效且广泛使用的是输入级采用差动放大电路。

如图 7-14 所示为双电源差动放大电路，由两个特性相同的晶体三极管组成的对称电路，参数也对称，且有两个输入端和两个输出端。

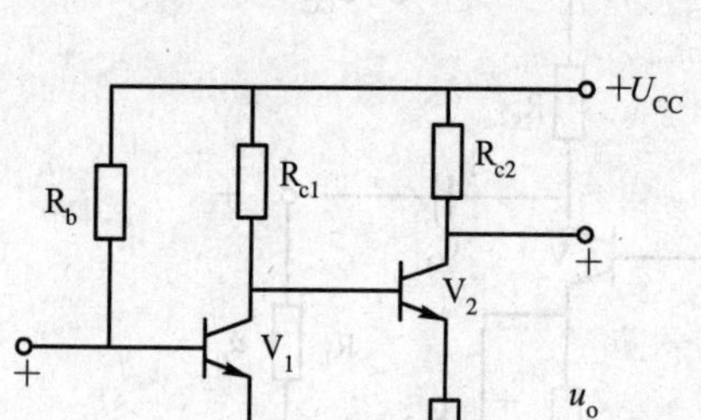

图 7-13 两级直接耦合放大电路

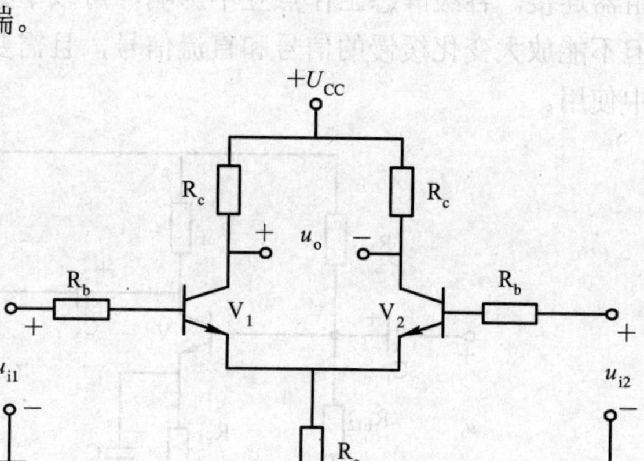

图 7-14 差动放大电路

由于电路输出电压 $u_o=u_{o1}-u_{o2}$。所以温度变化时两个单管放大电路的工作点都要发生变动，分别产生输出漂移 Δu_{o1} 和 Δu_{o2}。由于电路是对称的，所以 $\Delta u_{o1}=\Delta u_{o2}$，差动放大电路的输出漂移 $\Delta u_o=\Delta u_{o1}-\Delta u_{o2}=0$。即消除了零点漂移。

当两输入端加的信号大小相等，极性相反时，输入信号为差模信号，设两输入信号为 u_{i1} 和 u_{i2}。差模信号 u_{id} 为两输入信号之差。即

$$u_{id}=u_{i1}-u_{i2} \tag{7-21}$$

当两输入端加的信号大小相等，极性相同时，输入信号为共模信号，设两输入信号为 u_{i1} 和 u_{i2}。共模信号 u_{ic} 为两输入信号的算术平均值。即

$$u_{ic}=\frac{u_{i1}+u_{i2}}{2}=u_{i1}=u_{i2} \tag{7-22}$$

当差模信号作为差动放大电路的输入信号时，则其电压放大倍数为

$$A_{ud}=\frac{u_{od}}{u_{id}}=\frac{u_{o1}-u_{o2}}{u_{i1}-u_{i2}}=\frac{2u_{o1}}{2u_{i1}}=\frac{u_{o1}}{u_{o2}} \tag{7-23}$$

可见，差模电压放大倍数为单管放大电路的电压放大倍数。差动放大电路用多一倍的元件为代价，换来了对零点漂移的抑制能力。

当共模信号作为差动放大电路的输入信号时，由于电路完全对称，所以 $u_{O1}=A_u u_{i1}=A_u u_{i2}=u_{O2}$，则其电压放大倍数为

$$A_{uc}=\frac{u_{oc}}{u_{ic}}=\frac{u_{o1}-u_{o2}}{u_{ic}}=0 \tag{7-24}$$

上式说明电路对共模信号无放大作用，即完全抑制了共模信号。实际上，差动放大电路对零点漂移的抑制就是该电路抑制共模信号的一个特例。所以差动放大电路对共模信号抑制能力的大小，也就反映了它对零点漂移抑制的能力。

共模抑制比 K_{CMR}，其值越大，表示电路放大差模信号和抑制共模信号的能力越强。

$$K_{CMR}=20\lg\left|\frac{A_{ud}}{A_{uc}}\right| \tag{7-25}$$

7.3.3　变压器耦合多级放大电路

变压器耦合是用变压器将前级的输出端与后级的输入端连接起来的方式，如图 7-15 所示。变压器初次级线圈之间具有“隔离直流耦合交流”的作用，使各级放大电路的静态工作点相互独立。

这种耦合方式突出的优点就是能够利用变压器的变压比进行阻抗、电压和电流的变换。但这种耦合放大电路具有体积大，不易集成化，且频率特性比较差，一般只应用于低频功率放大和中频调谐放大电路中。

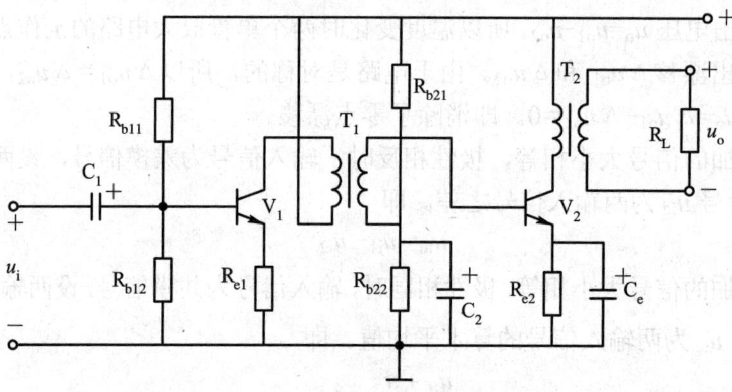

图 7-15 变压器耦合放大电路

知识拓展 放大电路中的反馈

在三极管放大电路中，由于三极管的非线性等各种原因，信号在放大传递过程中不可避免地会产生失真，为改善放大器性能，在放大器中都会引入反馈。

1. 反馈的概念

将放大电路输出量（电压或电流）的一部分或全部，通过一定的电路（称为反馈网络），反向送回到输入端，并与输入信号叠加后进行放大，从而实现自动调节输出信号的功能，这一过程称为反馈。其组成方框图如图 7-16 所示。

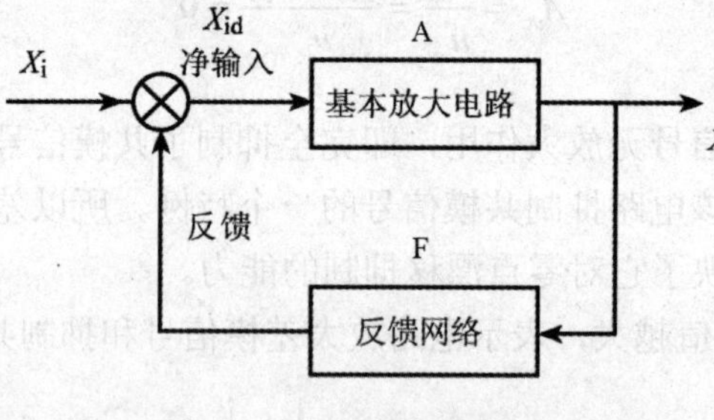

图 7-16 反馈放大电路组成方框图

要判断一个电路是否存在反馈，只要判断该电路是否有反馈网络。若有反馈网络，就存在反馈，否则，就不存在反馈。

2. 反馈极性

在反馈放大电路中，反馈量使放大器净输入量得到增强的反馈称为正反馈，使净输入量减弱的反馈称为负反馈。

通常采用“瞬时极性法”来判别是正反馈还是负反馈，具体方法如下：

（1） 假设输入信号某一瞬时的极性。

（2） 根据输入与输出信号的相位关系，确定输出信号和反馈信号的瞬时极性。

（3） 再根据反馈信号与输入信号的连接情况，分析净输入量的变化，如果反馈信号使净输入量增强，即为正反馈，反之为负反馈。

【例 7.2】如图 7-17 所示，判断该电路有无反馈，如果有反馈判断它们是正反馈还是负反馈？

解：如图 7-17（a）所示，根据瞬时极性法知，反馈量使净输入量减小，所以为负反馈。如图 7-17（b）所示，根据瞬时极性法知，反馈量使净输入量增加，所以为正反馈。

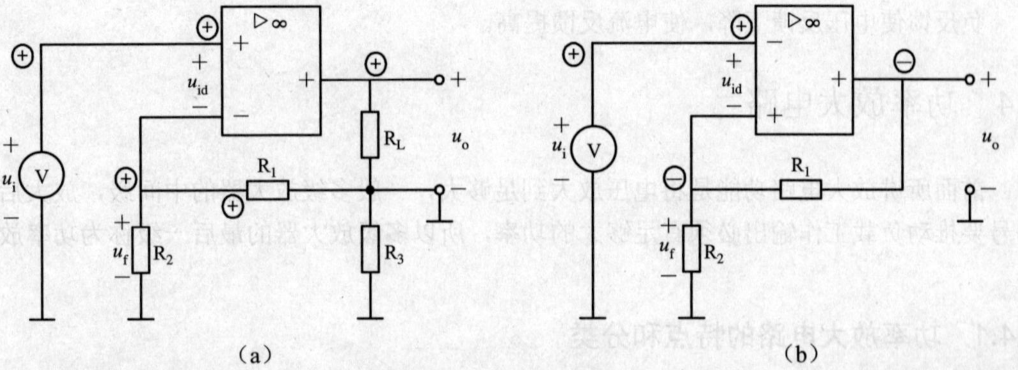

图 7-17　例 7.2 图

3. 反馈类型

（1） 根据反馈网络输入端采样对象的不同，可以将反馈分为电压反馈和电流反馈。

从基本放大器输出端看，若反馈信号取自输出电压，则为电压反馈，若取自输出电流，则为电流反馈。判断反馈电路是电压还是电流反馈，我们常常采用负载短路法。若负载 R_L 短路→u_o=0→u_f=0→电压反馈；若负载 R_L 短路→u_o=0→$u_f \neq 0$→电流反馈。

（2） 根据基本放大器输入端比较方式的不同，可以将反馈分为并联反馈和串联反馈。

判断是并联反馈还是串联反馈，我们通常看信号源的输入与反馈信号的输入是否从同一端输入，若从同一端输入，则为并联反馈，反之为串联反馈。

（3） 常见负反馈电路类型。

根据输入端的连接方式和输出端的取样方式的不同，可以组成四种不同类型的负反馈电路：电压串联负反馈、电压并联负反馈、电流串联负反馈和电流并联负反馈。

4. 负反馈对放大电路性能的影响

（1） 对放大倍数的影响。

① 放大倍数下降；

② 反馈能提高放大倍数的稳定性。

（2） 减小非线性失真。

由于放大电路中三极管等非线性元件，这使得放大电路的传输特性是非线性的。引入负反馈能减小放大器本身传输特性的非线性造成的失真 。

（3） 扩展通频带。

由于引入负反馈使放大倍数稳定性得到很大提高，所以扩展了通频带，通频带越宽，电路的质量越好。

（4） 负反馈对输入电阻值的影响。

根据输入端的连接方式不同，可以把反馈分为串联反馈和并联反馈。

负反馈使串联反馈的输入电阻值提高；使并联反馈的输入电阻值下降。

5. 负反馈对输出电阻值的影响。

根据输出端的取样方式不同，可以把反馈分为电压反馈和电流反馈。

负反馈使电压反馈下降，使电流反馈提高。

7.4 功率放大电路

前面所讲放大电路功能是将电压放大到足够大，一般多级放大器的中间级，放大后的信号要推动负载工作输出必须有足够大的功率，所以多级放大器的最后一级称为功率放大器。

7.4.1 功率放大电路的特点和分类

1. 功率放大电路的特点

功率放大器作为放大电路的输出级，具有以下三个特点：

（1） 由于功率放大器的主要任务是向负载提供一定的功率，因而输出电压和电流的幅度足够大；

（2） 由于输出信号幅度较大，使三极管工作在饱和区与截止区的边沿，因此输出信号存在一定程度的失真；

（3） 功率放大器在输出功率的同时，三极管消耗的能量亦较大，因此，不可忽视管耗问题。

2. 功率放大电路的分类

根据放大器中三极管静态工作点设置的不同，可分成甲类、乙类和甲乙类三种。

甲类放大器的工作点设置在放大区的中间，这种电路的优点是在输入信号的整个周期内三极管都处于导通状态，输出信号失真较小，缺点是三极管有较大的静态电流 I_{CQ}，这时管耗 P_C 大，电路能量转换效率低。

乙类放大器的工作点设置在截止区，这时，由于三极管的静态电流 I_{CQ}=0，所以能量转换效率高，它的缺点是只能对半个周期的输入信号进行放大，非线性失真大。

甲乙类放大电路的工作点设在放大区但接近截止区，即三极管处于微导通状态，这样可以有效克服乙类放大电路的失真问题，且能量转换效率也较高，目前使用较广泛。

7.4.2 OCL 功率放大电路

1. 电路组成及工作原理

图 7-18 所示是双电源乙类互补功率放大电路。这类电路又称无输出电容量的功率放大电路，简称 OCL 电路。V_1 为 NPN 型管，V_2 为 PNP 型管，两管参数对称。电路工作原理如下。

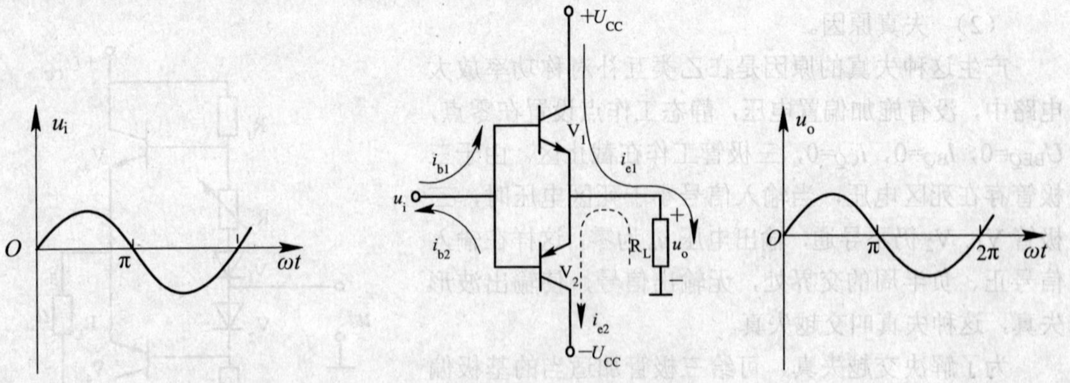

图 7-18　双电源乙类互补对称功率放大器

（1）　静态分析。

当输入信号 u_i=0 时，两三极管都工作在截止区，此时 I_{BQ}、I_{CQ}、I_{EQ} 均为零，负载上无电流通过，输出电压 u_o=0。

（2）　动态分析。

① 当输入信号为正半周时，u_i>0，三极管 V_1 导通，V_2 截止，V_1 管的射极电流 i_{e1} 经+U_{CC} 自上而下流过负载，在 R_L 上形成正半周输出电压，u_o>0。

② 当输入信号为负半周时，u_i<0，三极管 V_2 导通，V_1 截止，V_2 管的射极电流 i_{e2} 经−U_{CC} 自下而上流过负载，在 R_L 上形成负半周输出电压，u_o<0。可见，在输入信号 u_i 的整个周期内，V_1、V_2 两管轮流交替地工作，互相补充，使负载获得完整的信号波形，故称互补对称电路。

由于 V_1、V_2 都工作在共集电极接法中，输出电阻值极小，可与低电阻负载 R_L 直接匹配。

2.　交越失真及其消除

（1）　电路演示。

演示电路如图 7-19（a）所示，在放大器的输入端加入一个 1000 Hz 正弦信号，用示波器观察输出端的信号波形，发现输出波形在正、负半周的交界处发生了失真，观察到的输出波形如图 7-19（b）所示。

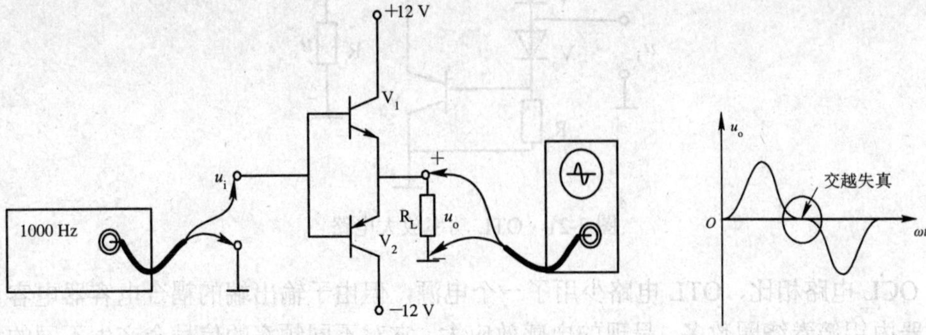

（a）演示电路　　　　　　　　　　　　（b）输出波形

图 7-19　交越失真波形

（2） 失真原因。

产生这种失真的原因是在乙类互补对称功率放大电路中，没有施加偏置电压，静态工作点设置在零点，$U_{BEQ}=0$，$I_{BQ}=0$，$I_{CQ}=0$，三极管工作在截止区。由于三极管存在死区电压，当输入信号小于死区电压时，三极管 V_1、V_2 仍不导通，输出电压 u_o 为零，这样在输入信号正、负半周的交界处，无输出信号，使输出波形失真，这种失真叫交越失真。

为了解决交越失真，可给三极管加适当的基极偏置电压，使之工作在甲乙类工作状态，如图 7-20 所示。

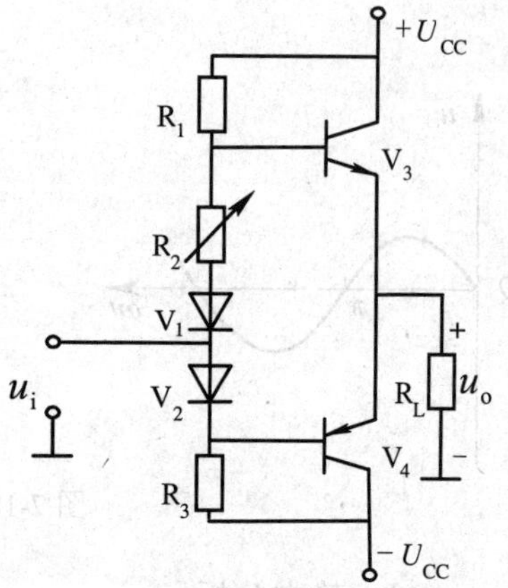

图 7-20 甲乙类互补功率放大电路

图中 V_1、V_2、R_1、R_2、R_3 用来为基极提供偏置电压的，在电源 U_{CC} 的作用下两个三极管的基极电位为

$$U_{B1、B2}=U_{R_2}+U_{V_1}+U_{V_2}$$

静态时 V_3、V_4 虽然都已基本导通，但因为它们对称 U_E 仍为零，负载中仍无电流流过。

7.4.3 OTL 功率放大电路

双电源互补对称功率放大电路，由于静态时输出端电位为零，负载可以直接连接，不需要耦合电容器，因而它具有低频响应好、输出功率大、便于集成等优点，但需要双电源供电，使用起来有时会感到不便，如果采用单电源供电，只需在两管发射极与负载之间接入一个大电容量的电容器 C_2 即可。这种电路通常又称为无输出变压器电路，简称 OTL 电路，如图 7-21 所示。

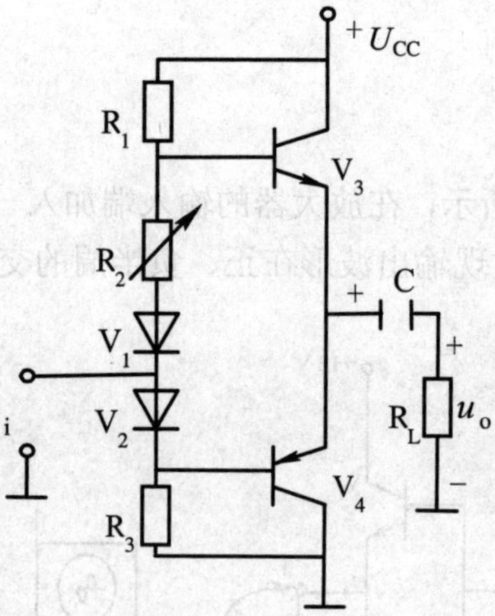

图 7-21 OTL 功率放大电路

与 OCL 电路相比，OTL 电路少用了一个电源，但由于输出端的耦合电容器电容量大，则电容器内铝箔卷绕圈数多，呈现的电感效应大，它对不同频率的信号会产生不同的相移，输出信号有附加失真，这是 OTL 电路的缺点。

7.4.4　集成功率放大器

随着集成技术的不断发展，集成功率放大器产品越来越多。集成功率放大器具有内部元件参数一致性好，失真小，安装方便，适应大批量生产等特点，因此得到广泛应用。在电视机的伴音、录音机的功率放大等电路中一般采用集成功率放大器。下面简单介绍目前应用较多的小功率音频集成功率放大器 LM386。

集成功率放大器 LM386 为 8 脚双列直插塑料封装结构，图 7-22 所示为其外形图，其引脚如图 7-23 所示。

图 7-22　外形图

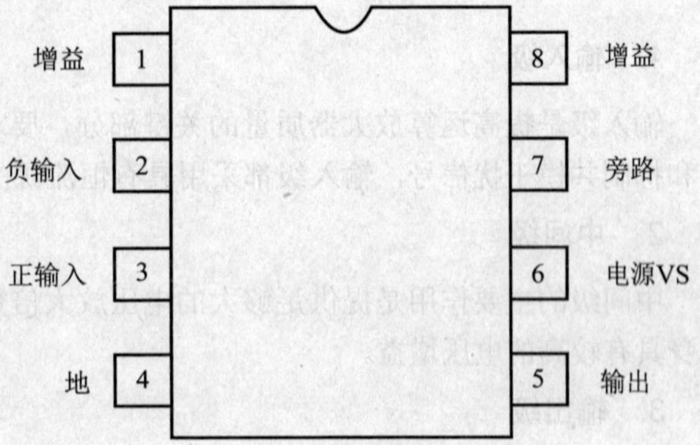

图 7-23　引脚图

直流放大电路在工业技术领域中，特别是在一些测量仪器和自动控制系统中应用非常广泛，在实际应用中被放大的信号多属变化缓慢的信号，从前面分析过的放大电路可知，能够放大这种信号的最常用器件是运算放大器。

7.5　集成运算放大器

7.5.1　集成运算放大器的基本组成

集成运算放大器是把具有高放大倍数的直接耦合的多级放大电路集成在一小块硅片上的集成电路。

集成运算放大器从外形上看有双列直插式、圆壳式、扁平式。图 7-24 所示是部分集成电路的外形图（管脚的排列为从标志起逆时针数 1，2，3，4，…）。

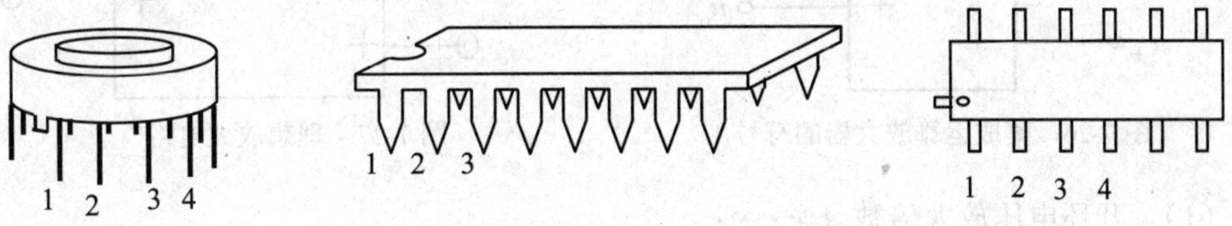

图 7-24　集成运算放大器外形

集成运算放大器的内部组成原理方框图如图 7-25 所示，它由输入级、中间级、输出级和偏置电路四部分组成。

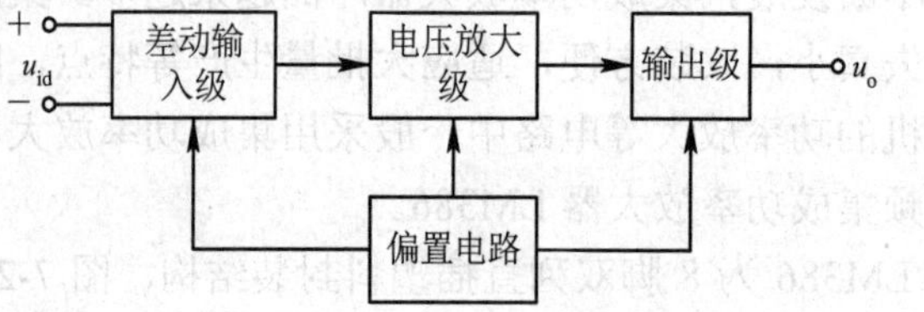

图 7-25　集成运算放大器内部组成原理方框图

1. **输入级**

输入级是提高运算放大器质量的关键部分，要求其输入电阻值高，为了能减小零点漂移和抑制共模干扰信号，输入级都采用具有恒流源的差动放大电路，也称差动输入级。

2. **中间级**

中间级的主要作用是提供足够大的电压放大倍数，故而也称电压放大级。要求中间级本身具有较高的电压增益。

3. **输出级**

输出级的主要作用是输出足够的电流以满足负载的需要，同时还需要有较低的输出电阻值和较高的输入电阻值，以起到将放大级和负载隔离的作用。

4. **偏置电路**

偏置电路的作用是为各级提供合适的工作电流，一般由各种恒流源电路组成。

7.5.2　集成运算放大器的符号

集成运算放大器的符号如图 7-26 所示，它有两个输入端和一个输出端。输入端所标“-”表示反相输入端，“+”表示同相输入端。所谓同相输入，是指输出信号与该输入端所加信号相位相同；而反相输入，是指输出信号与该输入端所加信号相位相反。

分析运算放大器时，为了简化分析并突出主要性能，经常把集成运算放大器看成是理想放大器。理想放大器的符号如图 7-27 所示，理想放大器应满足下列条件：

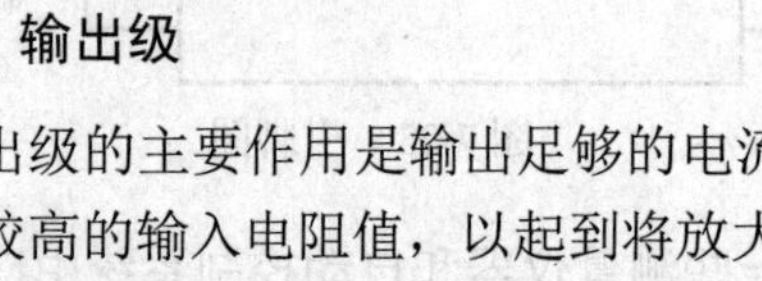

图 7-26　集成运算放大器的符号

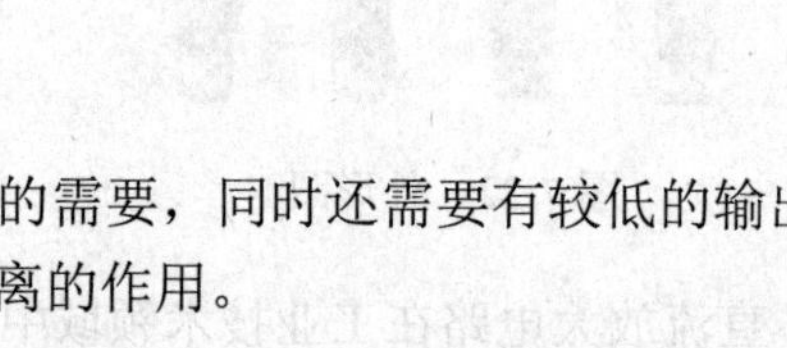

图 7-27　理想放大电路

（1）开环电压放大倍数 $A_{ud}\to\infty$；

（2）开环差模输入电阻值 $r_{id}\to\infty$；

（3）开环差模输出电阻值 $r_{od}\to 0$；

（4）　共模抑制比 $K_{CMR}\to\infty$。

虽然实际的集成运算放大器不可能具有以上理想特性，但在低频工作时是接近理想状态的。所以，在低频情况下，实际使用与分析集成运算放大器电路时就可以把它看成是理想运算放大器

7.5.3　集成运算放大器线性和非线性的特点

引入负反馈后电路一般工作在线性区，所以称为线性应用，开环或引入正反馈的电路多数工作在非线性区，所以又称为非线性应用。我们分别介绍集成运算放大器的线性和非线性应用。

1.　集成运算放大器的电压传输特性

集成运算放大器的电压传输特性是指集成运算放大器的输出电压 u_o 和净输入电压 u_{id}（同相输入电压与反相输入电压之差即 $u_{id}=u_+-u_-$）之间的关系曲线，如图 7-28 所示。集成运算放大器有两个工作区：

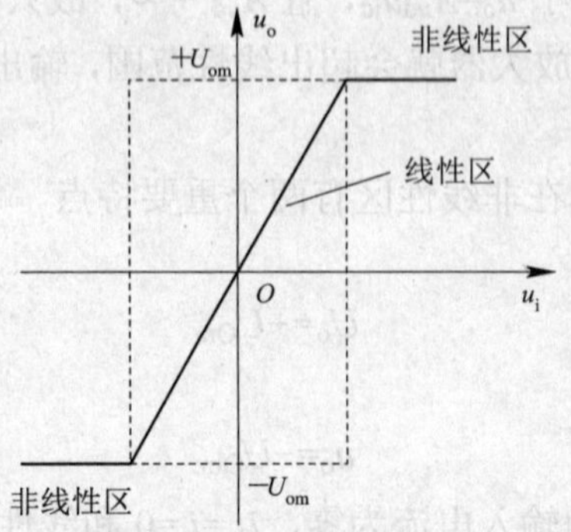

图 7-28　集成运算放大器的电压传输特性曲线

（1）　饱和工作区（也称非线性区）。运算放大器由双电源供电时，输出饱和值不是 $+U_{om}$ 就是 $-U_{om}$。

（2）　放大区（又称线性区）。曲线的斜率为电压放大倍数。

通常，开环电压放大倍数 A_{ud} 的值非常高，可达几十万倍。因此集成运算放大器的电压传输特性中线性区非常窄。

2.　线性区特点

当集成运算放大器引入负反馈后，运算放大器就会工作在线性区。集成运算放大器工作在线性区有两个特点。

（1）　虚短。

当理想集成运算放大器工作在线性区时，它的输入信号与输出信号应满足

$$U_o=A_{ud}u_{id}$$

由于 $A_{ud}\to\infty$，当运算放大器的输出为有限值时，集成运算放大器的输入电压 $u_{id}\to 0$，则两个输入端电压相等，即

$$u_+ \approx u_- \tag{7-26}$$

因此，集成运算放大器的同相输入端与反相输入端可视为短路，但不是真短路。

（2） 虚断

理想集成运算放大器的输入电阻值 $r_{id}\to\infty$，故其输入端相当于开路，集成运算放大器的净输入电流为零，即

$$i_+ \approx i_- = 0 \tag{7-27}$$

利用上述两个特点，可以非常方便地分析各种运算放大器的线性应用电路。当然实际运算放大器的 A_{ud} 和 r_{id} 不是无穷大，因此 $u_+ - u_- \neq 0$，i_+和 i_-也不等于零。但对于实际运算放大器，当 A_{ud} 足够大时，净输入电压和净输入电流与电路中的其他电压、电流相比，确实很小，完全可以忽略不计。在分析集成运算放大器的线性应用时，可把集成运算放大器看成理想运算放大器。

3. 非线性区特点

当集成运算放大器处于开环状态，或者引入正反馈，运算放大器就会工作在非线性区。对于理想集成运算放大器，由于 $u_o=A_{ud}u_{id}$，且 $A_{ud}\to\infty$，故只要在运算放大器的两个输入端之间加一个很小的电压，运算放大器就会超出线性范围，输出电压 u_o 达到正向饱和电$+U_{Om}$或负向饱和电压$-U_{Om}$。

理想集成运算放大器工作在非线性区有两个重要特点

（1） 当 $u+ > u-$时

$$U_o = +U_{Om} \tag{7-28}$$

当 $u+ < u-$时

$$u_o = -U_{Om} \tag{7-29}$$

（2） 由于 $r_{id}\to\infty$，故净输入电流为零，$i_+=i_-=0$ 和线性电路类似。

利用上述两个特点，可以非常方便地分析各种运算放大器的非线性应用电路。

总之，在分析运算放大器的应用电路时，首先判断反馈的极性，其次确定集成运算放大器工作于线性区还是非线性区，然后根据不同区域的不同特点分析电路输入输出的关系，进而弄清其原理。

7.5.4 集成运算放大器的线性应用

理想运算放大器引入负反馈后，以输入电压为自变量，输出电压为函数，利用反馈网络，能实现模拟信号的各种运算。在线性区以“虚短”和“虚断”为基本出发点，即可求出输入电压和输出电压的运算关系式。线性电路在测量放大器、电压电流相互转换电路中得到广泛应用。

1. 比例运算

比例运算电路是运算电路中最简单的电路，它的输出电压和输入电压成比例。

（1）　反相输入比例运算电路。

图 7-29 所示是反相比例运算电路，由于输出电压和输入电压反相，故得此名。输入信号 u_i 经电阻器 R_1 送至反相输入端，同相输入端经 R_2 接地，R_f 为反馈电阻器，构成电压并联负反馈。

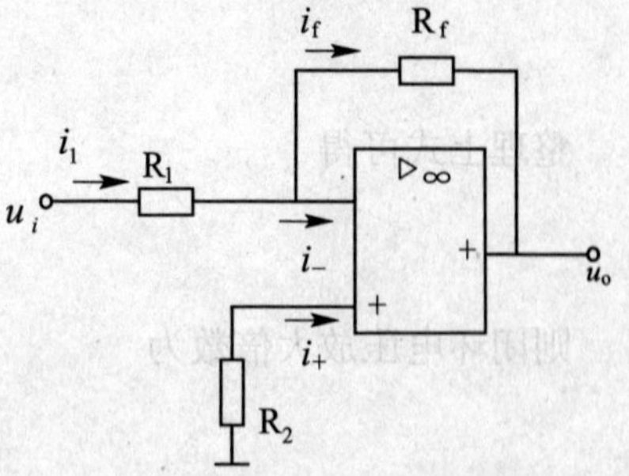

图 7-29　反相比例运算电路

图中 R_2 为直流平衡电阻器，以消除静态时集成运算放大器内输入级基极电流对输出电压产生的影响，且 $R_1=R_1//R_f$。

由“虚断”“虚短”可得

$$i_+=i_-=0$$

$$i_1=i_f$$

$$u_+=u_-=0$$

故有

$$\frac{u_i-u_-}{R_i}=\frac{u_--u_o}{R_f}$$

整理可得

$$u_o=-\frac{R_f}{R_i}u_i \tag{7-30}$$

则闭环电压放大倍数为

$$A_{uf}=-\frac{R_f}{R_1} \tag{7-31}$$

上式表明输出电压和输入电压相位相反，且成比例关系。若 $R_1=R_f$，则 $A_{uf}=-1$，即电路的 u_o 与 u_i 大小相等，相位相反。此时电路为反相器。

（2）　同相输入比例运算电路

若将反相比例运算的输入端和“地”互换，则可以得到同相比例运算电路。此时 R_f 构成电压串联负反馈电路，如图 7-30 所示。

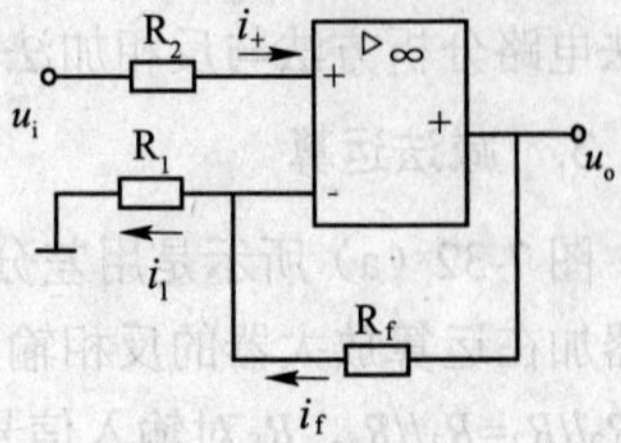

图 7-30　同相比例运算电路

根据“虚断”，“虚短”可得

$$i_+=i_-=0$$

$$i_1=i_f$$

$$u_+=u_-$$

故 R_2 上的电压为零，所以有

$$u_+=u_-=u_i$$

根据 $i_1=i_f$ 可得

$$\frac{u_i-0}{R_i}=\frac{u_o-u_i}{R_f}$$

整理上式可得

$$u_o=(1+\frac{R_f}{R_i})\ u_i \tag{7-32}$$

则闭环电压放大倍数为

$$A_{uf}=1+\frac{R_f}{R_1} \tag{7-33}$$

若取 $R_1\to\infty$ 或 $R_f=0$，则有 $u_0=u_i$，此时，电路成为电压跟随器。电路如图 7-30 所示。它是同相比例运算电路的一个特例，它和射极输出器类似，但其跟随性能更好，常用作变换器或缓冲器。

2. 加法运算

如图 7-31 所示是反相加法运算电路，其中 R_f 引入电压深度并联负反馈，R_4 为平衡电阻器（$R_4=R_1//R_2//R_3//R_f$）。

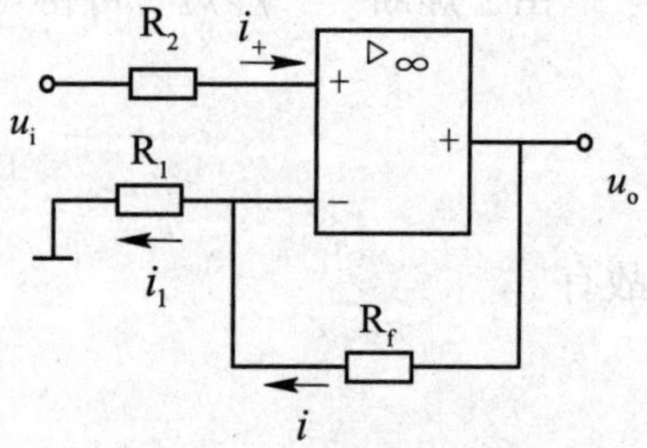

图 7-31　反相加法电路

根据“虚断”的概念、“虚短”和 KCL 定律可得

$$u_o=-R_f(\frac{u_{i1}}{R_1}+\frac{u_{i2}}{R_2}+\frac{u_{i3}}{R_3}) \tag{7-34}$$

反相加法运算电路的特点：当改变某一输入回路的电阻值时，只改变该路输入信号的放大倍数（比例系数），而不影响其他输入信号的放大倍数。因此，调节灵活方便。同相加法电路分析方法与反相加法电路类似，这里就不再赘述了。

3. 减法运算

图 7-32（a）所示是用差分电路来实现减法运算的，外加输入信号 u_{i1} 和 u_{i2} 分别通过电阻器加在运算放大器的反相输入端和同相输入端，故称为差动输入方式。R_3 为平衡电阻器，且 $R_2//R_3=R_1//R_f$。R_f 对输入信号 u_{i1}，引入了电压串联负反馈；对于输入信号 u_{i2}，引入了电压串联负反馈。利用叠加定理，对其分析如下：

设 u_{i2} 单独作用时输出电压为 u_{o2}，此时令 $u_{i1}=0$，电路为反相比例运算电路，如图 7-32（b）所示，则

$$u_{o2}=-\frac{R_f}{R_i}u_{i2} \tag{7-35}$$

设 u_{i1} 单独作用时输出电压为 u_{o1}，此时令 $u_{i2}=0$，电路为反相比例运算电路，如图 7-32（c）所示，则

$$u_{o1}=(1+\frac{R_f}{R_i})\frac{R_3}{R_2+R_3}u_{i1} \tag{7-36}$$

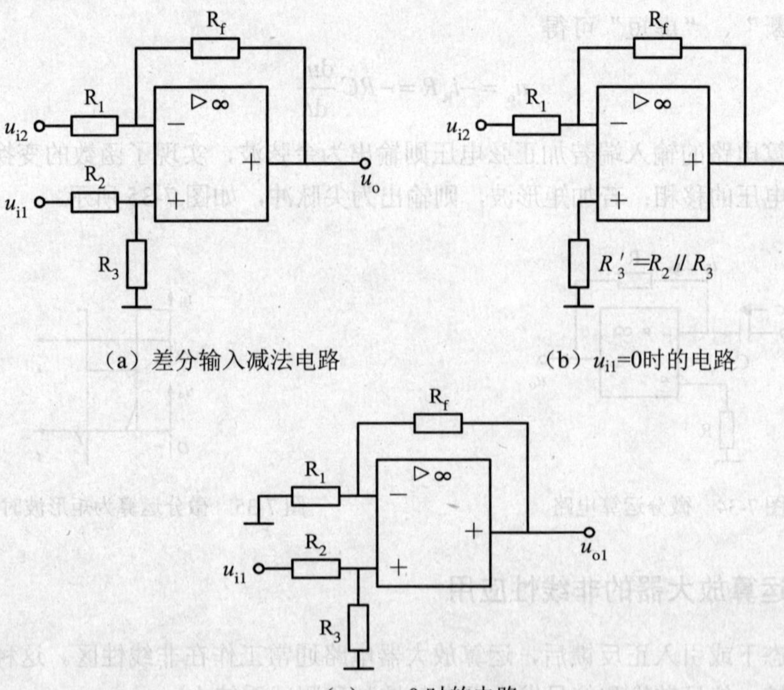

（a）差分输入减法电路　　（b）u_{i1}=0时的电路

（c）u_{i2}=0 时的电路

图 7-32　差分电路

所以当 u_{i1}、u_{i2} 同时作用于电路时

$$u_o = u_{o1} + u_{o2} = (1 + \frac{R_f}{R_i}) \times \frac{R_3}{R_2 + R_3} u_{i1} - \frac{R_f}{R_i} u_{i2} \tag{7-37}$$

当 R_1=R_2，R_3=R_f 时

$$u_o = \frac{R_f}{R_i}(u_{i1} - u_{i2}) \tag{7-38}$$

可见，输出电压与输入电压的差值成比例。

当时 R_1=R_f，实现了两个信号的减法运算。

4. 积分运算

积分运算电路如图 7-33 所示，输入信号经过 u_i 通过电阻器 R 接至反相输入端，电容器 C 为反馈元件，假设初始时刻电容器电压为零。

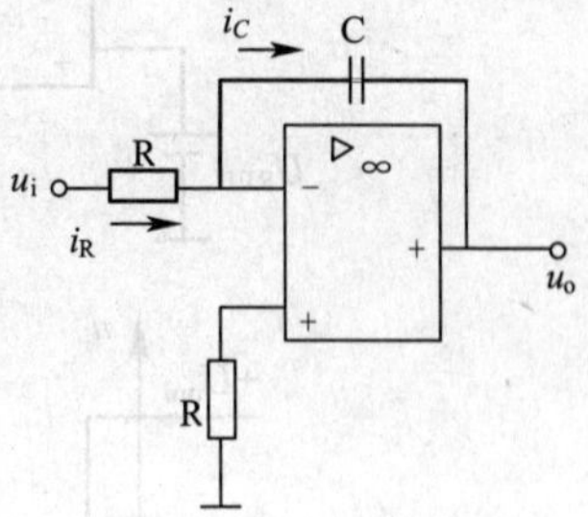

图 7-33　积分运算电路

根据“虚断”，“虚短”可得

$$u_o = -u_c = -\frac{1}{C}\int i_c \mathrm{d}t = -\frac{1}{RC}\int u_i \mathrm{d}t \tag{7-39}$$

5. 微分运算

微分运算电路如图 7-34 所示，由于微分与积分互为逆运算，所以只要将积分器的电阻器与电容器位置互换即可。

根据“虚断”、“虚短”可得

$$u_o = -i_R R = -RC\frac{du_i}{dt} \tag{7-40}$$

在微分运算电路的输入端若加正弦电压则输出为余弦波，实现了函数的变换，或者说实现了对输入电压的移相；若加矩形波，则输出为尖脉冲，如图 7-35 所示。

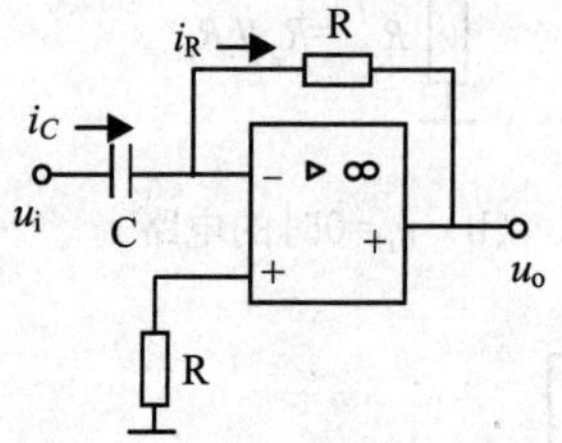

图 7-34　微分运算电路

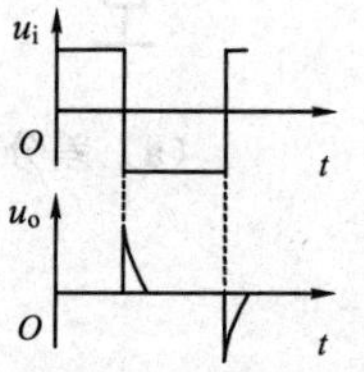

图 7-35　微分运算为矩形波时的波形

7.5.5　集成运算放大器的非线性应用

在开环状态下或引入正反馈后，运算放大器电路通常工作在非线性区。这种电路经常被用于信号比较、信号转换和信号发生及自动控制和测试系统中。

1.　单门限电压比较器

单门限电压比较器又称电平检测器，可用于检测输入信号电压是否大于或小于某一特定参考电压值。图 7-36 所示电路中分别是常见的反相输入式和同相输入式单限电压比较器，U_{REF} 是一个给定的参考电压。

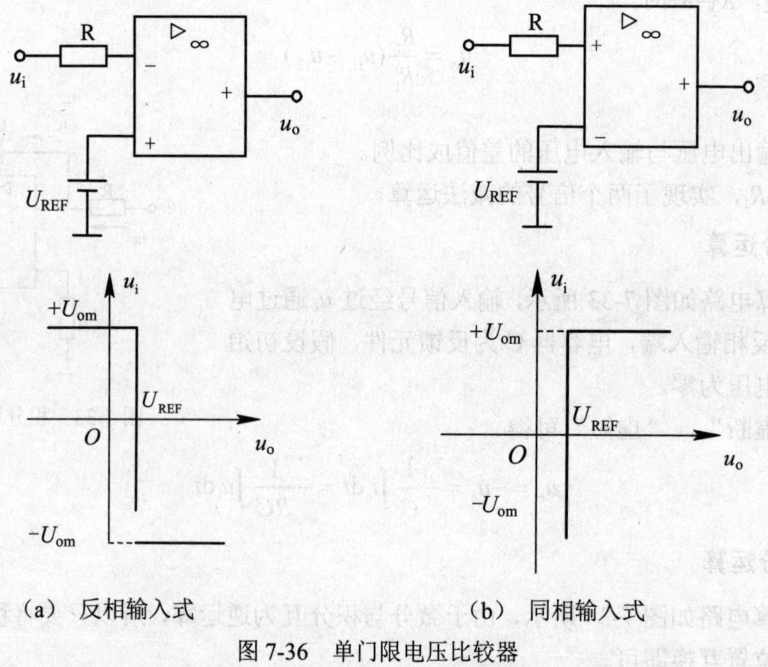

图 7-36　单门限电压比较器

当输入信号 u_i 增大或减小的过程中，只要经过某一电压值，输出电压 u_o 就会发生跳变，传输特性上输出电压发生时的输入电压称为门限电压 U_T，其值可以为正，也可为负。

当门限电压 U_T 为零时，比较器成为过零电压比较器，简称过零比较器。它实际上是单门限电压比较器的一种特例。其电路和电压传输特性如图 7-37 所示。

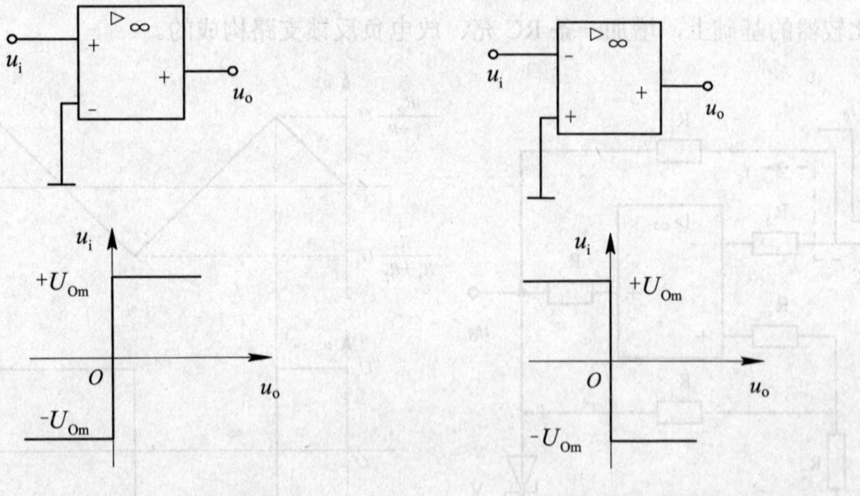

（a）同相输入过零比较器　　（b）反相输入过零比较器

图 7-37　过零电压比较器

2. 滞回电压比较器

当单限比较器的输入电压在门限电压附近上下波动时，不管这种变化是电压自身的变化还是外在干扰的作用，都会使输出电压在高低电平之间反复跃变，这说明电路抗干扰能力比较差，因而需要电路具有一定的惯性，能实现这一功能的电路是滞回电压比较器。

滞回电压比较器又称施密特触发器。如图 7-38（a）所示为反相输入滞回电压比较器电路，其中，R_f 和 R_2 构成反馈网络，为电路引入正反馈。

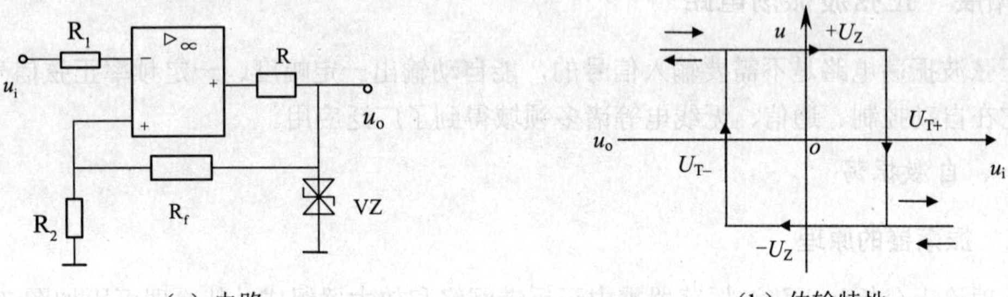

（a）电路　　（b）传输特性

图 7-38　反相输入滞回电压比较器电路及传输特性

滞回电压比较器有两个门限电压，分别为下门限电压 U_{T-} 和上门限电压 U_{T+}，如图 7-38（b）所示。两者之差称为回差电压或门限宽度，用 ΔU_T 表示，即

$$\Delta U_T = U_{T+} - U_{T-}$$

因此，当输入信号通过一个门限电压时，即使 u_i 中有干扰，只要此时 u_i 的波动值小于

门限宽度，输出电压 u_o 就不会发生误翻。可见，滞回电压比较器具有较强的抗干扰能力。

3. 方波发生器

方波发生电路常作为数字电路的信号源，是其他非正弦波发生电路的基础。因此应用非常广泛。图 7-39（a）所示是一种能产生矩形波的基本电路，也称为方波振荡器。它是在滞回比较器的基础上，增加一条 RC 充、放电负反馈支路构成的。

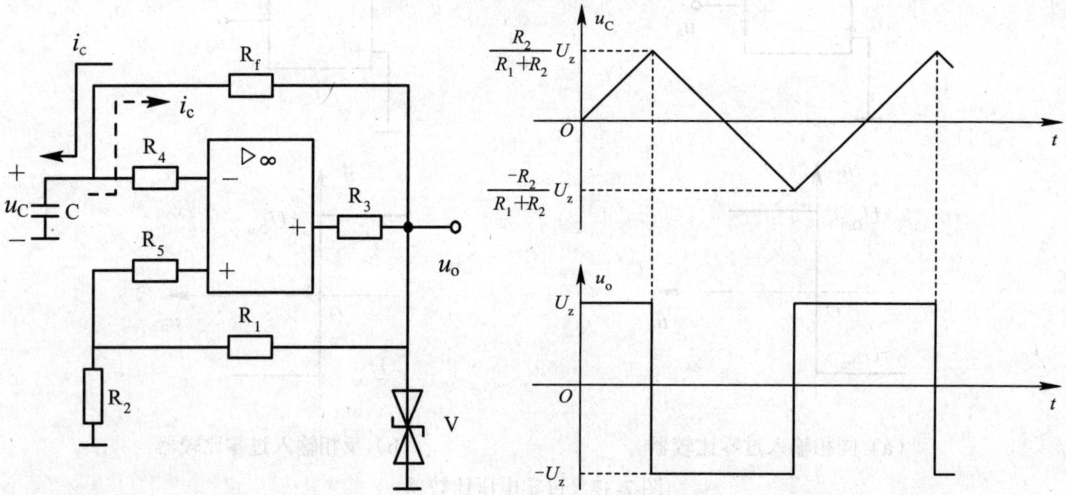

（a）电路　　（b）输出波形

图 7-39　矩形波发生电路及其波形

由于电容器充电和放电时间常数相同，所以在一个周期内，u_o 为 $+U_Z$ 的时间与 u_o 为 $-U_Z$ 的时间相等，我们把这样的波形称为方波。我们若要获得矩形波，利用二极管单向导电性改变电路的充放电路径就可以实现。

知识拓展　正弦波振荡电路

正弦波振荡电路是不需要输入信号的，能自动输出一定幅度、一定频率正弦信号的电路。它在自动控制、通信、无线电等诸多领域得到了广泛应用。

一、自激振荡

1. 振荡器的原理

从理论上分析，正弦波振荡器需由正反馈网络和放大器组成，其原理可用如图 7-40 所示来说明。$\dot{U}_i$ 为正弦交流电压源，当开关 S 处在位置 1 时，$\dot{U}_i$ 作为放大器的输入信号，经放大器放大后产生输出信号 $\dot{U}_o$。$\dot{U}_o$ 作为反馈网络的输入信号，在反馈网络输出端产生一个反馈信号 $\dot{U}_f$。此时，假设开关 S 拨向位置 2，如果 $\dot{U}_i=\dot{U}_f$ 等，极性相同，那么该电路就能维持稳定的输出电压 $\dot{U}_o$。

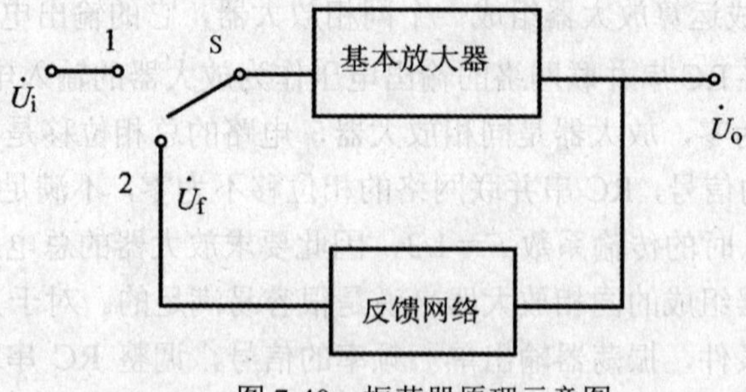

图 7-40　振荡器原理示意图

2. 振荡条件

由方框图可知，只要满足以下条件，电路一定能产生自激振荡，获得稳定的输出电压。

$$\dot{U}_i = \dot{U}_f$$

$$\dot{A}\dot{F} = \frac{\dot{U}_o}{\dot{U}_i} \times \frac{\dot{U}_f}{\dot{U}_o} = 1$$

这是振荡器振荡的平衡条件，如果该条件满足，电路的振荡电压不再发生变化，电路处于平衡状态。

（1） 振幅平衡条件。

$$\left|\dot{A}\dot{F}\right| = 1$$

（2） 相位平衡条件。

$$\psi_A + \psi_F = 2n\pi \ (n=0，1，2，\cdots)$$

二、RC 正弦波振荡电路

RC 正弦波振荡电路结构简单，性能可靠，用来产生几兆赫兹以下的低频信号，常使用的是 RC 桥式振荡电路。RC 桥式振荡电路如图 7-41 所示。

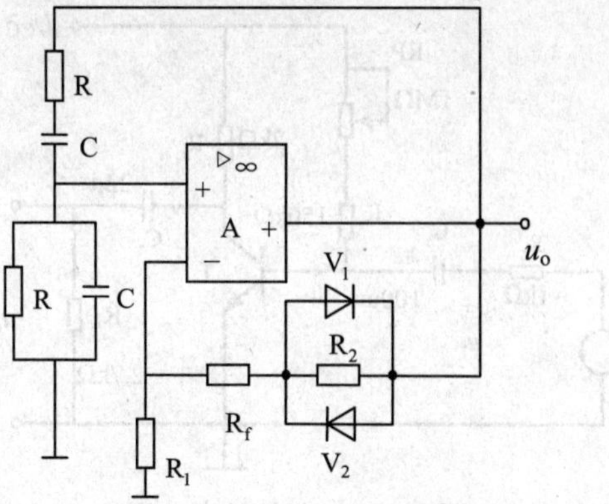

图 7-41　RC 桥式正弦波振荡电路

在图 7-41 中，集成运算放大器组成一个同相放大器，它的输出电压 u_o 作为 RC 串并联网络的输入电压，而将 RC 串并联网络的输出电压作为放大器的输入电压，当 $f=f_0$ 时，RC 串并联网络的相位移为零，放大器是同相放大器，电路的总相位移是零，满足相位平衡条件，而对于其他频率的信号，RC 串并联网络的相位移不为零，不满足相位平衡条件。由于 RC 串并联网络在 $f=f_0$ 时的传输系数 $F=1/3$，因此要求放大器的总电压增益 A_u 应大于 3，这对于集成运算放大器组成的同相放大器来说是很容易满足的。对于其他偏离 f_0 的信号由于不符合自激振荡的条件，振荡器输出单一频率的信号，调整 RC 串联联网络元件参数可改变输出正弦波信号的频率。

根据选频网络元件的不同，正弦波振荡器可分为 RC 振荡器、LC 振荡器、石英晶体振荡器三种。RC 振荡器一般输出数百千赫以下的低频信号，LC 振荡器主要输出数百千赫的高频信号，石英晶体振荡器主要产生高稳定度高频率信号。

实践任务　基本放大电路的测试

一、实验目的

（1）学会放大器静态工作点的测量和调整方法。

（2）掌握放大器电压放大倍数、最大不失真输出电压的测试方法。

（3）了解小信号放大器的放大倍数、动态范围与静态工作点关系。

二、实验的仪器设备

示波器、毫伏表、函数信号发生器、万用表、可调直流稳压电源及放大实验电路。

三、实验原理

（1）电路原理图。

（2）工作原理。

图 7-42 所示为固定偏置电路，调节 RP，可改变该放大电路的静态工作点：I_{BQ}、I_{CQ}、U_{CEQ}。加上交流输入信号 u_i 后，得到输出电压 u_o。

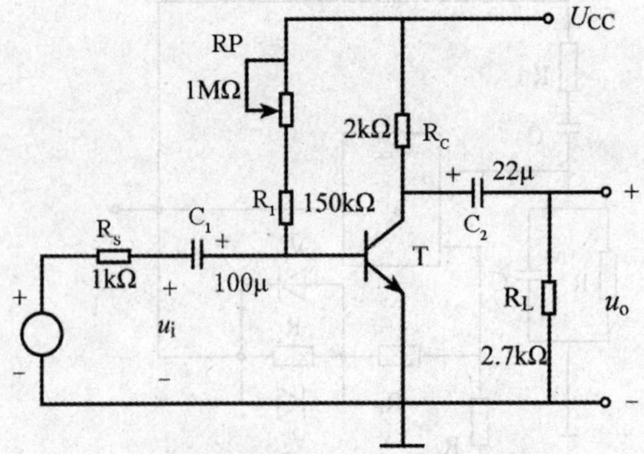

图 7-42　三极管放大电路

（3） 电路静态工作点。

$$I_{BQ}=\frac{U_{CC}-U_{BEQ}}{R_P+R_1}$$

$$I_{CQ}=\beta I_{BQ}$$

$$U_{CEQ}=U_{CC}-I_{CQ}R_C$$

（4） 电压放大倍数。$A_u=\frac{u_o}{u_i}$

（5） 输入、输出电阻值。$R_i=\frac{u_i}{u_s-u_i}R_s$　　$R_o=(\frac{u'_o}{u_o}-1)R_L$

其中，u_o' 为断开负载 R_L 后的输出电压。

（6） 电路失真。

电路静态工作点设置不合适或输入信号过大都容易产生失真，在该放大电路中，可通过 RP 可调电位器，调节静态工作点，从而改变失真的程度。

四、实验内容与步骤

（1） 按图 7-43 所示接好实验原理图。

（2） 按图 7-43 所示接好相应仪器设备。

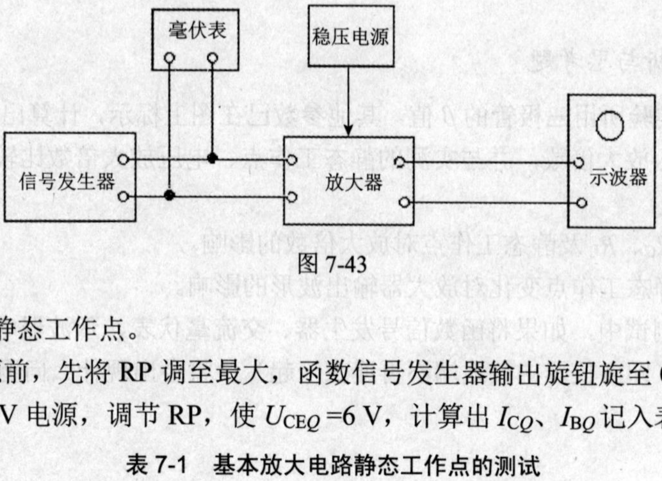

图 7-43

（3） 调试静态工作点。

① 接通电源前，先将 RP 调至最大，函数信号发生器输出旋钮旋至 0。

② 接通+12 V 电源，调节 RP，使 U_{CEQ}=6 V，计算出 I_{CQ}、I_{BQ} 记入表 7-1 中。

表 7-1　基本放大电路静态工作点的测试

测量值		计算值	
U_{CC}/V	U_{CEQ} / V	I_{CQ} / mA	I_{BQ} / mA
12	6		

（4） 动态参数的测试。

在放大器输入端加入频率为 1 kHz 的正弦信号 U_S，调节函数信号发生器的输出旋钮使 u_i=5 mV，同时用示波器观察放大电路输出电压 u_o 的波形，在不失真条件下，用交流毫伏表测出 u_o、u_o'、u_s 的值，记入表 7-2 中。

表 7-2　基本放大电路动态参数的测试

u_i=5 mV f=1 kHz	测量值			计算值		
	u_O/ mV	u_o'/ mV	u_s/ mV	A_u	R_i	R_O

（5）　观察静态工作点对波形失真的影响。

调节 RP，使其值最大，测出此时的 U_{CEQ}，U_{BEQ} 值，观察 u_o 的失真波形（若不失真，增大 u_i 使其失真），并记录在表 7-3 中。调节 RP，使其值最小，测出此时的 U_{CEQ}，U_{BEQ} 值，观察 u_o 的失真波形（若不失真，增大 u_i 使其失真），并记录在表 7-3 中。

表 7-3　基本放大电路的失真分析

	U_{BEO}	U_{CEO}	u_o 失真波形	失真情况
RP 最大			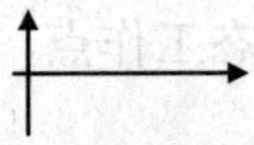	
RP 最小			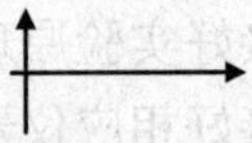	

五、实验分析与思考题

（1）　查出实验所用三极管的 β 值，其他参数已在图上标示，计算出图 7-40 所示电路静态工作点、电压放大倍数，并与实测的静态工作点、电压放大倍数比较，分析产生误差的原因。

（2）　总结 R_C、R_L 及静态工作点对放大倍数的影响。

（3）　讨论静态工作点变化对放大器输出波形的影响。

（4）　若在测试中，如果将函数信号发生器、交流毫伏表、示波器中任一仪器的二个测试端接线换位（即各仪器的接地端不再连在一起），将会出现什么问题？

本章小结

（1）　三极管电压放大电路是基本放大单元，设置静态工作点是为了保证输入交流信号得到完整放大，不失真，微变等效电路。

（2）　对电压放大电路的分析可分为静态和动态两方面来分析，静态分析直流通路确定静态工作点，动态分析交流通路用微变等效电路分析法可计算出动态参数电压放大倍数、输入电阻值、输出电阻值。

（3）　多级放大器的耦合方式又分为阻容耦合、直接耦合、变压器耦合三种方式。多级放大器放大倍数等于各级放大倍数的乘积，输入电阻值就是第一级的输入电阻值，输出电阻值就是最后一级的输出电阻值。

（4） 功率放大器的作用是向负载提供最大不失真功率，根据放大器中三极管静态工作点设置的不同，可分成甲类、乙类和甲乙类三种。

（5） 差动放大电路具有对零点漂移的抑制能力，一般用在集成运算放大器的输入级，差动放大电路对共模信号抑制能力的大小，也就反映了它对零点漂移抑制的能力。

（6） 集成运算放大器是具有高放大倍数的直接耦合的多级放大电路，集成运算放大器由输入级、中间级、输出级和偏置电路组成。理想运算放大器线性应用具有“虚短”与“虚断”特点。

习题

7-1　共射放大电路中，各元件的作用是什么？

7-2　晶体管用微变等效电路来代替的条件是什么？

7-3　为什么要设置静态工作点？什么是饱和失真？什么是截止失真？

7-4　在实际中调整分压式偏置电路的静态工作点时，应调节哪个元件的参数比较方便？接上发射极旁路电容器后是否影响静态工作点？

7-5　阻容耦合方式和直接耦合方式各有什么优缺点？

7-6　什么是零点漂移？如何抑制零点漂移？

7-7　理想运算放大电路应满足哪些条件？

7-8　什么是“虚短”？什么是“虚断”？

7-9　分压式偏置放大电路如图 7-44 所示，已知 U_{CC}=16 V，R_{b1}=60 kΩ，R_{b2}=20 kΩ，R_c=3 kΩ　R_e=2 kΩ，R_L=6 kΩ，β=60。

（1） 估算电路的静态工作点。

（2） 画出微变等效电路。

（3） 计算带负载时的电压放大倍数。

（4） 说明温度变化时，该电路稳定工作的过程。

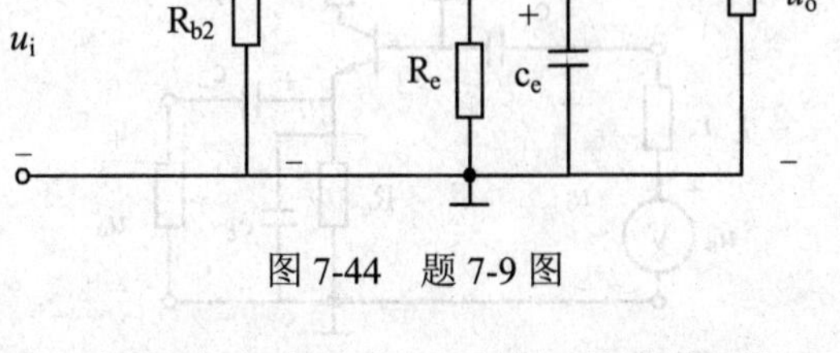

图 7-44　题 7-9 图

7-10　如图 7-45 所示，判断该电路是电压反馈还是电流反馈？

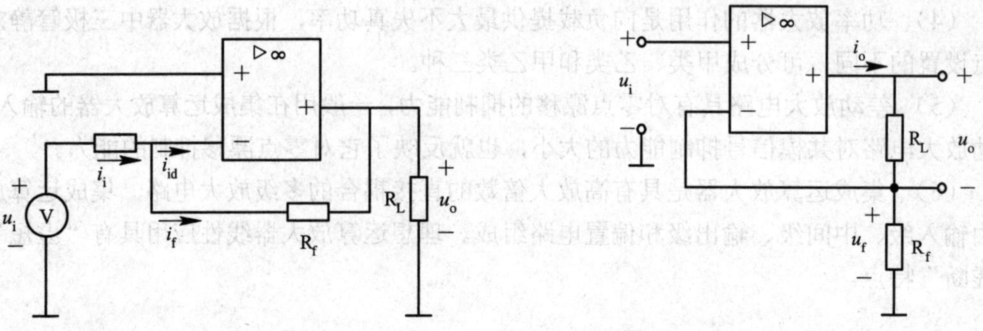

图 7-45　题 7-10 图

7-11　电路如图 7-46 所示，已知 U_{CC}=15 V，R_b=200 kΩ，R_e=3 kΩ，β=80，r_{be}=1 kΩ。

（1）　求出 Q 点；

（2）　分别求出 $R_L=\infty$ 和 $R_L=3$ kΩ 时，电路的 A_u 和 r_i；

（3）　求出 r_o。

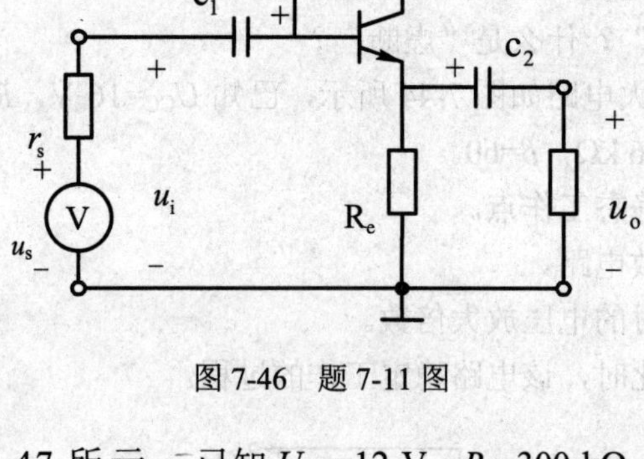

图 7-46　题 7-11 图

7-12　电路如图 7-47 所示，已知 U_{CC}=12 V，R_b=300 kΩ，R_e=1 kΩ，R_c=3 kΩ，R_L = 3kΩ，β= 60，$r_{bb'}$=100Ω。

（1）　求解 Q 点；

（2）　求解 A_u、r_i 和 r_o。

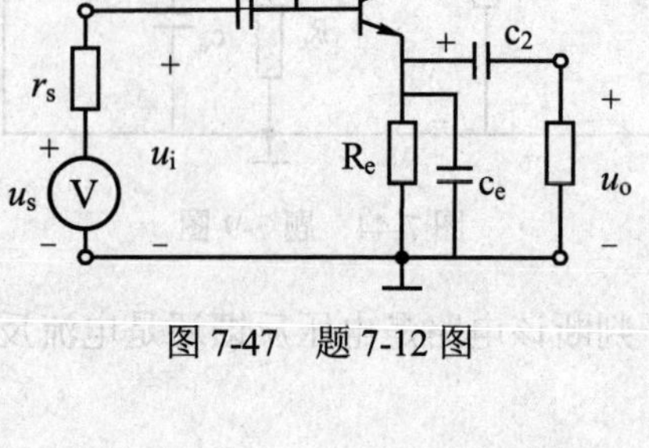

图 7-47　题 7-12 图

7-13　电路如图 7-48 所示，写出电路中电压放大倍数 A_{u1}、A_{u2}、A_u 及输入电阻值 r_i 和输出电阻值 r_o 计算式。

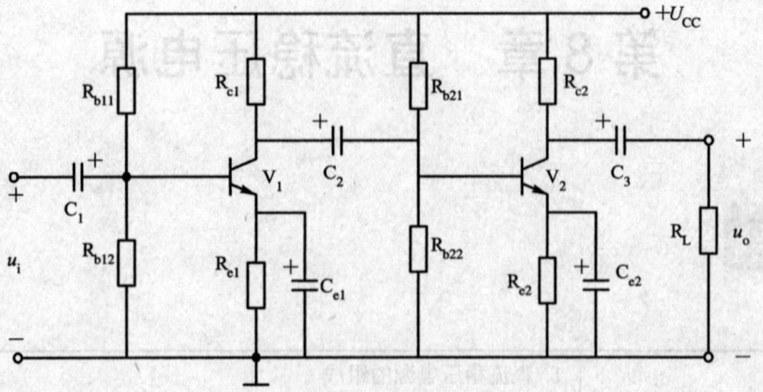

图 7-48　题 7-13 图

第 8 章　直流稳压电源

本章要点

学	知识重点	1. 直流稳压电源的组成 2. 全波桥式整流电路 3. 单相全波整流电容器滤波电路 4. 三端集成稳压器的应用
	知识难点	1. 整流、滤波电路有关参数的计算 2. 电容器滤波对整流电路的影响 3. 晶体管串联型稳压电路的工作原理
	建议学时	8 学时
练	理论知识	1. 直流稳压电源的组成 2. 单相全波整流电容器滤波电路及有关电压电流的计算，二极管、电容器的选择 3. 电容器滤波原理及应用 4. 晶体管串联型稳压电路 5. 三端集成稳压器的应用
	练习方法	学中练，练中学

主要内容

电子电路工作时都需要直流电源提供能量，电池因使用费用高，一般只用于低功耗便携式的仪器设备中，大部分电子仪器设备、家用电器、计算机都需要把交流电源变换为直流稳压电源。

本章先介绍整流、滤波和分立元件的稳压电路，然后分析三端集成稳压器和开关稳压电路。

8.1　概述

小功率直流稳压电源一般由变压器、整流电路、滤波电路、稳压电路四个部分组成，它的方框图如图 8-1 所示。

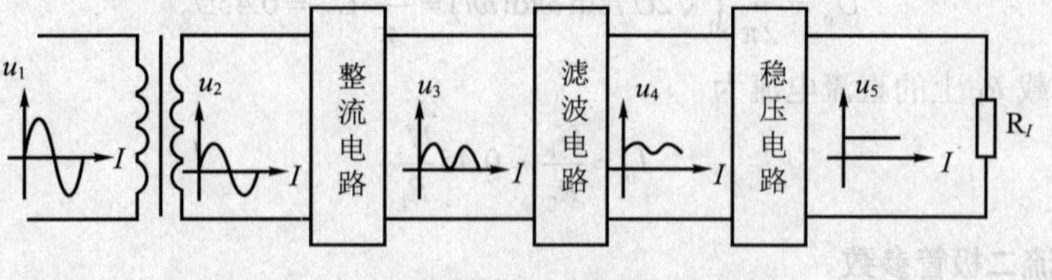

图 8-1　小功率直流稳压电源组成方框图

各部分功能如下：

变压器是将交流电网电压 u_1 变为合适的交流电压 u_2。

整流电路是将交流电压 u_2 变为脉动的直流电压 u_3。

滤波电路是将脉动直流电压 u_3 转变为平滑的直流电压 u_4。

稳压电路是清除电网波动及负载变化的影响，保持输出电压稳定。

由整流电路转换成的脉动直流电，经过滤波和稳压以后非常接近理想直流电。

8.2　整流电路

8.2.1　单相半波整流电路

1.　电路的组成及工作原理

单相半波整流电路如图 8-2 所示，当 u_2 为正半周时，二极管正向导通，此时有电流 i_o 流过负载，若忽略二极管的管压降，则负载 R_L 两端的电压等于变压器副边线圈电压，即 $u_o = u_2$，输出电压 u_o 的波形与 u_2 相同。

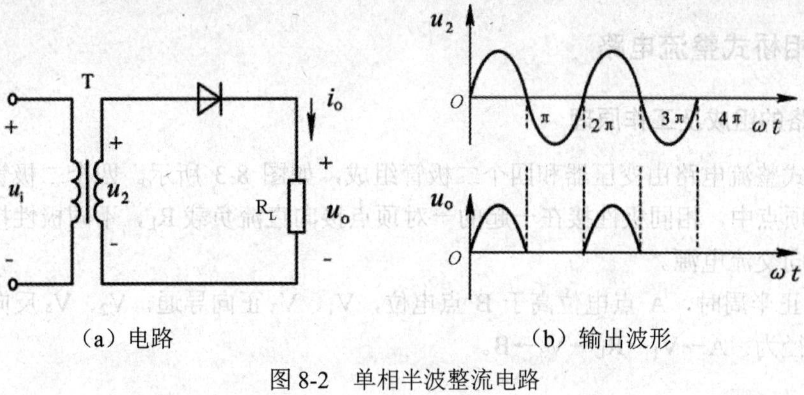

（a）电路　　　　（b）输出波形

图 8-2　单相半波整流电路

当 u_2 为负半周时，二极管反向截止，此时负载 R_L 上无电流流过，输出电压 $u_o=0$，变压器副边线圈电压 u_2 全部加在二极管上。

2. 负载上的直流电压和直流电流

直流电压是指一个周期内脉动电压的平均值，即

$$U_o = \frac{1}{2\pi}\int_0^{\pi}\sqrt{2}U_2\sin\omega t\mathrm{d}(\omega t) = \frac{\sqrt{2}}{\pi}U_2 = 0.45U_2 \tag{8-1}$$

流过负载 R_L 上的直流电流为

$$I_o = \frac{U_o}{R_L} = 0.45\frac{U_2}{R_L} \tag{8-2}$$

3. 整流二极管参数

流过整流二极管的平均电流与流过负载的电流相等，即

$$I_V = I_o = \frac{U_o}{R_L} = 0.45\frac{U_2}{R_L} \tag{8-3}$$

二极管截止时承受的最高反向峰值电压 U_{RM} 是变压器次级电压的最大值，即

$$U_{Rm} = \sqrt{2}U_2 \tag{8-4}$$

【例 8.1】某直流负载，电阻值为 1 kΩ，要求工作电流为 15 mA，如果采用半波整流电路，试求变压器副边线圈的电压值，并选择合适的整流二极管。

解：由于 $U_o=R_LI_o=15\text{V}$

故 $U_2 = \dfrac{U_o}{0.45} = 33\text{V}$

流过二极管的平均电流为

$$I_V=I_o=15\text{ mA}$$

二极管承受的反向电压为

$$U_{Rm} = \sqrt{2}U_2 = 1.41\times 33 \approx 47\text{V}$$

根据以上求得的参数，查晶体管手册，可选用一只额定整流电流为 100 mA，最高反向电压为 50V 的 2CZ52B 型整流二极管。

8.2.2 单相桥式整流电路

1. 电路的组成及工作原理

单相桥式整流电路由变压器和四个二极管组成，如图 8-3 所示。四个二极管接成了桥式，在四个顶点中，相同极性接在一起的一对顶点接向直流负载 R_L，不同极性接在一起的一对顶点接向交流电源。

当 u_i 为正半周时，A 点电位高于 B 点电位，V_1、V_3 正向导通，V_2、V_4 反向截止，此时电流的路径为：A→V_1→R_L→V_3→B。

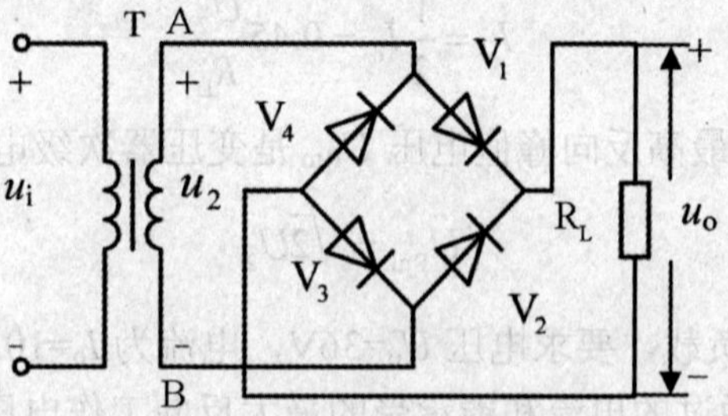

图 8-3　单相桥式整流电路

当 u_i 为负半周时，B 点电位高于 A 点电位，V_2、V_4 正向导通，V_1、V_3 反向截止，此时电流的路径为：B→V_2→R_L→V_4→A。输出整流波形如图 8-4 所示。

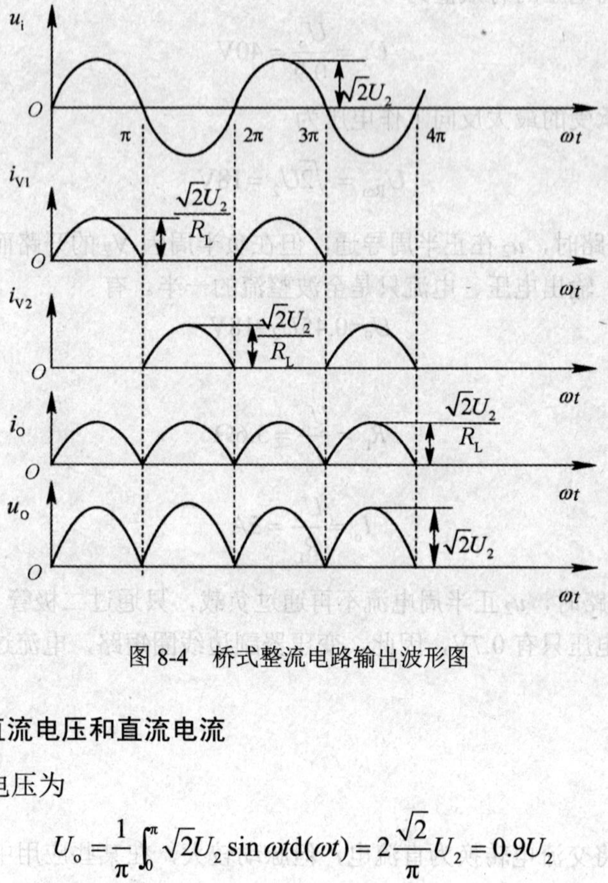

图 8-4　桥式整流电路输出波形图

2. 负载上的直流电压和直流电流

负载上的直流电压为

$$U_o = \frac{1}{\pi}\int_0^{\pi} \sqrt{2}U_2 \sin \omega t \mathrm{d}(\omega t) = 2\frac{\sqrt{2}}{\pi}U_2 = 0.9U_2 \tag{8-5}$$

流过负载 R_L 上的直流电流为

$$I_o = \frac{U_o}{R_L} = 0.9\frac{U_2}{R_L} \tag{8-6}$$

3. 整流二极管参数

流过每个整流二极管的电流为流过负载电流的一半。即

$$I_{\rm v}=\frac{1}{2}I_{\rm o}=0.45\frac{U_2}{R_{\rm L}} \tag{8-7}$$

每个二极管截止时承受的最高反向峰值电压 $U_{\rm Rm}$ 是变压器次级电压的最大值，即

$$U_{\rm Rm}=\sqrt{2}U_2 \tag{8-8}$$

【例 8.2】 有一直流负载，要求电压 $U_{\rm o}$=36V，电流为 $I_{\rm o}$=10A，当采用桥式整流电路，试求：（1）整流元件所通过的电流和能承受的最大反向工作电压。（2）若 V_2 因故损坏开路，$U_{\rm o}$ 和 $I_{\rm o}$ 为多少？（3）若 V_2 短路会出现什么情况？

解：（1）整流元件通过的电流为

$$I_{\rm v}=\frac{1}{2}I_{\rm o}=5\text{A}$$

变压器副边线圈电压的有效值为

$$U_2=\frac{U_{\rm o}}{0.9}=40\text{V}$$

整流元件所能承受的最大反向工作电压为

$$U_{\rm Rm}=\sqrt{2}U_2=18\text{V}$$

（2） 当 V_2 开路时，u_2 在正半周导通，但在负半周因 V_2 的开路而截止，所以电路相当于半波整流电路，输出电压、电流只是全波整流的一半。有

$$U_{\rm o}=0.45U_2=18\text{V}$$

负载电阻值为

$$R_{\rm L}=\frac{U_{\rm o}}{I_{\rm o}}=3.6\Omega$$

$$I_{\rm o}=\frac{U_{\rm o}}{R_{\rm L}}=5\text{A}$$

（3） 当 V_2 短路时，u_2 正半周电流不再通过负载，只通过二极管 V_1 和 V_2 构成回路，由于二极管的导通电压只有 0.7V，因此，变压器副边线圈短路，电流过大，易烧毁变压器和二极管。

8.3 滤波电路

整流电路可以将交流电转换为直流电，但脉动较大，在某些应用中如电镀、蓄电池充电等可直接使用脉动直流电源，但许多电子设备需要平稳的直流电源。所以在整流电路后面还需加滤波电路将交流成分滤除，以得到比较平滑的输出电压。滤波通常是利用电容器或电感器的能量存储来实现的。

1. 电路组成及工作原理

图 8-5（a）所示为单相半波整流电容滤波电路，它由电容器 C 和负载 $R_{\rm L}$ 并联组成。

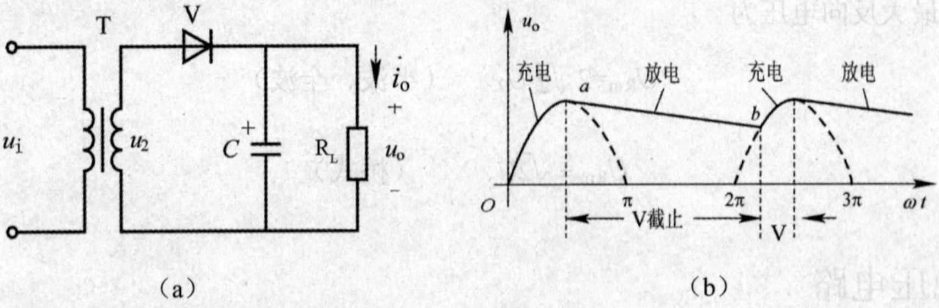

图 8-5　半波整流电容器滤波电路及波形

当 u_2 从正半周开始时，若 $u_2> u_C$（电容器两端电压），整流二极管 V 因正向偏置而导通，电源向负载供电，同时也给电容器 C 充电。由于充电回路电阻值很小，因而充电很快，u_C 和 u_2 变化同步。当 $\omega t=\pi/2$ 时，u_2 达到峰值，C 两端的电压也近似充至 u_2 值。如图 8-5（b）中曲线 *oa* 段。当 u_2 上升到峰值后开始按正弦规律下降，且 $u_2<u_C$，使二极管截止，电容器 C 开始充当电源对负载按指数规律放电，如图 8-5（b）中曲线 *ab* 段。当 u_C 降至小于 u_2 时，二极管又导通，电容器 C 再次充电……这样循环下去，u_2 周期性变化，电容器 C 周而复始充放电，使输出电压脉动减小。电容器 C 放电的快慢取决于时间常数 $\tau=R_LC$ 的大小，其值越大，电容器 C 放电越慢，输出电压就越平坦，平均值也越高。

在桥式整流电路中加电容器构成的滤波电路与半波整流滤波电路工作原理是一样的，不同点是在 u_2 全周期内，电路中总有二极管导通，所以 u_2 对电容器 C 充电两次，使输出电压更加平滑，平均电压值也自然升高。这里不再赘述。

2.　负载上电压的计算

一般常用如下公式估算电容器滤波时的输出电压平均值。

$$U_o=U_2 \quad \text{（半波）} \tag{8-9}$$

$$U_o=1.2U_2 \quad \text{（全波、桥式）} \tag{8-10}$$

3.　元件选择

（1）　电容器选择：滤波电容器 C 的大小取决于放电回路的时间常数，R_LC 愈大，输出电压脉动就愈小，一般取

$$C \geqslant (3\sim5)\frac{T}{2R_L} \quad \text{（桥式、全波）} \tag{8-11}$$

$$C \geqslant (3\sim5)\frac{T}{R_L} \quad \text{（半波）} \tag{8-12}$$

式中，T 为电网交流电压的周期。

（2）　整流二极管的选择。

正向平均电流为

$$I_v > I_o \quad \text{（半波、全波）} \tag{8-13}$$

$$I_v > \frac{1}{2}I_o \quad \text{（桥式）} \tag{8-14}$$

承受最大反向电压为

$$U_{Rm}=2\sqrt{2}U_2 \quad （半波、全波） \tag{8-15}$$

$$U_{Rm}=\sqrt{2}U_2 \quad （桥式） \tag{8-16}$$

8.4 稳压电路

整流滤波电路，虽然能将正弦交流电压变换成较为平滑的直流电压，但是，这种直流电压的数值是随电网电压波动及负载变化而变化的，稳定性很差，为了获得稳定性好的直流电压，需要采取稳压措施。

稳压电路根据调整元件的类型可分为电子管稳压电路、三极管稳压电路、可控硅稳压电路、集成稳压电路。根据调整元件与负载的连接方式不同，可分为并联型和串联型；根据调整元件工作状态不同，可分为线性和开关型稳压电路。

8.4.1 并联型稳压电路

1. 电路组成

如图 8-6 所示为并联型稳压电路，又称硅稳压管稳压电路。

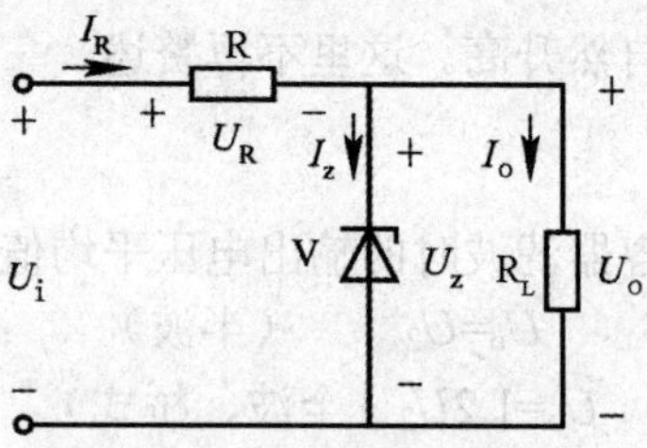

图 8-6 并联型稳压电路

2. 工作原理

当输入电压 U_I 保持不变，$R_L\uparrow\rightarrow U_o\uparrow\rightarrow U_z\uparrow\rightarrow I_z\uparrow\rightarrow I_R\uparrow\rightarrow U_R\uparrow\rightarrow U_o\downarrow$。如果负载 R_L 减小，其工作过程与上述相反，输出电压 U_o 仍保持基本不变。

当负载电阻器 R_L 保持不变，$U_I\downarrow\rightarrow U_o\downarrow\rightarrow U_z\downarrow\rightarrow I_z\downarrow\rightarrow I_R\downarrow\rightarrow U_R\downarrow\rightarrow U_o\uparrow$。如果输入电压 U_I 升高，R 上压降增大，其工作过程与上述相反，输出电压 U_o 仍保持基本不变。

由以上分析可知，并联型稳压电路的稳压原理是利用稳压管两端电压 U_z 微小变化，引起电流 I_z 的较大变化，通过电阻器 R 起电压调整作用，保证输出电压基本恒定，从而达到稳压作用。

3. 电路特点

并联型稳压电路结构简单，但由于受稳压管最大电流的限制，又不能任意调节输出电压，因此只适用于输出电压不需调节、负载电流小、要求不高的场合。

8.4.2　串联型稳压电路

1.　电路组成及各部分作用

电路如图 8-7 所示，它主要由取样环节、基准电压、比较放大环节、调整环节四部分组成。

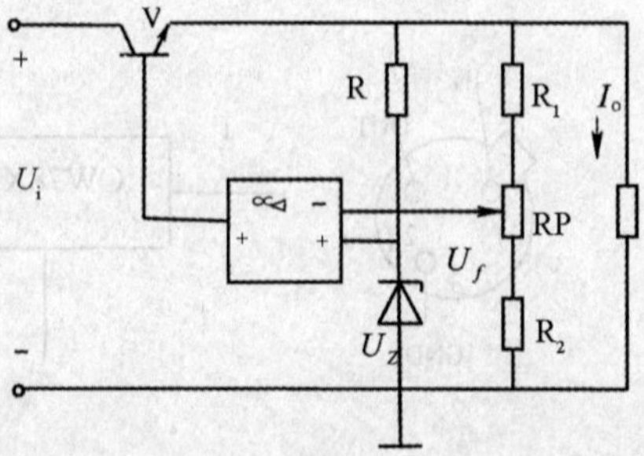

图 8-7　串联型稳压电路

（1）　取样环节。

由 R_1、R_2、RP 组成分压电路，将输出电压的一部分，即 U_f，送到比较环节。

（2）　基准电压。

稳压二极管与电阻器 R 构成的稳压电路，它为电路提供一个稳定的基准电压 U_Z，作为调整比较的标准。

（3）　比较放大环节。

由有集成运算放大器组成，它将采样所得电压 U_f 与基准电压比较放大后送到调整管 V 的基极。

（4）　调整环节。

由晶体管 V 构成，它是串联型稳压电路的核心元件。V 的基极电位 U_B 反映了整个稳压电路的输出电压 U_o 的变动，控制基极电位就可控制 U_o 的值。

2.　工作原理

当负载 R_L 不变时，$U_i\uparrow\rightarrow U_o\uparrow\rightarrow U_f\uparrow\rightarrow(U_Z-U_f)\downarrow\rightarrow U_B\downarrow\rightarrow I_B\downarrow\rightarrow U_{CE}\uparrow\rightarrow U_o\downarrow$。当输入电压减小时，稳压过程与上述过程相反。

当输入电压不变时，$R_L\downarrow\rightarrow U_o\downarrow\rightarrow U_f\downarrow\rightarrow(U_z-U_f)\uparrow\rightarrow U_B\uparrow\rightarrow I_B\uparrow\rightarrow U_{CE}\downarrow\rightarrow U_o\uparrow$。当负载 R_L 增加时，稳压过程与上述过程相反。

由此看出，稳压的过程实质上是通过负反馈使输出电压维持稳定的过程。

8.4.3　三端集成稳压器

三端集成稳压器的内部电路结构是在串联型的基础上，增加了一些保护电路，尽管电路有所改进，但基本原理相同。它具有输出电流大，输出电压高，体积小，安装调试方便，可靠性高等优点，在电子电路中应用十分广泛。

三端集成稳压器的输出电压有可调和固定两种形式。

1. 三端固定式集成稳压器

（1） 三端固定式集成稳压器外形、管脚排列和图形符号。

三端固定式集成稳压器的外形、管脚排列和图形符号如图 8-8 所示。由于它只有输入、输出和公共地端三个端子，故称为三端稳压器。

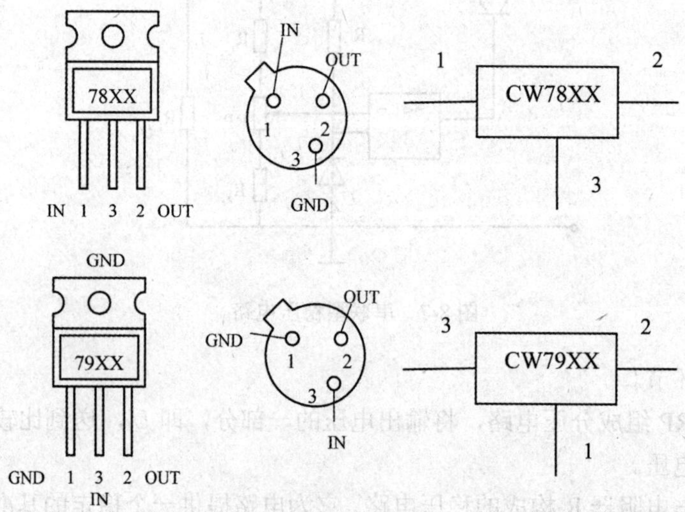

图 8-8 三端固定式集成稳压器外形、管脚排列和图形符号

（2） 三端固定式集成稳压器的型号组成及其意义。

三端固定式集成稳压器的型号组成及其意义如图 8-9 所示。

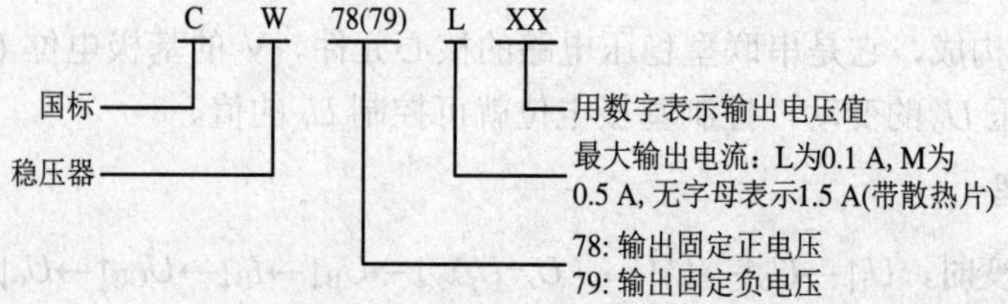

图 8-9 三端固定式集成稳压器型号组成及其意义

国产的三端固定集成稳压器有 CW78XX 系列（正电压输出）和 CW79XX 系列（负电压输出），其输出电压有±5 V、±6 V、±8 V、±9 V、±12 V、±15 V、±18 V、±24 V，最大输出电流有 0.1A、0.5A、1A、1.5A、2.0A 等。

（3） 三端固定式集成稳压器的应用。

① 固定输出稳压器。

电路组成如图 8-10 所示。C_1 为滤波电容器，C_2 的作用是产生旁路高频干扰信号，C_3 的作用改善负载瞬态响应。

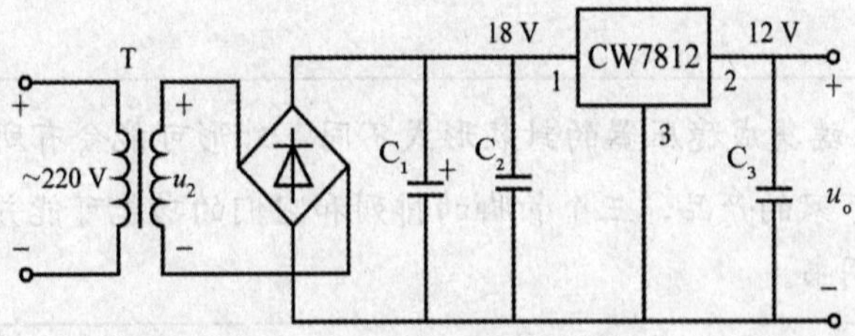

图 8-10　固定输出稳压器

② 具有正、负电压输出的稳压电源。

如图 8-11 所示，由图可知，电源变压器带有中心抽头并接地，输出端得到大小相等、极性相反的电压。

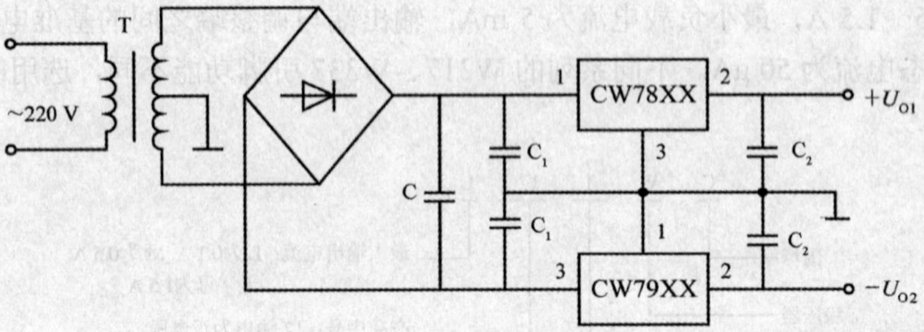

图 8-11　正负对称的稳压

2. 三端可调集成稳压器

（1） 三端可调集成稳压器外形及图形符号。

三端可调集成稳压器 CW317 和 CW337 是一种悬浮式串联调整稳压器，它们的外形及图形符号如图 8-12 所示。

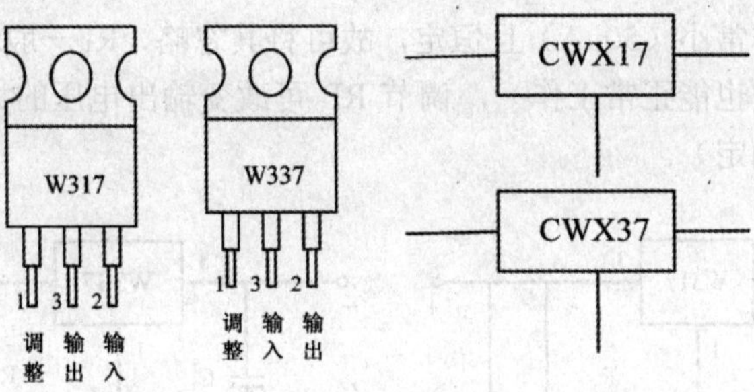

图 8-12　三端可调式集成稳压器外形与图形符号

三端可调集成稳压器保持了三端的简单结构，又实现输出电压连续可调，故有第二代三端集成稳压器之称。

提示：三端集成稳压器的封装形式不同，外形可能会有所不同，对于不同型号或不同厂家的产品，三个管脚的排列和它们的功能可能并不相同，使用时一定要看说明书。

（2） 三端可调集成稳压器的型号组成及其意义。

三端可调集成稳压器的型号组成及其意义如图 8-13 所示。

国产的三端可调集成稳压器有 CW317 系列（正电压输出）和 CW337 系列（负电压输出），其最大输入、输出电压差极限为 40V，输出电压 1.2～35V（−35～−1.2V）连续可调，输出电流 0.5～1.5 A，最小负载电流为 5 mA，输出端与调整端之间的基准电压为 1.25V，调整端的静态电流为 50 μA。不同系列的 W317、W337 引脚功能不同，选用时要查阅说明书。

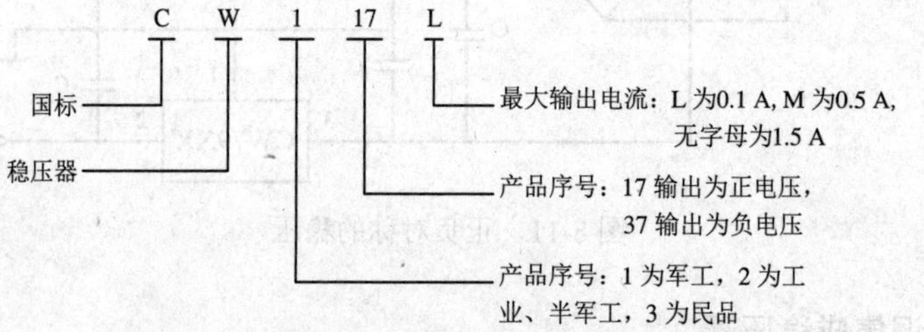

图 8-13 可调集成稳压器型号组成及其意义

（3）三端可调集成稳压器的应用。

典型应用电路如图 8-14 所示。为了使电路正常工作，一般输出电流不小于 5mA。输入电压范围在 2～40 V 之间，输出电压可在 1.25～37 V 之间调整，负载电流可达 1.5A，由于调整端的输出电流非常小（50μA）且恒定，故可将其忽略，R_1 一般取值 120～240Ω（此值保证稳压器在空载时也能正常工作），调节 RP 可改变输出电压的大小（RP 取值视 R_L 和输出电压的大小而确定）。

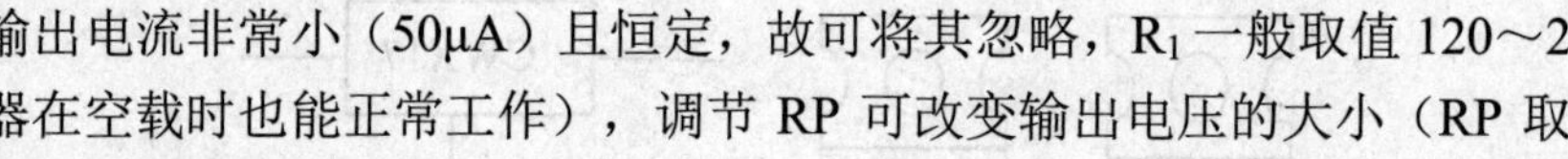

图 8-14 CW317 和 CW337 典型应用电路

8.5　开关稳压电源

虽然串联型电路输出稳定度高，电路简单，可靠性高，但调整管必须工作在放大状态，此时调整管的管耗 $P_{CM}=U_{CE}I_{CQ}$ 较大，这对节约能源不利，而且要求增加大的散热片，必然增加电源的体积和质量。

为了降低管耗，可使调整管工作在开关状态，即饱和区和截止区。由于在开关状态调整管的管耗很小，提高了电路的能量转换效率。调整管工作在开关状态的稳压电路称为开关稳压电源。目前，电视机、计算机都采用开关稳压电源。

8.5.1　开关稳压电源结构方框图

开关稳压电源结构方框图如图 8-15 所示，由六部分组成，其中，取样电路、比较放大电路、基准电路，在组成及功能上都与普通的串联型稳压电路相同；不同的是增加了开关时间控制器、开关调整管和续流滤波等电路，新增部分的功能如下。

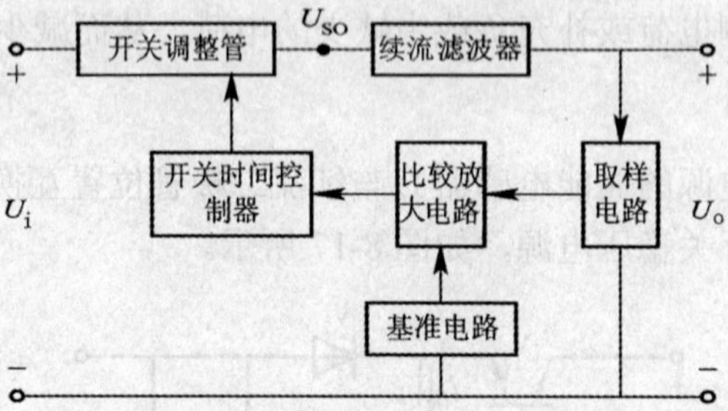

图 8-15　开关稳压电源结构方框图

（1）　调整管：在开关脉冲的作用下，使调整管工作在饱和或截止状态，输出断续的脉冲电压，如图 8-15 所示。开关调整管采用大功率管。设闭合时间为 T_{on} 断开时间为 T_{off}，则工作周期为 $T=T_{on}+T_{off}$，负载上得到的电压为

$$U_o=\frac{U_I\times T_{on}+0\times T_{off}}{T}=\frac{T_{on}}{T}U_I \tag{8-17}$$

式中，T_{on}/T 称占空比，用 δ 表示，即在一个通断周期 T 内，脉冲持续导通时间 T_{on} 与周期 T 之比值。改变占空比的大小就可改变输出电压 U_o 的大小。

（2）　滤波器：把矩形脉冲变成连续的平滑直流电压 U_o。

（3）　开关时间控制器：控制开关管导通时间长短，从而改变输出电压高低。

8.5.2　开关型电路的工作原理

1.　串联型开关电源

串联型开关电源如图 8-16 所示，串联型开关电路由开关管 V_1、储能电路（包括电感器

L、电容器 C 和续流二极管 V_2）及控制器组成。控制器可使 V_1 处于开/关状态，并可稳定输出电压。

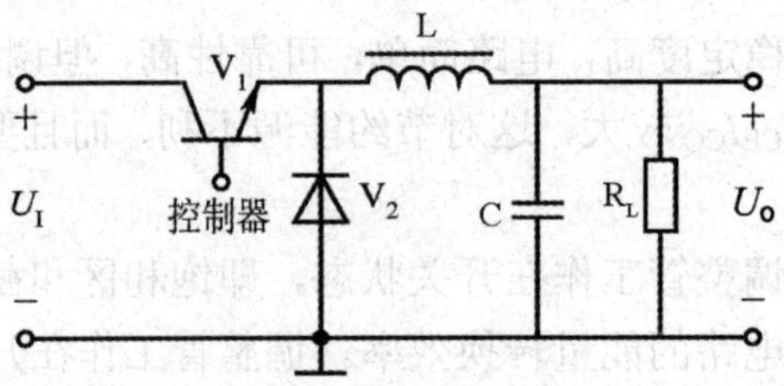

图 8-16　串联型开关电源

当 V_1 饱和导通时，由于电感器 L 的存在，流过 V_1 的电流线性增加，线性增加的电流给负载 R_L 供电的同时也给 L 储能（L 上产生左“正”右“负”的感应电动势），V_2 截止。

当 V_1 截止时，由于电感器 L 中的电流不能突变（L 中产生左“负”右“正”的感应电动势），V_2 导通，于是储存在电感器上的能量逐渐释放并提供给负载，使负载继续有电流通过，因而 V_2 为续流二极管。电容器 C 起滤波作用，当电感器 L 中电流发生增加或减少变化时，电容器储存过剩电荷或补充负载中缺少的电荷，从而减少输出电压 U_o 的纹波。

2. 并联型开关电源

将串联型开关稳压电源的储能电感器 L 与续流二极管位置互换，使储能电感器 L 与负载并联，即成为并联型开关稳压电源，如图 8-17 所示。

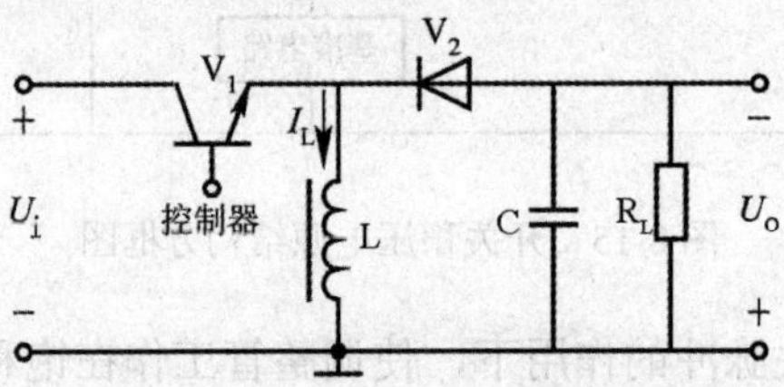

图 8-17　并联型开关稳压电源

当调整管开启（饱和导通）期间，输入直流电压 U_i 通过调整管 V_1 加到储能电感器两端，在 L 中产生上正下负的感应电动势，使续流二极管 V_2 反偏截止，以便 L 将 V_1 的能量转换成磁场能储存于线圈中。调整管 V_1 导通时间越长，I_L 越大，L 储存的能量越多。

当调整管从饱和导通跳变到截止瞬间，切断外电源能量输入电路，L 的自感作用将产生上负下正的自感电动势，导致续流二极管 V_2 正偏导通，这时 L 将通过 V_2 释放能量并向储能电容器 C 充电，并同时向负载供电。

当调整管再次饱和导通时，虽然续流二极管 V_2 反向截止，但可由储能电容器释放能量向负载供电。

通过上面分析可以归纳出开关稳压电源的工作原理。调整管导通期间，储能电感器储能，并由储能电容器向负载供电；调整管截止期间，储能电感器释放能量对储能电容器充电，同时向负载供电。这两个元件还同时具备滤波作用，使输出波形平滑。

实践任务　整流、滤波与稳压电路的安装测试

一、任务目的

（1）　了解直流稳压电源的作用及其电路结构。

（2）　理解整流、滤波与稳压电路原理。

（3）　掌握稳压电源的主要性能指标及其测试方法。

（4）　了解各部分元器件的选择方法。

二、实验原理

实验原理图如图 8-18 所示。

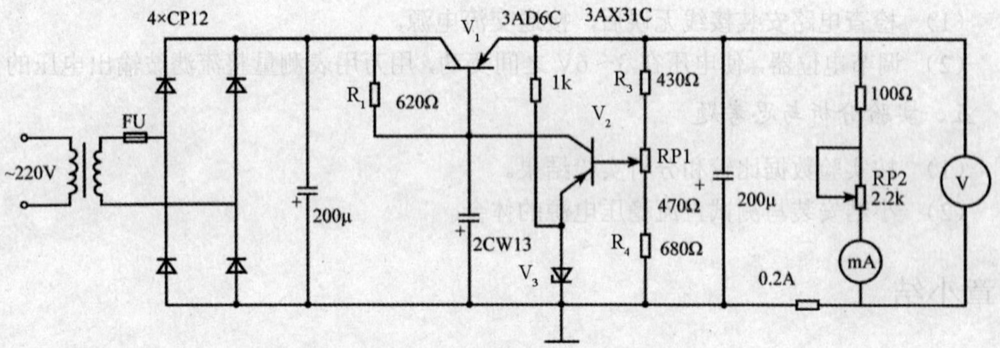

图 8-18　串联稳压电源（测试接线图）

本次实验对是由分立元件构成的串联型稳压电路进行测试和研究。整个稳压电路是一个具有电压串联负反馈的闭环系统，其稳压过程为：当电网电压波动或负载变动引起输出直流电压发生变化时，取样电路取出输出电压的一部分送入比较放大器，并与基准电压进行比较，产生的误差信号经放大后送至调整管 V_1 的基极，使调整管改变其管压降，以补偿输出电压的变化，从而达到稳定输出电压的目的。

三、实验仪器与器材

（1）可调工频电源；（2）万用表；（3）交流毫伏表；（4）变压器；

（5）三极管 3AD6C×1、3AX31C×1 二极管 2CP12×4、2CW13×1；

（6）电位器 470 Ω×1、2.2 kΩ×1；（7）电阻器、电容器若干；（8）面包板；

（9）通用安装工具。

四、实验内容及步骤

1. 安装

参考图 8-18 所示电路图，画出安装布线图，按照安装布线图，在面包板上安装电路，认真检查电路中各器件有无接错、漏接、接触不良等问题，特别应注意以下问题。

（1） 对电源变压器的绝缘电阻值进行检测，以防止变压器漏电，危及人身和设备的安全。一般采用兆欧表分别测量一与二绕组之间、各绕组与接地屏蔽层之间、绕组与铁芯之间的绝缘电阻值，其值不应小于绕组 1000 MΩ，如果用万用表高电阻挡检测，则其指示电阻值均应无穷大。

（2） 二极管的引脚和滤波电容器的极性不能接反，否则将会损坏元件。

（3） 检查负载段不应该有短路现象。

（4） 三极管、稳压管的引脚要识别清楚，不能接错。

（5） 电源变压器的原、副边不能接错，否则将会造成变压器损坏或电源故障。

（6） 应在变压器的副边接入熔断器，其额定电流要合适，以防电源输出端短路而损害变压器或其他元件。

2. 整流滤波电路测试

（1） 检查电路安装接线无误后，接通交流电源。

（2） 调节电位器，使电压在 3～6V 之间变动，用万用表测量整流滤波输出电压的值。

五、实验分析与思考题

（1） 按实验数据比较和分析实验结果。

（2） 小结安装与测试直流稳压电源的体会。

本章小结

（1） 直流稳压电源一般有变压、整流、滤波和稳压四个环节组成。

（2） 利用二极管的单向导电性，将交流电转换为单方向脉动的直流电压，称为整流。单向整流电路有半波和桥式两种主要形式，掌握输出直流电压、电流的计算，并能正确选择二极管是分析和设计整流电路的基础。

（3） 利用电容、电感元件的频率特性和储能特性，抑制整流后脉动电压中的交流分量，减小输出电压的脉动程度，称为滤波。电容滤波电路适用于负载电阻值较大（负载电流较小）的场合；电感器滤波适用于负载电阻值较小（负载电流较大）的场合。

（4） 稳压电路可以减小电网电压波动及负载变化对输出电压的影响，使输出直流电压稳定。三端集成稳压器是一种新型的稳压器件，使用时注意它们的管脚功能，同时要注意电压、电流及耗散功率等参数不能超过极限值。开关稳压电源调整管饱和导通和截止两种状态，通过调整三极管的饱和与导通时间可对输出电压起到调节作用，维持输出电压的稳定。

习题

8-1 直流稳压电源由哪几部分组成，各部分的作用是什么？

8-2 画出单向桥式整流电路的电路图，并画出输出电压的波形图。

8-3 在整流电路中选择整流二极管时应注意哪些问题？

8-4　在如图 8-3 所示电路中，当整流二极管 V_1 短路、开路时对输出电压的波形有何影响？

8-5　在如图 8-5 所示电路中，滤波所用的元件是什么？与负载是怎样连接的？利用了元件的什么特性？

8-6　在如图 8-7 所示电路中，分析当稳压管短路和开路时对输出电压的影响。

8-7　在如图 8-10 所示电路中，如果把三端固定稳压器换成 CW7815。那么输出电压 U_o 为多少？

8-8 在桥式整流电容器滤波电路中，已知变压器二次侧电压的有效值 U_2=10V，电源频率为 50Hz，负载电阻值为 2k Ω。

（1）估算输出电压的平均值 U_o。

（2）如果测得 U_o 约为 9V 和 4.5V，试判断电路中分别出现了什么故障。

8-9　在如图 8-14 所示电路中，如果输入电压是 12V，R_1=120 Ω，电位器的有效电阻值 R_{RP} 为 1.2 kΩ，则输出电压 U_o 为多少？

8-10　在如图 8-16 所示电路中，调整管工作在什么状态？该电路是如何实现输出电压的。

第9章 数字电路基础

本章要点

学	知识重点	1. 二进制、十进制、十六进制的特点及转换 2. 逻辑代数基本公式 3. 与、或、非的逻辑关系 4. 集成门电路的特点
	知识难点	1. 逻辑函数的化简 2. 集成逻辑门电路的应用 3. 常用复合门电路的逻辑功能
	建议学时	16 学时
练	理论知识	1. 与门、或门、非门的逻辑函数的表示符号、真值表 2. 逻辑代数基本公式和基本定律 3. 逻辑代数和卡诺图化简 4. 常用集成逻辑门电路基础知识
	练习方法	理论联系实际操作，学中练，练中学
做	实际操作	声光控延时开关的制作
	实际技能	与非门逻辑关系的实际应用

主要内容

本章介绍分析数字电路逻辑功能的数学方法及数字电路的基本逻辑门电路。首先介绍数字信号、数字技术和数字系统等基本概念，然后介绍计算机中各种进制数的表示与转换方法，接着介绍逻辑代数的基本概念、公式和定理，逻辑函数的代数化简法和卡诺图化简法。最后介绍基本门电路和 TTL 与 COMS 门电路的特性。逻辑代数是分析及设计数字电路的基本工具，逻辑函数化简是数字电路分析及设计的基础。逻辑门电路是数字电路的基本单元电路。

9.1　数字电路概述

9.1.1　数字信号和模拟信号

电子电路中的信号可以分为两大类：模拟信号和数字信号。

模拟信号是在时间和幅值上都连续变化的信号，例如温度、压力、磁场、电场等物理量通过传感器变成的电信号，模拟语音的音频信号和模拟图像的视频信号等，如图 9-1（a）所示。对模拟信号进行传输、处理的电子线路称为模拟电路。数字信号是在时间和幅值上都不连续，并取一定离散数值的信号，通常是由数字 0 和 1 组成的，也可以说是由低电平电信号和高电平电信号组成的信号。例如计算机中各部件之间传输的信息、VCD 中的音视频信号等，如图 9-1（b）所示。对数字信号进行传输、处理的电子线路称为数字电路，如数字电子钟、数字式万用表的电子电路都是由数字电路组成的。

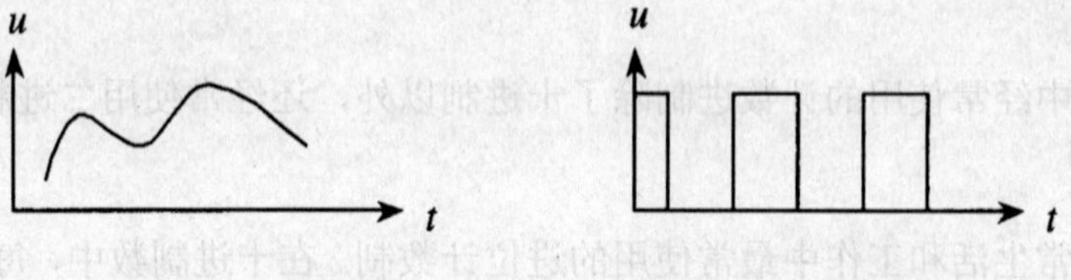

（a）模拟信号波形　　（b）数字信号波形

图 9-1　模拟信号和数字信号的电压-时间波形

9.1.2　数字技术和数字系统

数字技术就是为了适应和满足不同的应用需要，通过变换电路把模拟信号变成由 0 和 1 组成的数字信号，然后由数字系统对数字信号进行存储、运算、处理、变换、合成等。所谓数字系统，是指交互式的以离散形式表示的具有存储、传输、处理信息能力的逻辑子系统的集合物。简而言之，输入和输出都是数字信号而且具有存储、传输、处理信息能力的系统称为数字系统。一台微型计算机就是一个典型的最完善的数字系统。

随着数字技术的不断发展，采用数字系统来处理模拟信号将会越来越普遍，因为数字系统具有精度高，可靠性强，应用范围广，集成度高且成本低，使用频率高等优点，数字电路被广泛地应用于数字电子计算机、数字通信系统、数字式仪表、数字控制装置及工业自动化系统等领域。

9.1.3　数字电路的特点

数字电路工作信号是以二进制数字逻辑为基础，在时间上和数值上是离散的，易于用电路来实现，反映在电路上就是低电平和高电平两种状态（即 0 和 1 二个逻辑值）。

在数字电路中通常有两种逻辑体制。

（1）　正逻辑体制规定：高电平为逻辑 1，低电平为逻辑 0。

（2） 负逻辑体制规定：低电平为逻辑 1，高电平为逻辑 0。

一般情况下，若无特殊说明，均采用正逻辑。

数字电路不仅能完成数值运算，而且能进行逻辑判断和运算，这在控制系统中是不可缺少的。数字信息便于长期保存，对组成数字电路的元器件的精度要求不高。

由于具有一系列优点，数字电路在电子设备及电子系统中得到了越来越广泛的应用，计算机、计算器、电视机、音响系统、视频记录设备、光碟、长途电信及卫星系统等，一般都采用数字电路系统。

9.2 数制与码制

9.2.1 数制

用数字量表示物理量的大小时，仅用一位数码往往不够用，因此经常需要用进位计数的方法组成多位数码使用。我们把多位数码中每一位的构成方法以及从低位到高位的进位规则称为数制。

在数字电路中经常使用的计数进制除了十进制以外，还经常使用二进制和十六进制。

1. 十进制

十进制是日常生活和工作中最常使用的进位计数制。在十进制数中，每一位有 0～9 十个数码，所以计数的基数是 10。超过 9 的数必须用多位数表示，低位和相邻高位之间的进位关系是“逢十进一”，故称为十进制。例如

$$143.73=1\times10^2+4\times10^1+3\times10^0+7\times10^{-1}+3\times10^{-2}$$

若以 N 取代上式中的 10，即可得到任意进制（N 进制）数展开式的普遍形式

$$D=\sum k_i N^i \tag{9-1}$$

式中，i 取整数，K_i 为第 i 位的系数，N^i 为第 i 位的权。

2. 二进制

目前在数字电路中应用最广的是二进制。二进制只有二个数字符号 0 和 1，所以计数基数为 2。低位和相邻高位之间的进位关系是“逢二进一”，故称为二进制。根据式（9-1），任何一个二进制数均可展开为

$$D=\sum k_i 2^i \tag{9-2}$$

如一个二进制数 11001 可表示为

$(11001.11)_2=1\times2^4+1\times2^3+0\times2^2+0\times2^1+1\times2^0+1\times2^{-1}+1\times2^{-2}$

$=16+8+0+0+1=(25.75)_{10}$

上式中分别使用下脚注的 2 和 10 表示括号里的数是二进制数和十进制数。有时也用 B 和 D 来分别代替 2 和 10 这两个脚注。

3. 十六进制

十六进制数的每一位有十六个不同的数码，分别用 0～9、A（10）、B（11）、C（12）、D（13）、E（14）、F（15）表示。因此，任意一个十六进制数均可展开为

$$D=\sum k_i 16^i \tag{9-3}$$

并由此可以计算出它所表示的十进制数值。例如

$$(2A.7F)_{16}=2\times16^1+10\times16^0+7\times16^{-1}+15\times16^{-2}$$
$$=(42.4960937)_{10}$$

式中的下脚注 16 表示括号里的数是十六进制数，有时也用 H 来代替。

由于目前在微型计算机中普遍采用 8 位、16 位和 32 位二进制并行计算，而 8 位、16 位和 32 位二进制数可以用 2 位、4 位和 8 位的十六进制数表示，因而用十六进制符号书写程序十分方便。

9.2.2 数制转换

1. 二－十转换

把二进制数转换为等值的十进制数称为二－十转换。转换时只要将二进制数按式(9-2)展开，然后把所有各项的数值按十进制相加，就可以得到等值的十进制数了。例如

$$(10011.101)_B=1\times2^4+0\times2^3+0\times2^2+1\times2^1+1\times2^0+1\times2^{-1}+0\times2^{-2}+1\times2^{-3}$$
$$=(19.625)_D$$

2. 十－二转换

所谓十－二转换，就是把十进制数转换成等值的二进制数。

首先讨论整数的转换。

可用“除 2 取余”法将十进制的整数部分转换成二进制数。

【例 9.1】将十进制数 23 转换成二进制数。

解：根据“除 2 取余”法的原理，按如下步骤转换：

2 | 23 ………… 余1 b_0
2 | 11 ………… 余1 b_1
2 | 5 ………… 余1 b_2
2 | 2 ………… 余0 b_3
2 | 1 ………… 余1 b_4
0

（↑ 读取次序）

则　$(23)_D=(10111)_B$

可用“乘 2 取整”的方法将任何十进制数的纯小数部分转换成二进制数。

【例 9.2】将十进制小数（0.75）$_D$转换成二进制数。

解：用“乘 2 取整”法，按如下步骤转换：

取整

$0.75 \times 2 = 1.5 \cdots 1$

$0.5 \times 2 = 1 \cdots 1$

$(0.75)_D = (0.11)_B$

3. 二－十六转换

由于十六进制基数为 16，而 $16 = 2^4$，因此，4 位二进制数就相当于 1 位十六进制数。

因此，可用“4 位分组”法，从小数点开始分别向左、右每 4 位一组，每组都相应转换为一位十六进制数（最后不足 4 位可加 0 使其足位）将二进制数化为十六进制数。

【例 9.3】将二进制数 1001101.100111 转换成十六进制数。

解：$(1001101.100111)_B = (0100\ 1101.1001\ 1100)_B = (4D.9C)_H$

同理，若将二进制数转换为八进制数，可将二进制数分为 3 位一组，再将每组的 3 位二进制数转换成一位 8 进制即可。

4. 十六－二转换

由于每位十六进制数对应于 4 位二进制数，因此，十六进制数转换成二进制数，只要将每一位变成 4 位二进制数，按位的高低依次排列即可。

【例 9.4】将十六进制数 6E.3A5 转换成二进制数。

解：$(6E.3A5)_H = (110\quad 1110.\,0011\quad 1010\quad 0101)_B$

同理，若将八进制数转换为二进制数，只需将每一位变成 3 位二进制数，按位的高低依次排列即可。

5. 十六进制数转换成十进制数

可由“按权相加”法将十六进制数转换为十进制数。

【例 9.5】将十六进制数 7A.58 转换成十进制数。

解：$(7A.58)_H = 7 \times 16^1 + 10 \times 16^0 + 5 \times 16^{-1} + 8 \times 16^{-2}$

$$= 112 + 10 + 0.3125 + 0.03125 = (122.34375)_D$$

9.2.3 常用代码

由于数字系统是以二值数字逻辑为基础的，因此数字系统中的信息（包括数值、文字、控制命令等）都是用一定位数的二进制码表示的，这个二进制码称为代码。

二进制编码方式有多种，二-十进制码，又称 BCD 码（Binary-Coded-Decimal），是其中一种常用的码。所谓 BCD 码，就是用二进制代码来表示十进制的 0～9 十个数。

要用二进制代码来表示十进制的 0～9 十个数，至少要用 4 位二进制数。4 位二进制数有 16 种组合，可从这 16 种组合中选择 10 种组合分别来表示十进制的 0～9 十个数。选哪 10 种组合，有多种方案，这就形成了不同的 BCD 码。具有一定规律的常用 BCD 码，如表 9-1 所示。

表 9-1　常用 BCD 码

十进制数	8421 码	2421 码	5421 码	余三码
0	0000	0000	0000	0011
1	0001	0001	0001	0100
2	0010	0010	0010	0101
3	0011	0011	0011	0110
4	0100	0100	0100	0111
5	0101	1011	1000	1000
6	0110	1100	1001	1001
7	0111	1101	1010	1010
8	1000	1110	1011	1011
9	1001	1111	1100	1100
位权	8421 $b_3b_2b_1b_0$	2421 $b_3b_2b_1b_0$	5421 $b_3b_2b_1b_0$	无权

注意： BCD 码用 4 位二进制码表示的只是十进制数的一位。如果是多位十进制数，应先将每一位用 BCD 码表示，然后组合起来。

（1） 8421 码、2421 码、5421 码。

这几种编码属于恒权码，4 位二进制数的每一位都有固定的权值，各位权值之和就是它所表示的十进制数，8421 码是 BCD 代码中最常用的一种。

（2） 余三码。

余三码的编码规则与 8421 码不同，如果把每一个余三码看作 4 位二进制数，则它的数值要比它所表示的十进制数码多 3，故而将这种代码叫做余三码。

【例 9.6】将十进制数 83 分别用 8421 码、2421 码和余 3 码表示。

解：由表 9-1 可得

$(83)_D=(1000\ 0011)_{8421}$

$(83)_D=(1110\ 0011)_{2421}$

$(83)_D=(1011\ 0110)_{余3}$

9.3　基本逻辑门电路

数字电路中基本逻辑门电路包括与门、或门和非门电路，这三种电路分别对应与、或、非三种逻辑关系，其他复杂逻辑关系均可通过这三种基本逻辑关系来实现。

9.3.1　与逻辑和与门电路

与逻辑——只有当决定一件事情的条件全部具备之后，这件事情才会发生。我们把这种因果关系称为与逻辑。

如图 9-2（a）所示，若把开关的打开和闭合作为条件，灯泡的亮暗作为结果，则只有在开关 *A*、*B* 都闭合时，灯泡 *L* 才会亮。9-2（b）表示所有的条件和结果。

若用逻辑表达式来描述，则可写为

$$L=A \cdot B \tag{9-4}$$

其中“ · ”为逻辑乘符号，也可以省略。其中变量 *A*、*B* 只有 0 和 1 两种取值，对应开关的打开和闭合。

把输入变量的所有取值与对应的结果列成表格，就得到了逻辑真值表（表中只有 0 和 1 表示两种相反的状态）如图 9-2（c）所示。

与逻辑的规则为：“输入有 0，输出为 0；输入全 1，输出为 1”。

图 9-3（a）所示是由二极管构成的与门电路，由图可知输入信号中只有全部都为高电平 1 时，输出才为高电平 1，满足与逻辑关系。在数字电路中能实现与运算的电路称为与门电路，其逻辑符号如图 9-3（b）所示。

与可以推广到多变量：

$$L=A \cdot B \cdot C \cdot \cdots \tag{9-5}$$

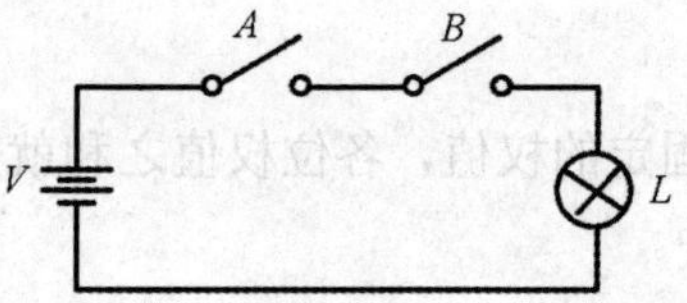

（a）电路图

A	*B*	*L*
不闭合	不闭合	不亮
不闭合	闭合	不亮
闭合	不闭合	不亮
闭合	闭合	亮

（b）真值表

A	*B*	*L*
0	0	0
0	1	0
1	0	0
1	1	1

（c）与逻辑真值表

图 9-2　与逻辑电路

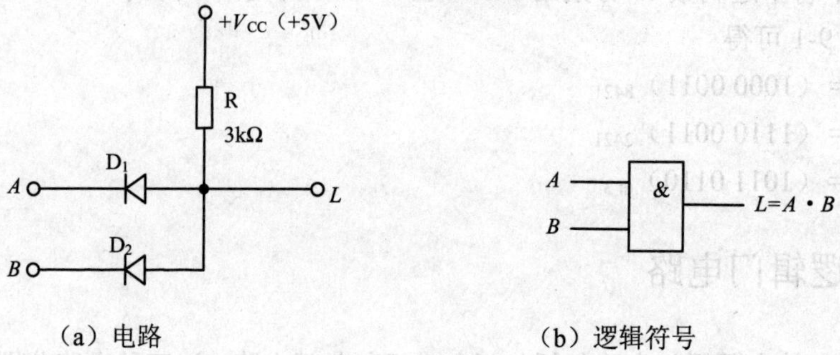

（a）电路　　（b）逻辑符号

图 9-3　二极管与门电路与逻辑符号

9.3.2　或逻辑和或门电路

或逻辑——当决定一件事情的几个条件中，只要有一个或一个以上条件具备，这件事情就会发生。我们把这种因果关系称为或逻辑。

如图 9-4（a）所示，若把开关的打开和闭合作为条件，灯泡的亮暗作为结果，则开关 A、B 只要有一个闭合时，灯泡 L 就会亮。9-4（b）表示所有的条件和结果。

或运算逻辑真值表如图 9-4（c）所示。若用逻辑表达式来描述，则可写为

$$L=A+B \tag{9-6}$$

其中“+”为逻辑加符号。

或运算的规则为“输入有 1，输出为 1；输入全 0，输出为 0”。

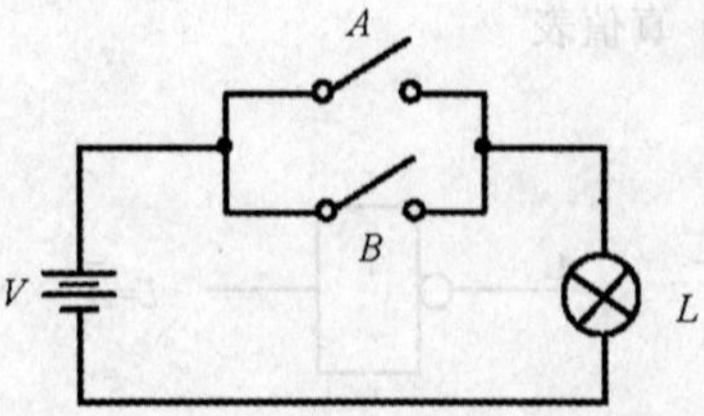

（a）电路图

A	B	L
不闭合	不闭合	不亮
不闭合	闭合	亮
闭合	不闭合	亮
闭合	闭合	亮

（b）真值表

A	B	L=A+B
0	0	0
0	1	1
1	0	1
1	1	1

（c）逻辑真值表

图 9-4　或逻辑运算

图 9-5（a）所示是由二极管构成的或门电路，由图可知输入信号中只要有一个为高电平 1 时，输出就为高电平 1，满足或逻辑关系。在数字电路中能实现或运算的电路称为或门电路，其逻辑符号如图 9-5（b）所示。

或运算也可以推广到多变量

$$L=A+B+C+\cdots \tag{9-7}$$

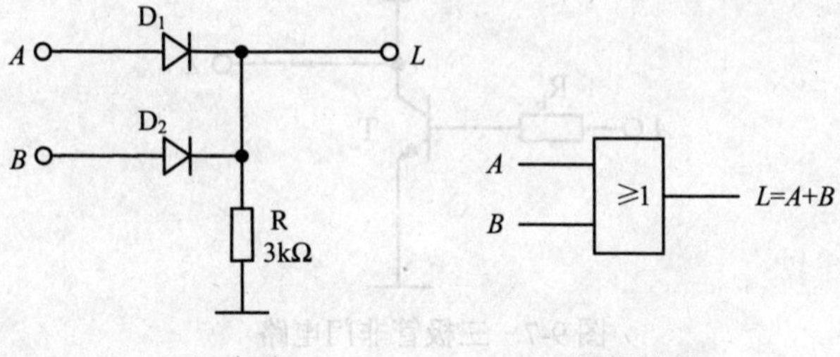

（a）电路　　（b）逻辑符号

图 9-5　二极管或门电路与逻辑符号

9.3.3　非逻辑和非门电路

非逻辑——某事情发生与否，仅取决于一个条件，而且是对该条件的否定。即条件具备时事情不发生；条件不具备时事情才发生。

图 9-6（a）所示的电路中，当开关 A 闭合时，灯不亮；而当 A 不闭合时，灯亮。条件与结果总是出现相反的状态。图 9-6（b）所示为所有的条件和结果。

逻辑真值表如图 9-6（c）所示。若用逻辑表达式来描述，则可写为

$$L=\overline{A} \tag{9-8}$$

非运算的规则为：$\bar{0}=1$；$\bar{1}=0$

在数字电路中实现非运算的电路称为非门电路，其非逻辑运算如图 9-6 所示，其逻辑符号如图 9-6（d）所示。

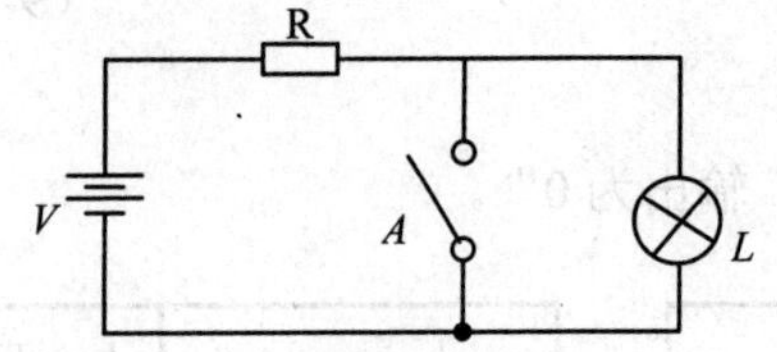

（a）电路图

开关 A	灯 L
不闭合	亮
闭合	不亮

（b）真值表

A	$L=\bar{A}$
0	1
1	0

（c）逻辑真值表

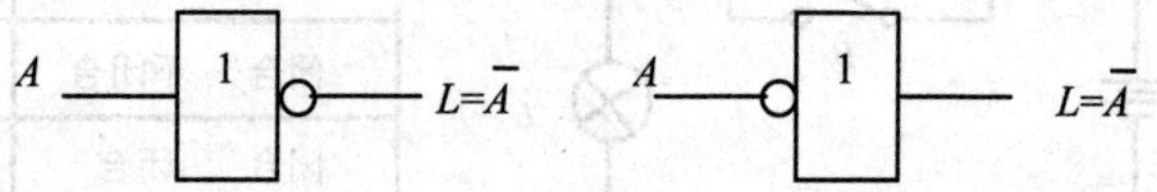

（d）逻辑符号

图 9-6　非逻辑运算

图 9-7 所示是由三极管组成的非门电路，非门又称反相器。这里利用了三极管的开关特性。根据分析可见输出与输入都满足非逻辑关系。

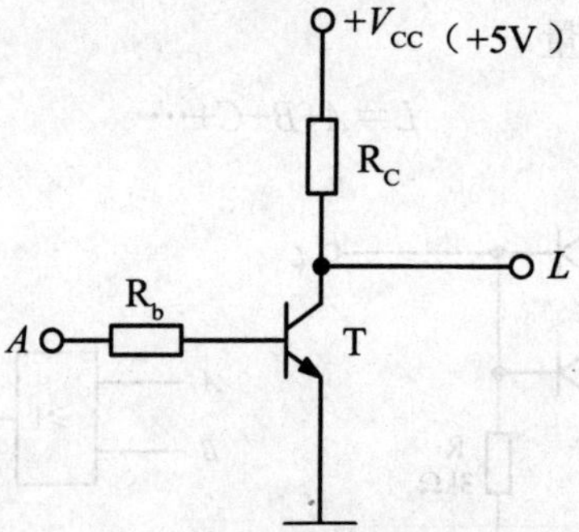

图 9-7　三极管非门电路

9.3.4　复合门电路

任何复杂的逻辑门电路都可以由这三种基本门电路组合而成。在实际应用中为了减少逻辑门的数目，使数字电路的设计更方便，还常常使用其他几种常用逻辑运算。

1. 与非

与非是由与门和非门组合而成的，如图 9-8 所示。

A	B	$L=\overline{A\cdot B}$
0	0	1
0	1	1
1	0	1
1	1	0

（a）逻辑真值表

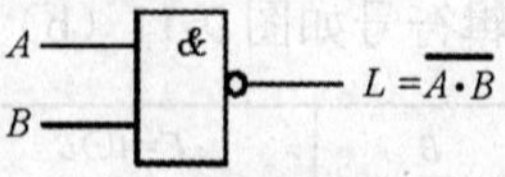

（b）逻辑符号

图 9-8　与非逻辑运算

2. 或非

或非是由或门和非门组合而成的，如图 9-9 所示。

A	B	$L=\overline{A+B}$
0	0	1
0	1	0
1	0	0
1	1	0

（a）逻辑真值表

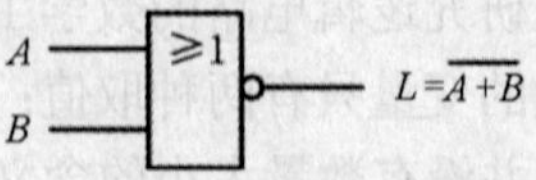

（b）逻辑符号

图 9-9　或非逻辑运算

3. 异或

异或是一种二变量逻辑运算，当两个变量取值相同时，逻辑函数值为 0；当两个变量取值不同时，逻辑函数值为 1。异或的逻辑真值表和相应逻辑门的符号如图 9-10 所示。

A	B	$F=A\oplus B$
0	0	0
0	1	1
1	0	1
1	1	0

（a）逻辑真值表

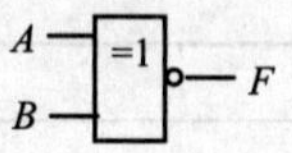

（b）逻辑符号

图 9-10　异或逻辑运算

异或门由逻辑非、逻辑与和逻辑或可以实现异或逻辑，即 $F=A\oplus B$。式中“$\oplus$”为异或逻辑运算符号，读为“异或”。

4. 同或

输入同或逻辑关系是：若两个输入变量的逻辑值相同，则它们的同或值为“1”；

若两个输入变量的逻辑值不相同，则它们的同或值为“0”。简而言之，“相同则 1，相异则 0”。

由逻辑非、异或逻辑可以实现同或逻辑，即 $F=\overline{A\oplus B}=A\odot B$。式中“⊙”为同或逻辑运算符号，读为“同或”。实现同或运算的门电路是同或门，同或门的真值表如图 9-11（a）所示，其逻辑符号如图 9-11（b）所示。

A	B	$F=A\odot B$
0	0	0
0	1	1
1	0	1
1	1	0

（a）逻辑真值表

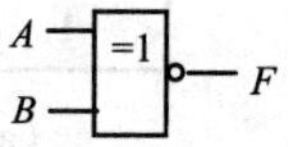

（b）逻辑符号

图 9-11　同或逻辑运算

9.4　逻辑代数化简法

逻辑代数是研究逻辑电路的数学工具，逻辑代数又叫布尔代数。它与普通代数类似，只不过逻辑代数的变量只有两种取值：“0”和“1”，这里的“0”和“1”仅代表两种相反的逻辑状态，并没有数量大小的含义，因而逻辑代数的运算规律也与普通代数有差别。

9.4.1　逻辑代数的基本公式

逻辑代数的基本公式如表 9-2 所示。

注意：有的定律与普通代数相似，有的定律与普通代数不同，使用时切勿混淆。

表 9-2　逻辑代数的基本公式

名　称	公式 1	公式 2
0—1 律	$A\cdot 1=A$ $A\cdot 0=0$	$A+0=A$ $A+1=1$
互补律	$AA=0$	$A+\overline{A}=1$
重叠律	$AA=A$	$A+A=A$
交换律	$AB=BA$	$A+B=B+A$
结合律	$A(BC)=(AB)C$	$A+(B+C)=(C+B)+C$
分配律	$A(B+C)=AB+AC$	$A+BC=(A+B)(A+C)$
反演律	$AB=A+B$	$\overline{A+B}=\overline{AB}$
吸收律	$A(A+B)=A$ $A(A+B)=AB$ $(A+B)(A+C)(B+C)=(A+B)(A+C)$	$A+AB=A$ $A+\overline{A}B=A+B$ $AB+\overline{A}C+BC=AB+\overline{A}C$
对合律	$\overline{\overline{A}}=A$	

【例 9.7】证明吸收律 $A+\overline{A}B=A+B$。

证：$A+\overline{A}B=A(B+\overline{B})+\overline{A}B=AB+A\overline{B}+\overline{A}B=AB+AB+A\overline{B}+\overline{A}B$

$$=A(B+\overline{B})+B(A+\overline{A})=A+B$$

表中的公式还可以用真值表来证明，即检验等式两边函数的真值表是否一致。

【例 9.8】用真值表证明反演律 $\overline{AB}=\overline{A}+\overline{B}$ 和 $\overline{A+B}=\overline{A}\,\overline{B}$。

证明：分别列出两公式等号两边函数的真值表即可得证，见表 9-3 和表 9-4 所示。

表 9-3 证明 $\overline{AB}=\overline{A}+\overline{B}$

A	B	$\overline{AB}$	$\overline{A}+\overline{B}$
0	0	1	1
0	1	1	1
1	0	1	1
1	1	0	0

表 9-4 证明 $\overline{A+B}=\overline{A}\,\overline{B}$

A	B	$\overline{A+B}$	$\overline{A}\,\overline{B}$
0	0	1	1
0	1	0	0
1	0	0	0
1	1	0	0

反演律又称摩根定律，是非常重要又非常有用的公式，它经常用于逻辑函数的变换，以下是它的两个变形公式，也是常用的。

$$AB=\overline{\overline{A}+\overline{B}} \qquad A+B=\overline{\overline{A}\,\overline{B}} \tag{9-9}$$

9.4.2 逻辑函数式的代数变换与化简

1. 逻辑表达式的五种形式

一个逻辑函数的表达式不是唯一的，可以有多种形式，并且能互相转换。常见的逻辑式主要有 5 种形式，例如：

$L=AC+\overline{A}B$	与-或表达式
$=(A+B)(\overline{A}+C)$	或-与表达式
$=\overline{\overline{AC}\bullet\overline{\overline{A}B}}$	与非-与非表达式
$=\overline{\overline{A+B}+\overline{\overline{A}+C}}$	或非-或非表达式
$=\overline{A\overline{C}+\overline{A}\,\overline{B}}$	与-或非表达式

在上述多种表达式中，与-或表达式是逻辑函数的最基本表达形式。因此，在化简逻辑函数时，通常是将逻辑式化简成最简与-或表达式，然后再根据需要转换成其他形式。

2. 最简与—或表达式的标准

（1） 与项最少，即表达式中“+”号最少。

（2） 每个与项中的变量数最少，即表达式中“·”号最少。

3. 用代数法化简逻辑函数

用代数法化简逻辑函数，就是直接利用逻辑代数的基本公式和基本规则进行化简。代数法化简没有固定的步骤，常用的化简方法有以下几种。

（1） 并项法。运用公式 $A=\overline{A}=1$，将两项合并为一项，消去一个变量。如

$$L=AB\overline{C}+ABC=AB(\overline{C}+C)=AB$$

$$L=A(BC+\overline{BC})+A(B\overline{C}+\overline{B}C)=ABC+A\overline{BC}+AB\overline{C}+A\overline{B}C=AB(C+\overline{C})+A\overline{B}(C+\overline{C})$$

$$=AB+A\overline{B}=A(B+\overline{B})=A$$

（2） 吸收法。运用吸收律 $A+AB+A$ 消去多余的与项。如

$$L=A\overline{B}+A\overline{B}(C+DE)=A\overline{B}$$

（3） 消去法。运用吸收律 $A+\overline{A}B=A+B$ 消去多余的因子。如

$$L=AB+\overline{A}C+\overline{B}C=AB(\overline{A}+\overline{B})C=AB+\overline{AB}C=AB+C$$

$$L=\overline{A}+AB+\overline{B}E=\overline{A}+B+E$$

（4） 配项法。先通过乘以 $A=\overline{A}$（=1）或加上 $A\overline{A}$（=0），增加必要的乘积项，再用以上方法化简。如

$$L=AB+\overline{A}C+BCD=AB+\overline{A}C+BCD(A+\overline{A})=AB+\overline{A}C+ABCD+\overline{A}BCD=AB+\overline{A}C$$

$$L=AB\overline{C}+\overline{ABC}\bullet\overline{AB}=AB\overline{C}+\overline{ABC}\bullet\overline{AB}+AB\bullet\overline{AB}=AB(\overline{C}+\overline{AB})+\overline{ABC}\bullet\overline{AB}$$

$$=AB\bullet\overline{ABC}+\overline{ABC}\bullet\overline{AB}=\overline{ABC}(AB+\overline{AB})=\overline{ABC}$$

在化简逻辑函数时，要灵活运用上述方法，才能将逻辑函数化为最简。下面再举几个例子。

【例 9.9】 化简逻辑函数 $L=A\overline{B}+A\overline{C}+A\overline{D}+ABCD$

解：$L=A(\overline{B}+\overline{C}+\overline{D})+ABCD=A\overline{BCD}+ABCD=A(\overline{BCD}+BCD)=A$

【例 9.10】 化简逻辑函数 $L=AD+A\overline{D}+AB+\overline{A}C+BD+A\overline{B}EF+\overline{B}EF$

解：$L=A+AB+\overline{A}C+BD+A\overline{B}EF+\overline{B}EF$（利用 $A+\overline{A}=1$）

$=A+\overline{A}C+BD+\overline{B}EF$（利用 $A+AB=A$）

$=A+C+BD+\overline{B}EF$（利用 $A+\overline{A}B=A+B$ ）

【例 9.11】 化简逻辑函数 $L=AB+A\overline{C}+\overline{B}C+\overline{C}B+\overline{B}D+\overline{D}B+ADE(F+G)$

解：$L=A\overline{\overline{B}C}+\overline{B}C+\overline{C}B+\overline{B}D+\overline{D}B+ADE(F+G)$（利用反演律）

$=A+\overline{B}C+\overline{C}B+\overline{B}D+\overline{D}B+ADE(F+G)$（利用 $A+\overline{A}B=A+B$ ）

$=A+\overline{B}C+\overline{C}B+\overline{B}D+\overline{D}B$（利用 $A+AB=A$）

$=A+\overline{B}C(D+\overline{D})+\overline{C}B+\overline{B}D+\overline{D}B(C+\overline{C})$（配项法）

$=A+\overline{B}C\overline{D}+\overline{C}B+\overline{B}D+\overline{D}BC$（利用 $A+AB=A$）

$=A+C\overline{D}(\overline{B}+B)+\overline{C}B+\overline{B}D$

$=A+C\overline{D}+\overline{C}B+\overline{B}D$（利用 $A+\overline{A}=1$）

有时，逻辑函数的化简结果不是唯一的。

代数化简法的优点是不受变量数目的限制。缺点是没有固定的步骤可循。

9.5 逻辑函数的卡诺图化简法

本节介绍一种比代数法更简便、直观地化简逻辑函数的方法。它是一种图形法，是由美国工程师卡诺（Karnaugh）发明的，所以称为卡诺图化简法。

9.5.1 最小项

在 n 个变量的逻辑函数中，包含全部变量的乘积项称为最小项。其中每个变量在该乘积项中可以以原变量的形式出现，也可以以反变量的形式出现，但只能出现一次。n 变量逻辑函数的全部最小项共有 2^n 个。

如三变量逻辑函数 $L=f$（A，B，C）的最小项共有 $2^3=8$ 个，列入表 9-5 中。

表 9-5 三变量逻辑函数的最小项及编号

最小项	变量取值 A B C	编号
$\overline{ABC}$	0 0 0	m_0
$\overline{AB}C$	0 0 1	m_1
$\overline{A}B\overline{C}$	0 1 0	m_2
$\overline{A}BC$	0 1 1	m_3
$A\overline{BC}$	1 0 0	m_4
$A\overline{B}C$	1 0 1	m_5
$AB\overline{C}$	1 1 0	m_6
ABC	1 1 1	m_7

9.5.2 逻辑函数的最小项表达式

任何一个逻辑函数表达式都可以转换为一组最小项之和，称为最小项表达式。

【例 9.12】将逻辑函数 $L=(A,B,C)=AB+\overline{A}C$ 转换成最小项表达式。

解：该函数为三变量函数，而表达式中每项只含有两个变量，不是最小项。要变为最小项，就应补齐缺少的变量，办法为将各项乘以 1，如 AB 项乘以 $(C+\overline{C})$。

$$L(A,B,C)=A\overline{B}+\overline{A}C=AB(C+\overline{C})+\overline{A}C(B+\overline{B})=ABC+AB\overline{C}+\overline{A}BC+\overline{A}BC$$

$$=m_7+m_6+m_3+m_1$$

为了简化，也可用最小项下标编号来表示最小项，故上式也可写为

L（A，B，C）$=\sum m$（1，3，6，7）

要把非“与-或表达式”的逻辑函数变换成最小项表达式，应先将其变成“与-或表达式”再转换。式中有很长的非号时，先把非号去掉。

【例 9.13】将逻辑函数 $F(A, B, C)=AB+\overline{AB+\overline{AB}+\overline{C}}$ 转换成最小项表达式。

解：$F(A, B, C) = AB+\overline{AB+\overline{AB}+\overline{C}}$

$=AB+\overline{AB}\bullet\overline{\overline{AB}}\bullet C=AB+(\overline{A}+\overline{B})(A+B)C=AB+\overline{A}BC+A\overline{B}C$

$=AB(C+\overline{C})+\overline{A}BC+A\overline{B}C=ABC+AB\overline{C}+\overline{A}BC+A\overline{B}C$

$=m_7+m_6+m_3+m_5=\sum m$（3，5，6，7）

9.5.3　卡诺图

1.　相邻最小项

如果两个最小项中只有一个变量不同，则称这两个最小项为逻辑相邻，简称相邻项。

如果两个相邻最小项出现在同一个逻辑函数中，可以合并为一项，同时消去互为反变量的那个量。如

$$ABC+A\overline{B}C=AC(B+\overline{B})=AC \tag{9-10}$$

可见，利用相邻项的合并可以进行逻辑函数化简。有没有办法能够更直观地看出各最小项之间的相邻性呢？有。这就是卡诺图。

卡诺图是用小方格来表示最小项，一个小方格代表一个最小项，然后将这些最小项按照相邻性排列起来。即用小方格几何位置上的相邻性来表示最小项逻辑上的相邻性。与真值表所不同的是真值表中的最小项是按照二进制数加法规律排列的，而卡诺图中的最小项则是按照相邻性排列的。

2.　卡诺图的结构

（1）　二变量卡诺图。

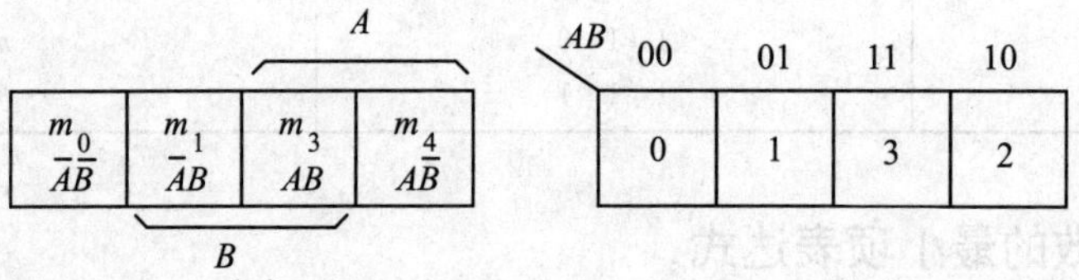

（a）　　　　　　　　（b）

图 9-12　二变量卡诺图

（2）　三变量卡诺图。

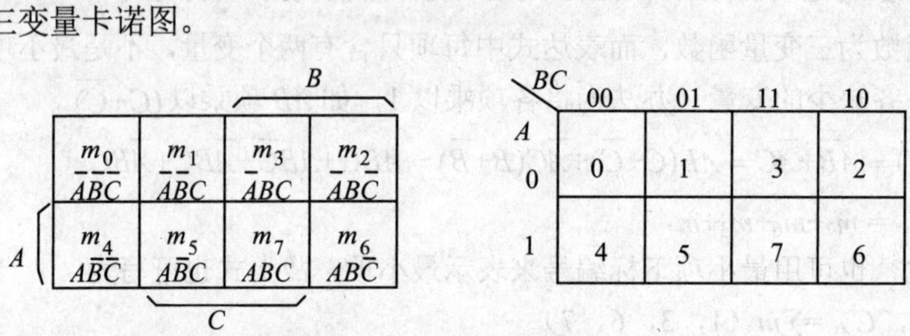

（a）　　　　　　　　（b）

图 9-13　三变量卡诺图

（3）　四变量卡诺图。

仔细观察可以发现，卡诺图具有很强的相邻性。

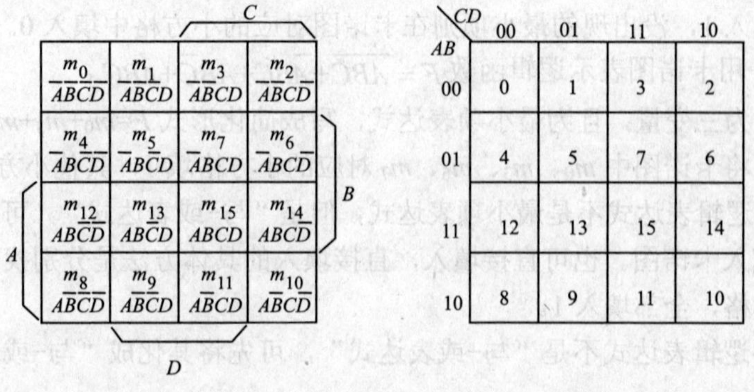

（a）　　　　　　　　　　（b）

图 9-14　四变量卡诺图

首先是直观相邻性，只要小方格在几何位置上相邻（不管上下左右），它代表的最小项在逻辑上一定是相邻的。

其次是对边相邻性，即与中心轴对称的左右两边和上下两边的小方格也具有相邻性。

9.5.4　用卡诺图表示逻辑函数

1.　从真值表到卡诺图

【例 9.14】某逻辑函数的真值表如表 9-6 所示，用卡诺图表示该逻辑函数。

表 9-6　例 9.14 真值表

A	*B*	*C*	*L*
0	0	0	0
0	0	1	0
0	1	0	0
0	1	1	1
1	0	0	0
1	0	1	1
1	1	0	1
1	1	1	1

解：该函数为三变量，先画出三变量卡诺图，然后根据表 9-6 所示真值表，将 8 个最小项 L 的取值 0 或者 1 填入卡诺图中对应的 8 个小方格中即可，如图 9-15 所示。

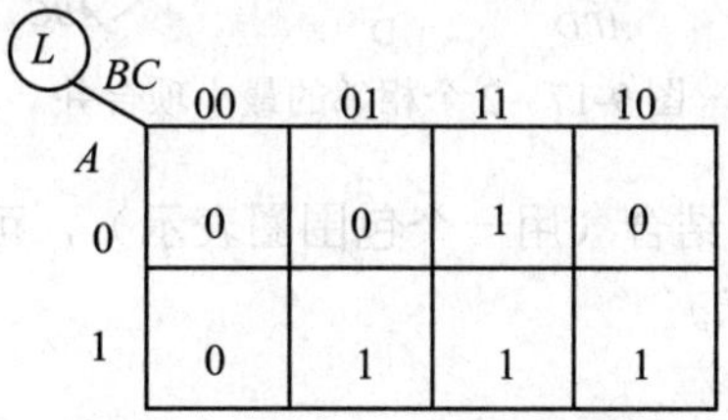

图 9-15　例 9.14 的卡诺图

2. 从逻辑表达式到卡诺图

（1） 如果逻辑表达式为最小项表达式，则只要将函数式中出现的最小项在卡诺图对应的小方格中填入 1，没出现的最小项则在卡诺图对应的小方格中填入 0。

【例 9.15】用卡诺图表示逻辑函数 $F=\overline{ABC}+\overline{A}BC+AB\overline{C}+ABC$。

解：该函数为三变量，且为最小项表达式，写成简化形式 $F=m_0+m_3+m_6+m_7$，然后画出三变量卡诺图，将卡诺图中 m_0、m_3、m_6、m_7 对应的小方格填 1，其他小方格填 0。

（2） 如果逻辑表达式不是最小项表达式，但是“与-或表达式”，可将其先化成最小项表达式，再填入卡诺图。也可直接填入，直接填入的具体方法是分别找出每一个与项所包含的所有小方格，全部填入 1。

（3） 如果逻辑表达式不是“与-或表达式”，可先将其化成“与-或表达式”再填入卡诺图。

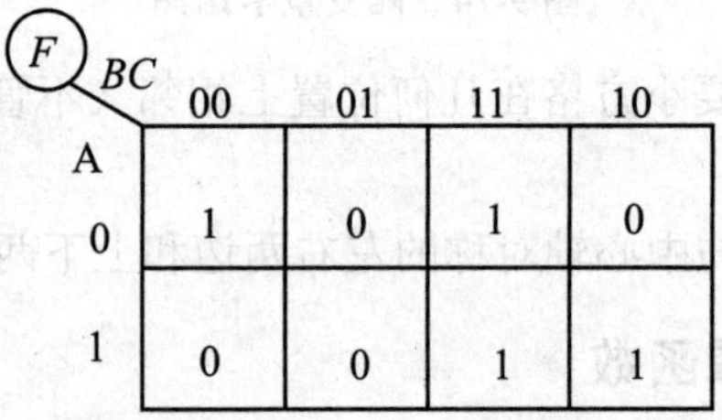

图 9-16　例 9.15 的卡诺图

9.5.5 逻辑函数的卡诺图化简法

1. 卡诺图化简逻辑函数的原理

（1） 2 个相邻的最小项结合（用一个包围圈表示），可以消去 1 个取值不同的变量而合并为 1 项，如图 9-17 所示。

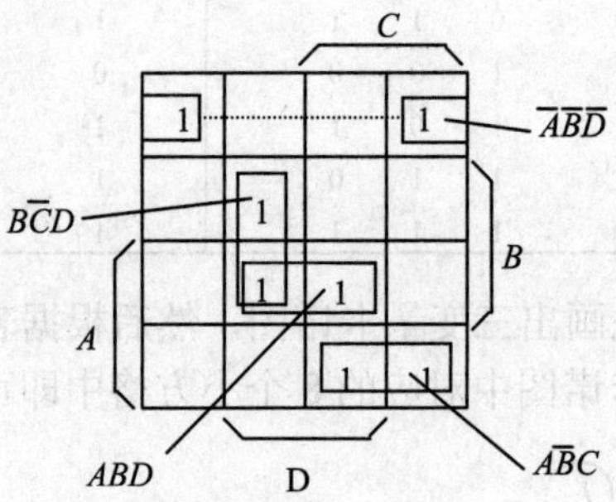

图 9-17　2 个相邻的最小项合并

（2） 4 个相邻的最小项结合（用一个包围圈表示），可以消去 2 个取值不同的变量而合并为 1 项，如图 9-18 所示。

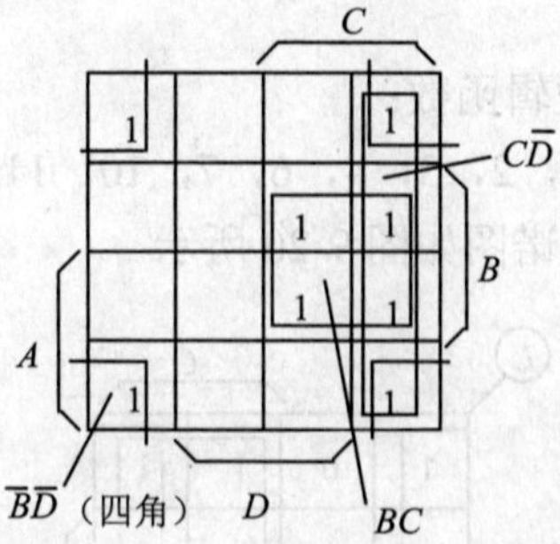

图 9-18　4 个相邻的最小项合并

（3）　8 个相邻的最小项结合（用一个包围圈表示），可以消去 3 个取值不同的变量而合并为1项，如图 9-19 所示。

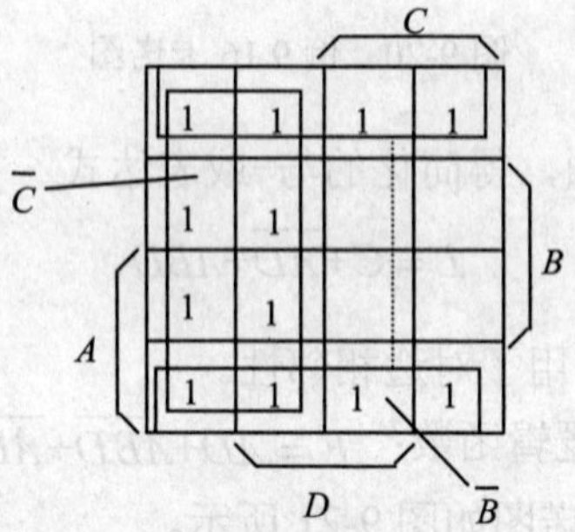

图 9-19　8 个相邻的最小项合并

总之，2^n 个相邻的最小项结合，可以消去 n 个取值不同的变量而合并为1项。

2.　用卡诺图合并最小项的原则

用卡诺图化简逻辑函数，就是在卡诺图中找相邻的最小项，即画圈。为了保证将逻辑函数化到最简，画圈时必须遵循以下原则。

（1）　圈要尽可能大，这样消去的变量就多。但每个圈内只能含有 2^n（n=0，1，2，3，…）个相邻项。要特别注意对边相邻性和四角相邻性。

（2）　圈的个数尽量少，这样化简后的逻辑函数的与项就少。

（3）　卡诺图中所有取值为 1 的方格均要被圈过，即不能漏下取值为 1 的最小项。

（4）　取值为 1 的方格可以被重复圈在不同的包围圈中，但在新画的包围圈中至少要含有 1 个未被圈过的 1 方格，否则该包围圈是多余的。

3.　用卡诺图化简逻辑函数的步骤

（1）　画出逻辑函数的卡诺图。

（2）　合并相邻的最小项，即根据前述原则画圈。

（3）　写出化简后的表达式。每一个圈写一个最简与项，规则是，取值为 1 的变量用原变量表示，取值为 0 的变量用反变量表示，将这些变量相与。然后将所有与项进行逻辑加，即得最简与-或表达式。

【例 9.16】用卡诺图化简逻辑函数：

$L(A, B, C, D) = \sum m(0, 2, 3, 4, 6, 7, 10, 11, 13, 14, 15)$

解：（1） 由表达式画出卡诺图如图 9-20 所示

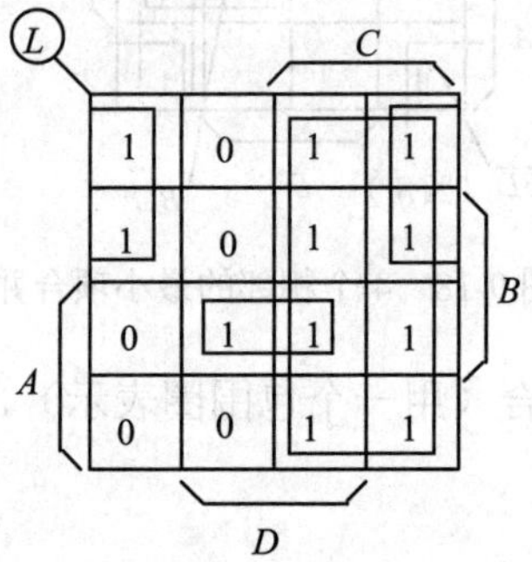

图 9-20 例 9.16 卡诺图

（2） 画包围圈合并最小项，得简化的与-或表达式

$$L = C + \overline{A}\overline{D} + ABD$$

注意图中的包围圈 $\overline{A}\overline{D}$ 是利用了对边相邻性。

【例 9.17】用卡诺图化简逻辑函数：$F = AD + A\overline{B}\overline{D} + \overline{A}\overline{B}\overline{C}\overline{D} + \overline{A}\overline{B}C\overline{D}$。

解：（1）由表达式画出卡诺图如图 9-21 所示。

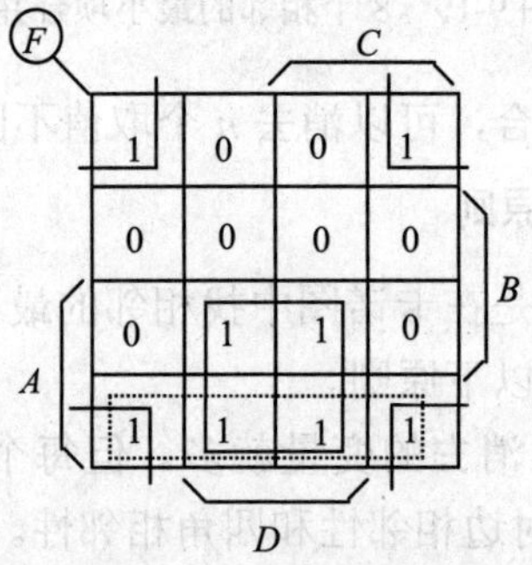

图 9-21 例 9.17 卡诺图

（2） 画包围圈合并最小项，得简化的与-或表达式

$$F = AD + \overline{B}\overline{D}$$

注意：图中的虚线圈是多余的，应去掉；图中的包围圈 $\overline{B}\overline{D}$ 是利用了四角相邻性。

知识拓展　具有无关项的逻辑函数的化简

1. 什么是无关项

【例 9.18】在十字路口有红绿黄三色交通信号灯，规定红灯亮停，绿灯亮行，黄灯亮等一等，试分析车行与三色信号灯之间逻辑关系。

解：设红、绿、黄灯分别用 A、B、C 表示，且灯亮为 1，灯灭为 0。车用 L 表示，车行 L=1，车停 L=0。列出该函数的真值表如表 9-7 所示。

表 9-7　例 9.18 真值表

红灯 A	绿灯 B	黄灯 C	车 L
0	0	0	×
0	0	1	0
0	1	0	1
0	1	1	×
1	0	0	0
1	0	1	×
1	1	0	×
1	1	1	×

显而易见，在这个函数中，有 5 个最小项是不会出现的，如 ABC（三个灯都不亮）、ABC（红灯绿灯同时亮）等。因为一个正常的交通灯系统不可能出现这些情况，如果出现了，车可以行也可以停，即逻辑值任意。

无关项：在有些逻辑函数中，输入变量的某些取值组合不会出现，或者一旦出现，逻辑值可以是任意的。这样的取值组合所对应的最小项称为无关项、任意项或约束项，在卡诺图中用符号×来表示其逻辑值。

带有无关项的逻辑函数的最小项表达式为

$$L=\sum m(\quad)+\sum d(\quad) \tag{9-11}$$

如本例函数可写成　$L=\sum m(2)+\sum d(0,3,5,6,7)$

2. 具有无关项的逻辑函数的化简

化简具有无关项的逻辑函数时，要充分利用无关项可以当 0 也可以当 1 的特点，尽量扩大卡诺圈，使逻辑函数更简。

【例 9.19】某逻辑函数输入是 8421BCD 码（即不可能出现 1010～1111 这 6 种输入组合），其逻辑表达式为

$L(A,B,C,D)=\sum m(1,4,5,6,7,9)+\sum d(10,11,12,13,14,15)$

用卡诺图法化简该逻辑函数：

解：（1）画出 4 变量卡诺图，如图 9-22（a）所示。将 1、4、5、6、7、9 号小方格填入 1；将 10、11、12、13、14、15 号小方格填入×。

（2） 合并最小项。与 1 方格圈在一起的无关项被当作 1，没有圈的无关项被当做 0。

注意： 1 方格不能漏。× 方格根据需要，可以圈入，也可以放弃。

（3） 写出逻辑函数的最简与-或表达式：$L=B+\overline{C}D$。

如果不考虑无关项，如图 9-22（b）所示，写出表达式为 $L = A\overline{B} + \overline{B}CD$，可见不是最简。

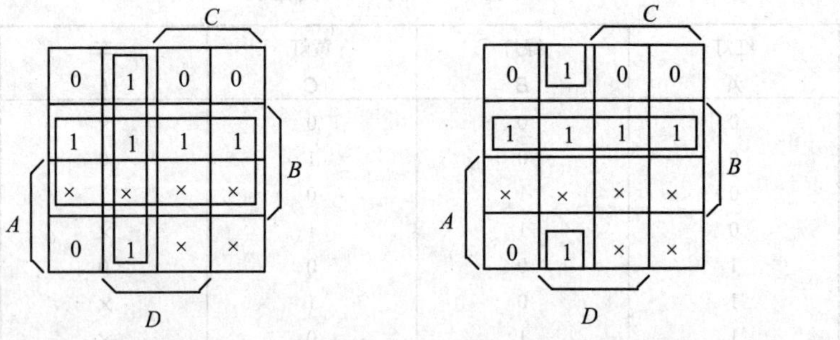

（a）考虑无关项　　（b）不考虑无关项

图 9-22　例 9.19 的卡诺图

卡诺图化简法的优点是简单、直观，有一定的化简步骤可循，不易出错，且容易化到最简。但是在逻辑变量超过 5 个时，就失去了简单、直观的优点，其实用意义会大打折扣。

9.6　集成门电路

随着集成电路技术的发展，集成门电路已在数字电路中占主导地位，这里主要介绍 TTL 集成门电路和 COMS 集成电路。

9.6.1　TTL 集成门电路

把一个电路中的所有元件，包括二极管、三极管、电阻器及导线等都制作在一片半导体芯片上，封装在一个管壳内，这就是集成电路。

目前广泛应用的集成门电路主要有双极型和单极型门电路两种，其中以 TTL 门电路和 CMOS 门电路的应用最为广泛。TTL 集成门电路的输入端和输出端都是由双极型晶体三极管构成的，其实是一种双极型晶体管集成电路。它的特点是速度快，抗静电能力强，集成度低，功耗大，目前广泛应用于中、小规模集成电路中。

一、TTL 与非门

TTL 与非门电路如图 9-23（a）所示，图 9-23（b）中输入级 T_1 是一个多发射极三极管，T_2 为中间级，T_3、T_4、T_5 为输出级。

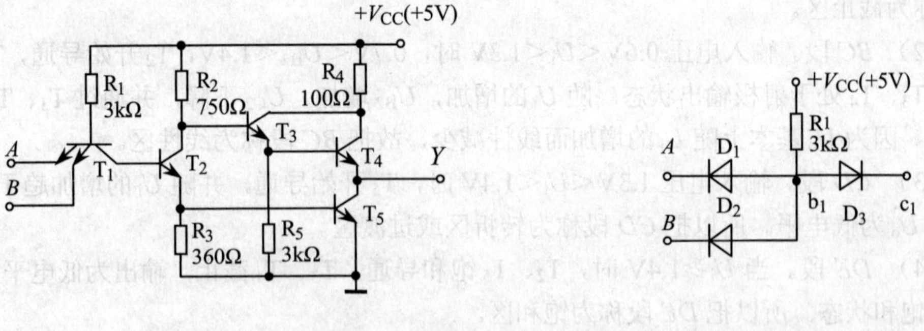

（a）TTL 与非门电路　　　　　　　　　　（b）T_1 的等效电路

图 9-23　TTL 集成与非门电路图

工作原理分析如下：

（1）输入信号不全为 1 的情况。当输入端有一个或几个接低电平（+0.3V）时，三极管 T_1、T_3、T_4 导通，T_2 和 T_5 截止，输出端的电压 u_y≈5−0.7−0.7=3.6V，即输出端 Y 为高电平 1。

（2）输入信号全为 1 的情况。当输入端全部接高电平（+3.6 V）时，三极管 T_2、T_5 导通，T_3 和 T_4 截止，输出电压约等于 0.3V，输出为低电平 0。

综上所述，电路的输入与输出之间的逻辑关系为与非逻辑关系，即输入有 0 时输出为 1，输入全 1 时输出为 0，电路满足了与非逻辑关系，是集成与非门。即有：$Y=\overline{A\bullet B}$

二、TTL 与非门的外特性与参数

1. 电压传输特性

输入电压 U_i 从低电平逐渐增大到高电平时，输出电压 U_o 随之变化的特性称为电压传输特性。描述 U_o 与 U_i 间关系的曲线称为电压传输特性曲线。测试电路及曲线如图 9-24 所示。曲线分为以下四段。

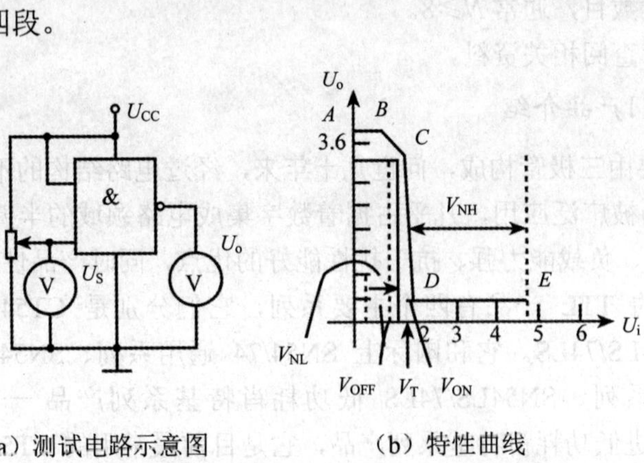

（a）测试电路示意图　　　　　　（b）特性曲线

图 9-24　TTL 与非门电压传输特性

（1）AB 段。输入电压 U_i≤0.6V 时，T_1 工作在深度饱和状态，U_{CES1}＜0.1V，U_{B2}＜0.7V，故 T_2、T_5 截止，T_3、T_4 导通，U_o≈3.6V 为高电平。与非门处于截止状态，所以把

AB 段称为截止区。

（2） *BC* 段。输入电压 0.6V＜U_i＜1.3V 时，0.7V＜U_{B2}＜1.4V，T_2 开始导通，T_5 仍未导通，T_3、T_4 处于射极输出状态。随 U_i 的增加，U_{B2} 增加，U_{C2} 下降，并通过 T_3、T_4 使 U_o 也下降。因为 U_o 基本上随 U_i 的增加而线性减少，故把 *BC* 段称为线性区。

（3） *CD* 段。输入电压 1.3V＜U_i＜1.4V 时，T_5 开始导通，并随 U_i 的增加趋于饱和，使输出 U_o 为低电平。所以把 *CD* 段称为转折区或过渡区。

（4） *DE* 段。当 U_i≥1.4V 时，T_2、T_5 饱和导通，T_3、T_4 截止，输出为低电平。与非门处于饱和状态。所以把 *DE* 段称为饱和区。

2. 主要参数

（1）输出高电平 U_{OH} 和输出低电平 U_{OL}。电压传输特性曲线截止区的输出电压为 U_{OH}，饱和区的输出电压为 U_{OL}。一般产品规定 U_{OH}≥2.4V，U_{OL}＜0.4V。

（2） 阈值电压 V_T。电压传输特性曲线转折区中点所对应的输入电压为 V_T，也称为门槛电压。一般 TTL 与非门的 V_T≈1.4V。

（3） 关门电平 V_{OFF} 和开门电平 V_{ON}。保证输出高电平为额定高电平（2.7V 左右）时，允许输入低电平的最大值，称为关门电平 V_{OFF}。通常 V_{OFF}≈1V，一般产品要求 V_{OFF}≥0.8V。保证输出电平为额定低电平（0.3V 左右）时，允许输入高电平的最小值，称为开门电平 V_{ON}。通常 V_{ON}≈1.4V，一般产品要求 V_{ON}≤1.8V。

（4） 噪声容限 V_{NL}、V_{NH}。在实际应用中，由于外界干扰、电源波动等原因，可能使输入电平 U_i 偏离规定值。为了保证电路可靠工作，应对干扰的幅度有一定的限制，称为噪声容限。它是用来说明门电路抗干扰能力的参数。

（5） 输入漏电流 I_{IH}。当 U_i＞V_{ON} 时，流经输入端的电流称为输入漏电流 I_{IH}，即 T_1 倒置工作时的反向漏电流。其值很小，约为 10 μA。

（6） 扇出系数 *N*。扇出系数是以同一型号的与非门作为负载时，一个与非门能够驱动同类与非门的最大数目，通常 *N*≥8。

其余参数请读者查阅相关资料。

三、TTL 与非门产品介绍

TTL 电路，主要由三极管构成，问世几十年来，经过电路结构的不断改进和集成工艺的逐步完善，至今仍被广泛应用，几乎占据着数字集成电路领域的半壁江山。它具有体积小、重量轻、功耗低、负载能力强、抗干扰性能好的优点，同时产品性能稳定，工作可靠，开关速度快。国产的 TTL 产品有四个主要系列，它们分别是 CT54/74、CT54H/74H、CT54S/74S 和 CT54LS/74LS。它和国际上 SN54/74 通用系列、SN54H/74H 高速系列、SN54S/74S 肖特基系列、SN54LS/74LS 低功耗肖特基系列产品一一对应。还有一种 CT54ALS/74ALS 先进低功耗肖特基系列产品，它是目前最常用的 CT54LS/74LS 系列的后续产品，速度更快、功耗更低。另外，CT54 系列和 CT74 系列仅仅是使用温度和工作电压不同而已，其电路结构和电气性能参数完全相同。54 系列的使用温度为（−55V～+125）℃，工作电压为 5V±10%，常用于军品；74 系列的使用温度为（0～70）℃，工作电压为 5 V±5%，常用于民品。

目前常用的集成电路多采用双列直插式封装，其引脚数有 14、16、18、20 等多种。其引脚排列编号的判断方法是将半圆形凹口朝左，字面向上，按逆时针方向从左下角开始顺序读出，以 74LS00 为例，如图 9-25 所示。

74LS00 是一种典型的 TTL 与非门器件，内部含有 4 个 2 输入端与非门，共有 14 个引脚，引脚排列图如图 9-25 所示。

CT54/74 系列的几种主要系列重要参数对比见表 9-8 所示。

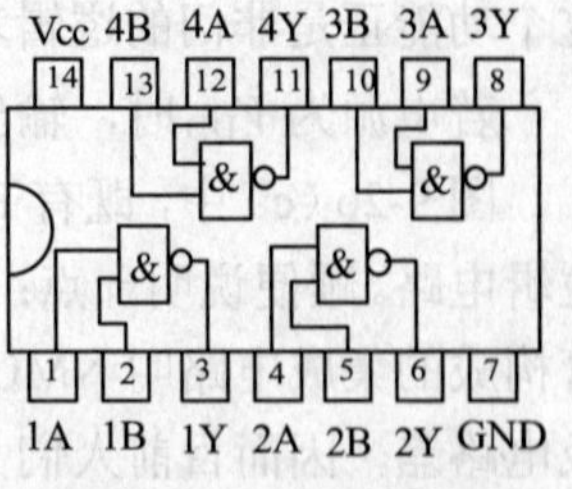

图 9-25　74 LS 00 引脚图

表 9-8　TTL 的几种主要系列参数对比表

系列名称	标准 TTL	LSTTL	ASTTL	ALSTTL
	7400	74LS00	74AS00	74ALS00
工作电压/V	5	5	5	5
平均功耗 mW/门	10	2	8	1.2
平均传输延迟时间 ns/门	9	9.5	3	3.5
功耗–延迟积 mW–ns	90	19	24	4.2
最高工作频率 MHz	40	50	230	100
噪声容限/V	1	0.6	0.5	0.5

另外，TTL 门电路除与非门之外，还有许多种门电路，常用的有与门、或门、或非门、与或非门、异或门、集电极开路门（OC 门）以及三态门等，在这里就不一一介绍了。

9.6.2　CMOS 集成门电路

MOS 集成逻辑门是采用 MOS 管作为开关元件的数字集成电路。它功耗低，抗干扰能力强，工艺简单，集成度高，是继 TTL 之后发展起来的另一种应用广泛的数字集成电路。MOS 逻辑门电路有 PMOS、NMOS 和 CMOS 三种类型，PMOS 电路工作速度低且采用负电压，不便于与 TTL 电路相连；NMOS 电路工作速度比 PMOS 电路要高，集成度高、便于和 TTL 电路相连，但带电容负载能力较弱；CMOS 电路又称互补 MOS 电路，它突出的优点是静态功耗低、抗干扰能力强、工作稳定性好、开关速度快，是性能较好且应用较广泛的一种电路。几乎所有的大规模、超大规模数字集成器件都采用 MOS 工艺。就其发展趋势看，MOS 电路特别是 CMOS 电路有可能超越 TTL 成为占统治地位的逻辑器件。

1. CMOS 门电路

CMOS 逻辑门是用绝缘栅场效应晶体管制作的逻辑门，在 CMOS 逻辑电路中，均使用增强型 MOS 管，图 9-26（a）所示为 N 沟道增强型管，在分析电路时可以认为，只要它的栅极电平为“1”（即 $V_G > V_S$）它就饱和导通，栅极电平为“0”它就处于截止状态；图 9-26（b）所示为 P 沟道增强型管，在分析电路时可以认为，只要它的栅极电平为“0”（即 $V_G > V_S$）它就饱和导通，栅极电平为“1”它就处于截止状态，例如，图 9-26（c）所示，当输入 A=1 时，T_1 饱和、T_2 截止，若把饱和管 T_1 看作导线，则输出 F 就是低电平，因而 F=0；当 A=0 时，T_1 截止、T_2 导通，若把 T_2 看作导线，则将高电平+V_{DD} 引到输出端，因而 F=1，这个功能正是非门的逻辑功能，即 $F=\overline{A}$。

若电源为 V_{DD} 时，输出 $U_{OH}\approx V_{DD}$，$U_{OL}\approx 0$。

图 9-26（c）中，既有 P 沟道 MOS 管又有 N 沟道 MOS 管，我们把这类电路称为 CMOS 逻辑电路。顺便说明一点：仅由 P 沟道 MOS 管构成的集成电路叫 PMOS；仅由 N 沟道 MOS 管构成的集成电路叫 NMOS，后两种集成电路虽然制作时简单一些，但性能要比 CMOS 集成电路差，因而目前人们大都使用 CMOS。

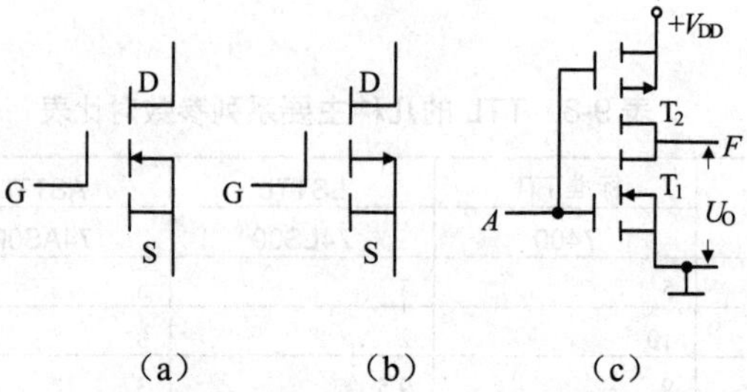

图 9-26　增强型 MOS 符号及非门逻辑

由于 CMOS 集成电路的工作电源 V_{DD} 取值在 3～20 V 之间，故输入电平和输出电平振幅大，抗干扰能力强，电源工作范围大，也便于和 TTL 电路连接，又由于电路中不使用电阻器而大大增加了集成度，再加上功耗低等优点，使 CMOS 集成逻辑门获得了广泛应用。

关于 CMOS 或非门、与非门和 CMOS 传输门等其他的 CMOS 门电路，请读者查阅相关资料，这里不再一一介绍了。

2.　CMOS 门电路系列及型号简要介绍

CMOS4000 系列和高速 CMOS 电路系列是 CMOS 数字集成电路目前的主要产品。CMOS4000 系列的工作电压为 3～18V，它具有功耗低、噪声容限大、驱动能力强等优点，并且该系列产品带有反相器做缓冲级，具有对称的驱动能力，使用已相当普遍。而高速 CMOS 电路集中了 CMOS 和 TTL 电路的优点，同时又克服了它们各自的缺点，它具有更快的速度、更高的工作频率、更强的带负载能力等。高速 CMOS 电路主要有 CC54HC/CC74HC 和 CC54HCT/CC74HCT 两大类，它们的逻辑功能、外引线排列与同型号的 TTL 电路 CT54LS/CT74LS 系列相同。CC54HC/CC74HC 系列的工作电压为 2～6 V，若电源电压取 5 V 时，输出高低电平与 TTL 电路兼容；CC54HCT/CC74HCT 中的 T 表示与 TTL 电路兼容，其电源电压为 4.5～5.5 V，电平特性与 LSTTL 兼容。

其他方面请参阅相关资料。

3.　TTL 与 CMOS 器件之间的接口问题

两种不同类型的集成电路相互连接，驱动门必须为负载门提供符合要求的高低电平和足够的输入电流，即要满足下列条件：

驱动门的 $V_{OH\,(min)}$ ≥负载门的 $V_{IH\,(min)}$；驱动门的 $V_{OL\,(max)}$ ≤负载门的 $V_{IL\,(max)}$；

驱动门的 $I_{OH\,(max)}$ ≥负载门的 $I_{IH\,(总)}$；驱动门的 $I_{OL\,(max)}$ ≥负载门的 $I_{IL\,(总)}$。

其中 O 代表输出，I 代表输入；H 代表高电平，L 代表低电平。如 $V_{OH\,(min)}$ 就代表输出高电平的最小值。

4. TTL 和 CMOS 电路带负载时的接口问题

在工程实践中，对于电流较小、电平能够匹配的负载可以直接驱动，图 9-27（a）所示为用 TTL 门电路驱动发光二极管 LED。图 9-27（b）所示为用 TTL 门电路驱动 5 V 低电流继电器，其中二极管 D 做保护，用以防止过电压。如果负载电流较大，可将同一芯片上的多个门并联作为驱动器，如图 9-28（a）所示。也可在门电路输出端接三极管，以提高负载能力，如图 9-28（b）所示。

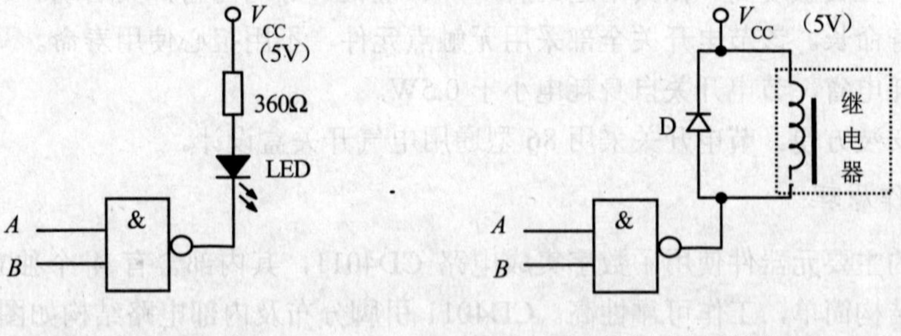

（a）驱动发光二极管　　　　（b）驱动低电流继电器

图 9-27　门电路带小电流负载

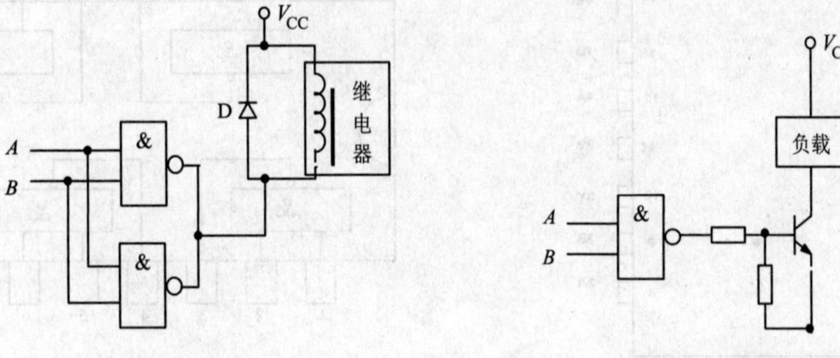

（a）门电路并联使用　　　　（b）加驱动三极管

图 9-28　门电路带大电流负载

实践任务　声光控延时开关

一、声光控延时开关组装实践的目的及特点

1. 目的

通过声光控延时开关的制作，使学生巩固低频放大器的工作原理及应用、单向晶闸管的工作条件及应用和与非门电路的逻辑关系及工程应用等方面知识。

学习小电子产品的组装工艺及方法，掌握一般电子产品的调试方法。

这里介绍的声光控节电开关，在白天或光线较亮时，节电开关呈关闭状态，灯不亮；夜间或光线较暗时，节电开关呈预备工作状态，当有人经过开关附近时，脚步声、说话声、拍手声等都能开启节电开关、灯亮后经 45 s 左右的延时后节电开关自动关闭，灯灭。该开关适用于楼梯间、走廊、洗漱间、卫生间等公共场合，能节电并延迟灯泡使用寿命。电路采用四与非门集成电路 CD4011 作为中心元件，结合外围电路，实现各项功能。

2. 节电开关的特点

（1） 采用单线出入。可直接替代原手控开关，不用另接线，便于安装。

（2） 声控灵敏度高。在其附近的脚步声、说话声等均可将开关启动。

（3） 寿命长。该节电开关全部采用无触点元件，不用担心使用寿命。

（4） 耗电省。节电开关自身耗电小于 0.5W。

（5） 安装方便。节电开关采用 86 型通用电气开关盒设计。

二、工作原理

电路中的主要元器件使用了数字集成电路 CD4011，其内部含有 4 个独立的输入与非门，使电路结构简单，工作可靠性高。CD4011 引脚分布及内部电路结构如图 9-29 所示。声光控开关电路原理图如图 9-30 所示。

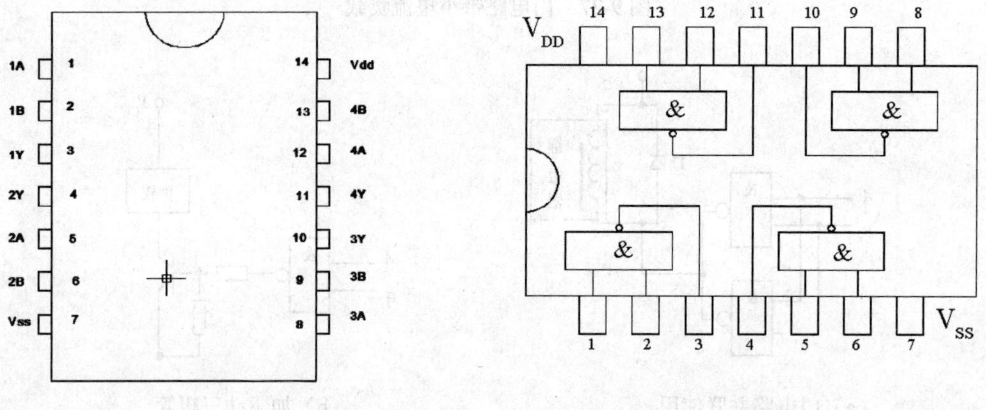

（a）引脚分布图　　（b）内部结构图

图 9-29　引脚分布与内部结构图

交流 220V 电压经灯泡 ZD 后，由 VD1～VD4 组成的整流桥整流，电阻器 R1、R6 分压，电容器 C2 滤波后，在其两端产生 12V 左右的直流电压，给控制电路供电。

在光线较亮时，光敏电阻器（RG）的电阻值较低（在路测约 1.2kΩ），R5 与 RG 的分压使集成电路（CD4011）的 1 脚呈低电平，此时，不管三极管 VT 处于何种状态，使集成电路的 3 脚输出高电平，集成电路的 4 脚输出低电平，二极管 VD5 没有偏置而截止，C3 两端电压为零。这时可使集成电路的 10 脚输出高电平，使集成电路的 11 脚输出低电平，可控硅 MCR 因没有触发信号而截止，灯泡 ZD 不亮。

在晚上光线较暗时，光敏电阻器的电阻值变大使集成电路的 1 脚呈高电平；当话筒 BM 没有声音输入时，因三极管基极由电阻器 R4 提供偏置，使 VT 处于饱和导通状态，其 c 极为低电平，使集成电路的 3 脚输出高电平，集成电路的 4 脚输出低电平，二极管 VD5 设有偏置而截止，C3 两端电压为零，集成电路的 10 脚输出高电平，是集成电路的 11 脚输出低电平，可控硅 T 也因没有触发信号而截止，灯泡 ZD 仍不亮。

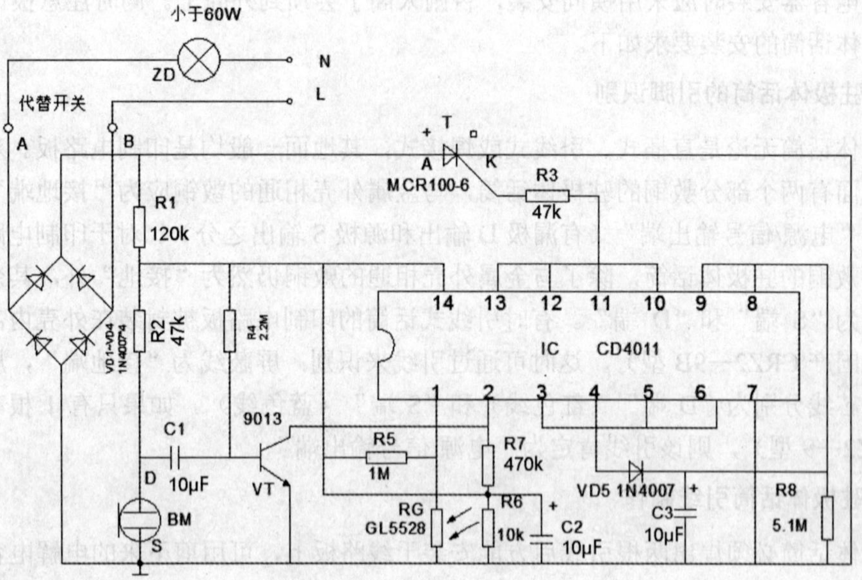

图 9-30　开关电路原理图

当有声音或脚步声时，话筒 BM 将声音信号转变成电信号，通过电容器 C1 耦合到三极管 VT 的 b 极，使 VT 瞬间截止，集成电路的 2 脚为瞬间高电平，又因集成电路的 1 脚为高电平，所以集成电路的 3 脚输出低电平，4 脚输出高电平，经二极管 VD5 向电容器 C3 快速充电至高电平，这时集成电路的 10 脚输出低电平，11 脚必然输出高电平，经电阻器 R3 降压后，产生一个 2V 左右的触发信号，使可控制硅 T 导通，灯泡 ZD 发亮。

声音信号消失后，三极管 VT 的 c 极又恢复为低电平加到集成电路的 2 脚，即使集成电路的 1 脚为高电平，集成电路的 4 脚必然输出低电平，使得二极管 VD5 反向截止。这时电容器 C3 通过 R8 缓慢放电，仍然维持一段时间的高电平经过两级与非门可维持控制硅 T 导通，灯泡 ZD 保持发光。随着电容器 C3 的不断放电，其两端的电压也不断降低，当达到与非门电平翻转条件时，集成电路的 11 脚变为低电平，可控硅 T 触发信号消失关断，灯泡 ZD 熄灭，达到了灯泡发光延时自动关断的目的。

电路中使用的可控硅是一种 NPNP 的四层器件，平时它是关断的，当在控制端给一个触发脉冲时，它就导通了，导通后，即使撤掉触发脉冲，它仍然导通而不会关断，只有给它施加反向电压或切断电流，它才能关断。前面所说的声控灯，就是去掉触发脉冲后，利用整流后未经滤波的过零脉动直流电源在过零瞬间，使可控硅 T 电流中断而自动关断。

三、安装说明

二极管、三极管安装时注意极性不要装反，线路板上都有标识，制作时请严格按标识来插件。

三极管安装时必须控制其高度，安装时尽量插到底，装入盒子后，若太高的话会将电路板顶起，造成后盖无法正常安装。

可控硅（晶闸管）的外形与三极管完全相同，插装时一定要看准标识，不能装错。

电解电容器安装时应采用横向安装，否则太高了会顶到外壳上。同时注意极性。

驻极体话筒的安装要求如下。

1. 驻极体话筒的引脚识别

驻极体话筒无论是直插式、引线式或焊接式，其地面一般均是印制电路板。对于印制电路板上面有两个部分敷铜的驻极体话筒，与金属外壳相通的敷铜应为“接地端”，另一敷铜则为“电源/信号输出端”（有漏极 D 输出和源极 S 输出之分）。对于印制电路板上面有三部分敷铜的驻极体话筒，除了与金属外壳相通的敷铜仍然为“接地”外，其余两部分敷铜分别为“S 端”和“D 端”。有时引线式话筒的印制电路板被封装在外壳内部，无法看到（如国产 CRZ2—9B 型），这时可通过引线来识别：屏蔽线为“接地端”，屏蔽线中间的两根芯线分别为“D 端”（红色线）和“S 端”（蓝色线）。如果只有 1 根芯线（如国产 CRZ2—9 型），则该引线肯定为“电源/信号输出端”。

2. 驻极体话筒引线制作

驻极体话筒必须焊出两根引线后方能安装于线路板上，可用剪下来的电解电容器引脚作为引线来使用，先将引线折成 L 状，然后把短边焊在驻极体话筒的两个焊点上即可。

3. 光敏电阻器的安装

光敏电阻器 RG 没有极性可以任意插装。需要指出的是，光敏电阻器在局部电路调试完毕后将电路板固定在外壳后再焊接光敏电阻器，这样做一是便于调试，二是根据外壳配合情况来选择引脚的长短（让光敏面与外壳外平面平齐）。

表 9-9 声光控开关元器件清单

序号	标识	元件名称	型号规格	数量	序号	标识	元件名称	型号规格	数量
1	IC	集成电路	CD4011	1 片	11	R4	电阻器	2.2MΩ	1 只
2	T	可控硅	MCR100-6	1 只	12	R5	电阻器	1MΩ	1 只
3	VT	三极管	9013	1 只	13	R6	电阻器	10kΩ	1 只
4	VD1～VD5	二极管	IN4007	5 只	14	R7	电阻器	470kΩ	1 只
5	BM	驻极体话筒	54±2dB	1 粒	15	R8	电阻器	5.1kΩ	1 只
6	RG	光敏电阻器	GL5528	1 只	16	—	前盖后盖	—	1 套
7	C2、C3	电解电容器	10μF/10V	2 只	17	—	印制板	—	1 块
8	C1	瓷片电容器	104	1 只	18	—	自攻螺钉	Ø3x6	5 粒
9	R1	电阻器	120kΩ	1 只	19	—	机制螺钉	M4x25	2 粒
10	R2、R3	电阻器	47kΩ	2 只	20	—	导线		2 根

四、调试方法

1. 初调

将没有焊接光敏电阻器的完整电路板按图连接好，接上电源后拍手，这时灯泡会点亮。大约经过 45s 左右的延时后灯泡熄灭，说明声控部分和延时部分正常。

2. 总调

（1） 将光敏电阻器插装到初调好的电路板相应位置上，用自攻螺钉将其固定在前外壳上，然后调整光敏电阻器的前后左右位置和引脚长度，使其正好对准前外壳的圆孔中，受光面与外壳表面平齐，再将光敏电阻器的引脚用电烙铁焊接在电路板上。

（2） 按电路原理图接好线路，在有光照的情况下拍手，灯泡不应该点亮。然后用一块黑布将声光控开关盖上拍手，灯泡点亮，经延时 45s 左右灯泡熄灭，说明整个电路工作正常。总调接线示意图如图 9-31 所示。

（3） 装好后盖，组装调试制作完成。

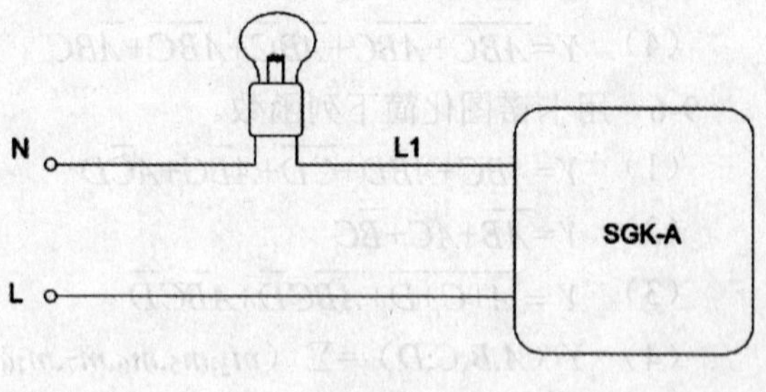

图 9-31

本章小结

（1） 与门、或门、非门是最基本的逻辑门电路，由它们可以组成各种组合逻辑电路。它们的逻辑功能、逻辑函数关系式、电路表示符号及真值表是非常重要的基础知识。

（2） 二进制数是数字电路采用的数值表示方式，0 和 1 只表示两种相反的状态，并没有任何实际的意义。逻辑代数是数字逻辑电路的理论基础，也是逻辑电路分析和设计中要用到的基本工具。

（3） 用公式法化简逻辑函数时除了一定的技巧外，还要掌握基本公式和基本定律，尤其是吸收率和摩根定律的熟练应用。

（4） 用卡诺图化简逻辑函数时。圈 1 的原则是能圈大圈圈大圈，圈要少，每个圈中留下相同变量，留下 0 取反变量，留下 1 取原变量。

（5） 能实现数字逻辑运算功能的基本电路称之为门电路。普遍使用的门电路主要是数字集成电路，有 TTL 和 COMS 两大类别，它们是集成逻辑电路的基本逻辑单元。

习题

9-1 将下列二进制数转换为等值的十六进制数和等值的十进制数。

（1） （10010111）2；（2）（1101101）2；

（3） （0.01011111）2；（4）（11.001）2。

9-2 将下列十六进制数转换为二进制数。

3E　　5BA　　D0.3

9-3 将下列十进制数转换为十六进制数。

33　　98　　125

9-4 将下列十六进制数转换为十进制数。

B0　　6E　　D23

9-5 用逻辑代数的基本公式和常用公式将下列逻辑函数化为最简与或形式。

（1）$Y=AB(BC+A)$

（2）$Y=(\overline{A}+\overline{B}+\overline{C})(B+\overline{B}+C)(\overline{B}+C+\overline{C})$

（3）$Y=A\overline{C}+ABC+AC\overline{D}+CD$

（4）$Y=\overline{A}\,\overline{B}\,\overline{C}+\overline{A}\,\overline{B}C+\overline{A}B\overline{C}+A\overline{B}\,\overline{C}+\overline{A}BC$

9-6 用卡诺图化简下列函数。

（1）$Y=ABC+ABD+\overline{C}\,\overline{D}+A\overline{B}C+A\overline{C}D$

（2）$Y=\overline{A}\,\overline{B}+AC+\overline{B}C$

（3）$Y=\overline{A+C+D}+\overline{A}\,\overline{B}C\overline{D}+A\overline{B}C\overline{D}$

（4）$Y(A,B,C,D)=\sum(m_3,m_5,m_6,m_7,m_{10})$

9-7 根据图 9-32（h）所示输入信号 A、B 的波形，对应画出图 9-32（a）～（g）所示各电路的波形。

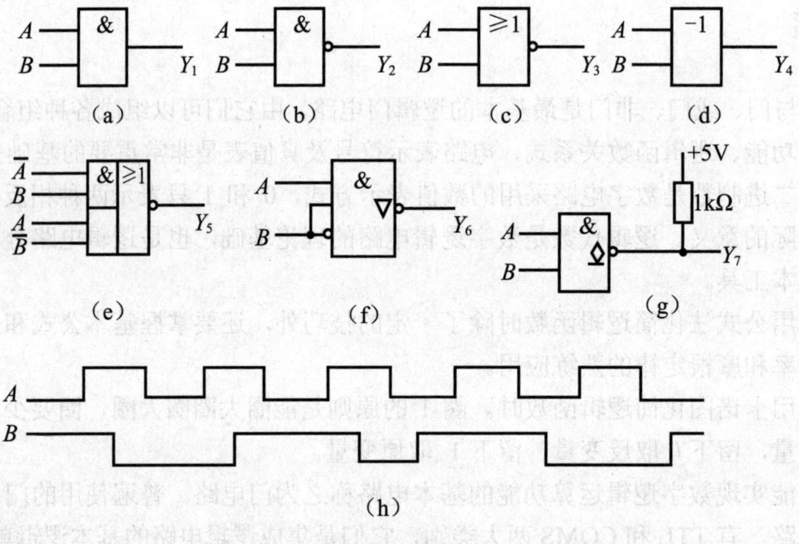

图 9-32 题 9-7

9-8 分析图 9-33 中各 CMOS 门电路，哪些能正常工作，哪些不能，写出正常工作时输出信号的逻辑表达式。

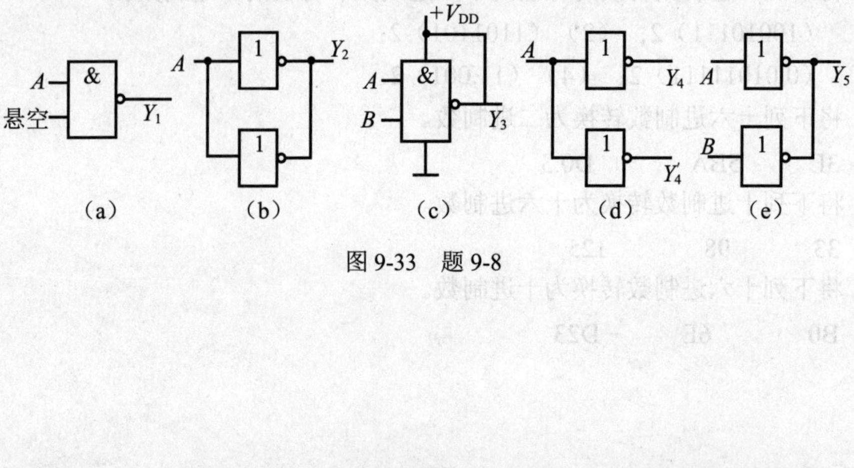

图 9-33 题 9-8

第 10 章　组合逻辑电路

本章要点

学	知识重点	1. 组合逻辑电路的特点 2. 组合逻辑电路的分析设计方法 3. 常用集成组合逻辑单元的逻辑功能
	知识难点	1. 组合逻辑电路的设计 2. 数据选择器的应用
	建议学时	16 学时
练	理论知识	1. 组合逻辑电路的分析设计方法 2. 编码器、译码器逻辑功能，数码显示器工作原理 3. 加法器、数据选择器逻辑功能和使用方法
	练习方法	理论联系实际操作，学中练，练中学
做	实际操作	组合逻辑电路的设计与测试 编码器、译码器及其应用
	实际技能	组合逻辑电路设计与测试的方法 74LS48BCD 译码器和共阴极七段显示器的使用方法

主要内容

对于数字电路，按其结构和工作原理不同，数字电路可分为两大类：组合逻辑电路和时序逻辑电路。

本章介绍组合逻辑电路的特点，分析和设计组合逻辑电路的方法，以及编码器、译码器、数据选择器等常用的组合逻辑器件。

10.1 组合逻辑电路的分析与设计

10.1.1 组合逻辑电路的分析

1. 组合逻辑电路的特点

组合逻辑电路是数字电路中最简单的一类逻辑电路，其特点是功能上无记忆，结构上无反馈。即电路任一时刻的输出状态只决定于该时刻各输入状态的组合，而与电路的原状态无关。

2. 组合逻辑电路的分析方法

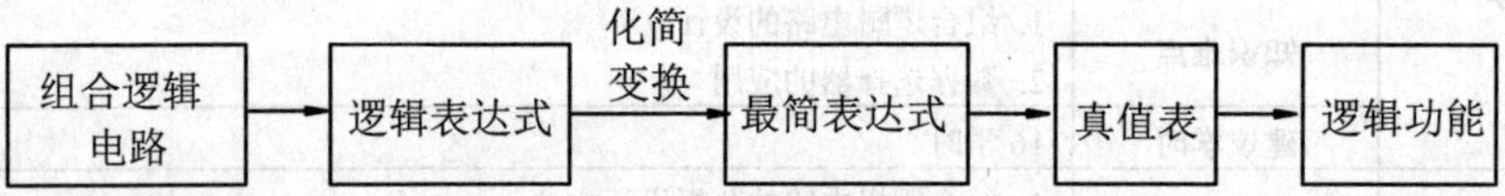

【例 10.1】组合电路如图 10-1 所示，分析该电路的逻辑功能。

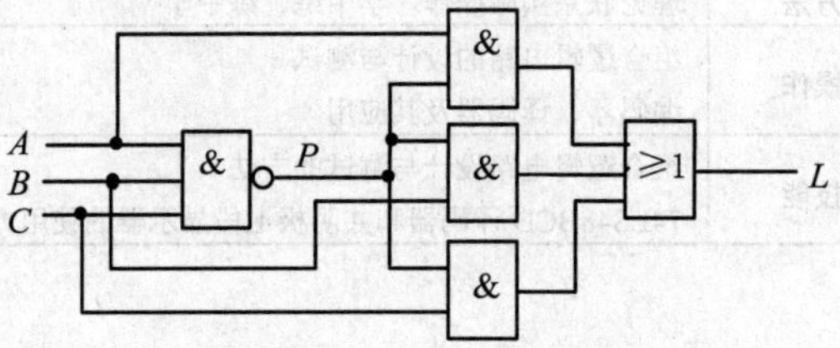

图 10-1 例 10.1 电路图

解：（1） 由逻辑图逐级写出逻辑表达式。为了写表达式方便，借助中间变量 P

$$P=\overline{ABC}$$

$$L=AP+BP+CP$$

$$=A\overline{ABC}+B\overline{ABC}+C\overline{ABC}$$

（2） 化简与变换。因为下一步要列真值表，所以要通过化简与变换，使表达式有利于列真值表，一般应变换成与—或式或最小项表达式，即

$$L=\overline{ABC}(A+B+C)=\overline{ABC+\overline{A+B+C}}=\overline{ABC+\overline{A}\,\overline{B}\,\overline{C}}$$

（3） 由表达式列出真值表，见表 10-1 所示。经过化简与变换的表达式为两个最小项之和的非，所以很容易列出真值表。

（4） 分析逻辑功能。

由真值表可知，当 A、B、C 三个变量不一致时，电路输出为“1”，所以这个电路称为“不一致电路”。

对于多输出变量的组合逻辑电路，分析方法完全相同。

表 10-1　例 10.1 真值表

A	*B*	*C*	*L*
0	0	0	0
0	0	1	1
0	1	0	1
0	1	1	1
1	0	0	1
1	0	1	1
1	1	0	1
1	1	1	0

【例 10.2】分析如图 10-2 所示的组合逻辑电路的功能。

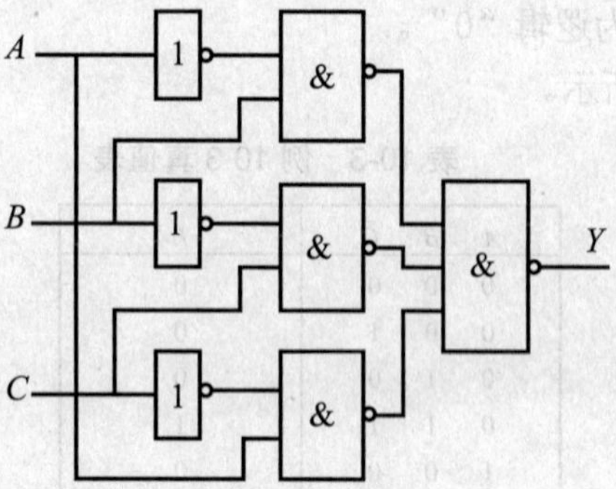

图 10-2　例 10.2

解：（1）　写表达式：$Y=\overline{\overline{\bar{A}B}\bullet\overline{\bar{B}C}\bullet\overline{\bar{C}A}}$

（2）　化简与变换：$Y=\overline{\overline{\bar{A}B}\bullet\overline{\bar{B}C}\bullet\overline{\bar{C}A}}=\overline{\overline{\bar{A}B}}+\overline{\overline{\bar{B}C}}+\overline{\overline{\bar{C}A}}=\bar{A}B+\bar{B}C+\bar{C}A$

（3）　由表达式列出真值表：如表 10-2 所示。

（4）　分析逻辑功能：当 *A*、*B*、*C* 三个变量一致时，电路输出为“0”，否则输出为“1”，所以这个电路称为“一致电路”。

表 10-2　例 10.2 真值表

A	*B*	*C*	*Y*
0	0	0	0
0	0	1	1
0	1	0	1
0	1	1	1
1	0	0	1
1	0	1	1
1	1	0	1
1	1	1	0

10.1.2　组合逻辑电路的设计方法

组合逻辑电路的设计一般应以电路简单、所用器件最少为目标，并尽量减少所用集成器件的种类，因此在设计过程中要用到前面介绍的代数法和卡诺图法来化简或转换逻辑函数。其设计流程图如图 10-3 所示。

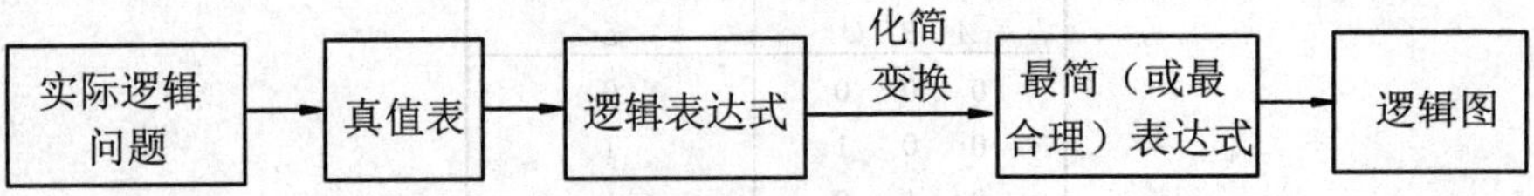

图 10-3　组合逻辑电路的设计流程图

【例 10.3】设计一个三人表决电路，结果按“少数服从多数”的原则决定。

解：（1）根据设计要求建立该逻辑函数的真值表。

设三人的意见为变量 A、B、C，表决结果为函数 L。对变量及函数进行如下状态赋值：对于变量 A、B、C，设同意为逻辑“1”；不同意为逻辑“0”。对于函数 L，设事情通过为逻辑“1”；没通过为逻辑“0”。

列出真值表如表 10-3 所示。

表 10-3　例 10.3 真值表

A	*B*	*C*	*L*
0	0	0	0
0	0	1	0
0	1	0	0
0	1	1	1
1	0	0	0
1	0	1	1
1	1	0	1
1	1	1	1

（2）由真值表写出逻辑表达式：$L=\overline{A}BC+A\overline{B}C+AB\overline{C}+ABC$

该逻辑式不是最简式。

（3） 化简。由于卡诺图化简法较方便，故一般用卡诺图进行化简。将该逻辑函数填入卡诺图，如图 10-4 所示。合并最小项，得最简与-或表达式：$L=AB+BC+AC$。

（4） 画出逻辑图如图 10-5 所示。

如果要求用与非门实现该逻辑电路，就应将表达式转换成与非-与非表达式

$$L=AB+BC+AC=\overline{\overline{AB}\cdot\overline{BC}\cdot\overline{AC}}$$

图 10-4　例 10.3 卡诺图

图 10-5　例 10-3 逻辑图

画出逻辑图如图 10-6 所示。

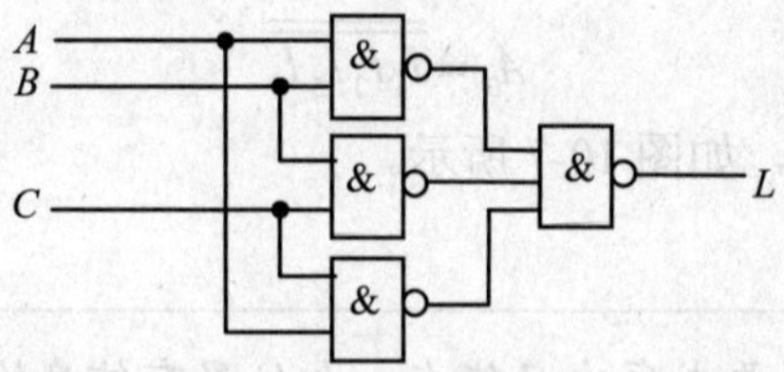

图 10-6 例 10.3 用与非门实现的逻辑图

10.2 集成组合逻辑电路

在实践中，人们发现一些组合逻辑电路经常大量地出现在各种数字系统中。如编码器、译码器、数码显示器、数据选择器、数值比较器、加法器，等等。为了方便使用已把这些常用的组合逻辑电路制成了标准化的集成电路产品，下面将分别介绍这些集成器件的逻辑功能、符号、外引线排列、使用方法。

10.2.1 编码器

所谓编码器就是将具有特定含义的信息（如数字、文字、符号等）用二进制代码来表示的过程。能实现编码功能的电路称为编码器，编码器的输入为被编信号，输出为二进制代码。

按编码方式不同，编码器可分为二进制普通编码器和优先编码器。按输出代码的种类不同又可分为二进制编码器和二-十进制编码器等。

1. 二进制编码器

用 n 位二进制代码对 2^n 个信号进行编码的电路称为二进制编码器。

3 位二进制编码器有 8 个输入端 3 个输出端，所以常称为 8 线-3 线编码器，其功能真值表见表 10-4 所示，输入为高电平有效。

表 10-4 编码器真值表

输入								输出		
I_0	I_1	I_2	I_3	I_4	I_5	I_6	I_7	A_2	A_1	A_0
1	0	0	0	0	0	0	0	0	0	0
0	1	0	0	0	0	0	0	0	0	1
0	0	1	0	0	0	0	0	0	1	0
0	0	0	1	0	0	0	0	0	1	1
0	0	0	0	1	0	0	0	1	0	0
0	0	0	0	0	1	0	0	1	0	1
0	0	0	0	0	0	1	0	1	1	0
0	0	0	0	0	0	0	1	1	1	1

由真值表写出各输出的逻辑表达式为

$$A_2 = \overline{\overline{I_4 I_5 I_6 I_7}}$$

$$A_1 = \overline{\overline{I_2 I_3 I_6 I_7}}$$

$$A_0 = \overline{\overline{I_1 I_3 I_5 I_7}}$$

用门电路实现逻辑电路，如图 10-7 所示。

注意： 此编码器要求每次只能在一个位置有信息输入，每次只对这一信息进行编码，若同时在几个位置输入信息，则需要将电路设计成优先编码。

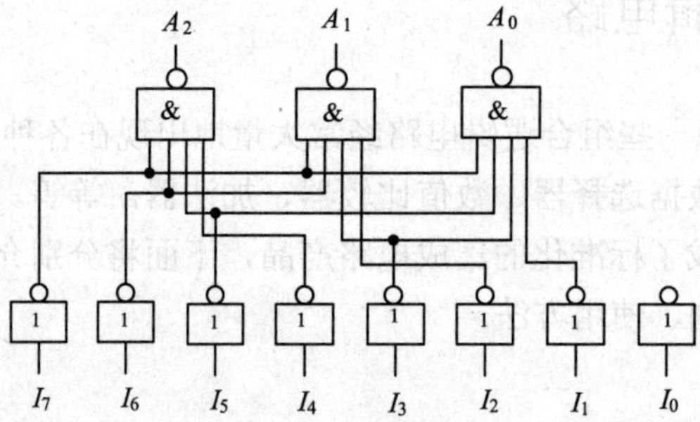

图 10-7 二进制编码器

2. 优先编码器

优先编码器——允许同时输入两个以上的编码信号，编码器给所有的输入信号规定了优先顺序，当多个输入信号同时出现时，只对其中优先级最高的一个进行编码。常用的优先编码器有 74LS148、74LS147 等。

74LS148 是一种常用的 8 线-3 线优先编码器。其功能如表 10-5 所示，其中 I_0～I_7 为编码输入端，低电平有效。A_0～A_2 为编码输出端，也为低电平有效，即反码输出。其他功能：

（1） *EI* 为使能输入端，低电平有效。

（2） 优先顺序为 $I_7 \rightarrow I_0$，即 I_7 的优先级最高，然后是 I_6、I_5、…、I_0。

（3） *GS* 为编码器的工作标志，低电平有效。

（4） *EO* 为使能输出端，高电平有效。

表 10-5 74148 优先编码器真值表

输入									输出				
EI	I_0	I_1	I_2	I_3	I_4	I_5	I_6	I_7	A_2	A_1	A_0	*GS*	*EO*
1	×	×	×	×	×	×	×	×	1	1	1	1	1
0	1	1	1	1	1	1	1	1	1	1	1	1	0
0	×	×	×	×	×	×	×	0	0	0	0	0	1
0	×	×	×	×	×	×	0	1	0	0	1	0	1
0	×	×	×	×	×	0	1	1	0	1	0	0	1
0	×	×	×	×	0	1	1	1	0	1	1	0	1
0	×	×	×	0	1	1	1	1	1	0	0	0	1
0	×	×	0	1	1	1	1	1	1	0	1	0	1
0	×	0	1	1	1	1	1	1	1	1	0	0	1
0	0	1	1	1	1	1	1	1	1	1	1	0	1

其逻辑图如图 10-8 所示。

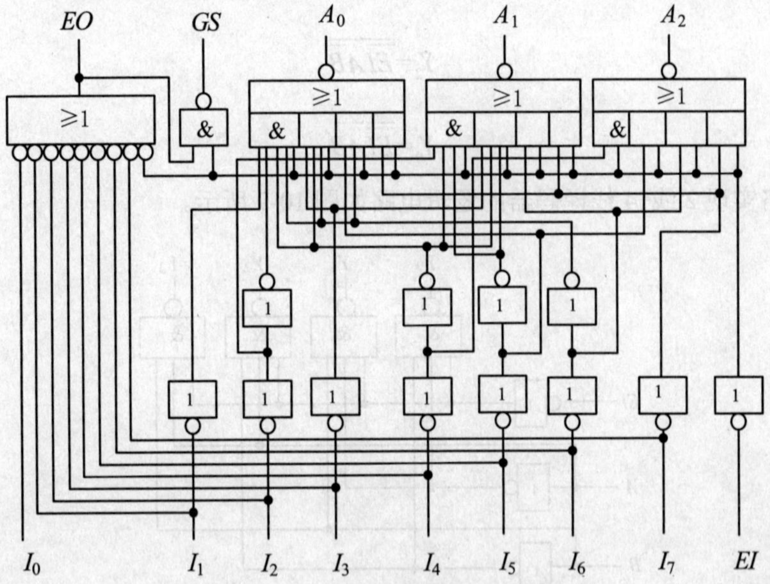

图 10-8 74148 优先编码器的逻辑图

10.2.2 译码器

1. 基本概念

译码是编码的反过程，能实现译码功能的电路为译码器。

译码器就是将输入的二进制代码转换成输出是与输入代码对应的高、低电平信号。

假设译码器有 n 个输入信号和 N 个输出信号，如果 $N=2^n$，就称为全译码器，常见的全译码器有 2 线-4 线译码器、3 线-8 线译码器、4 线-16 线译码器等。如果 $N<2^n$，称为部分译码器，如二-十进制译码器（也称作 4 线-10 线译码器）等。

下面以 2 线-4 线译码器为例说明译码器的工作原理和电路结构。

2 线-4 线译码器的功能如表 10-6 所示。

表 10-6 2 线-4 线译码器功能表

输入			输出			
EI	A	B	Y_0	Y_1	Y_2	Y_3
1	×	×	1	1	1	1
0	0	0	0	1	1	1
0	0	1	1	0	1	1
0	1	0	1	1	0	1
0	1	1	1	1	1	0

由表 10-6 所示，可写出各输出的函数表达式

$$Y_0=\overline{\overline{EI}\,\overline{A}\,\overline{B}}$$

$$Y_1=\overline{\overline{EI}\,\overline{A}B}$$

$$Y_2=\overline{\overline{EI}A\overline{B}}$$

$$Y_0=\overline{\overline{EI}AB}$$

用门电路实现 2 线-4 线译码器的逻辑电路如图 10-9 所示。

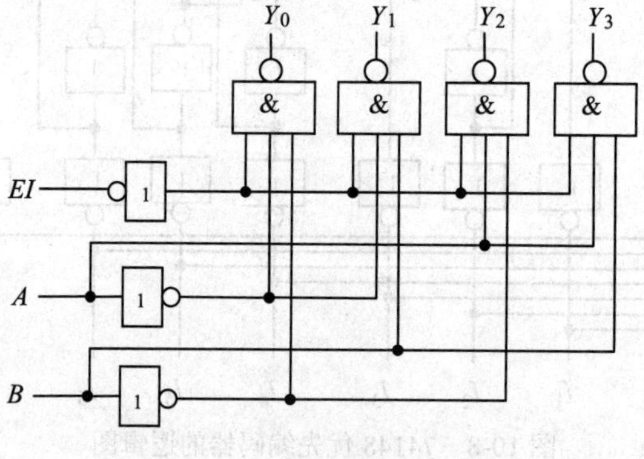

图 10-9　2 线-4 线译码器逻辑图

2. 集成译码器

在这里只介绍二进制译码器 74LS138。

74LS138 是一种典型的二进制译码器，其逻辑图和引脚图如图 10-10 所示。它有 3 个输入端 A_2、A_1、A_0，8 个输出端 Y_0～Y_7，所以常称为 3 线-8 线译码器，属于全译码器。输出为低电平有效，G_1、G_{2A} 和 G_{2B} 为使能输入端。

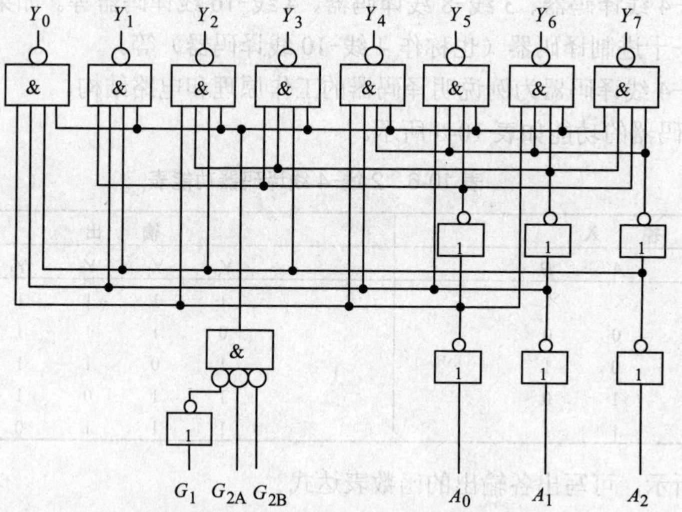

图 10-10　74LS138 集成译码器逻辑图

表 11-7 所示就是 3 线-8 线译码器 74138 功能表。

表 10-7　3 线-8 线译码器 74LS138 功能表

输入						输出							
G_1	G_{2A}	G_{2B}	A_2	A_1	A_0	Y_0	Y_1	Y_2	Y_3	Y_4	Y_5	Y_6	Y_7
×	1	×	×	×	×	1	1	1	1	1	1	1	1
×	×	1	×	×	×	1	1	1	1	1	1	1	1
0	×	×	×	×	×	1	1	1	1	1	1	1	1
1	0	0	0	0	0	0	1	1	1	1	1	1	1
1	0	0	0	0	1	1	0	1	1	1	1	1	1
1	0	0	0	1	0	1	1	0	1	1	1	1	1
1	0	0	0	1	1	1	1	1	0	1	1	1	1
1	0	0	1	0	0	1	1	1	1	0	1	1	1
1	0	0	1	0	1	1	1	1	1	1	0	1	1
1	0	0	1	1	0	1	1	1	1	1	1	0	1
1	0	0	1	1	1	1	1	1	1	1	1	1	0

3.　数字显示译码器

在数字系统中，常常需要将数字、字母、符号等直观地显示出来，供人们读取或监视系统的工作情况。能够显示数字、字母或符号的器件称为数字显示器。

在数字电路中，数字量都是以一定的代码形式出现的，所以这些数字量要先经过译码，才能送到数字显示器去显示。这种能把数字量翻译成数字显示器所能识别的信号译码器称为数字显示译码器。

常用的数字显示器有多种类型。按显示方式分，有字型重叠式、点阵式、分段式等。

按发光物质分，有半导体显示器，又称发光二极管（LED）显示器、荧光显示器、液晶显示器、气体放电管显示器等。目前应用最广泛的是由发光二极管构成的七段数字显示器。

（1）　七段数字显示器工作原理。

七段数字显示器就是将七个发光二极管（加小数点为八个）按一定的方式排列起来，七段 a、b、c、d、e、f、g（小数点 DP）各对应一个发光二极管，利用不同发光段的组合，显示不同的阿拉伯数字，如图 10-11 所示。

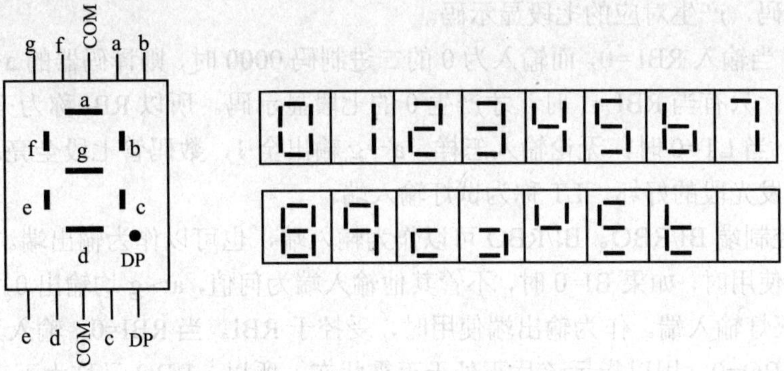

（a）显示器　　（b）段组合图

图 10-11　七段数字显示器及发光段组合图

按内部连接方式不同，七段数字显示器分为共阴极和共阳极两种，如图 10-12 所示。

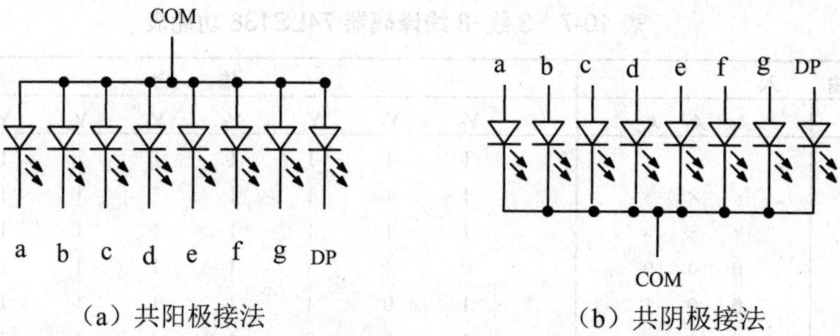

图 10-12　半导体数字显示器的内部接法

半导体显示器的优点是工作电压较低（1.5～3 V）、体积小、寿命长、亮度高、响应速度快、工作可靠性高。缺点是工作电流大，每个字段的工作电流约为 10 mA 左右。

（2） 七段显示译码器 74HC48。

七段显示译码器 74HC48 是一种与共阴极数字显示器配合使用的集成译码器，它的功能是将输入的 4 位二进制代码转换成显示器所需要的七个段信号 a～g。

图 10-13 所示为其管脚图，表 10-8 所示为它的逻辑功能表。a～g 为译码输出端。另外它还有 3 个控制端：试灯输入端 LT、灭零输入端 RBI、特殊控制端 BI/RBO。

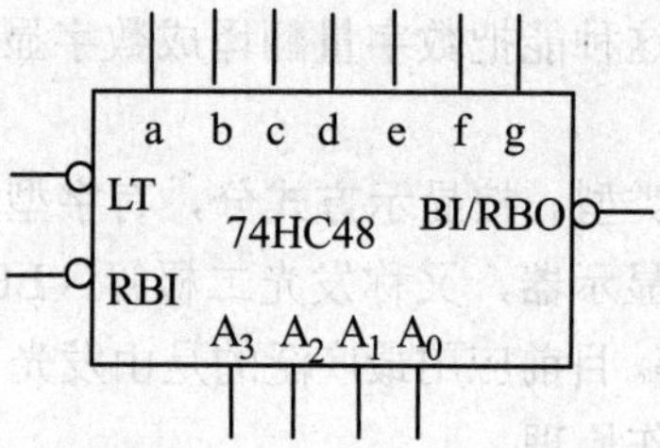

图 10-13　74HC48 管脚图

其功能如下。

① 正常译码显示。LT=1，BI/RBO=1 时，对输入为十进制数 1～15 的二进制码（0001～1111）进行译码，产生对应的七段显示码。

② 灭零。当输入 RBI =0，而输入为 0 的二进制码 0000 时，则译码器的 a～g 输出全 0，使显示器全灭；只有当 RBI =1 时，才产生 0 的七段显示码。所以 RBI 称为灭零输入端。

③ 试灯。当 LT=0 时，无论输入怎样，a～g 输出全 1，数码管七段全亮。由此可以检测显示器七个发光段的好坏。LT 称为试灯输入端。

④ 特殊控制端 BI/RBO。BI/RBO 可以作为输入端，也可以作为输出端。

作为输入使用时，如果 BI=0 时，不管其他输入端为何值，a～g 均输出 0，显示器全灭。因此 BI 称为灭灯输入端。作为输出端使用时，受控于 RBI。当 RBI=0，输入为 0 的二进制码 0000 时，RBO=0，用以指示该片正处于灭零状态。所以，RBO 又称为灭零输出端。

将 BI/RBO 和 RBI 配合使用，可以实现多位数显示时的“无效 0 消隐”功能。

在多位十进制数码显示时，整数前和小数后的 0 是无意义的，称为“无效 0”。在图

10-14 所示的多位数码显示系统中，就可将无效 0 灭掉。从图 10-14 中可知，由于整数部分除最高位的 RBI 接 0、最低位的 RBI 接 1 外，其余各位的 RBI 均接受高位的 RBO 输出信号。所以整数部分只有在高位是 0，而且被熄灭时，低位才有灭零输入信号。同理，小数部分除最高位的 RBI 接 1、最低位的 RBI 接 0 外，其余各位均接受低位的 RBO 输出信号。所以小数部分只有在低位是 0、而且被熄灭时，高位才有灭零输入信号。从而实现了多位十进制数码显示器的“无效 0 消隐”功能。

表 10-8　七段显示译码器 74HC48 的逻辑功能表

功能（输入）	输入		输入/输出	输出	显示字形
	LT　RBI	$A_3\ A_2\ A_1\ A_0$	BI/RBO	a b c d e f g	
0	1　1	0 0 0 0	1	1 1 1 1 1 1 0	
1	1　×	0 0 0 1	1	0 1 1 0 0 0 0	
2	1　×	0 0 1 0	1	1 1 0 1 1 0 1	
3	1　×	0 0 1 1	1	1 1 1 1 0 0 1	
4	1　×	0 1 0 0	1	0 1 1 0 0 1 1	
5	1　×	0 1 0 1	1	1 0 1 1 0 1 1	
6	1　×	0 1 1 0	1	0 0 1 1 1 1 1	
7	1　×	0 1 1 1	1	1 1 1 0 0 0 0	
8	1　×	1 0 0 0	1	1 1 1 1 1 1 1	
9	1　×	1 0 0 1	1	1 1 1 0 0 1 1	
10	1　×	1 0 1 0	1	0 0 0 1 1 0 1	
11	1　×	1 0 1 1	1	0 0 1 1 0 0 1	
12	1　×	1 1 0 0	1	0 1 0 0 0 1 1	
13	1　×	1 1 0 1	1	1 0 0 1 0 1 1	
14	1　×	1 1 1 0	1	0 0 0 1 1 1 1	
15	1　×	1 1 1 1	1	0 0 0 0 0 0 0	
灭灯	××	××××	0	0 0 0 0 0 0 0	
灭零	1　0	0 0 0 0	0	0 0 0 0 0 0 0	
试灯	0　×	××××	1	1 1 1 1 1 1 1	

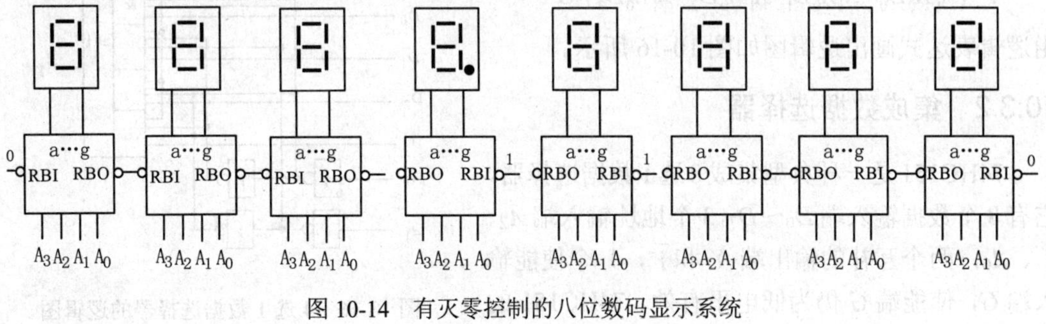

图 10-14　有灭零控制的八位数码显示系统

10.3 数据选择器

10.3.1 数据选择器的基本概念及工作原理

数据选择器就是根据地址选择码从多路输入数据中选择一路，送到输出端。它的作用与图 10-15 所示的单刀多掷开关相似。

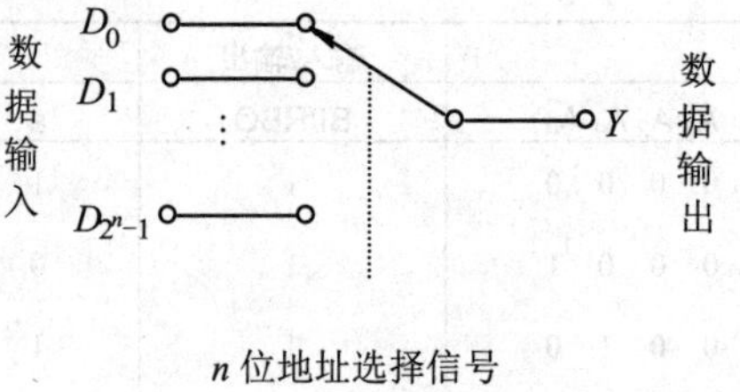

图 10-15 单刀多掷开关

常用的数据选择器有 4 选 1、8 选 1、16 选 1 等多种类型。下面以 4 选 1 为例介绍数据选择器的基本功能、工作原理及设计方法。

四选一数据选择器的功能如表 10-9 所示。

表 10-9 4 选 1 数据选择器功能表

输入							输出
G	A_1	A_0	D_3	D_2	D_1	D_0	Y
1	×	×	×	×	×	×	0
0	0	0	×	×	×	0	0
			×	×	×	1	1
	0	1	×	×	0	×	0
			×	×	1	×	1
	1	0	×	0	×	×	0
			×	1	×	×	1
	1	1	0	×	×	×	0
			1	×	×	×	1

根据功能表，可写出输出逻辑表达式

$$Y=(\overline{A_1}\,\overline{A_0}D_0+\overline{A_1}A_0D_1+A_1\overline{A_0}D_2+A_1A_0D_3)\cdot\overline{G}$$

由逻辑表达式画出逻辑图如图 10-16 所示。

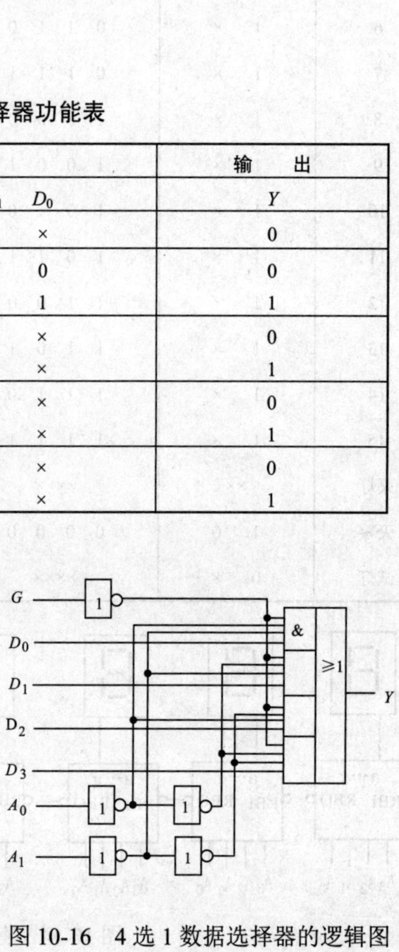

图 10-16 4 选 1 数据选择器的逻辑图

10.3.2 集成数据选择器

74HC151 是一种典型集成 8 选 1 数据选择器，它有 8 个数据输入端 $D_0 \sim D_7$，3 个地址输入端 A_2、A_1、A_0，两个互补的输出端 Y 和 $\overline{Y}$，1 个使能输入端 G，使能端 G 仍为低电平有效。74HC151 的功能表如表 10-10 所示。

表 10-10　74HC151 功能表

输　入				输　出	
$\overline{S}$	A_2	A_1	A_0	Y	$\overline{Y}$
H	×	×	×	L	H
L	L	L	L	D_0	$\overline{D_0}$
L	L	L	H	D_1	$\overline{D_1}$
L	L	H	L	D_2	$\overline{D_2}$
L	L	H	H	D_3	$\overline{D_3}$
L	H	L	L	D_4	$\overline{D_4}$
L	H	L	H	D_5	$\overline{D_5}$
L	H	H	L	D_6	$\overline{D_6}$
L	H	H	H	D_7	$\overline{D_7}$

根据 74HC151 功能表，对其功能做如下说明：

（1） D_0～D_7 为 8 个数据输入端。

（2） Y 和 $\overline{Y}$ 为两个互补输出端，分别以原码和反码的形式输出。

（3） A_2、A_1、A_0 为 3 个地址输入端。

（4） $\overline{S}$ 为选通输入端，低电平有效。

知识拓展　数据选择器的应用

1. 数据选择器的通道扩展

作为一种集成器件，最大规模的数据选择器是 16 选 1。如果需要更大规模的数据选择器，可进行通道扩展。

用两片 74HC151 和 3 个门电路组成的 16 选 1 的数据选择器电路如图 10-17 所示。

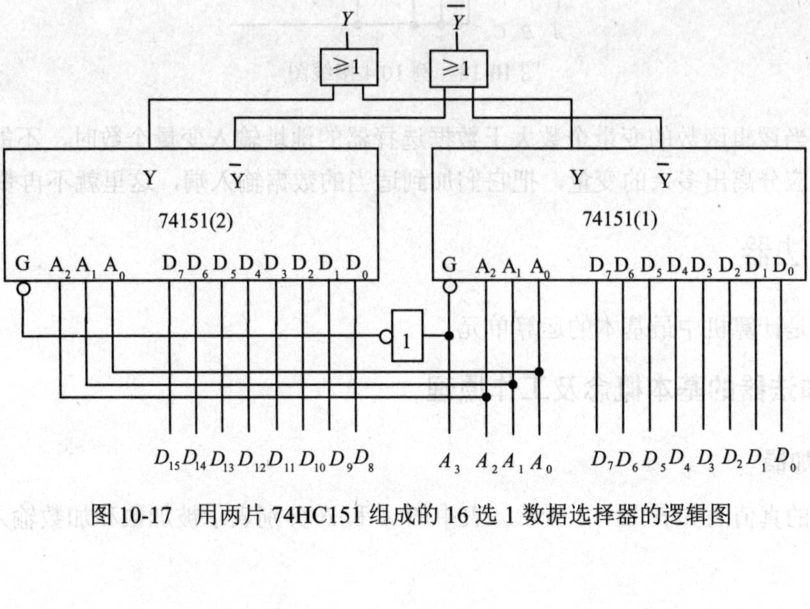

图 10-17　用两片 74HC151 组成的 16 选 1 数据选择器的逻辑图

2. 实现组合逻辑函数

（1） 当逻辑函数的变量个数和数据选择器的地址输入变量个数相同时，可直接用数据选择器来实现逻辑函数。

【例 10.4】试用 8 选 1 数据选择器 74HC151 实现逻辑函数

$$L=AB+BC+AC$$

解：① 作出逻辑函数 L 的真值表如表 10-11 所示。

表 10-11 例 10.4 真值表

A	B	C	L
0	0	0	0
0	0	1	0
0	1	0	0
0	1	1	1
1	0	0	0
1	0	1	1
1	1	0	1
1	1	1	1

② 将输入变量接至数据选择器的地址输入端，即 $A=A_2$，$B=A_1$，$C=A_0$。输出变量接至数据选择器的输出端，即 $L=Y$。将真值表中 L 取值为 1 的最小项所对应的数据输入端接 1，L 取值为 0 的最小项，对应的数据输入端接 0。即 $D_3=D_5=D_6=D_7=1$；$D_0=D_1=D_2=D_4=0$。

③ 画出接线图，如图 10-18 所示。

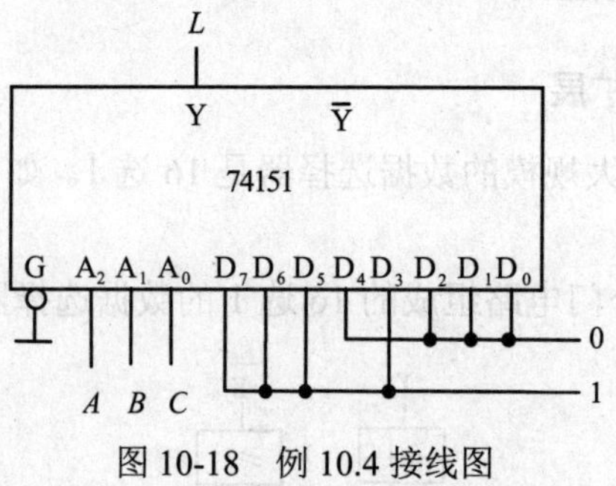

图 10-18 例 10.4 接线图

（2） 当逻辑函数的变量个数大于数据选择器的地址输入变量个数时，不能用前述的简单办法。应分离出多余的变量，把它们加到适当的数据输入端，这里就不再赘述了。

10.4 加法器

加法器是计算机中最基本的运算单元。

10.4.1 加法器的基本概念及工作原理

1. 半加器

半加器的真值表如表 11-12 所示。表中的 A 和 B 分别表示被加数和加数输入，S 为本

位和输出，C 为向相邻高位的进位输出。由真值表可直接写出输出逻辑函数表达式

$$S=\bar{A}B+A\bar{B}=A\oplus B \tag{10-1}$$

$$C=AB \tag{10-2}$$

表 10-12　半加器的真值表

输　入		输　出	
被加数 A	加数 B	和数 S	进位数 C
0	0	0	0
0	1	1	0
1	0	1	0
1	1	0	1

可见，可用一个异或门和一个与门组成半加器，如图 10-19 所示。

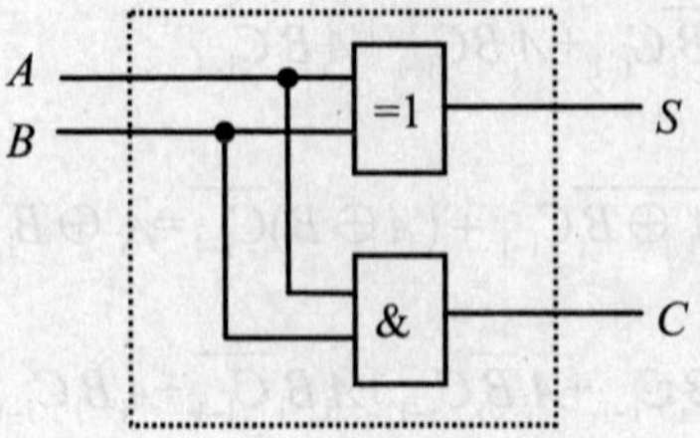

图 10-19　半加器逻辑图

如果想用与非门组成半加器，则将上式用代数法变换成与非形式

$$S=\bar{A}B+A\bar{B}=\bar{A}B+A\bar{B}+A\bar{A}+B\bar{B}=A(\bar{A}+\bar{B})+B(\bar{A}+\bar{B})=A\bullet\overline{AB}+B\bullet\overline{AB}$$

$$=\overline{\overline{A\bullet\overline{AB}}\bullet\overline{B\bullet\overline{AB}}}$$

$$C=AB+\overline{\overline{AB}} \tag{10-3}$$

由此画出用与非门组成的半加器，如图 10-20 所示，图 10-21 所示为半加器的符号。

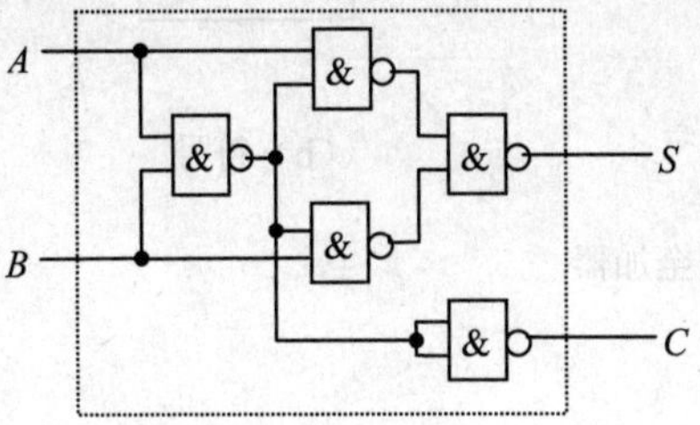

图 10-20　与非门组成的半加器

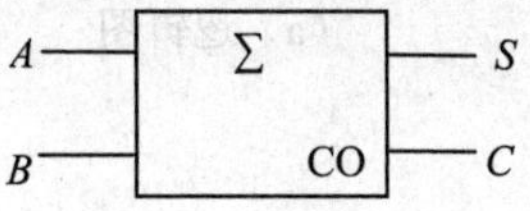

图 10-21　半加器的符号

2. 全加器

在多位数加法运算时，除最低位外，其他各位都需要考虑低位送来的进位。全加器就具有这种功能。全加器的真值表如表 10-13 所示。表中的 A_i 和 B_i 分别表示被加数和加数输入，C_{i-1} 表示来自相邻低位的进位输入。S_i 为本位和输出，C_i 为向相邻高位的进位输出。

表 10-13　全加器的真值表

输入			输出	
A_i	B_i	C_{i-1}	S_i	C_i
0	0	0	0	0
0	0	1	1	0
0	1	0	1	0
0	1	1	0	1
1	0	0	1	0
1	0	1	0	1
1	1	0	0	1
1	1	1	1	1

由真值表直接写出 S_i 和 C_i 的输出逻辑函数表达式，再经代数法化简和转换得

$$S_i=\overline{A_iB_i}C_{i-1}+\overline{A_i}B\overline{C_{i-1}}+A_iB_iC_{i-1}$$

$$=\overline{A_i\oplus B_i}C_{i-1}+(A\oplus B)\overline{C_{i-1}}=A_i\oplus B_i\oplus C_i \quad (10\text{-}4)$$

$$C=\overline{A_i}B_iC_{i-1}+A_i\overline{B_i}C_{i-1}+A_iB_i\overline{C_{i-1}}+A_iB_iC_{i-1}$$

$$=A_iB_i+(A_i\oplus B_i)C_{i-1} \quad (10\text{-}5)$$

根据（10-4）和（10-5）式画出全加器的逻辑电路，如图 10-22（a）所示。图 10-22（b）所示为全加器的符号。

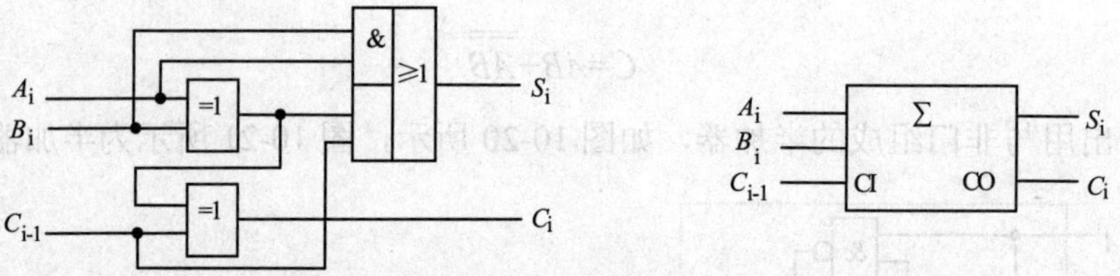

（a）逻辑图　　（b）符号

图 10-22　全加器

10.4.2　多位数加法器

要进行多位数相加，最简单的方法是将多个全加器进行级联，称为串行进位加法器。图 10-23 所示是 4 位串行进位加法器，从图 10-23 中可见，两个 4 位相加数 $A_3A_2A_1A_0$ 和 $B_3B_2B_1B_0$ 的各位同时送到相应全加器的输入端，进位数串行传送。全加器的个数等于相加数的位数。最低位全加器的 C_{i-1} 端应接 0。

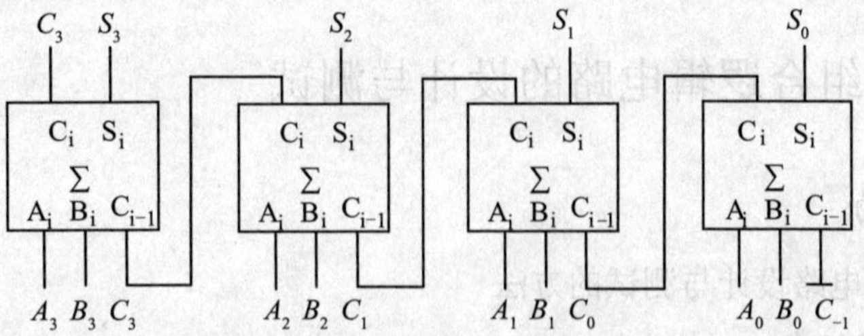

图 10-23　4 位串行进位加法器

串行进位加法器的优点是电路比较简单，缺点是速度比较慢。因为进位信号是串行传递，图 10-24 中最后一位的进位输出 C_3 要经过四位全加器传递之后才能形成。如果位数增加，传输延迟时间将更长，工作速度更慢。

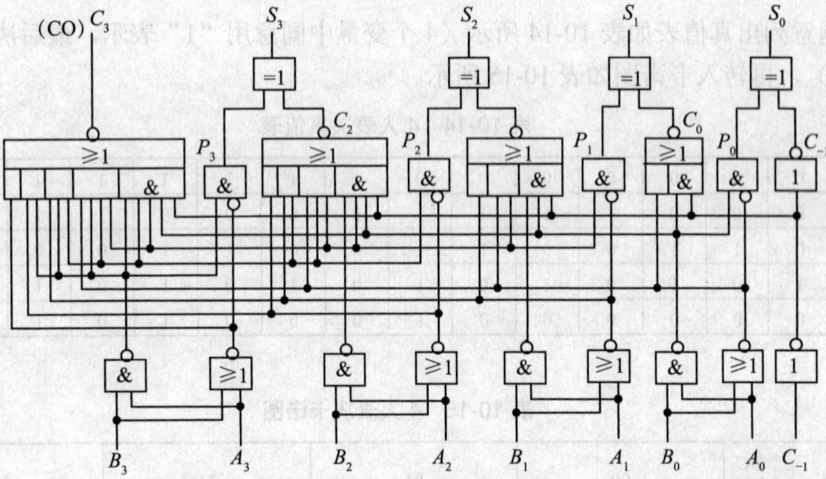

（a）逻辑图

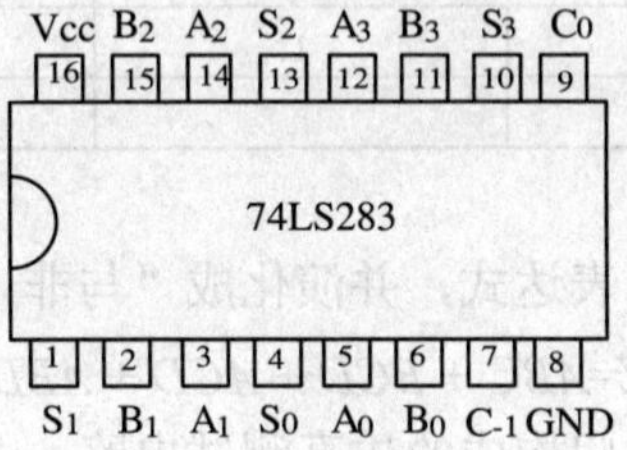

（b）引脚图

图 10-24　集成 4 位加法器 74LS283

为了提高速度，人们又设计了一种多位数快速进位（又称超前进位）的加法器。所谓快速进位，是指加法运算过程中，各级进位信号同时送到各位全加器的进位输入端。现在的集成加法器，大多数采用这种方法。

74LS283 就是一种典型的快速进位的集成加法器。其逻辑图如图 10-24（a）所示，引脚图如图 10-24（b）所示。

实践任务一　组合逻辑电路的设计与测试

一、实验目的

掌握组合逻辑电路设计与测试的方法

二、实验仪器设备

数电实验箱、集成与非门 74LS10、74LS20。

三、实验原理及说明

用与非门设计一个 4 人无弃权表决电路，当 4 人中有 3 人或 4 人同意时，决议才能通过。

根据题意列出真值表如表 10-14 所示（4 个变量中同意用“1”表示，最后决议通过用“1“表示），再转入卡诺图如表 10-15 所示。

表 10-14　4 人表决真值表

D	0	0	0	0	0	0	0	0	1	1	1	1	1	1	1	1
A	0	0	0	0	1	1	1	1	0	0	0	0	1	1	1	1
B	0	0	1	1	0	0	1	1	0	0	1	1	0	0	1	1
C	0	1	0	1	0	1	0	1	0	1	0	1	0	1	0	1
Z	0	0	0	0	0	0	0	1	0	0	0	1	0	1	1	1

表 10-15　4 人表决卡诺图

DA \ *BC*	00	01	11	10
00				
10			1	
11		1	1	1
10			1	

由卡诺图化简得出逻辑运算表达式，并演化成“与非 - 与非”的形式，即

$$Z=ABC+BCD+ACD+ABD$$

根据逻辑表达式画出用与非门构成的仿真测试电路。

在数电试验箱上验证逻辑功能。

集成与非门芯片选择方案：

一是用 3 片 74LS10 来搭建，二是用 1 片 74LS20 来搭建，本实验测试电路采用第二种方案搭建。

74LS20 和 74LS10 的引脚分布如图 10-25 所示。

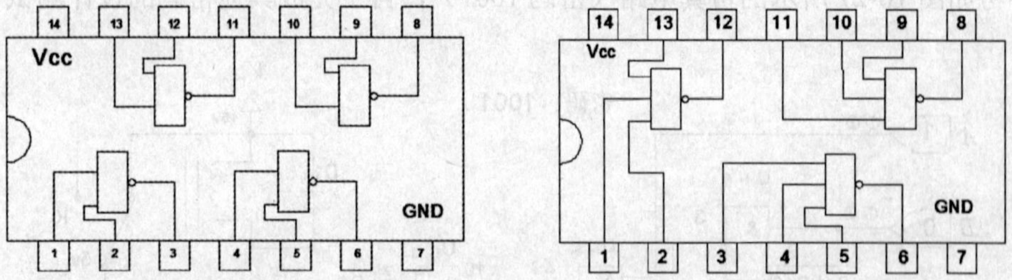

（a）74LS20 引脚分布　　（b）74LS10 引脚分布

图 10-25　引脚分布图

四、实验内容及步骤

首先观看如图 10-26 所示电路的仿真演示，然后在数电实验箱上完成以下实验内容。

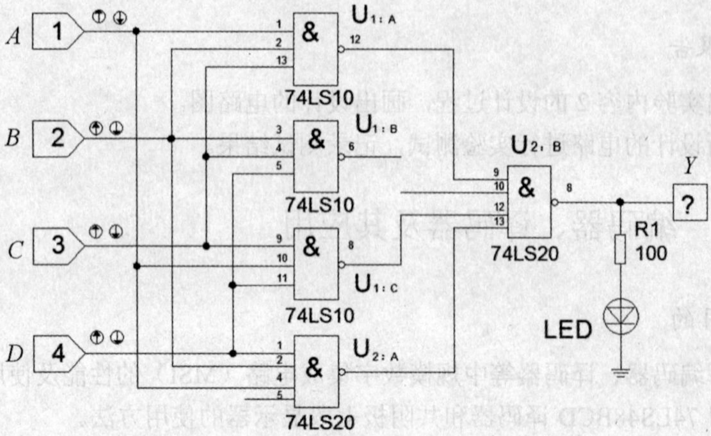

图 10-26　4 人表决测试仿真电路

（1）　4 人表决电路的测试。

按如图 10-26 所示电路接线，输入端 *A*、*B*、*C*、*D* 接 4 个逻辑开关，输出端 *Y* 接逻辑电平显示器，按真值表 10-14 所示逐次改变输入量，观测相应的输出值，验证所设计的逻辑电路是否符合逻辑要求。

（2）　4 位代码锁的设计与测试。

设计一个保险箱的数字代码锁，该锁具有 4 位代码 *A*、*B*、*C*、*D* 作为输入端，锁的密码由实验者自编。如果输入代码符合该锁设定的密码，则保险箱被打开。如果不符，电路将发出报警信号。要求使用最少的与非门来实现、检测并记录实验结果。

提示： 实验时模拟锁被打开，可用实验箱上的继电器吸合与 LED 发光二极管点亮表示；密码不对时可用试验箱上的蜂鸣器报警。

参考如图 10-27 所示的仿真电路（密码 1001），自主完成其他密码的设计测试。

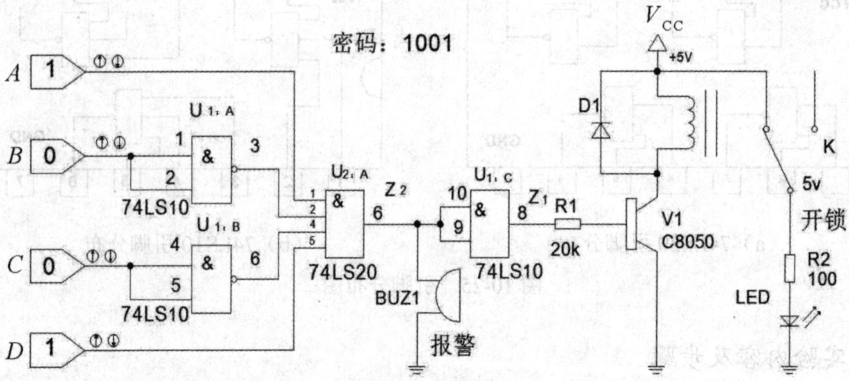

图 10-27 4 位密码锁测试仿真电路

五、实验报告

（1） 列出实验内容 2 的设计过程，画出设计的电路图。

（2） 对所设计的电路进行实验测试，记录测试结果。

实践任务二 编码器、译码器及其应用

一、实验目的

（1） 了解编码器、译码器等中规模数字集成电路（MSI）的性能及使用方法。

（2） 学习 74LS48BCD 译码器和共阴极七段显示器的使用方法。

（3） 用集成译码器设计简单的逻辑函数产生器。

二、实验原理

（1） 组合逻辑电路的特点：电路在任一时刻的输出仅取决于电路在该时刻的输入信号，与电路过去的输入状态无关。组合电路应用广泛，可以用各种门电路搭接而成，也可以选用具有一定功能的集成电路配合外部连线组成，常见的组合逻辑电路有算术逻辑运算电路、编码器、译码器等。组合逻辑电路的分析过程，一般分为如下三步进行：

① 由逻辑图写出输出端的逻辑表达式；

② 列出真值表；

③ 根据对真值表的分析，确定电路功能。

（2） 编码是将特定含义的输入信号转换成二进制代码的过程。实现编码操作的数字电路称为编码器，按照编码信号的不同特点和要求，编码器分为二进制编码器、二-十进制编码器和优先编码器。74LS138 是目前常用的 8 线-3 线优先编码器。

（3） 译码器是将输入的具有特定含义的二进制代码翻译成输出信号的不同组合，实现电路控制功能的逻辑电路。译码器可分为变量译码器和显示译码器。译码器在数字系统中的应用很广泛，不仅用于代码的转换及终端的数字显示，还用于数据分配、存储器寻址和组合控制信号等。74LS138 是目前常用的 3 线-8 线译码器（变量译码器），如图 10-28 所示。

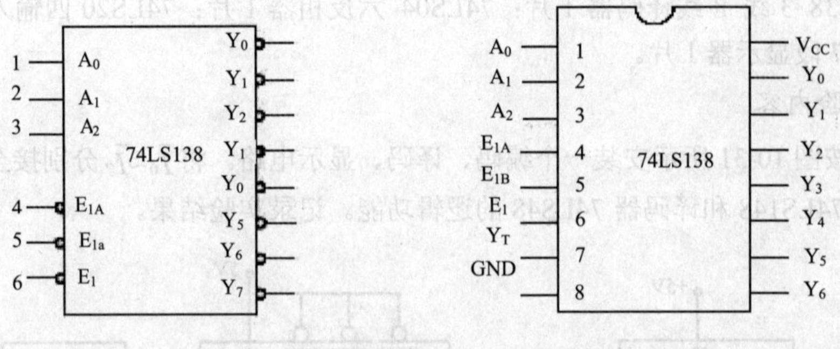

（a）符号图　　（b）管脚图

图 10-28　74LS138 符号图和管脚图

显示译码器通常由译码器、驱动器、显示器等部分组成。数码显示器的种类很多，如荧光数码管、辉光数码管、液晶显示器和半导体显示器。本实验选用共阴极半导体显示器，在发光二极管的阳极 a、b、c、d、e、f、g、.（小数点）端加正向电压，发光二极管就发光。如显示十进制数 3，只需在 a、b、c、d、g 段加高电平就可以了。译码驱动原理图如图 10-29 所示。

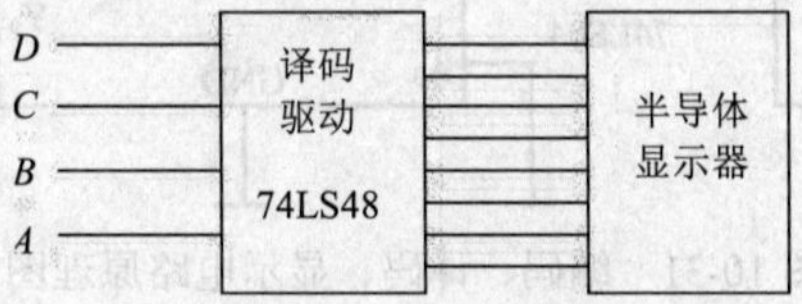

图 10-29　译码驱动原理图

7 段显示译码器是驱动 7 段显示器件的专用译码器，它可以把输入的 4 位二进制数码转换成 7 段显示器所需要的输入信息，以使 7 段显示器显示 0～9 十进制数。74LS148 为 4 线-7 段显示译码器/驱动器，如图 10-30 所示。

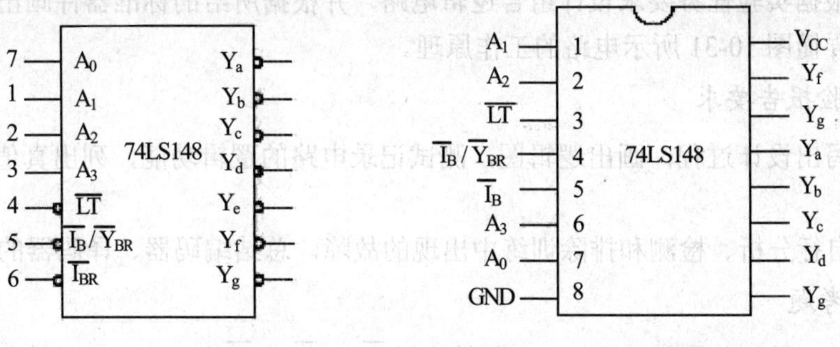

（a）符号图　　（b）管脚图

图 10-30　74LS148 符号图和管脚图

三、实验仪器设备

（1） TDS-1 数字电路实验系统 一台；数字式万用表 一块。

（2） 集成芯片：74LS148 8 线-3 线优先编码器 1 片；74LS48 BCD－7 段译码驱动器 1 片；74LS138 3 线-8 线译码器 1 片；74LS04 六反相器 1 片；74LS20 四输入二与非门 1 片；共阴极 7 段显示器 1 片。

四、实验内容

（1） 按图 10-31 所示安装一个编码、译码、显示电路。将 $\overline{I}_0 \sim \overline{I}_7$ 分别接至数据开关，验证编码器 74LS148 和译码器 74LS48 的逻辑功能。记录实验结果。

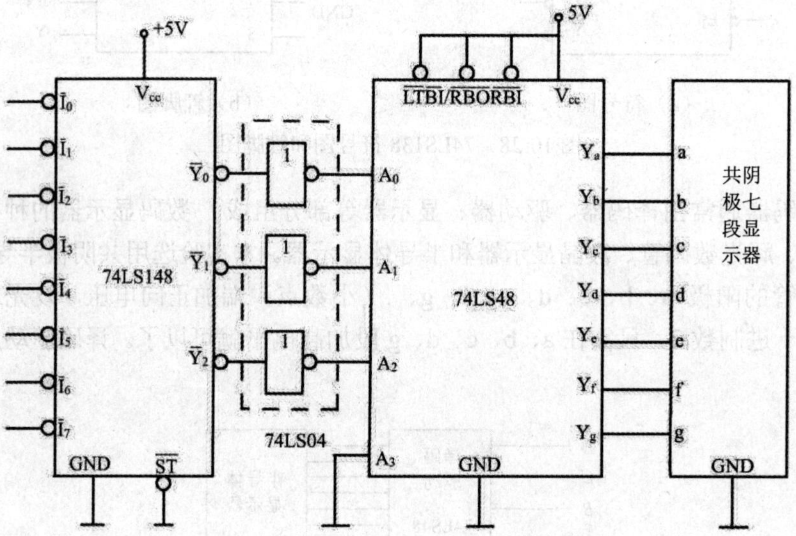

图 10-31　编码、译码、显示电路原理图

（2） 用 3 线-8 线译码器 74LS138 实现逻辑函数 $F=A\overline{B}C+\overline{A}BC+AB\overline{C}$。

（3） 用 74LS138 做数据分配器，画出其逻辑电路图，验证其逻辑功能。

五、实验预习要求

（1） 熟悉编码器和译码器的工作原理，以及所用集成电路的引线位置及引线用途。

（2） 根据实验任务要求设计组合逻辑电路，并根据所给的标准器件画出逻辑图。

（3） 弄懂图 10-31 所示电路的工作原理。

六、实验报告要求

（1） 写出设计过程，画出逻辑图，测试记录电路的逻辑功能，列出真值表，分析设计是否正确。

（2） 自行分析、检测和排除训练中出现的故障，总结编码器、译码器的用途。

七、思考题

在图 10-31 所示电路中，74LS148 的输出端 $\overline{Y_0}$、$\overline{Y_1}$、$\overline{Y_2}$ 与 74LS48 的输入端连接时，为什么要加 74LS04？

本章小结

（1）组合逻辑的特点是功能上无记忆，结构上无反馈。即电路任一时刻的输出状态只决定于该时刻各输入状态的组合，而与电路的原始状态无关。

（2）组合逻辑电路的分析是给出逻辑电路。求出逻辑表达式并分析电路的逻辑功能，基本步骤是：

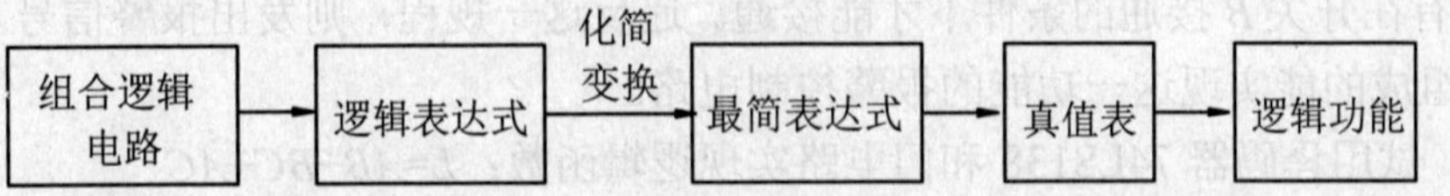

（3）组合逻辑电路的设计是根据逻辑要求，画出逻辑电路，基本步骤是：

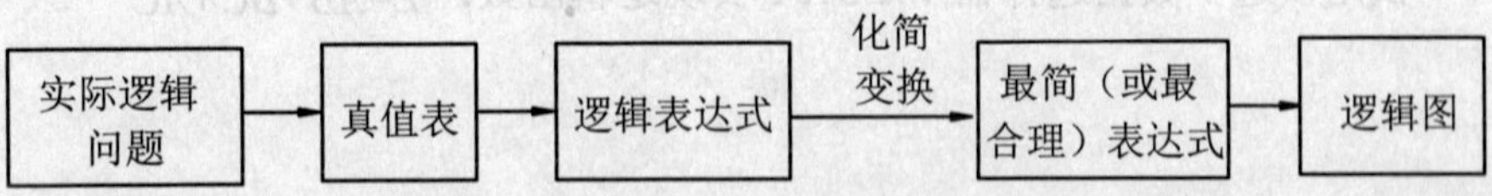

（4）常用的集成组合逻辑电路有编码器、译码器、数据选择器、加法器等。

编码器是用二进制代码表示特定对象。译码器与编码器相反，是将特定代码翻译成原来表示的信息。数码显示器可显示各种信息。数据选择器能够实现从多路输入数据中选择一路进行输出。掌握这些数字集成单元的功能、管脚意义及使用知识可以优化组合逻辑电路的设计。

习题

10-1　某三变量逻辑函数 F，若以 ABC 的顺序列真值表，表中 $F=1$ 的个数为 5 个。若以 CAB 的顺序列真值表，则表中 F 有多少个 1？

10-2　对 83 个信号编码，至少需要多少位二进制数？

10-3　画出逻辑函数 $L = A \bullet B + \overline{A} \bullet \overline{B}$ 的逻辑图。

10-4　分析图 10-32 所示电路的逻辑功能，写出 L 的逻辑函数式。

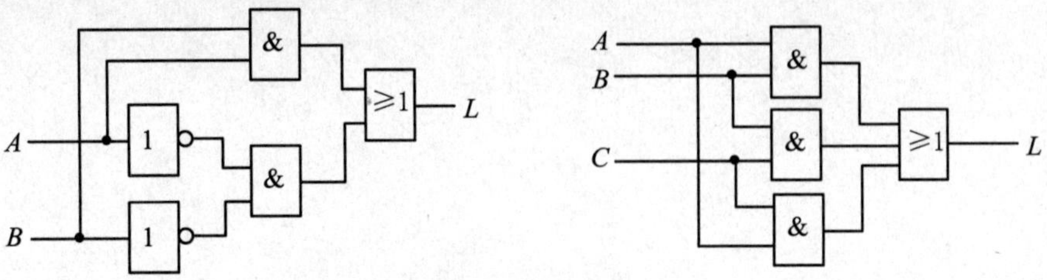

图 10-32　题 10-4 图

10-5　设计一个楼上、楼下开关的控制逻辑电路来控制楼梯上的路灯，要求：使之在上楼前，用楼下开关打开电灯，上楼后，用楼上开关关灭电灯；或者在下楼前，用楼上开关打开电灯，下楼后，用楼下开关关灭电灯。

10-6　用与非门设计一个举重裁判表决电路，要求：

（1） 设举重比赛有 3 个裁判，一个主裁判和两个副裁判。

（2）杠铃完全举上的裁决由每一个裁判按一下自己面前的按钮来确定。

（3） 只有当两个或两个以上裁判判明成功，并且其中有一个为主裁判时，表明成功的灯才亮。

10-7　某设备有开关 A、B、C，要求：只有开关 A 接通的条件下，开关 B 才能接通；开关 C 只有在开关 B 接通的条件下才能接通。违反这一规程，则发出报警信号。设计一个由与非门组成的能实现这一功能的报警控制电路。

10-8　试用译码器 74LS138 和门电路实现逻辑函数：$L=AB+BC+AC$

10-9　试用 8 选 1 数据选择器 74LS151 实现逻辑函数：$L=\overline{A}BC+A\overline{B}C+AB\overline{C}+ABC$

10-10　试用 4 选 1 数据选择器 74LS151 实现逻辑函数：$L=AB+BC+A\overline{C}$

第 11 章　时序逻辑电路

本章要点

学	知识重点	1. 各种触发器的功能 2. 边沿触发器的概念 3. 时序逻辑电路的特点
	知识难点	1. 同步计数器原理 2. 寄存数码的原理 3. 集成计数器改进其他进制的方法 4. 555 定时器功能 5. 数/模转换器、模/数转换器原理
	建议学时	20 学时
练	理论知识	1. 各种触发器的表示符号及功能 2. 计数器功能及两种计数器的计数原理 3. 寄存器功能及两种寄存器的数码原理 4. 555 定时器的外形及功能 5. 数/模转换器、模/数转换器原理
	练习方法	理论联系实际操作，学中练，练中学
做	实际操作	计数 译码 显示电路的制作 电子秒表的制作
	实际技能	数字集成电路的综合实际组装及调试

主要内容

若在一个数字电路中，现在的输出不仅仅取决于现在的输入，而且也取决于过去的输入，这样的数字电路就称为时序逻辑电路。时序逻辑电路在电路功能上具有记忆功能，在电路结构上有反馈环节。时序逻辑电路是由组合数字电路和存储电路两部分组成的，存储电路一般是由各类触发器组成的。触发器是构成时序逻辑电路的基本单元。

11.1 基本触发器

11.1.1 基本 RS 触发器

1. 由与非门组成的基本 RS 触发器

（1） 电路结构。由两个与非门的输入输出端交叉耦合。它与组合电路的根本区别在于，电路中有反馈线。

与非门组成的基本 RS 触发器电路逻辑图及符号如图 11-1 所示。

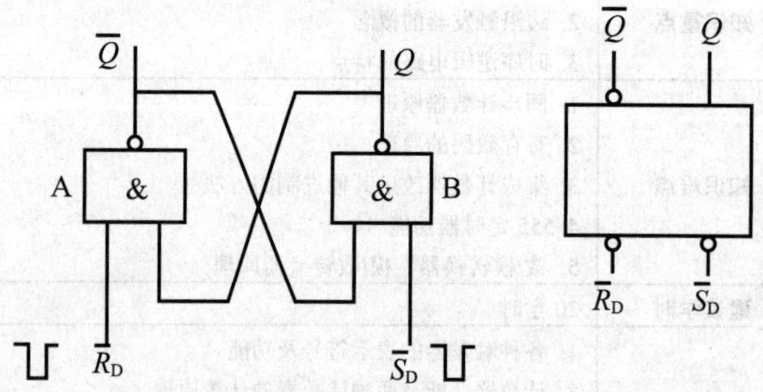

（a）逻辑图　　（b）逻辑符号

图 11-1　与非门组成的基本 RS 触发器

它有两个输入端 $\overline{R_D}$、$\overline{S_D}$，有两个输出端 Q、$\overline{Q}$，一般情况下，Q、$\overline{Q}$ 是互补的。

定义：当 $Q=1$，$\overline{Q}=0$ 时，称为触发器的 1 状态；当 $Q=0$，$\overline{Q}=1$ 时，称为触发器的 0 状态。

（2） 逻辑功能表如表 11-1 所示。

表 11-1　逻辑功能表

R	S	Q^n	Q^{n+1}	功能说明
0	0	0	×	不稳定状态
0	0	1	×	
0	1	0	0	置 0（复位）
0	1	1	0	
1	0	0	1	置 1（置位）
1	0	1	1	
1	1	0	0	保持原状态
1	1	1	1	

可见，触发器的新状态 Q^{n+1}（也称次态）不仅与输入状态有关，也与触发器原来的状态 Q^n（也称现态或初态）有关。

触发器的特点：

① 有两个互补的输出端，有两个稳态。

② 有复位（Q=0）、置位（Q=1）、保持原状态的三种功能。

③ $\overline{R_D}$ 为复位输入端，$\overline{S_D}$ 为置位输入端，该电路为低电平有效。

④ 由于反馈线的存在，无论是复位还是置位，有效信号只需作用很短的一段时间。即“一触即发”。

注意： 由逻辑功能表看出基本 RS 触发器的置 0，置 1 功能，是在 $\overline{R_D}$ 为 0 和 $\overline{S_D}$ 为 0 时触发而成，这称为低电平有效，所以两输入端用 $\overline{R_D}$、$\overline{S_D}$ 表示，而且在逻辑符号中，输入输出靠近方框处画两个圆圈。输出端带小圆圈的表示 $\overline{Q}$，无圆圈的代表 Q 端。

2. 波形分析

【例 11.1】由与非门组成的基本 RS 触发器如图 11-1（a）所示，设初始状态为 0，已知输入 $\overline{R_D}$、$\overline{S_D}$ 的波形图如图 11-2 所示，画出输出 Q、$\overline{Q}$ 的波形图。

解：由表 11-1 可画出输出 Q、$\overline{Q}$ 的波形如图 11-2 所示。

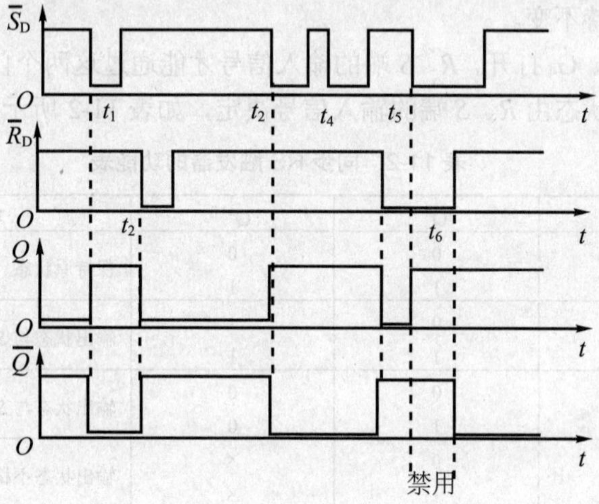

图 11-2　例 11.1 波形图

此外，用或非门也可组成基本 RS 触发器。

综上所述，基本 RS 触发器具有复位（Q=0）、置位（Q=1）、保持原状态三种功能，$\overline{R_D}$ 为复位输入端，$\overline{S_D}$ 为置位输入端，可以是低电平有效，也可以是高电平有效，取决于触发器的结构。

11.1.2　同步 RS 触发器

在实际应用中，触发器的工作状态不仅要由 R、S 端的信号来决定，而且还希望触发器按一定的节拍翻转。为此，给触发器加一个时钟控制端 CP，只有在 CP 端上出现时钟脉冲时，触发器的状态才能变化。具有时钟脉冲控制的触发器状态的改变与时钟脉冲同步，所以称为同步触发器。

（1） 同步 RS 触发器的电路结构，如图 11-3 所示。

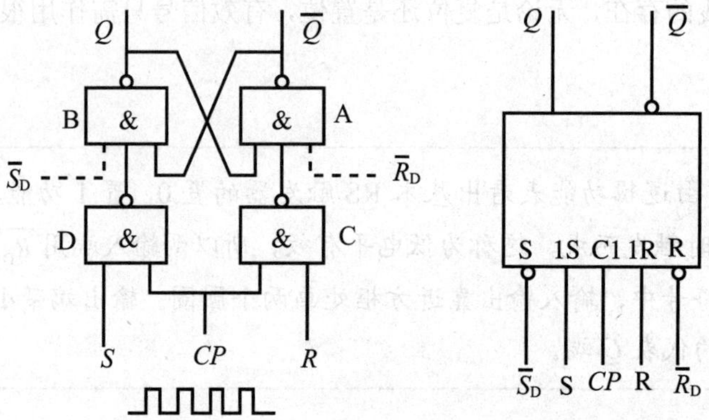

（a）逻辑图　　　　（b）逻辑符号

图 11-3　同步 RS 触发器

（2） 逻辑功能。

当 $CP=0$ 时，控制门 G_3、G_4 关闭，都输出 1。这时，不管 R 端和 S 端的信号如何变化，触发器的状态保持不变。

当 $CP=1$ 时，G_3、G_4 打开，R、S 端的输入信号才能通过这两个门，使基本 RS 触发器的状态翻转，其输出状态由 R、S 端的输入信号决定，如表 11-2 所示。

表 11-2　同步 RS 触发器的功能表

R	S	Q^n	Q^{n+1}	功能说明
0	0	0	0	保持原状态
0	0	1	1	
0	1	0	1	输出状态与 S 状态相同
0	1	1	1	
1	0	0	0	输出状态与 S 状态相同
1	0	1	0	
1	1	0	×	输出状态不稳定
1	1	1	×	

由此可以看出，同步 RS 触发器的状态转换分别由 R、S 和 CP 控制，其中，R、S 控制状态转换的方向，即转换为何种次态；CP 控制状态转换的时刻，即何时发生转换。

注意： 同步 RS 触发器中 $\overline{R_D}$ 和 $\overline{S_D}$ 称为直接置位端。$\overline{R_D}$ 称为直接置 0 端，当 $\overline{R_D}=0$ 时，触发器将直接置 0，或者直接复位。$\overline{S_D}$ 为直接置“1”端，当 $\overline{S_D}=0$ 时，触发器被直接置“1”，它们用于给触发器预先设定某一状态，或在时钟脉冲工作过程中，不受时钟脉冲 CP 控制，直接使触发器置“0”或者“1”，所以又称为异步复位端。

【例 11.2】根据图 11-4 所示给出的时钟脉冲 CP 和 R、S 端输入波形，画出同步 RS

触发器 Q 和 $\overline{Q}$ 端的波形。设触发器的初始状态为“0”。

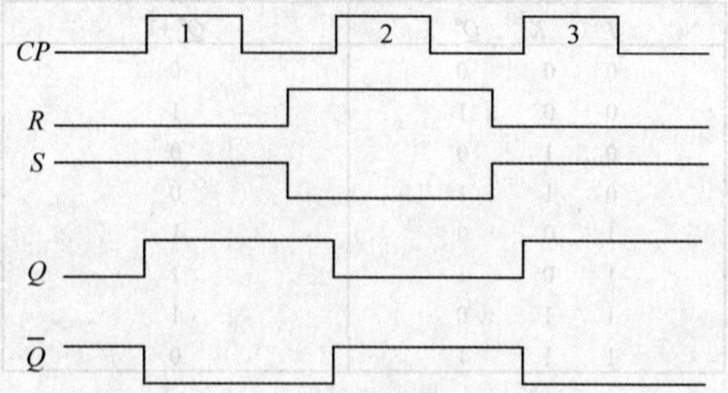

图 11-4

11.1.3　边沿 J K 触发器

前面所学触发器在 CP=1 期间内，如果输入信号变化均可使触发器输出随之变化，这称为电平触发，这种触发方式的缺点在于触发期间输出状态容易受干扰信号影响，为避免这个问题的发生，采用边沿触发，边沿触发器除在 CP 上升沿或下降沿触发外，在 CP 其他时刻均为保持原态，只在 CP 上升沿或下降沿瞬时触发，大大提高触发器抗干扰能力。

1.　边沿 JK 触发器的结构与原理

JK 触发器是功能最全的触发器，没有约束条件。图 11-5 所示是边沿 JK 触发器的结构图，其逻辑符号如图 11-6 所示，$\overline{R_D}$ 、$\overline{S_D}$ 是直接置 0、置 1 端，用来设置触发器的初始状态。J、K 为信号输入端，CP 为时钟脉冲，高电平有效。JK 触发器具备了新的功能，当 J=K=0 时，输出状态每来一个 CP 脉冲，输出就翻转为原来相反的状态，这可以用来记录时钟脉冲个数，此即为触发器的计数功能。

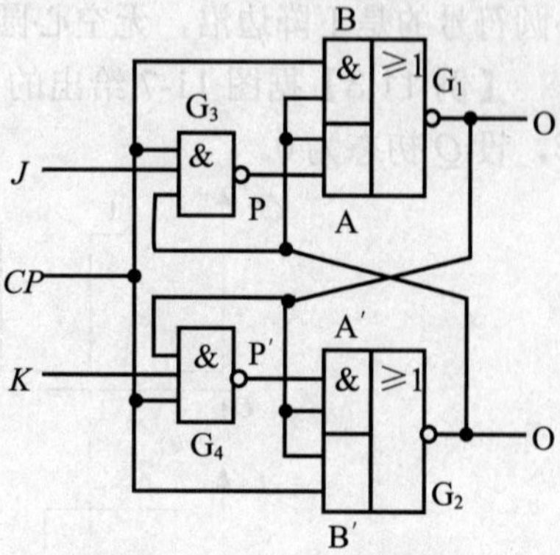

图 11-5　边沿 JK 触发器

（a）上升边沿　　　　（b）　下降边沿

图 11-6　边沿 JK 触发器的逻辑符号

2.　特征表和特征方程

触发器稳定状态下 J、K、Q^n、Q^{n+1} 之间的逻辑关系如逻辑功能表 11-3 所示。

表 11-3　逻辑功能表

J	K	Q^n	Q^{n+1}
0	0	0	0
0	0	1	1
0	1	0	0
0	1	1	0
1	0	0	1
1	0	1	1
1	1	0	1
1	1	1	0

由分析可以看出，D 触发器和 JK 触发器均消除了状态不定问题，JK 触发器有四个工作状态：$J=K=0$ 为保持状态；$J=0$、$K=1$ 为置 0 态；$J=1$、$K=0$ 为置 1 态；$J=K=1$，$Q^{n+1}=\overline{Q^n}$，次态为现态的反（翻转）。

如果将 JK 触发器 *J* 端与 *K* 端相连并接高电平，也即是最后一种工作状态，它的功能是次态为现态的反（翻转），也称为翻转触发器或 T'触发器。

3. 逻辑符号

边沿 JK 触发器分上升边沿和下降边沿两种，它的逻辑符号如图 11-6 所示，*CP* 端有空心圆符号的是下降边沿，无空心圆符号的是上升边沿。

【例 11.3】据图 11-7 给出的 *CP* 和 *JK* 输入信号，画出下降沿触发 JK 触发器 *Q* 端波形，设 *Q* 初态为 0。

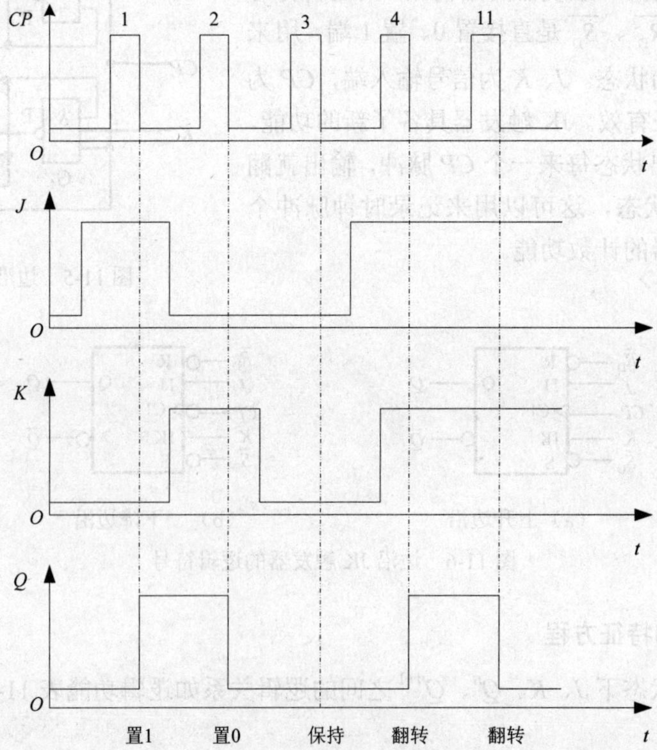

图 11-7　例 11.3 波形图

11.1.4　边沿 D 触发器

在边沿 JK 触发器基础上若让 $J=D$，$K=\overline{D}$ 就构成了边沿 D 触发器。D 触发器只有一个数据输入端 D，逻辑电路如图 11-8 所示，逻辑功能表如表 11-4 所示。

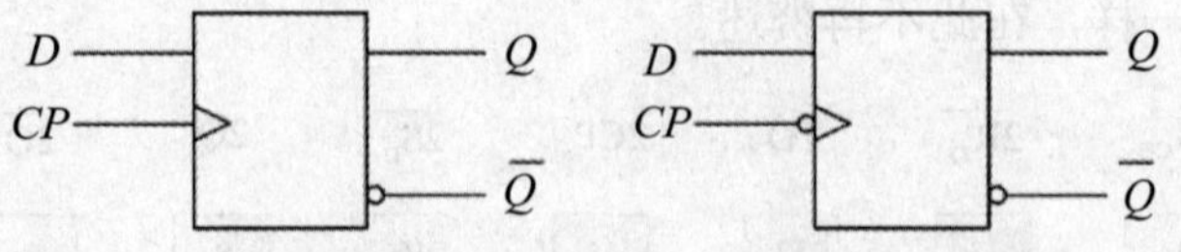

（a）上升沿触发　　　　（b）下降沿触发

图 11-8　D 触发器逻辑电路

其功能表如表 11-4 所列。

表 11-4　D 触发器的功能表

D	Q^{n+1}
0	0
1	1

从表可看出，D 触发器不存在不定状态，它的状态总是与输入端 D 保持一致，而与现态 Q^n 无关，具有置 0 和置 1 两种功能。D 触发器广泛应用于数据存储，所以，也成为数据触发器。

【例 11.4】根据图 11-9 所示，图中给出在 *CP* 和 *D* 端输入波形，画出上升沿触发 D 触发器 *Q* 端波形，设 *Q* 初态为 0。

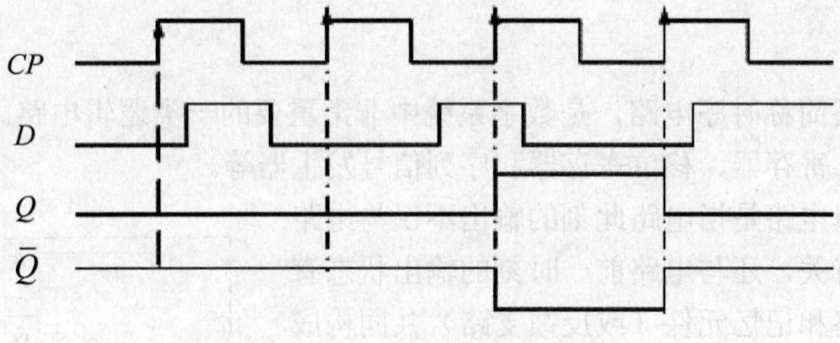

图 11-9　例 11.4 波形图

提示：（1）上述各种触发器除在 *CP* 上升沿或下降沿触发外，在 *CP* 其他时刻均保持原态。

（2）JK 触发器具备计数功能，当 $J=K=0$ 时输出状态每来一个 *CP* 脉冲输出就翻转回原来相反的状态，这可以用来记录时钟脉冲的个数。

11.1.5 集成触发器

像集成门电路一样，触发器也有 TTL 和 CMOS 两种，如图 11-10 所示为集成边沿 D 触发器 74HC74 的外引脚图，其中包含两个功能完全相同的 D 触发器，它们的逻辑功能与前述 D 触发器完全一样，在此不再赘述。

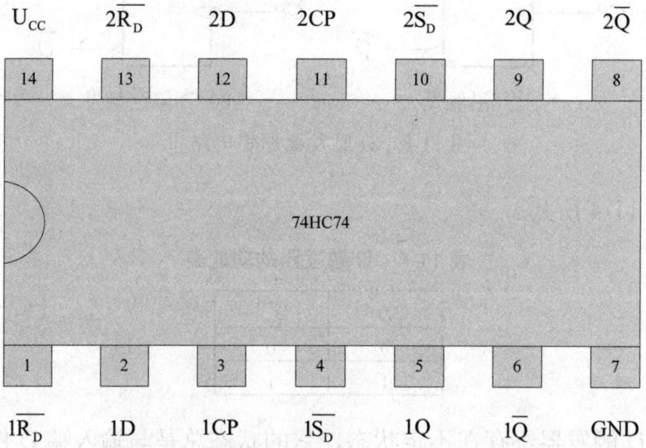

图 11-10 边沿 D 触发器 74HC74 的外引脚图

11.2 常用时序逻辑电路

11.2.1 概述

时序逻辑电路简称时序电路，是数字系统中非常重要的一类逻辑电路。常见的时序逻辑电路有计数器、寄存器、移位寄存器和序列信号发生器等。

所谓时序逻辑电路是指电路此刻的输出不仅与电路此刻的输入组合有关，还与电路前一时刻的输出状态有关。它是由门电路和记忆元件（或反馈支路）共同构成的。即时序逻辑电路是由组合数字电路和存储电路两部分组成的，而存储电路一般是由各类触发器组成的，如图 11-11 所示。

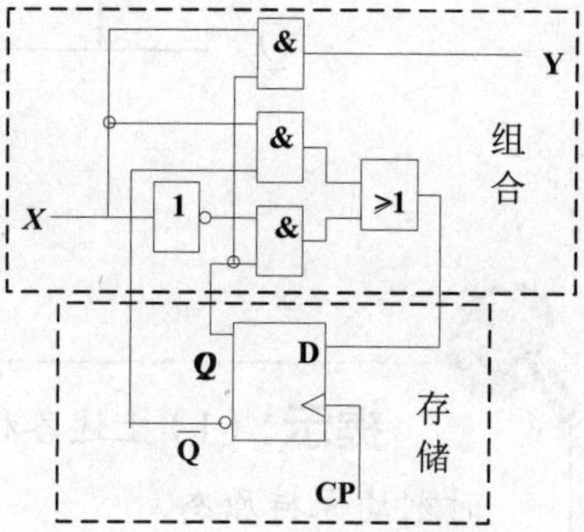

图 11-11 时序电路图

时序逻辑电路分同步时序逻辑电路和异步时序逻辑电路两类。同步时序逻辑电路的特点是在电路中起存储作用的，触发器是时钟触发器，时钟触发器的状态是在同一个时钟的控制下，一齐翻转的。异步时序逻辑电路中触发器的状态不是由同一个时钟源控制的，触发器的翻转可以有先有后；有的异步时序电路可以没有时钟触发器，但为了保持一定的稳态，需要有反馈线的存在，就象基本 RS 触发器那样，这时，甚至可以没有时钟。

11.2.2　计数器

计数器是用来实现累计电路输入 *CP* 脉冲个数功能的时序电路。在计数功能的基础上，计数器还可以实现计时、定时、分频和自动控制等功能，应用十分广泛。

计数器按照 *CP* 脉冲的输入方式可分为同步计数器和异步计数器。同步电路中的触发器公用一个时钟，而异步电路由于电路中的触发器不是公用一个时钟，就要特别注意状态的变化与时钟一一对应的关系。

计数器按照计数规律可分为加法计数器、减法计数器和可逆计数器。

计数器按照计数的进制可分为二进制计数器（$N=2^n$）和非二进制计数器（$N\neq 2^n$），其中，*N* 代表计数器的进制数，*n* 代表计数器中触发器的个数。

一、同步计数器

由 JK 触发器构成的同步二进制计数器逻辑电路图如图 11-12 所示。

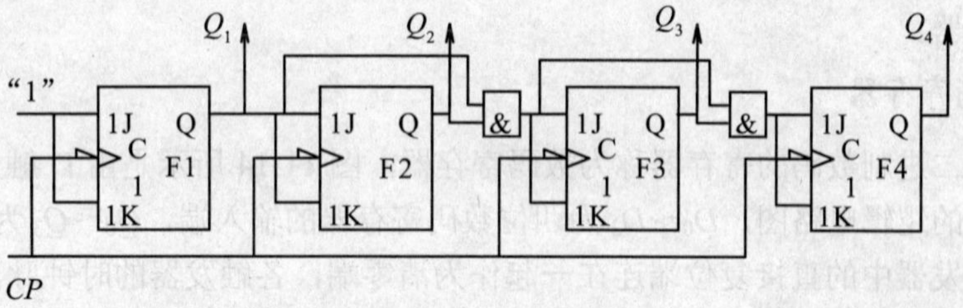

图 11-12　同步时序数字电路（二进制同步加法计数器）

时序电路的状态是由触发器 Q 端状态的集合来表示的，对于同步时序数字电路而言，它的状态数与触发器的级数有关，若触发器级数为 *n*，时序电路的状态数等于或小于 2^n。将时序电路的状态按照它的转换顺序排列成表格就是状态转换表，状态的转换是受时钟控制的，状态的转换顺序称为态序。

通过状态转换可以确定该电路是按二进制码增加的方向转换的，它能根据电路的状态判断出记下了几个时钟脉冲，所以这个电路称为同步二进制加法计数器，也称为四位二进制加法计数器，共有 16 个状态，或称为 16 进制计数器。

关于其他的同步减法计数器、可逆计数器和非二进制计数器等，在这里就不再一一介绍了。

二、异步计数器

在 T 触发器中，*T*=1 时，为只有翻转功能的 T′ 触发器，只要有效时钟脉冲到来就翻转。把 T′ 触发器串接起来，便可构成 *n* 位二进制异步计数器。

图 11-13 所示为三位异步二进制加法计数器逻辑图。由三级 T′ 触发器组成。*Q* 为各触发器的输出，*C* 为进位输出。

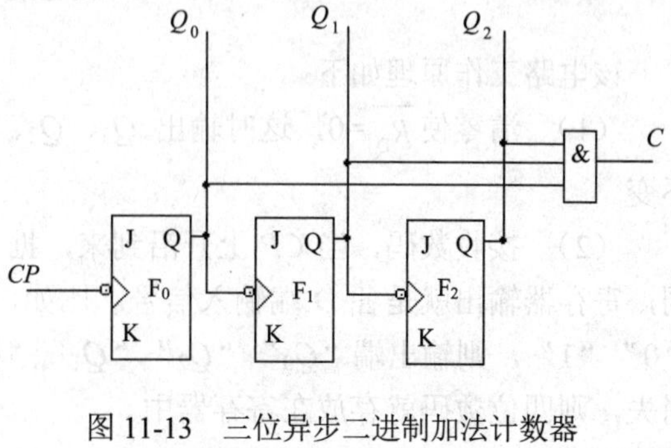

图 11-13　三位异步二进制加法计数器

与同步计数器相比，异步计数器电路结构相对简单，但异步计数器输出状态的变化需要经过多个触发器的延迟时间才能稳定下来。例如，在图 11-13 所示的三位异步二进制计数器中，输出从 111 变为 000 时，就需要三个触发器的延迟时间才能稳定下来；而三位同步二进制计数器中的各个触发器只要经过一个触发器的延迟时间就能稳定下来，所以同步计数器的计数速度比异步计数器快得多；而且异步计数器在计数过程中存在过渡状态，容易出现因触发器先后翻转而产生的干扰毛刺，造成计数错误，因此，在计数要求较高的场合，一般采用同步计数器。

11.2.3 寄存器

以触发器为基本单元配合其他逻辑部件构成的数字电路，称为时序逻辑电路。寄存器是其中一种。寄存器是用来存放数据的逻辑部件，数字系统中常常将数码、运算结果或指令信号暂时存放起来，再根据需要进行处理或运算，触发器可以用来保存或者存放一位二进制码。若要存放 N 位二进制码，需用 N 个触发器，寄存器按有无移位功能分为数码寄存器和移位寄存器。

一、数码寄存器

用来存放二进制数码的寄存器称为数码寄存器，图 11-14 所示是由 D 触发器构成的四位数码寄存器的逻辑电路图，D_0～D_3 为四位数码寄存器的输入端，Q_0～Q_3 为四位输出端。此外，每个触发器中的直接复位端连在一起作为清零端，各触发器的时钟脉冲端也连在一起，作为接收数码的控制端，使各触发器同步动作。

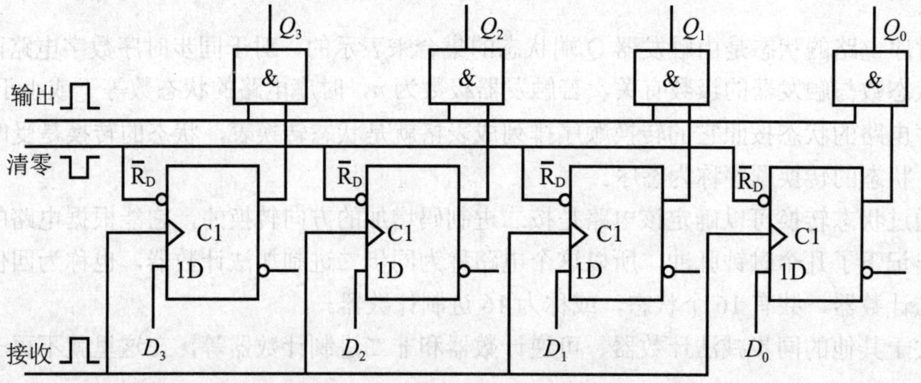

图 11-14　四位数码寄存器电路图

该电路工作原理如下：

（1）清零使 $\overline{R_D}=0$，这时输出 Q_3、Q_2、Q_1、Q_0 均为 0，然后使 $\overline{R_D}=1$，输出保持 0 不变。

（2）接收数码，当 CP 上升沿到来，据 D 触发器功能各触发器输出与输入端信号相同，寄存器输出就是各 D 端输入信号。比如，若“D_3”“D_2”“D_1”“D_0”=“1”“0”“0”“1”，则输出端“Q_3”“Q_2”“Q_1”“Q_0”=“1”“0”“0”“1”。若 CP 上升沿消失，则四位数码就存放在寄存器中。

该寄存器为四位数码同时输入，四位数码同时输出，这种方法称为并行输入，并行输出。

二、移位寄存器

在存放数码时，在 *CP* 脉冲作用下，采用逐位向左或向右寄存数据的寄存器称为移位寄存器。分为单向移位寄存器和双向移位寄存器。

1. 单向移位寄存器

在移位脉冲作用下，所存数码只能向某一方向（左或右）移动的寄存器叫单向移位寄存器。如图 11-15 所示为右移位寄存器，设输入数码为 1011，工作原理如下：

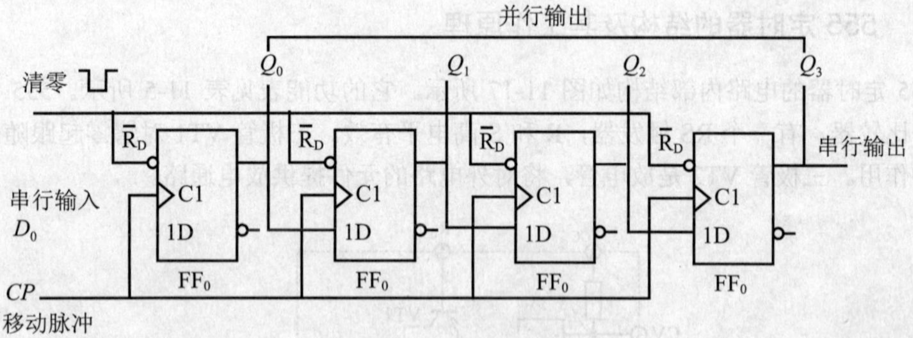

图 11-15　右移位寄存器

（1）　清零，即设 $\overline{R_D}=0$，使输出 $Q_3Q_2Q_1Q_0$=0000，然后 $\overline{R_D}=1$，各输出端保持 0。

（2）　寄存器寄存数据。

在第一个 *CP* 上升沿到来之前，FF_0 触发器输入 D_0=1，其余三个触发器输入均为刚才保持的数据 Q_0=0，Q_1=0，Q_2=0，当第一个 *CP* 上升沿过去后，四位输出为 $Q_3Q_2Q_1Q_0$=0001；在第二个 *CP* 上升沿到来之前，FF_0 触发器输入 D_0=0，其余三个触发器输入分别为 Q_0=1，Q_1=0，Q_2=0，当第二个 *CP* 上升沿过后，四位输出为 $Q_3Q_2Q_1Q_0$=0010，以此类推。最后，当第四个 *CP* 上升沿过后，四位输出为 $Q_3Q_2Q_1Q_0$=1011。

2. 双向移位寄存器

双向移位寄存器同时具有左移与右移功能，它除了左移和右移两个串行输入端外，还应有左移、右移控制端，用以控制它完成左移或右移操作。

集成 CT74LS194 双向移位寄存器管脚图如图 11-16 所示。

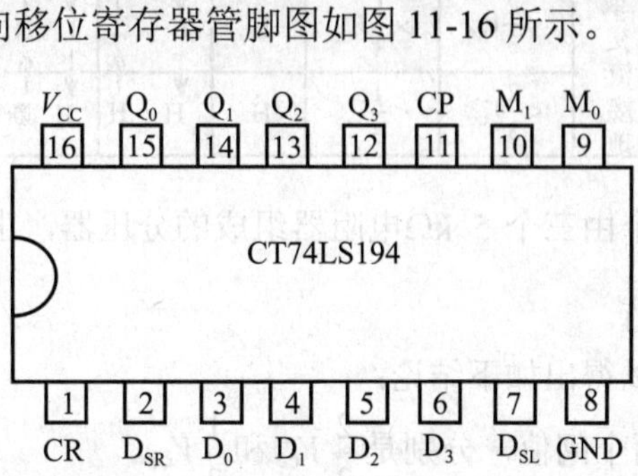

图 11-16　双向移位寄存器管脚图

11.3 555 集成定时器

555 定时器是一种功能强大的模拟数字混合集成电路，它结构简单， 使用灵活方便，应用非常广泛。通常只要在外部配接少量的元件就可形成很多实用的电路。

555 定时器可以分为TTL电路和CMOS电路两种类型，TTL电路标号为555和556（双），电源电压 5～16V，输出最大负载电流 200 mA；CMOS 电路标号为 7555 和 7556（双），电源电压 3～18V，输出最大负载电流 4 mA。

11.3.1 555 定时器的结构及其工作原理

555 定时器的电路内部结构如图 11-17 所示。它的功能表见表 11-5 所示。555 定时器有两个比较器，有一个 RS 触发器，R 和 S 高电平有效。三极管 VT1 对清零起跟随作用，起缓冲作用。三极管 VT2 是放电管，将对外电路的元件提供放电通路。

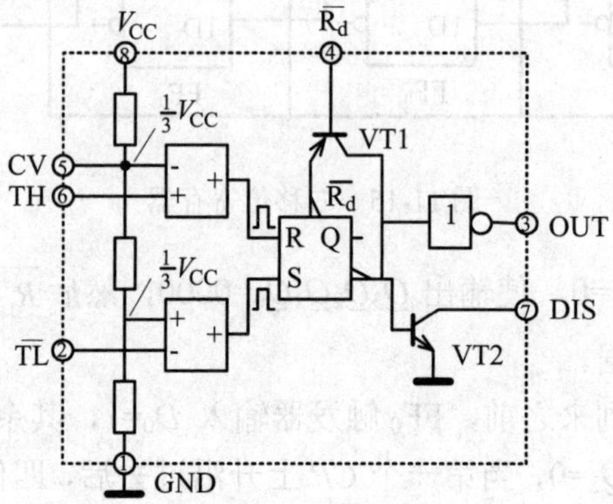

图 11-17 555 定时器电路的内部结构

表 11-5 555 定时器功能表

CV	TH	$\overline{TL}$	$\overline{R}_d$	OUT	DIS
直流悬空或交流接地	×	×	L	L	L 通
	$>\frac{2}{3}V_{cc}$	$>\frac{1}{3}V_{cc}$	H	L L	L 通
	$<\frac{2}{3}V_{cc}$	$>\frac{1}{3}V_{cc}$	H	L↓ H↑	L↓ H↑
	$<\frac{2}{3}V_{cc}$	$<\frac{1}{3}V_{cc}$	H	H H	H 断

比较器的输入端有一个由三个 5 kΩ电阻器组成的分压器，由此可以获得$\frac{2}{3}V_{cc}$和$\frac{1}{3}V_{cc}$两个分压值，一般称为阈值。

由电路图和功能表可以得出如下结论：

（1） 555 定时器有两个阈值，分别是$\frac{2}{3}V_{cc}$和$\frac{1}{3}V_{cc}$。

（2） 输出端③脚和放电端⑦脚的状态一致，输出低电平对应放电管饱和，在⑦脚外接有上拉电阻器时，⑦脚为低电平。输出高电平对应放电管截止，在有上拉电阻器时，⑦脚为高电平。

（3）　输出端状态的改变有滞回现象，回差电压为$\frac{1}{3}V_{cc}$。

（4）　输出与触发输入反相。

掌握这四条，对分析 555 定时器组成的电路十分有利。

11.3.2　单稳态触发器

555 定时器构成的单稳态触发器如图 11-18 所示，工作波形如图 11-19 所示。该电路的触发信号在 2 脚输入。

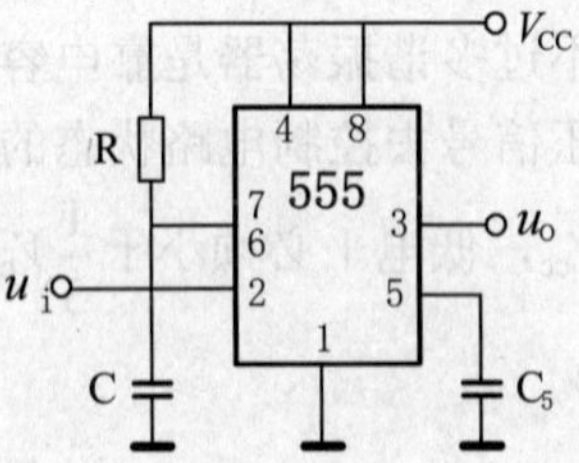

图 11-18　单稳态触发器电路图

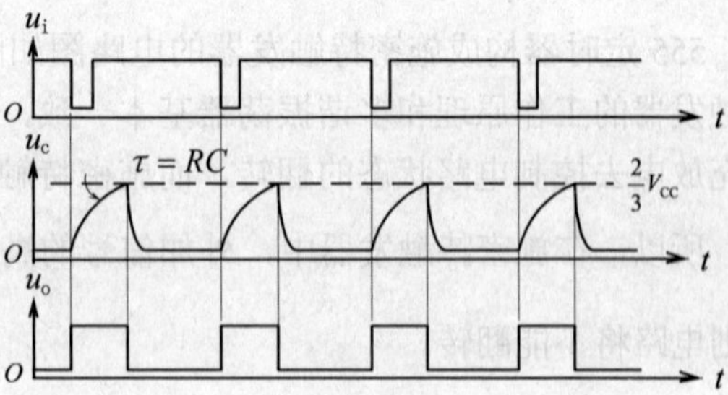

图 11-19　单稳态触发器的波形图

这里有两点需要注意：

（1）　触发输入信号的逻辑电平，在无触发时是高电平，必须大于$\frac{2}{3}V_{cc}$，低电平必须小于$\frac{1}{3}V_{cc}$，否则触发无效。

（2）　触发信号的低电平宽度要窄，其低电平的宽度应小于单稳暂稳的时间。否则当暂稳时间结束时，触发信号依然存在，输出与输入反相。此时单稳态触发器成为一个反相器。

11.3.3　多谐振荡器

555 定时器构成的多谐振荡器如图 11-20 所示，其工作波形如图 11-21 所示。

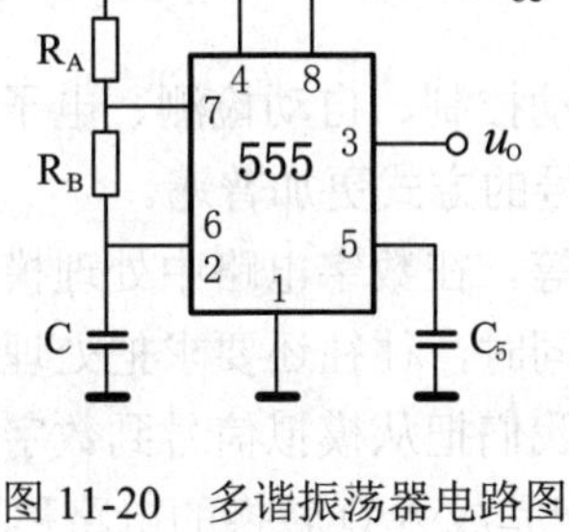

图 11-20　多谐振荡器电路图

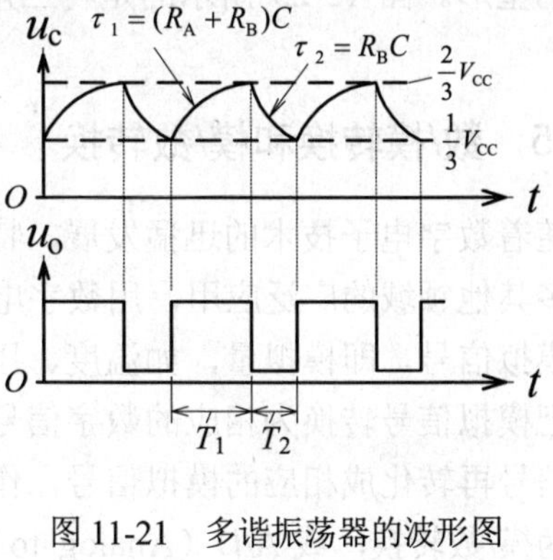

图 11-21　多谐振荡器的波形图

与单稳态触发器比较，它是利用电容器的充放电来代替外加触发信号，所以，电容器上的电压信号应该在两个阈值之间按指数规律转换。充电回路是 R_A、R_B 和 C，此时相当输入是低电平，输出是高电平；当电容器充电达到 $\frac{2}{3}V_{cc}$ 时，即输入达到高电平时，电路的状态发生翻转，输出为低电平，电容器开始放电。

当电容器放电达到 $\frac{1}{3}V_{cc}$ 时，电路的状态又开始翻转。如此不断循环。电容器之所以能够放电，是由于有放电端 7 脚的作用，因 7 脚的状态与输出端一致，7 脚为低电平时，电容器即放电。

11.3.4 施密特触发器

555 定时器构成施密特触发器的电路图如图 11-22 所示，波形图如图 11-23 所示。施密特触发器的工作原理和多谐振荡器基本一致，无原则不同。只不过多谐振荡器是靠电容器的充放电去控制电路状态的翻转，而施密特触发器是靠外加电压信号去控制电路状态的翻转。所以，在施密特触发器中，外加信号的高电平必须大于 $\frac{2}{3}V_{cc}$，低电平必须小于 $\frac{1}{3}V_{cc}$，否则电路将不能翻转。

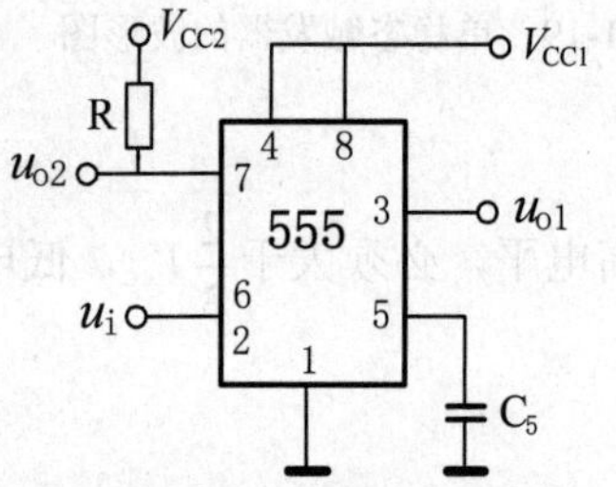

图 11-22　施密特触发器电路图

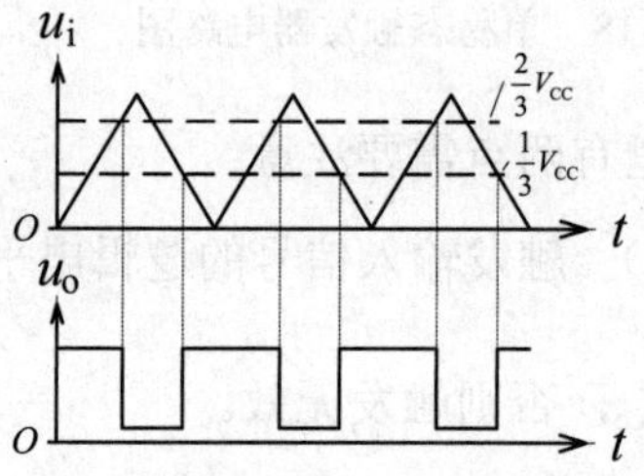

图 11-23　施密特触发器的波形图

由于施密特触发器采用外加信号，所以放电端 7 脚就空闲了。利用 7 脚加上上拉电阻器，就可以获得一个与输出端 3 脚一样的输出波形。如果上拉电阻器接的电源电压不同，7 脚输出的高电平与 3 脚输出的高电平在数值上会有所不同。施密特触发器主要用于对输入波形的整形。图 11-23 所示的是将三角波整形为方波，其他形状的输入波形也可以整形为方波。

11.3.5 数/模转换和模/数转换

随着数字电子技术的迅猛发展，特别是计算机在自动控制、自动检测、电子信息处理及许多其他领域的广泛应用，用数字电路来处理模拟信号的方式更加普遍。

模拟信号，即模拟量，如温度、压力、流量、位移等。在数字电路中处理模拟量必须首先把模拟信号转换为相应的数字信号才能进行处理。同时，往往还要求把处理后得到的数字信号再转化成相应的模拟信号，作为最后的输出。我们把从模拟信号到数字信号的转换称为模/数转换，或 A/D（Analog to Digital）转换，把完成 A/D 转换的电路称为 A/D 转换器（简称 ADC），ADC 的转换过程称为编码（ADC 即是 Analog－Digital Converter 的缩写）。完成 D/A 转换的电路称为 D/A 转换器（简称 DAC），DAC 的转换过程称为解码。

例如，用计算机对粉状货物（例如水泥、面粉）和颗粒状货物进行称重的包装系统，其方框图如图 11-24 所示。

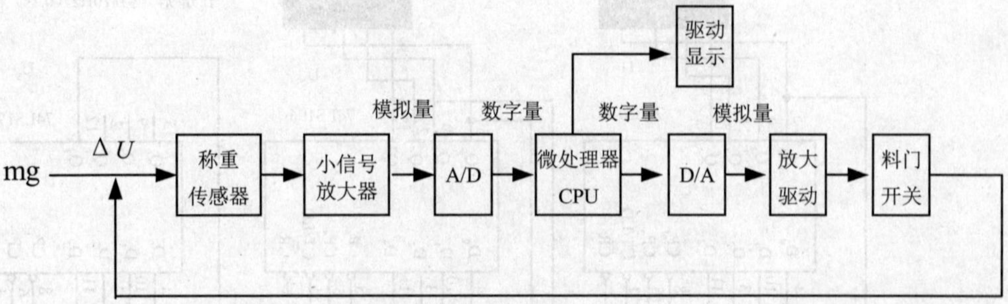

图 11-24　电脑包装秤方框图

为了确保数据处理的准确性，A/D 转换器和 D/A 转换器必须有足够的转换精度，同时，为了适应快速过程的控制和检测的需要，A/D 转换器和 D/A 转换器必须有足够的转换速度。

按结构划分，ADC 和 DAC 可分为三大类：

（1）　单片集成的，它是 ADC 和 DAC 产品的主流。这一类产品的特点是通用性强，已形成系列化，可靠性高，成本也较低。但单片式 ADC 和 DAC 器件频带宽度有限制，影响转换速度和精度，能达到 16 位精度的水平也就不错了；

（2）　混合集成式的，它可以根据转换精度和速度的要求，在集成芯片外的陶瓷基片上制造与之匹配的电阻网络，使得混合式集成芯片在转换精度和速度上大大优于单片式芯片；

（3）　模块结构式的，这一类转换器实际上是一个功能完整的最小数字系统。

实践任务　电子秒表

电子秒表广泛应用于对运动物体的速度、加速度的测量实验，同时也适用于对时间测量精度要求较高的场合，如测定短暂的时间间隔。因为精确度较高，所以，电子秒表在科学研究、体育运动及国防科研等方面被广泛应用。

一、电路功能

本实训组装的是用两位数码管显示的电子秒表，可用于对 0.1～9.9 s 以内的短时间计时。电路设有启动和停止按钮，用于计时控制。

二、实训电路图

用 Proteus7 绘制的仿真电路图如图 11-25 所示。

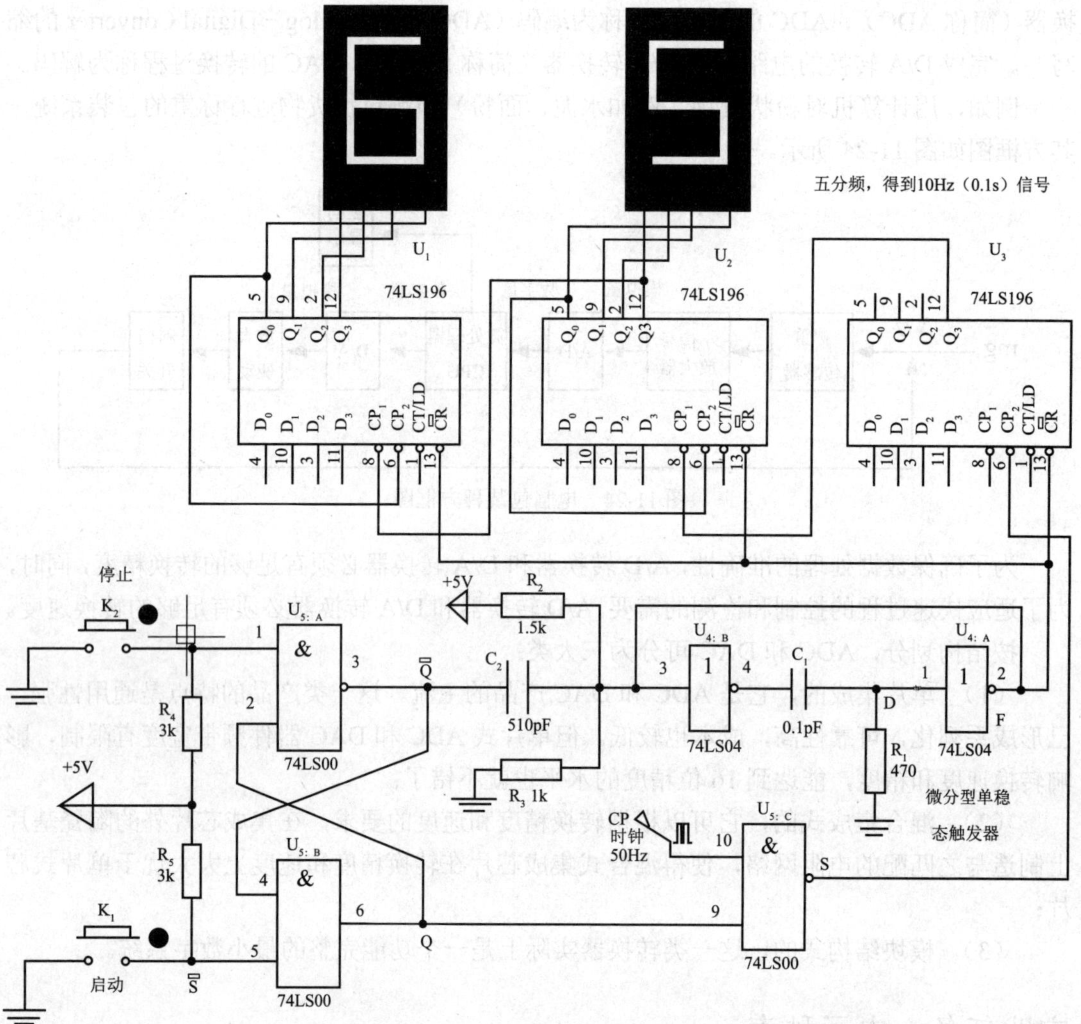

图 11-25　电子秒表实训仿真电路

三、电路原理及说明

本实验设计的电子开关 K_1，则 Q 由 0 变为 1，门 $U_{5:C}$ 开启，为计数器启动做好准备。$\overline{Q}$ 由 1 变 0，送出负脉冲，启动单稳态触发器工作。

基本 RS 触发器在电子秒表中的职能是启动和停止秒表的计时。

1.　微分型单稳态触发器

在如图 11-25 所示电路中，用集成非门（六反相器）74LS04（$U_{4:A}$ 和 $U_{4:B}$）、R_1、C_1 构成微分型单稳态触发器，单稳态触发器的输入触发负脉冲信号 u_i 由基本 RS 触发器 $\overline{Q}$ 端提供，输出负脉冲 u_o 通过非门加到计数器的清除端 $\overline{CR}$。

静态时，门 $U_{4:A}$ 应处于截止状态，故电阻器 R_1 的值必须小于门的关门电阻器 R_{off} 的值。定时元件 R_1、C_1 取值不同，输出脉冲宽度也不同。当触发脉冲宽度小于输出脉冲宽度时，

$\overline{Q}$可以省去输入微分电路的 R_1 和 C_2。

单稳态触发器在电子秒表中的职能是为计数器提供清零信号。

2. 时钟发生器

如图 11-25 所示电路中时钟发生电路空缺，可用 555 定时器构成的多谐振荡器充当，555 定时器构成的多谐振荡器是一种性能较好的时钟源，在此电路中输出频率为 50kHz 的矩形波信号。

当基本 RS 触发器 Q=1 时，门 $U_{5:C}$ 开启，此时 50kHz 脉冲信号通过门 $U_{5:c}$ 作为计数脉冲加于计数器 U_3 的计数输入端 CP_2 上。

3. 计数及译码显示

二-五-十进制加法计数器 74LS196 构成电子秒表的计数单元，如图 11-25 所示电路的 U_2、U_3。其中计数器 U_3 接成五进制形式，对频率为 50kHz 的时钟脉冲进行五分频，在输出端 Q_3 取得周期为 0.1s 的矩形脉冲，作为计数器 U_2 的时钟输入。计数器 U_2 及计数器 U_1 接成 8421 码十进制形式，其输出端与译码显示单元的相应输入端连接，可显示 0.1～0.9 s、1～9.9s 计时。

74LS196 是异步二-五-十进制加法计数器，其管脚图如图 11-26 所示。

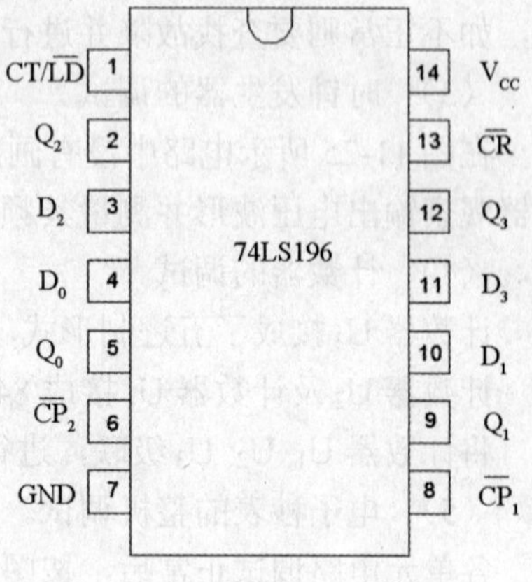

图 11-26　74LS196 管脚图

当计数/置数控制端 CT/$\overline{LD}$ 为低电平时，输出端 Q_3～Q_0 可预置成与数据输入端 D_3～D_0 相一致的状态，而与 $\overline{CP_1}$、$\overline{CP_2}$ 状态无关，预置后置高电平。

（1） 计数脉冲从 $\overline{CP_1}$ 输入，Q_0 作为输出端，为二进制计数器。

（2） 计数脉冲从 $\overline{CP_2}$ 输出，Q_1～Q_3 作为输出端，为五进制加法计数器。

（3） 若将 $\overline{CP_2}$ 和 Q_0 连接，计数脉冲由 $\overline{CP_1}$ 输入，Q_0～Q_3 作为输出端，则构成 8424 码十进制加法计数器。

（4） 计数脉冲从 CP_2 输入，将 CP_1 和 Q_3 相连，构成二-五混合进制计数器。

四、组装与调试

1. 元器件选择及检测

基本 RS 触发器中的与非门选用 74LS00，微分型单稳态触发器中的非门选用 74LS04，定时电容器、输入微分电容器 C_1 及 C_2 用瓷片电容器，固定电阻器 R_1～R_5 用 $\frac{1}{4}$ W 碳膜电阻器；计数器选用 74LS196，时钟发生器由 NE555 构成。以上元器件在组装前要进行检测。

2. 在万能板上按仿真电路焊接

焊接前，对元件进行合理布局，可先设计布线草图。元器件摆放位置可以参照仿真电路进行，以方便检测和调试，但要使元器件排列紧凑、焊接可靠。在必要的地方设置测试点，以方便调试。

3. 电路调试

单元电路焊接完成后，要检测有无虚焊、漏焊和错焊，准备好必要的调试检测工具。然后对各单元电路逐个进行调试，即分别测试基本 RS 触发器、单稳态触发器、时钟发生器及计数器的逻辑功能，待各单元电路工作正常后，再测试整体电子秒表电路的功能。

（1） 基本RS触发器的调试。

测试方法略，若满足 RS 触发器的逻辑功能，则可进行下一步测试。否则再进行相应部分的调试以排除故障。

（2） 单稳态触发器的调试。

静态调试。

用数字式万用表电压挡测量 A、B、D、F 各点电位值并记录。

动态测试。

输入端接 1kHz 连续脉冲，用示波器观察并描绘 D 点和 F 点波形，并分析波形是否正常，如不正常则要查找故障并进行调试以排除故障。

（3） 时钟发生器的调试。

在图 11-25 所示电路中没有画出时钟电路，可用 NE555 构成多谐振荡器，通电后用示波器观察输出电压波形并测量其频率，调节 RP，使输出矩形波频率为 50kHz。

（4） 计数器的调试。

计数器 U_3 接成了五进制形式，按 74LS196 使用说明测试其逻辑功能并记录数据。

计数器 U_2 及计数器 U_1 接成 8421 码十进制形式，进行逻辑功能调试。

将计数器 U_1、U_2、U_3 级联，进行逻辑功能调试。

（5） 电子秒表的整机调试。

各单元电路调试正常后，按图 11-25 所示电路把几个单元电路连接起来，进行整机调试。

先按下按钮开关 K_1，此时电子秒表应不工作，再按下按钮开关 K_2，则计数器应清零后便开始计时，观察数码管显示计数情况是否正确，如不需要计时或暂停计时，则按下开关 K_2，计时应立即停止，但数码管会锁定显示值。若能满足要求则说明调试成功。

（6） 电子秒表准确度的调试。

利用电子钟或手表的秒时功能对电子秒表进行校准。若有偏差应对时钟发生器的振荡频率进行修正。

五、元器件清单

本实践任务中，需要的元器件如表 11-6 所示。

表 11-6 元器件清单

序 号	电路中符号	名 称	规格及型号	数量/个	备注
1	R_1	固定电阻器	470Ω	1	1/4W 碳膜
2	R_2	固定电阻器	1.5kΩ	1	
3	R_3	固定电阻器	1kΩ	1	
4	R_4、R_5	固定电阻器	3kΩ	2	
5	C_1	瓷介电容器	0.1pF	1	104 瓷片
6	C_2	瓷介电容器	510pF	1	511 瓷片
7	K_1、K_2	轻触开关	6x6x5	2	
8		共阴数码管	5011AH	2	或用自带译码器的数码管
9		显示译码器	CC4511	2	
10	U_1、U_2、U_3	异步计数器	74LS196	3	
11	U_4	六反相器	74LS04	1	
12	U_5	四 2 输入与非门	74LS00	1	
13		时钟电路			（清单自拟）

本章小结

（1） 触发器具有记忆功能，它有 0 和 1 两个稳定状态，是时序逻辑电路的基本单元电路。

（2） 基本 RS 触发器由两个与非门互联而成，输出具有置 0、置 1、保持、不定四种状态，其中置 0 和置 1 功能是其基本应用。同步 RS 触发器由于引入时钟脉冲，可使 N 个触发器同步动作。

（3） 边沿触发器的特点是输出状态只在 CP 脉冲的上升沿或下降沿发生变化。在 CP 脉冲的其他时刻都保持不变，这种类型的触发器具有较好的抗干扰能力。JK 触发器具有置 0、置 1、保持、翻转四种功能；D 触发器具有置 0 和置 1 功能。

（4） 计数器的基本功能是统计脉冲个数，也可用于分频、定时等。异步计数器在计数时。各触发器动作不同步，同步计数器计数时，各触发器同步动作。集成计数器有很多型号，可用十进制计数器改制成其他进制的计数器。

（5） 寄存器是用来暂时存放二进制代码的逻辑部件。数码寄存器是在时钟脉冲作用下同时接收二进制数码并寄存。移位寄存器是通过逐位移入的方式寄存数码。

（6） 555 定时器是一种模拟和数字相结合的集成电路，通过外接电阻和电容元件可以方便的构成单稳态触发器、多谐振荡器、施密特触发器。单稳态触发器可用于定时或整形，多谐振荡器可用于产生振荡信号，施密特触发器可用于波形变换和整形。

（7） 数/模转换器可用于将数字信号转换为模拟信号，模/数转换器用于模拟信号转换为数字信号。

习题

11-1　已知基本 RS 触发器的两输入端 $\overline{S_D}$ 和 $\overline{R_D}$ 的波形如图 11-27 所示，试画出当基本 RS 触发器初始状态分别为 **0** 和 **1** 两种情况下，输出端 Q 的波形图。

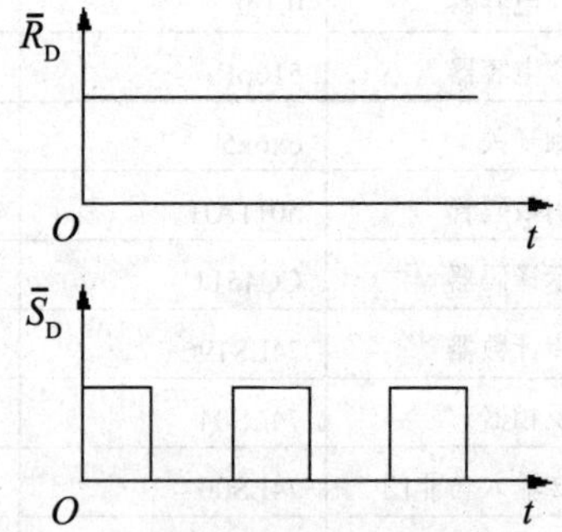

图 11-27　题 11-1 图

11-2　已知同步 RS 触发器的初态为 **0**，当 S、R 和 CP 的波形如图 11-28 所示时，试画出输出端 Q 的波形图。

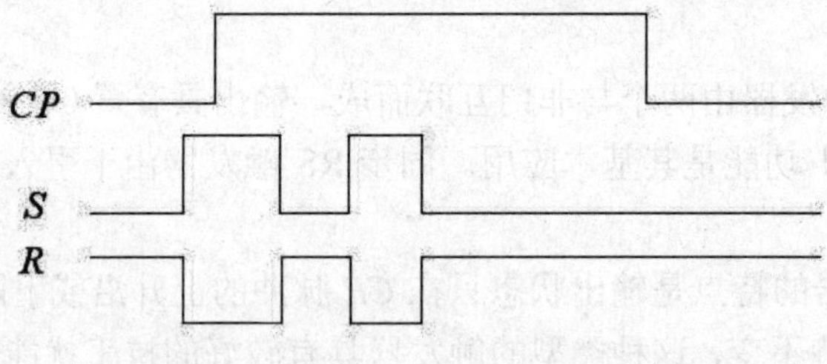

图 11-28　题 11-2 图

11-3　已知主从 JK 触发器的输入端 CP、J 和 K 的波形如图 11-29 所示，试画出触发器初始状态分别为 **0** 时，输出端 Q 的波形图。

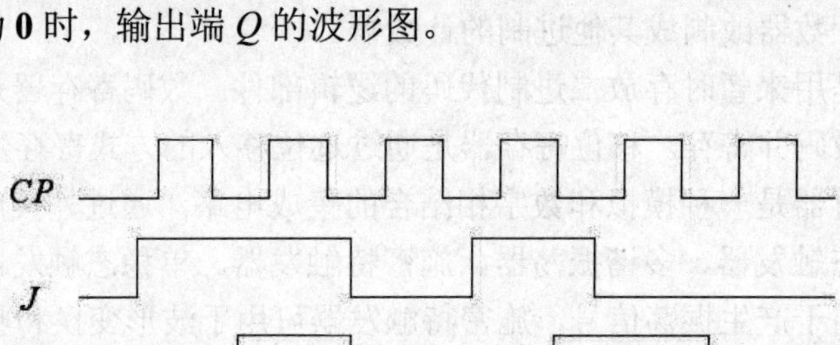

图 11-29　题 11-3 图

11-4　已知同步 RS 触发器的初态为 **0**，当 *S*、*R* 和 *CP* 的波形如图 11-30 所示时，试画出输出端 *Q* 的波形图。

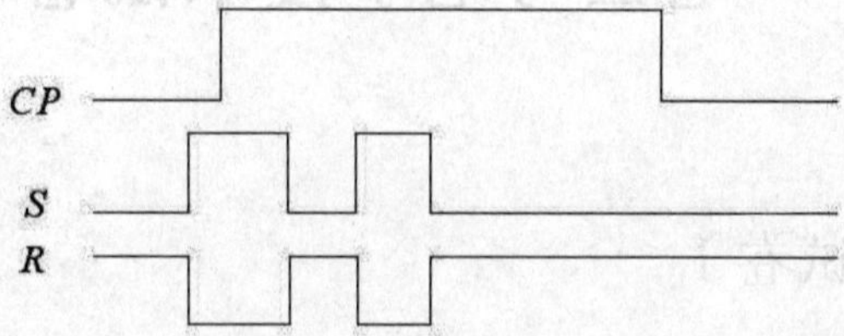

图 11-30　题 11-4 图

11-5　已知各触发器和它的输入脉冲 *CP* 的波形如图 11-31 所示，当各触发器初始状态均为 **1** 时，试画出各触发器输出 *Q* 端和 $\overline{Q}$ 端的波形。

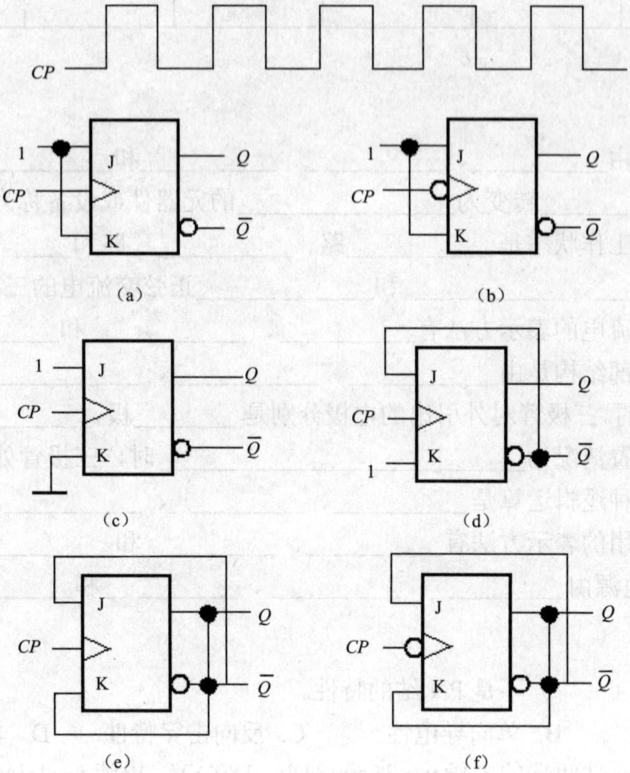

图 11-31　题 11-5 图

11-6　用 JK 触发器设计一个 4 位二进制异步加法计数器。

11-7　用 74LS161 构成十进制计数器。

11-8　用 74LS163 构成一个十二进制计数器。

11-9　试分析 555 定时器的工作原理。

11-10　DA 转换和 AD 转换的主要技术参数是什么？

电工与电子技术试卷

电工与电子技术试卷 1

专业____________ 姓名____________ 学号____________

题号	一	二	三	四	总分
得分					

一、填空题

1. 简单电路是由__________、__________、__________和__________组成的。

2. 将______________转变为_______________的元器件或设备称为负载。

3. 电路的三种工作状态是__________路、____________路和____________路。

4. ___________、___________和____________正弦交流电的三要素。

5. 常用正弦交流电的表示方法有__________、___________和___________。

6. 三极管的内部结构是由__________、__________、__________及__________结和__________结组成的。三极管对外引出的电极分别是________极、________极、________极。

7. 三极管的偏置情况为_________________________时，三极管处于饱和状态。

8. 最基本的三种逻辑运算是__________、__________、__________。

9. 逻辑函数常用的表示方法有__________、__________和____________。

10. 直流稳压电源由__________、__________、__________和__________组成。

二、选择题

1. 下列选项中（ ）不是PN结的特性。

A. 双向导电性 B. 单向导电性 C. 反向击穿特性 D. 非线性特性

2. 若电路中某元件两端的电压 $u = 36\sin(314t - 180^\circ)$ V；电流 $i = 4\sin(314t + 180^\circ)$ A，则该元件是（ ）。

A. 电阻器 B. 电感器 C. 电容器 D. 二极管

3. 下列选项中（ ）不是晶闸管的特性。

A. 反向阻断特性 B. 正向阻断特性 C. 正向导通特性 D. 反向导通特性

4. 已知某正弦交流电压有效值为100V，频率为50Hz，初相为-30°，则该正弦交流电压的解析式为（ ）。

A. $u=100\sqrt{2}\sin(100\pi t+30^{\circ})$ V　　B. $u=100\sqrt{2}\sin(100\pi t-30^{\circ})$ V

C. $u=100\sin(100\pi t+30^{\circ})$ V　　D. $u=100\sin(100\pi t-30^{\circ})$

5. 正弦交流电的初相位反映了交流电变化的（　　）。

A. 起始位置　　B. 快慢　　C. 大小关系　　D. 频率特性

6. 在三相四线制供电系统中，线电压与相电压的数值关系为（　　）。

A. $U_L=U_P$　　B. $U_L=3U_P$　　C. $U_L=\sqrt{3}U_P$　　D. $U_P=\sqrt{3}U_L$

7. 已知一电阻器上的电压 $u=10\sqrt{2}\sin\left(314t-\dfrac{\pi}{2}\right)$V，测得电阻器上消耗的功率为20W，则这个电阻器的电阻值为（　　）Ω。

A. 10　　B. 20　　C. 2　　D. 5

8. 在纯电容正弦交流电路中，当电流 $i=\sqrt{2}I\sin(314t+\dfrac{\pi}{2})$ A 时，则电压（　　）。

A. $u=\sqrt{2}I\omega C\sin\left(314t+\dfrac{\pi}{2}\right)$ V　　B. $u=\sqrt{2}I\omega C\sin 314t$ V

C. $u=\sqrt{2}I\dfrac{1}{\omega C}\sin 314t$ V　　D. $u=\sqrt{2}I\dfrac{1}{\omega C}\sin\left(314t+\dfrac{\pi}{2}\right)$ V

9. 十进制数 15 转换成二进制数为（　　）。

A. 10000　　B. 1111　　C. 111　　D. 1110

10. 下列等式正确的是（　　）。

A. $\overline{A+B}=\overline{A}+\overline{B}$　　B. $A+A=2A$　　C. $A\cdot\overline{A}=0$　　D. $A+1=A$

11. （　　）是时序逻辑电路的基本单元。

A. 与门　　B. 或门　　C. 非门　　D. 触发器

12. 构成数码寄存器和移位寄存器的触发器，其逻辑功能一定为（　　）。

A. JK 触发器　　B. D 触发器　　C. 基本 RS 触发器　　D. T 触发器

13. 集成 555 定时器的输出状态有（　　）。

A. 0 状态　　B. 1 状态　　C. 0 和 1 状态　　D. 高阻态

14. 对于 8 线-3 线优先编码器，下面说法正确的是（　　）。

A. 有 3 根输入线，8 根输出线　　B. 有 8 根输入线，3 根输出线

C. 有 8 根输入线，8 根输出线　　D. 有 3 根输入线，3 根输出线

三、判断题

1. 串联电路中各电阻器上的电压是相等的。（　　）
2. 回路就是网孔，网孔就是回路。（　　）
3. 放大器的输出与输入电阻值都应越大越好。（　　）
4. 无功功率中的无功是指“消耗”。（　　）
5. 当二极管两端正向偏置电压大于死区电压，二极管才能导通。（　　）
6. 二进制只可以用来表示数字，不可以用来表示文字和符号等。（　　）
7. 逻辑函数的卡诺图中，相邻最小项可以合并。（　　）

8. 证明两个函数是否相等，只要比较它们的真值表是否相同即可。（　）

9. 或逻辑是指当决定事件（Y）发生的所有条件（A，B，C，…）均满足时，事件（Y）才能发生。（　）

10. 半导体三极管因为有饱和、截止、放大三种工作状态，所以其不可以作为开关元件使用。（　）

11. 十进制整数转换为二进制数一般采用除 2 取整法。（　）

12. 反相比例运算电路的反馈类型为并联电压负反馈。（　）

四、计算题

1. 如图卷 1-1 所示，已知 $E_1=18\text{V}$，$E_2=9\text{V}$，$R_1=1\Omega$，$R_2=1\Omega$，$R_3=4\Omega$，求各支路电流。

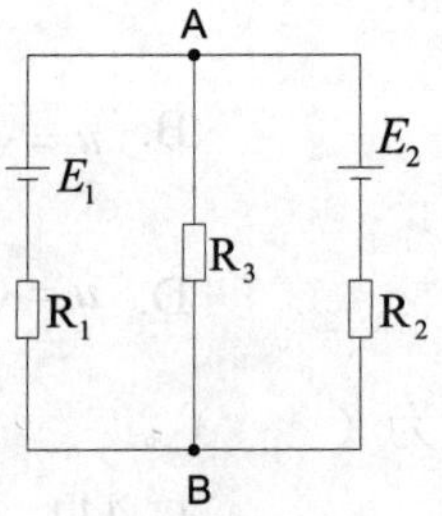

图卷 1-1

2. 画出逻辑函数 $L=A\cdot B+\overline{A}\cdot\overline{B}$ 的逻辑图。

3. 在纯电感电路中，电感元件的电感 $L=318\text{mH}$，电流 $i=2.2\sqrt{2}\sin\left(314t+30^\circ\right)\text{A}$。

求：（1）电感元件的感抗 X_L；（2）电感元件的端电压 u_L；

（3）无功功率 Q_L；（4）画出相量图。

4. 某设备有开关 A、B、C，要求：只有开关 A 接通的条件下，开关 B 才能接通；开关 C 只有在开关 B 接通的条件下才能接通。违反这一规程，则发出报警信号。设计一个由与非门组成的能实现这一功能的报警控制电路。

5. 已知主从 JK 触发器 J、K 的波形如图卷 1-2 所示，画出输出 Q 的波形图（设初始状态为 0）。

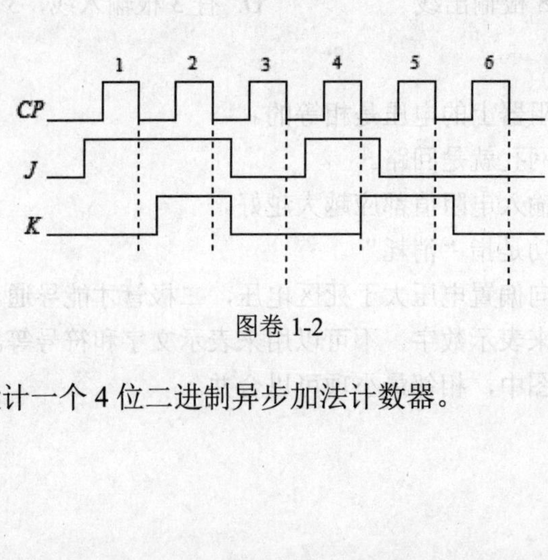

图卷 1-2

6. 用 JK 触发器设计一个 4 位二进制异步加法计数器。

电工与电子技术试卷 1 答案

一、填空题

1. 电源、负载、控制元件、连接导线；
2. 电能、其他形式的能；
3. 开、断、短；
4. 最大值、角频率、初相位；
5. 表达式、相量图、波形图；
6. 发射区、基区、集电区、发射、集电、发射、基、集电；
7. 发射结正向偏置，集电结反向偏置；
8. 与、或、非；
9. 真值表、表达式、卡诺图、逻辑图、波形图五种方法任选三种即可；
10. 整流变压器、整流电路、滤波电路、稳压电路。

二、选择题

1. A	2. A	3. D	4. B	5. A	6. C	7. C
8. C	9. B	10. C	11. D	12. B	13. C	14. B

三、判断题

1. ×	2. ×	3. ×	4. √	5. √	6. ×
7. √	8. √	9. ×	10. ×	11. ×	12. √

四、计算题

1.

解：（1） 应用基尔霍夫第一定律对节点 A 有：$I_1+I_2=I_3$。

（2） 应用基尔霍夫第二定律列出回路电压方程。

对于回路①有：$I_1R_1+I_3R_3-E_1=0$；

对于回路②有：$I_2R_2+I_3R_3-E_2=0$。

代入已知值，整理联立方程得

$$\begin{cases} I_1+I_2-I_3=0 \\ I_1+I_3=12 \\ I_2+5I_3=65 \end{cases}$$

（3） 解方程得

$$\begin{cases} I_1=1\text{A（电流实际方向与假设方向相同）} \\ I_2=10\text{A（电流实际方向与假设方向相同）} \\ I_3=11\text{A（电流实际方向与假设方向相同）} \end{cases}$$

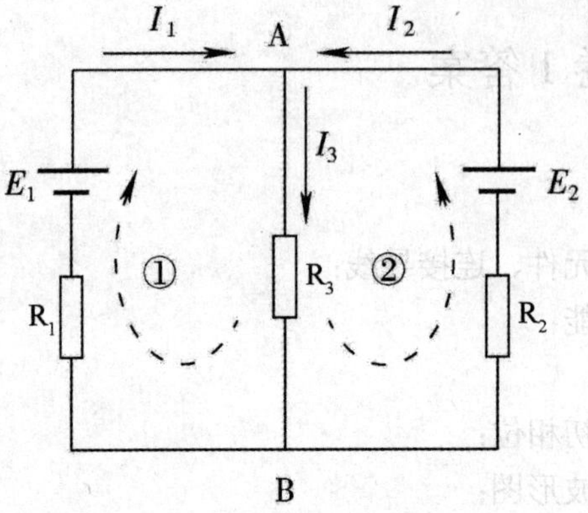

图卷 1-3

2. 解：画出的逻辑图如图卷 1-4 所示。

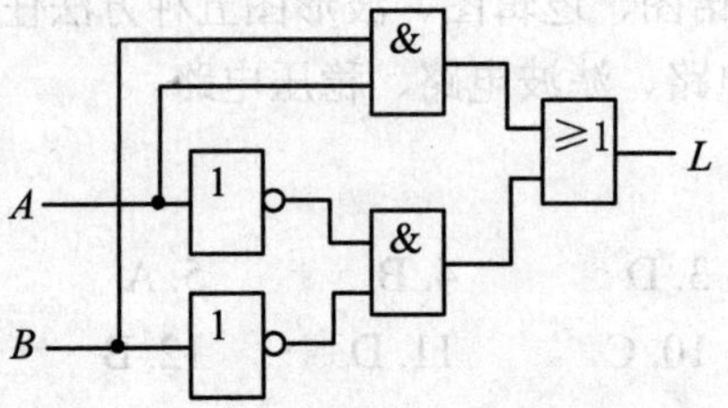

图卷 1-4

3. 解：

（1）电感元件的感抗

$$X_L：\ X_L = \omega L = 314 \times 318 \times 10^{-3} \approx 100\Omega$$

（2）电感元件的电流

$$\dot{I} = 2.2\angle 30^\circ \text{ A}$$

电感元件的端电压

$$\dot{U}_L = \dot{I} \cdot jX_L = 2.2\angle 30^\circ \times 100\angle 90^\circ = 220\angle 120^\circ \text{ V}$$

电压瞬时值表达式

$$u_L = 220\sqrt{2}\sin\left(314t + 135^\circ\right)$$

（3）无功功率 Q_L

$$Q_L = U_L I = 220 \times 2.2 = 484\ \text{var}$$

（4）画出相量图如图卷 1-5 所示。

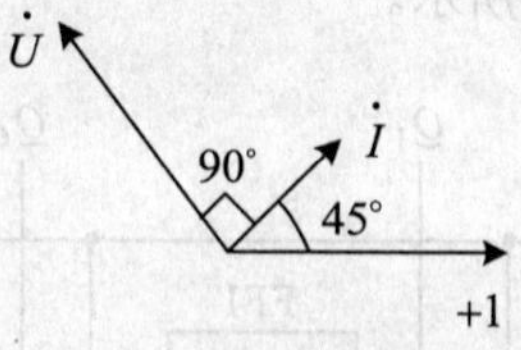

图卷 1-5

4. 解：（1）分析题意,写出真值表，如表卷 1-1 所列。

由题意可知，该报警电路的输入变量是三个开关 A、B、C 的状态，设开关接通用 1 表示，开关断开用 0 表示；设该电路的输出报警信号为 F，F 为 1 表示报警，F 为 0 表示不报警。

表卷 1-1

A B C	F
0 0 0	0
0 0 1	1
0 1 0	1
0 1 1	1
1 0 0	0
1 0 1	1
1 1 0	0
1 1 1	0

（2）由真值表写表达式

$$F = \overline{A}\,\overline{B}C + \overline{A}B\overline{C} + \overline{A}BC + A\overline{B}C$$

（3）化简函数表达式

$$F = \overline{A}\,\overline{B}C + \overline{A}B\overline{C} + \overline{A}BC + A\overline{B}C \qquad F = \overline{A}B + \overline{B}C = \overline{\overline{\overline{A}B}\cdot\overline{\overline{B}C}}$$

（4）画逻辑图，如图卷 1-6 所示。

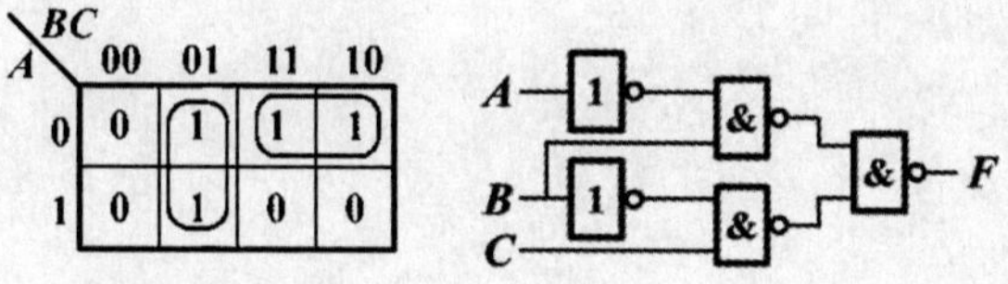

图卷 1-6

5. 解：Q 的波形图如图卷 1-7 所示。

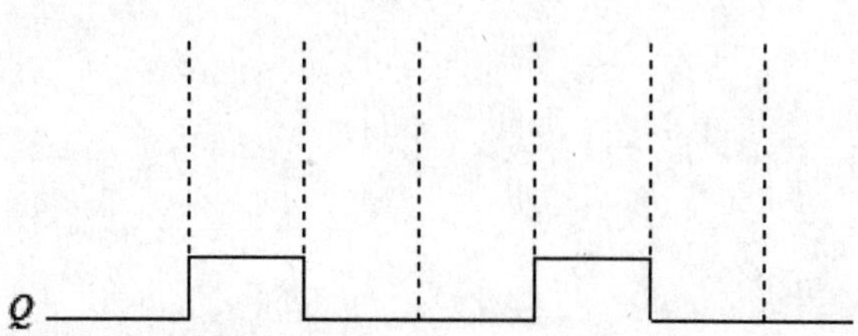

图卷 1-7

6. 解：加法计数器如图卷 1-8 所示。

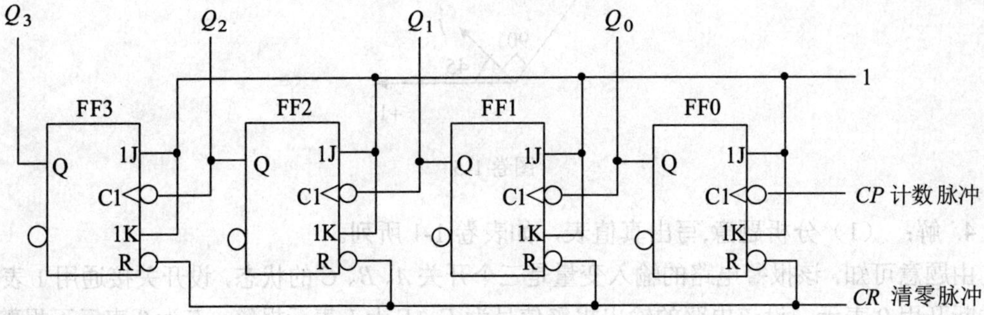

图卷 1-8

电工与电子技术试卷 2

专业____________ 姓名____________ 学号____________

题号	一	二	三	四	总分
得分					

一、填空题

1. 组合开关的文字符号是__________，低压断路器的文字符号是__________。

2. 三相异步电动机由定子和转子两大部分组成，其中定子的作用是__________，转子的作用是____________________。

3. 变压器的三种变换作用是__________、__________和__________。

4. 多级放大电路中常用的耦合方式有__________、__________和__________。

5. 我国供生产和生活用的交流电，频率是__________Hz，周期是________s，电流在每秒内产生的周期性变化的次数是__________次。

6. 任何一个逻辑函数的________是唯一的，但是它的________可有不同的形式，逻辑函数的各种表示方法在本质上是________的，可以互换。

7. 半导体三极管作为开关元件时工作在__________状态和__________状态。

8. 由 555 定时器构成的三种电路中，__________和__________是脉冲的整形电路。

9. 数据选择器是在__________的作用下，从__________中选择__________作为输出的组合逻辑电路。

10. 在 *CP* 脉冲和输入信号作用下，JK 触发器能够具有__________、__________、__________和__________的逻辑功能。

二、选择题

1. 大小和方向随时间变化的电量称为（　　）。

A. 交流电　　　　B. 直流电

C. 脉动直流电　　D. 脉动交流电

2. 某正弦电压的瞬时值表达式为$u = 20\sqrt{2}\sin\left(\omega t + 90^{\circ}\right)\text{V}$，其相量式为（　　）。

A. $u = 20\angle 90^{\circ}$　　B. $\dot{U} = 20\angle -90^{\circ}$

C. $\dot{U} = 20\angle 90^{\circ}$　　D. $U = 20\angle 90^{\circ}$

3. 若两个正弦电量的相位差$\varphi = \psi_u - \psi_i = 0^{\circ}$，则它们的相位关系（　　）。

A. u 超前 I　　B. u 滞后 I

C. u 与 i 同相　　D. u 与 i 反相

4. 单相变压器一次绕组电压为 380V，匝数为 1560 匝，二次绕组电压为 95V，则二次绕组匝数为（　　）。

A. 440　　B. 340　　C. 240　　D. 140

5. 逻辑函数式 $\overline{A}B+A\overline{B}+AB$，化简后结果是（　　）。

A. AB　　B. $\overline{A}B+A\overline{B}$　　C. $A+B$　　D. $\overline{A}\,\overline{B}+AB$

6. 将 2004 个“1”异或起来得到的结果是（　　）。

A. 0　　B. 1　　C. 2　　D. 3

7. 集成运算放大器是（　　）耦合多级放大器。

A. 直接　　B. 阻容　　C. 变压器　　D. 光电

8. 三级管工作在放大区，要求（　　）。

A. 发射结正偏，集电结正偏　　B. 发射结正偏，集电结反偏

C. 发射结反偏，集电结正偏　　D. 发射结反偏，集电结反偏

9. 下列选项中（　　）不是半导体的特性。

A. 掺杂性　　B. 热敏性

C. 导电性　　D. 光敏性

10. 在多级放大器中，若各级电压增益分别为 $A_{u1},A_{u2},\cdots,A_{un}$，则总电压增益 A_u 为（　）。

A. $A_{u1}+A_{u2}+\cdots+A_{un}$　　B. A_{u1}

C. A_{un}　　D. $A_{u1}A_{u2}\cdots A_{un}$

11. 某函数包含变量 A、B、C，以下选项中最小项表达正确的是（　　）。

A. $A\overline{B}$　　B. $A\overline{B}\,\overline{C}$　　C. ABD　　D. $A\overline{B}B\overline{C}$

12. 实现多输入、单输出逻辑函数，应选（　　）。

A. 编码器　　B. 译码器　　C. 数据选择器　　D. 数据分配器

13. 函数 $Y=A\overline{B}+\overline{C+\overline{D}}$ 的反函数 $\overline{Y}$ 为（　　）。

A. $\left(\overline{A}+B\right)\cdot\overline{\overline{C}\cdot D}$　　B. $\left(\overline{A}+B\right)+\overline{\overline{C}\cdot D}$

C. $\overline{A}+B+\overline{\overline{C}\cdot D}$　　D. $\left(A+\overline{B}\right)\cdot\overline{C\cdot\overline{D}}$

三、判断题

1. 电源的端电压总是与电源的电动势相等。（　）

2. 大小和方向都不随时间变化的电流称为直流。（　）

3. 只有电路既放大电流又放大电压，才称其有放大作用。（　）

4. 电流最小是串联谐振电路的特点。（　）

5. 放大器的输出与输入电阻值都应越大越好。（　）

6. 任意的两个最小项之积恒为 0。（　）

7. 在与门电路后面加上非门，就构成了与非门电路。（　）

8. 证明两个函数是否相等，只要比较它们的真值表是否相同即可。（　）

9. 与逻辑是指当决定事件（Y）发生的所有条件（A，B，C，…）均满足时，事件（Y）才能发生。（　）

10. 半导体三极管因为其有饱和、截止、放大三种工作状态，所以其可以作为开关元件使用。（　）

11. 十进制数 15 转换为二进制数 1110。（　）

12. 仅具有反正功能的触发器是 T 触发器。（　）

四、计算题

1. 共射极放大电路如图卷 2-1 所示，已知 $U_{CC}=12V$，$R_B=280k\Omega$，$R_C=3k\Omega$，$R_L=3k\Omega$，$\beta=50$，$r_{bb'}=300\Omega$，$U_{BEQ}=0.7V$。

求：（1）电容器 C_1、C_2 的作用；

（2）计算放大电路的静态工作点 Q 值；

（3）计算电压放大倍数 A_u，输入电阻值 R_i 和输出电阻值 R_o。

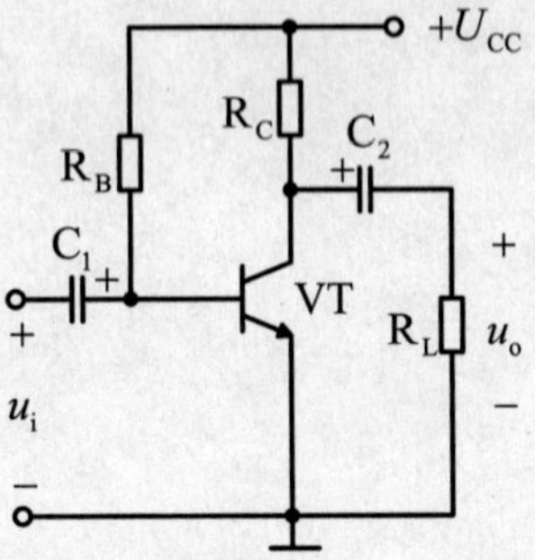

图卷 2-1

2. 如图卷 2-2 所示电路，用电压源与电流源等效变换的方法求 2Ω电阻器中的电流 I。

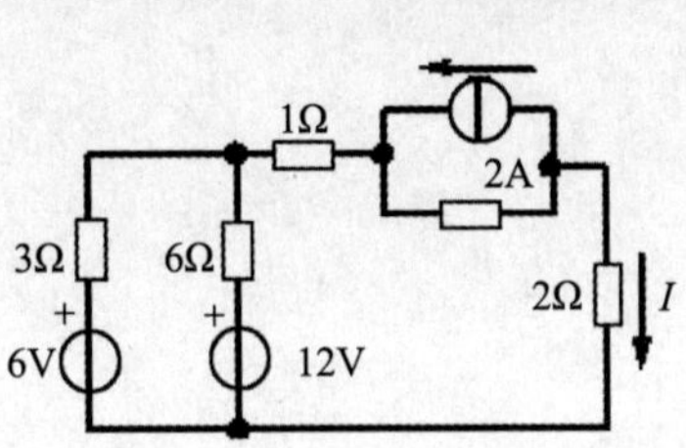

图卷 2-2

3. 用卡诺图法化简下列函数。

$$Y=\overline{B}CD+B\overline{C}+\overline{A}\,\overline{C}D+A\overline{B}D$$

（1）将函数 Y 展开成最小项表达式；

（2）画出函数 Y 的卡诺图并写出化简结果。

4. 设有甲乙丙三人进行表决，若有两人以上（包括两人）同意，则通过表决，用 ABC 代表甲乙丙，用 L 表示表决结果。试写出真值表，逻辑表达式，并画出用与非门构成的逻辑图。

5. 试用 4 选 1 数据选择器 74LS151 实现逻辑函数：$L = AB + BC + A\overline{C}$。

6. 用 74LS161 构成一个十二进制计数器。

电工与电子技术试卷 2 答案

一、填空题

1. QS、QF；
2. 产生旋转磁场、产生感应电动势和电流；
3. 变换电压、变换电流、变换阻抗；
4. 阻容耦合、变压器耦合、直接耦合；
5. 50、0.02、100；
6. 真值表、表达式、一致或相同；
7. 饱和、截止；
8. 施密特触发器、单稳态触发器；
9. 选择信号、多个数据、某一数据或一个数据；
10. 保持、置 0、置 1、翻转。

二、选择题

1. A	2. C	3. C	4. B	5. C	6. A	7. A
8. C	9. B	10. D	11. C	12. C	13. A	

三、判断题

1. ×	2. √	3. ×	4. √	5. ×	6. √
7. √	8. √	9. √	10. √	11. ×	12. ×

四、计算题

1. 解：（1）电容器 C_1、C_2 的作用是隔直流通交流。

（2）直流通路如图卷 2-3 所示，静态工作点各值为

$$I_{BQ}=\frac{U_{CC}-U_{BEQ}}{R_B}=\frac{12-0.7}{280k}=0.04mV=40\mu V$$

$$I_{CQ}=\beta I_{BQ}=50\times 40=2000\mu A=2mA$$

$$U_{CEQ}=U_{CC}-I_{CQ}R_C=12-2mA\times 3k=6V$$

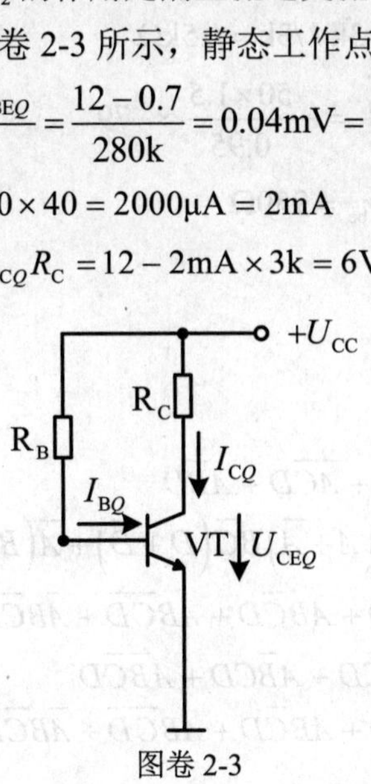

图卷 2-3

（3）交流通路如图卷 2-4 所示。

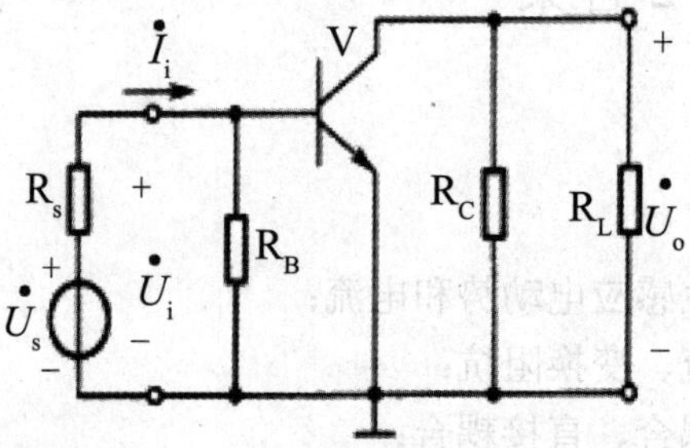

图卷 2-4

微变等效电路如图卷 2-5 所示。

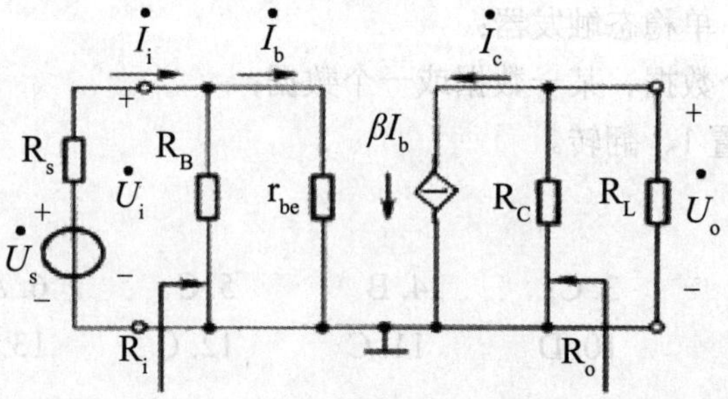

图卷 2-5

则有

$$r_{be}=r_{bb'}+\frac{26(\text{mV})}{I_{BQ}(\text{mV})}=300+\frac{26}{0.04}=950\Omega$$

$$R_L^{'}=R_C//R_L=3\text{k}//3\text{k}=1.5\text{k}\Omega$$

$$A_u=\frac{u_o}{u_i}=-\frac{\beta R_L^{'}}{r_{be}}=-\frac{50\times1.5}{0.95}\approx-79$$

$$R_i=R_B//r_{be}\approx r_{be}=950\Omega$$

$$R_o\approx R_C=3\text{k}\Omega$$

2.　$I=1\text{A}$。

3. 解：（1）

$$\begin{aligned}
Y&=\bar{B}CD+B\bar{C}+\bar{A}\bar{C}D+A\bar{B}D\\
&=(A+\bar{A})\bar{B}CD+(A+\bar{A})B\bar{C}(D+\bar{D})+\bar{A}(B+\bar{B})\bar{C}D+A\bar{B}(C+\bar{C})D\\
&=A\bar{B}CD+\bar{A}\bar{B}CD+AB\bar{C}D+AB\bar{C}\bar{D}+\bar{A}B\bar{C}D+\bar{A}B\bar{C}\bar{D}\\
&\quad+\bar{A}B\bar{C}D+\bar{A}\bar{B}\bar{C}D+A\bar{B}CD+A\bar{B}\bar{C}D\\
&=A\bar{B}CD+\bar{A}\bar{B}CD+AB\bar{C}D+AB\bar{C}\bar{D}+\bar{A}B\bar{C}D+\bar{A}B\bar{C}\bar{D}+\bar{A}\bar{B}\bar{C}D+A\bar{B}\bar{C}D
\end{aligned}$$

（2） 由题意可知，相应卡诺图如图卷 2-6 所示。

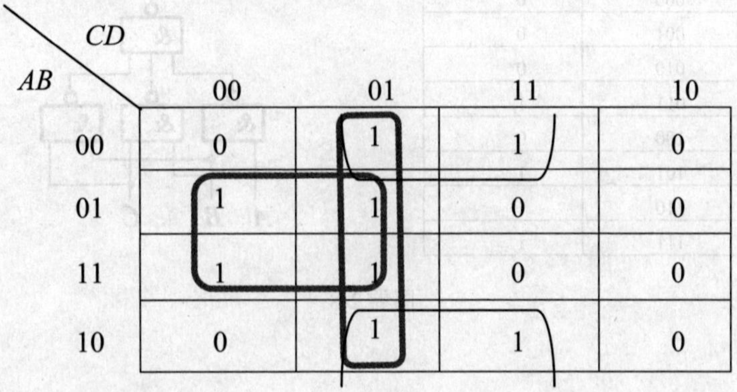

图卷 2-6

其化简结果为

$$Y = \overline{B}C + \overline{C}D + \overline{B}D$$

化简结果如图卷 2-7 所示。

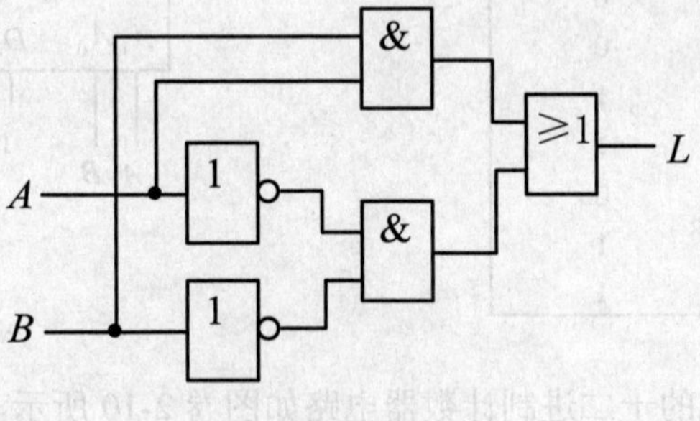

图卷 2-7

4. 解：（1）分析题意,写出真值表：用 1 表示同意，0 表示反对或弃权。可列出真值表如表卷 2-1 所示。

（2）由真值表写表达式

$$L = A\overline{B}C + AB\overline{C} + ABC + \overline{A}BC$$

（3）化简函数表达式

$$L = A\overline{B}C + AB\overline{C} + ABC + \overline{A}BC = AC + AB + BC$$
$$= \overline{\overline{AC + AB + BC}} = \overline{\overline{AC} \cdot \overline{AB} \cdot \overline{BC}}$$

（4）画出逻辑图，如图卷 2-8 所示。

ABC	L
000	0
001	0
010	0
011	1
100	0
101	1
110	1
111	1

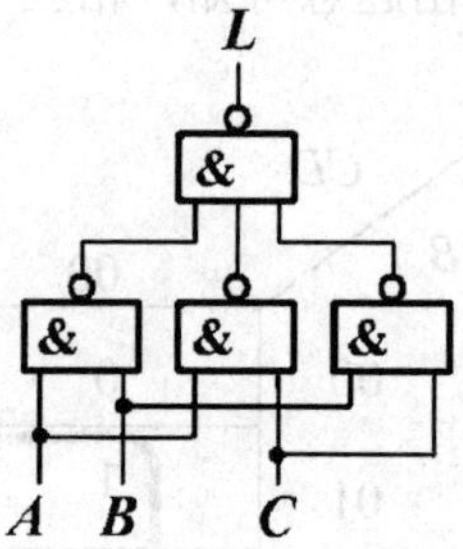

图卷 2-8

5. 解：将 A、B 接到地址输入端，C 加到适当的数据输入端。作出逻辑函数 L 的真值表，如表卷 2-2 所示。根据真值表画出连线图，如图卷 2-9 所示。

表卷 2-2　L 的真值表

A	B	C	L
0	0	0	0
0	0	1	0
0	1	0	0
0	1	1	1
1	0	0	1
1	0	1	0
1	1	0	1
1	1	1	1

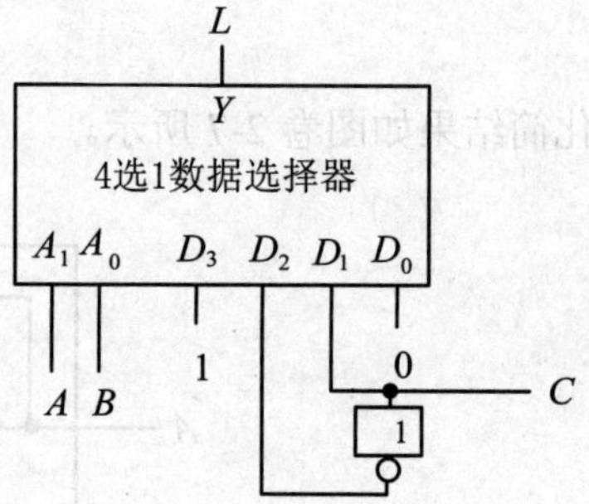

图卷 2-9

6. 解：74LS161 构成的十二进制计数器电路如图卷 2-10 所示。

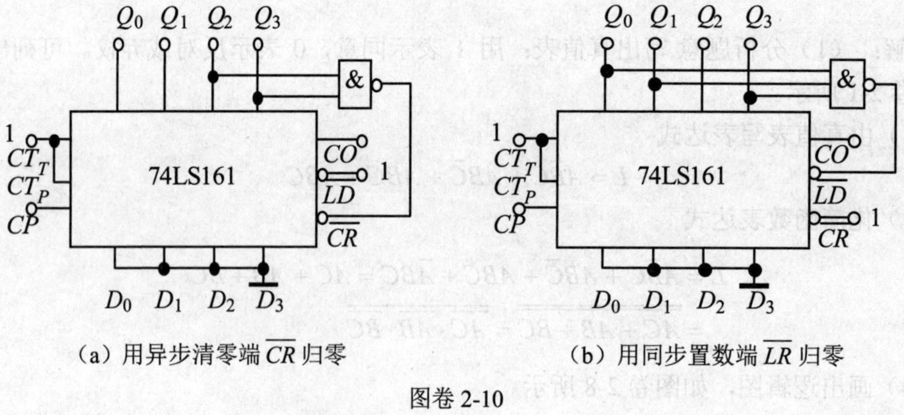

(a) 用异步清零端 $\overline{CR}$ 归零　　(b) 用同步置数端 $\overline{LR}$ 归零

图卷 2-10

习 题 答 案

第 1 章　习题答案

1-1　（a）$V_A=1V$，$V_B=-3V$，$V_C=-15V$；

（b）$V_A=5V$，$V_C=6V$，$V_B=6V$。

1-2　（a）吸收功率；

（b）发出功率。

1-3　$U_{ad}=-2V$，$U_{bc}=-16V$，$U_{ac}=-38V$

1-4　求图 1-39 所示电路每个元件的功率，解答用图如图答 1-1 所示。

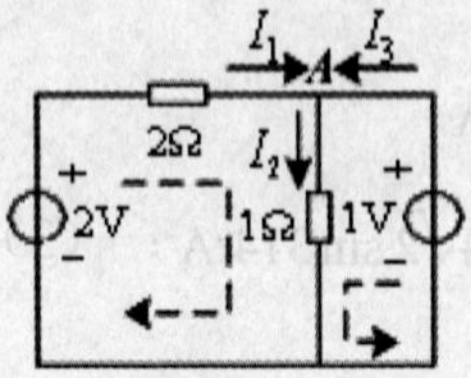

图答 1-1

$$\text{解：由基尔霍夫定律可得}\begin{cases}I_1+I_3=I_2\\2I_1+I_2-2=0\\I_2-1=0\end{cases}\Rightarrow\begin{cases}I_1=0.5A\\I_2=1A\\I_3=0.5A\end{cases}$$

$P_{2V}=-2V\times0.5A=-1W$（发出功率），$P_{1V}=-1V\times0.5A=-0.5W$（发出功率）

$P_{1\Omega}=1V\times1A=1W$（吸收功率），$P_{2\Omega}=1V\times0.5A=0.5W$（吸收功率）

1-5　（a）$R=(R_2//R_3//R_4)+R_1=3\Omega$；

（b）$R=(R_1//R_2)+(R_3//R_4)=52\Omega$。

1-6　$I=1A$

1-7　电流源模型电路如图答 1-2 所示。

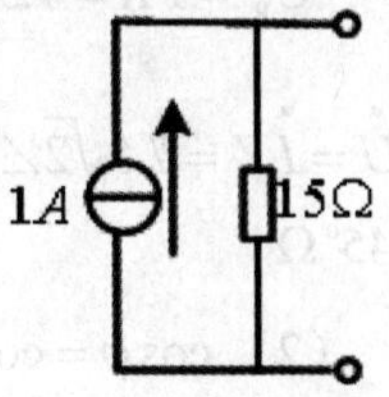

图答 1-2

1-8　（a）$U=2V$；

（b）$U=4V$。

1-9 $\begin{cases} I_1 = 0.5\text{A} \\ I_2 = 1.5\text{A} \\ I_3 = 2\text{A} \end{cases}$

1-10 $R = 13\Omega$。

第 2 章　习题答案

2-1 $U_m = 220\sqrt{2}\text{V}$，$U = 220\text{V}$，$\omega = 314\text{rad/s}$，相位：$(314t + 60^\circ)$，$\theta_u = 60^\circ$

2-2 $Z_1 = 15\angle 37^\circ$，$Z_2 = 25\angle 53^\circ$

$Z_1 \cdot Z_2 = 15 \times 25\angle(37^\circ + 53^\circ) = 375\angle 90^\circ$

$Z_1 / Z_2 = 15/25\angle(37^\circ - 53^\circ) = 0.6\angle -16^\circ$

2-3 $u_1 + u_2 = 311\sqrt{2}\sin(314t + 23.3^\circ)$

$u_1 - u_2 = 311\sqrt{2}\sin(314t - 83.1^\circ)$

2-4 $\dot{I} = \dfrac{\dot{U}}{R} = \dfrac{220\angle 0^\circ}{5} = 44\angle 0^\circ \text{A}$

（1）$I = 44\text{A}$；（2）$i = 44\sqrt{2}\sin 314t\text{A}$；（3）$P = UI = 220\text{V} \times 44\text{A} = 9680\text{W}$。

2-5 $X_L = \omega L = 2\pi f L = 196\Omega$

（1）$I = \dfrac{U}{X_L} = 1.1\text{A}$，$I_m = 1.6\text{A}$；（2）$Q_L = UI = 242\text{var}$。

2-6 $X_C = \dfrac{1}{\omega C} = 6.4\Omega$，$\dot{I}_C = \dfrac{\dot{U}_C}{-jX_C} = \dfrac{220\angle 60^\circ}{6.4\angle -90^\circ} = 34\angle 150^\circ \text{A}$。

（1）$i_C = 34\sqrt{2}\sin(314t + 150^\circ)\text{A}$；（2）$Q_C = U_C I = 7480\text{var}$。

2-7 $U = \sqrt{U_R{}^2 + (U_L - U_C)^2} = 5\text{V}$

2-8 $X_L = \omega L = 40\Omega$，$X_C = \dfrac{1}{\omega C} = 10\Omega$

（1）$Z = R + j(X_L - X_C) = 30\sqrt{2}\angle 45^\circ\Omega$；

（2）$\dot{I} = \dfrac{\dot{U}_L}{jX_C} = 0.25\angle -90^\circ \text{A}$，$\dot{U}_R = \dot{I}R = 7.5\angle -90^\circ \text{V}$，

$\dot{U}_C = -j\dot{I}X_C = 2.5\angle 180^\circ \text{V}$，$\dot{U} = \dot{I}Z = 7.5\sqrt{2}\angle -45^\circ \text{V}$

2-9 $Z = R + j(X_L - X_C) = 10\sqrt{2}\angle 45^\circ\Omega$

（1）$\dot{U} = \dot{I}Z = 20\sqrt{2}\angle 75^\circ \text{V}$；（2）$\cos\varphi = \cos 45^\circ = 0.705$；

（3）$P = UI\cos 45^\circ = 40\text{W}$，$Q = UI\sin 45^\circ = 40\text{var}$，$S = UI = 56.4\text{VA}$。

2-10 （1）$\dot{I}_1 = \dfrac{\dot{U}_C}{R + jX_L} = 10\sqrt{2}\angle -90^\circ \text{A}$，$\dot{I}_2 = \dfrac{\dot{U}_C}{-jX_C} = 10\angle 45^\circ \text{A}$，

$$\dot{I}=\dot{I}_1+\dot{I}_2=10\angle-45^\circ \text{A};$$

（2）$Z=10\angle0^\circ\Omega$；（3）$\dot{U}=\dot{I}Z=200\angle-45^\circ\text{V}$。

2-11　$P=UI\cos\varphi \Rightarrow \cos\varphi=\dfrac{P}{UI}=0.455$，$\varphi=63^\circ$；$Q=UI\sin63^\circ=70.5\text{var}$。

2-12　（1）$\dot{U}_U=220\angle-150^\circ\text{V}$，$\dot{U}_V=220\angle90^\circ\text{V}$；

（2）$\dot{U}_{UV}=\sqrt{3}\dot{U}_U\angle30^\circ=380\angle120^\circ\text{V}$，

$\dot{U}_{VW}=380\angle0^\circ\text{V}$，$\dot{U}_{WU}=380\angle-120^\circ\text{V}$。

2-13　（1）三相四线制电源的相电压$U_P=U_L/\sqrt{3}=220\text{V}$。由于每相负载的额定电压$U_N=220\text{V}$，所以该对称三相负载必须作星形连接。

（2）$\dot{I}_U=\dfrac{\dot{U}_U}{Z}=11\angle-60^\circ\text{A}$，$\dot{I}_V=11\angle-180^\circ\text{A}$，

$\dot{I}_W=11\angle60^\circ\text{A}$，$\dot{I}_N=\dot{I}_U+\dot{I}_V+\dot{I}_W=0\text{A}$。

（3）若U相断开，则相电流$\dot{I}_U=0$。由于中线未断开，则V相和W相不受影响，仍正常工作，相电流保持不变，即

$$\dot{I}_V=11\angle-180^\circ\text{A}，\dot{I}_W=11\angle60^\circ\text{A}$$

$$\dot{I}_N=\dot{I}_U+\dot{I}_V+\dot{I}_W=11\angle120^\circ\text{A}$$

2-14　（1）$\dot{I}_{UV}=\dfrac{\dot{U}_{UV}}{Z}=38\angle-67^\circ\text{A}$，$\dot{I}_{VW}=38\angle173^\circ\text{A}$，$\dot{I}_{UV}=38\angle57^\circ\text{A}$；

（2）$\dot{I}_U=\sqrt{3}\dot{U}_{UV}\angle-30^\circ=38\sqrt{3}\angle-97^\circ\text{A}$，

$\dot{I}_V=38\sqrt{3}\angle143^\circ\text{A}$，$\dot{I}_W=38\sqrt{3}\angle23^\circ\text{A}$；

（3）$P=\sqrt{3}U_LI_L\cos37^\circ=35\text{kW}$，$Q=\sqrt{3}U_LI_L\sin37^\circ=26\text{kvar}$，

$S=\sqrt{3}U_LI_L=43\text{kVA}$。

2-15

触电方式	直接触电	单相触电	相电压：相线-人体-大地
		双相触电	线电压：相线-人体-零线（严重）
	间接触电	跨步电压触电	电气设备绝缘损坏而发生接地短路故障，其金属外壳或结构便带有电压，使人触电
		接触电压触电	

2-16　启辉器内电容器有两个作用：一是与镇流器线圈形成LC振荡电路，延长灯丝的预热时间和维持感应电动势；二是吸收干扰收音机和电视机的交流杂声。

2-17　保护接地是指为保证人身安全，防止人体接触设备外露部分而触电的一种接地形式。在中性点不接地系统中，设备外露部分必须与大地进行可靠电气连接，即保护接地。保护接零是指在电源中性点接地系统中，将设备需要接地的外露部分与电源中性线直接连接。相当于设备外露部分与大地进行了电气连接。当电气设备绝缘损坏造成一相碰壳，该

相电源短路，其短路电流使保护设备动作，将故障设备从电源切除，防止人身触电。

第 3 章 习题答案

3-1 电力系统中进行远距离输电时，当输送的电功率一定时，电压越高，电流就越小，输电线路上的损耗就越小，这样不仅可以减小输电导线截面，节省材料，而且还可以减少功率损耗。因此，电力系统中均采用高电压进行电能的远距离输送。先用升压变压器将电压升高再进行远距离输电。当电能送到用电地区后，再用降压变压器将电压降低到较低的配电电压，分配到各工厂、用户，最后再用配电变压器将电压降低到用户所需的电压等级（如 380 V/220 V），供用户使用。

3-2 在电子线路中，变压器可以使负载获得适当电压等级的电源，还可用来传递信号和实现阻抗匹配。

3-3 变压器主要由铁芯和线圈两部分构成。铁芯是变压器的磁路通道，是用磁导率较高且相互绝缘的硅钢片制成的，以便减少涡流和磁滞损耗。线圈是变压器的电路部分，是用漆包线、沙包线或丝包线绕成。其中和电源相连的线圈叫原线圈（初级绕组），和负载相连的线圈叫副线圈（次级绕组）。

3-4 166 个，30.3A，45.5A。

3-5 $N_1 = 2000$ 匝。

3-6 k=5.6。

3-7 9.09A，55.6A。

第 4 章 习题答案

4-1 正确使用电工仪表应注意以下问题：

（1） 仔细阅读说明书，按照说明书要求使用仪表。

（2） 正确选用仪表的量程，应使被测量的大小尽量在仪表量程的 2/3 以上。

（3） 仪表使用前应将指针调到零位，测量时要正确读数。

（4） 测量电路连接要正确，测量进行中不得带电变换仪表的开关位置和变换测量电路。

（5） 仪表用完后，应正确复位，并妥善保管。

4-2 测量电流的仪表称为电流表，测量电压的仪表称为电压表。测量某一电路中的电流，通常是将电流表串联在被测电路中，由于电流表存在一定的内阻，会对被测电路产生影响，引起测量误差，所以选用电流表时必须选用内阻远小于电路负载电阻的电流表。测量电路中任意两点间的电压时，须将电压表两端与被测电路两端并联，由于电压表本身存在一定的内阻，会对被测电路产生影响，引起测量误差。为了减小这种影响，选用电压表时必须选用内阻远大于被测电路电阻的电压表。

4-3 钳形表的主要部分是一个铁芯可以张开的电流互感器和一只交流表。钳形表上都有量程选择开关，测量时必须注意选择合适的量程。当不知被测电流大小时，应先将量程开关置于最大位置，然后打开铁芯把被测量导线置于铁芯内，根据指针偏转程度，再将量程开关置于适当位置。

4-4　双臂电桥用来测量小电阻值，单臂电桥用来测量中电阻值，兆欧表是一种可携式仪表，它是专门测量大电阻值的。

4-5　0.1Ω。

4-6　使用兆欧表的基本方法：兆欧表有三个接线柱，其中两个较大的接线柱上分别标有“接地”E 和“线路”L，另一个较小的接线柱上标有“保护环”或“屏蔽 G”。

（1）测量照明或电力线路对地的绝缘电阻值。

（2）测量电机的绝缘电阻值。

（3）测量电缆的绝缘电阻值。

注意事项

（1）测量电气设备绝缘电阻值时，必须先断电，经放电后才能测量。

（2）测量时，兆欧表应放在水平位置上，未接线前先转动兆欧表做开路试验，确定指针是否指在“印”处，再把 L 和 E 短接，轻摇发电机，看指针是否指在“0”。若开路指“印”，短路指“0”，则说明兆欧表是好的。短路试验时，时间不能过长，否则会损坏仪表。

（3）兆欧表接线柱的引线应采用绝缘良好的多股软线，同时各软线不能绞在一起。

（4）兆欧表测完后立即使被测物放电，在兆欧表摇把未停止转动和被测物未放电前，不可用手去接触被测物的测量部分或拆除导线，以防触电。

4-7　（1）直流电桥和交流电桥：直流电桥用来精确测量电阻值，而交流电桥一般用来精确测量电容量、电感量等。

（2）双臂电桥和单臂电桥：双臂电桥用来测量小电阻值，单臂电桥用来测量中电阻值。

第 5 章　习题答案

5-1　当电源线电压为 380V 时，定子绕组应接成星形；当电源线电压为 220V 时，定子绕组应接成三角形，即同一台电动机无论在哪种额定电压下，其每相绕组上的额定电压应保持相同。

5-2　接触器可以完成对电气设备的频繁操作控制。其控制原理采用的是电磁控制结构，主要用于控制电动机、电焊机、电容器组等设备，是电力拖动自动控制系统中使用最广泛的电器元件。接触器有主触头，可以带动负载工作。继电器是用于在电气控制电路中进行逻辑控制的一种电器元件。中间继电器接收来自控制现场的输入信号，输出触头信号，主要用来进行信号的放大、分配、控制和处理，它不能直接驱动负载。

5-3　主电路是可以驱动负载的电路，通常与三相交流电直接相连。其工作电流也随负载的大小而不同。控制电路不直接驱动负载，而是通过逻辑控制实现对主电路的运行和停止。二者的区别是接触器可以直接带负载，继电器不能直接带负载。

5-4　全压启动的优点是电气设备少，控制电路简单，缺点是启动电流较大，电动机容量在 10kW 以下时，可用直接启动；若电动机容量超过 10kW 时，一般采用降压启动，降压启动可以减小启动电流，从而减小线路电压降，也就减小了启动时对线路的影响。

5-5 （1）短路保护，用熔断器；（2）过载保护，用热电器；（3）失压、欠压保护，用交流接触器。

5-6 自锁：通过启动按钮启动后让接触线圈持续有电，使接点始终处于通路状态；

互锁：在几个回路之间，利用某一回路的辅助触点去控制对方线圈回路，进行状态保持或功能限制。一般对象是对其他回路的控制。

5-7 $n_0 = 1000(\mathrm{r/min})$，$p = 3$，$s = 0.04$。

5-8 （1）$I_N = 35.96\mathrm{A}$；（2）$s = 0.02$。

5-9 电路工作原理：合上电源开关 QS，按下启动按钮 SB1，KM1 线圈得电，KM1 联锁触点和自锁触点分别断开和闭合，起到联锁和自锁保护作用，KM1 主触头闭合，电动机正转，拖动工作台左移，当左移到限定位置时，挡铁碰撞 SQ1，KM1 线圈失电，主触头和辅助触头复原；与此同时按下按钮 SB2，KM2 线圈得电，KM2 联锁触点和自锁触点分别断开和闭合，起到联锁和自锁保护作用，KM2 主触头闭合，电动机反转，拖动工作台右移，当右移到限定位置时，挡铁碰撞 SQ2，KM2 线圈失电，主触头和辅助触头复原，如此循环。按下按钮 SB3，所有触头都复原，电动机停止转动。

5-10 具有自锁、互锁环节的正反转控制电路如图答 5-1 所示。

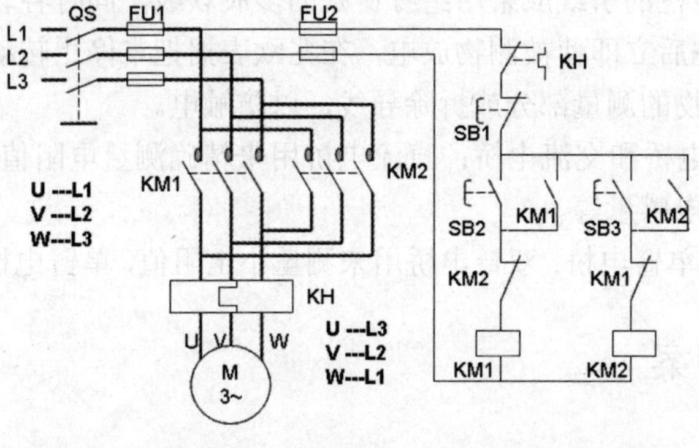

图答 5-1

5-11 既可实现点动控制又可实现连续运行控制的控制电路如图答 5-2 所示。

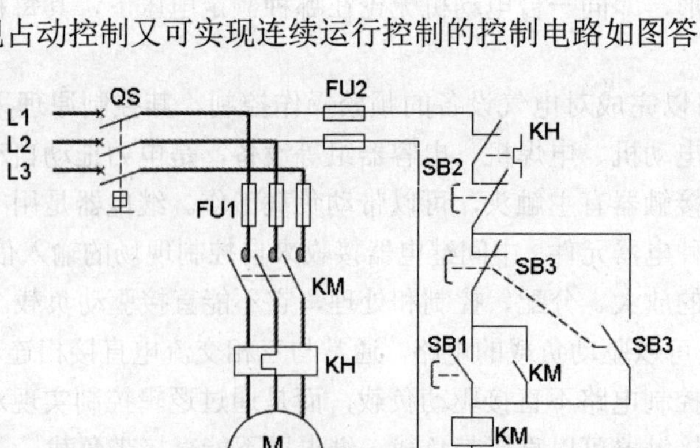

图答 5-2

（1）点动工作原理：合上电源开关 QS，按下启动按钮 SB3，复合按钮 SB3 的常闭触点先断开，不能形成自锁；常开触点后闭合，KM 线圈得电，主触头闭合，电动机转动。再按一次按钮 SB3，所有触头都复原，电动机停止转动。

（2）连续运行工作原理：合上电源开关 QS，按下启动按钮 SB1，KM 线圈得电，辅助常开触点闭合，形成自锁；与此同时，主触头闭合，电动机转动。按下停止按钮 SB2，所有触头都复原，电动机停止转动。

5-12　工作原理：（1）甲地启动，甲地停止（或乙地停止）；

启动：合上电源开关 QS，按下启动按钮 SB11，KM 线圈得电，辅助常开触点闭合，形成自锁；与此同时，主触头闭合，电动机转动。

停止：按下按钮 SB12（或 SB22），所有触头都复原，电动机停止转动。

（2）乙地启动，乙地停止（甲地停止）；

启动：合上电源开关 QS，按下启动按钮 SB21，KM 线圈得电，辅助常开触点闭合，形成自锁；与此同时，主触头闭合，电动机转动。

停止：按下按钮 SB22（或 SB12），所有触头都复原，电动机停止转动。

5-13　工作原理：合上电源开关 QS，按下启动按钮 SB1，KM1 线圈得电，KM1 辅助常开触点闭合，形成自锁；与此同时，KM1 主触头闭合，电动机 M1 转动。再按下启动按钮 SB2，KM2 线圈得电，KM2 辅助常开触点闭合，形成自锁；与此同时，KM2 主触头闭合，电动机 M2 转动。按下停止按钮 SB3，所有触头都复原，电动机停止转动。

5-14　工作原理：（1）正转启动和停止：合上电源开关 QS，按下启动按钮 SB2，复合按钮 SB2 的常闭触点先断开，KM2 不能得电；常开触点后闭合，KM1 线圈得，KM1 辅助常开触点闭合，形成自锁，KM1 辅助常闭触点断开，形成联锁，再次保证 KM2 不能得电；与此同时，KM1 主触头闭合，电动机 M 正转。按下按钮 SB1，所有触头都复原，电动机停止正转。

（2）反转启动和停止：合上电源开关 QS，按下启动按钮 SB3，复合按钮 SB3 的常闭触点先断开，KM1 不能得电；常开触点后闭合，KM2 线圈得，KM2 辅助常开触点闭合，形成自锁，KM2 辅助常闭触点断开，形成联锁，再次保证 KM1 不能得电；与此同时，KM2 主触头闭合，电动机 M 反转。按下按钮 SB1，所有触头都复原，电动机停止反转。

第 6 章　习题答案

6-1　热敏性、光敏性、掺杂性。

6-2　P 型半导体和 N 型半导体。

6-3　在 P 型半导体和 N 型半导体交界面处形成的稳定的内电场称为 PN 结。最重要的导电特性：单向导电性。

6-4　二极管正向电流几乎为零的范围称为死区电压。硅管约为 0.5V，锗管约为 0.1V。

6-5　U_{o1}=1.3V　　U_{02} =0V　　U_{03}=−1.3V

U_{04}=−2V　　U_{05}=−1.3V　　U_{06}=−2V

6-6 电压波形图如图答 6-1 所示。

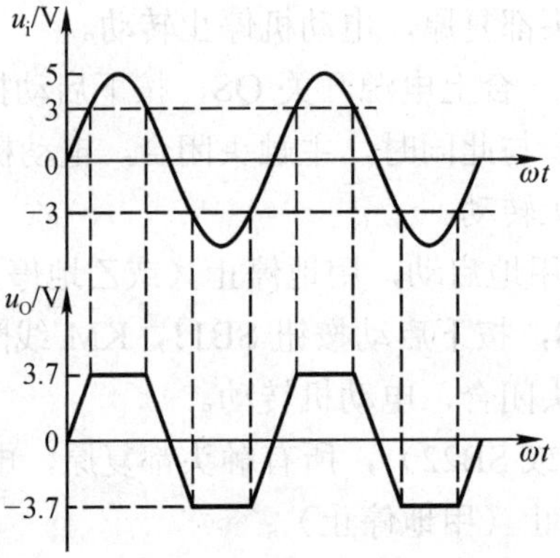

图答 6-1

6-7 略。

6-8 （1）两只稳压管串联时可得 1.4V、6.7V、8.7V 和 14V 等四种稳压值。

（2）两只稳压管并联时可得 0.7V 和 6V 等两种稳压值。

6-9 图（a）所示电路中，二极管 VD 阴极电位为−12V，阳极电位为−15V，二极管 VD 反偏截止。电路输出电压 U_{AO}=−12V。

图（b）所示电路中，二极管 VD2 阴极电位为−9V，阳极电位为−12V，二极管 VD2 反偏截止。而二极管 VD1 阴极电位为−9V，阳极电位为 0V，二极管 VD1 正偏导通，二极管 VD1 两端电压钳制在 0.7V，电路输出电压 U_{AO}=0.7V。

6-10 （a）放大、（b）截止、（c）饱和、（d）截止.

6-11 （a）可能、（b）可能、（c）不可能、（d）不可能、（e）可能。

6-12 NPN 型：集电极电位最高，发射极电位最低，$U_{BE}>0$；

PNP 型：发射极电位最高，集电极电位最低，$U_{BE}<0$。

硅管导通时 U_{BE} 大约为 0.7V，锗管导通时 U_{BE} 大约为 0.3V。

T1 管有两个极的电位相差 0.7V，所以 T1 应为硅管，而 T2 和 T3 管均有两个极电位相差为 0.3V，所以 T2 和 T3 管为锗管。

因为 T1 管另一个极电位最高，为集电极，可判断为 NPN 型管；T2 和 T3 管另一个极电位最低，为集电极，所以为 PNP 型管。

NPN 型管和 PNP 型管工作在放大状态时，电位满足如下关系

$$U_C \geqslant U_B > U_E$$

$$U_C \leqslant U_B < U_E$$

第 7 章　习题答案

7-1 三极管具有放大作用，集电极电源 U_{CC} 作用是为整个电路提供能源，保证三极管的发射结正向偏置，集电结反向偏置，R_b 作用是为基极提供合适的偏置电流，并使发射结

获得必须的正向偏置电压，R_c 作用一方面将集电极电流的变化转换成电压的变化，以实现电压的放大功能。

7-2　三极管输入回路基极与发射极之间可用等效电阻值 r_{be} 代替，三极管输出回路的集电极与发射极之间，可用一个大小为 βi_c 的理想受控电流源来等效。

7-3　静态工作点的作用是保证输入交流信号得到完整放大，不失真。静态工作点过低会使输出信号产生截止失真；静态工作点过高会使输出信号产生饱和失真。

7-4　调整电阻器 R_e 比较方便，旁路电容不影响静态工作点。

7-5　阻容耦合方式优点是各级静态工作点互不影响，可以单独调整到合适位置且不存在零点漂移问题，缺点是不能放大变化缓慢的信号和直流信号，且需要大容量的耦合电容器，不适合在集成电路中使用。直接耦合方式的优点是能放大变化缓慢的信号和直流信号，且由于没有耦合电容器，故非常适于大规模集成。缺点是各级静态工作点互相影响，会产生零点漂移现象。

7-6　由于温度的影响等因素，直接耦合放大电路在无输入信号的情况下，输出电压 u_o 出现缓慢、不规则波动的现象，将这种现象称作零点漂移。抑制零点漂移的方法很多，如采用温度补偿电路，稳压电源以及精选电路元件等。最为有效且广泛使用的是输入级采用差动放大电路。

7-7　（1）开环电压放大倍数 $A_{ud}\to\infty$。（2）开环差模输入电阻值 $r_{id}\to\infty$。

（3）开环差模输出电阻值 $r_{od}\to 0$。（4）共模抑制比 $K_{CMR}\to\infty$。

7-8　虚短：当理想集成运算放大器工作在线性区时，它的输入信号与输出信号应满足

$$u_0=A_{ud}u_{id}$$

由于 $A_{ud}\to\infty$，当运算放大器的输出为有限值时，集成运算放大器的输入电压 $u_{id}\to 0$，则两个输入端电压相等，即 $u_+\approx u_-$。因此，集成运算放大器的同相输入端与反相输入端可视为短路，但不是真短路。

虚断：理想集成运算放大器的输入电阻值 $r_{id}\to\infty$，故其输入端相当于开路，集成运算放大器的净输入电流为零，即 $i_+\approx i_-=0$。

7-9　（1）估算静态工作点。

根据图 7-44 所示的直流通路可知

$$I_{CQ}\approx I_{EQ}=\frac{U_{BQ}-U_{BEQ}}{R_E}\approx U_{BQ}/R_E$$

$$U_{BQ}=\frac{R_{B2}}{R_{B1}+R_{B2}}U_{CC}=\frac{20}{20+60}\times 16=4\text{V}$$

$$I_{CQ}=\frac{4}{2\times 10^3}=2\text{mA}$$

$$I_{BQ}\approx I_{CQ}/\beta$$

$$I_{BQ}=2/60=0.033\text{mA}$$

$$U_{CEQ}\approx U_{CC}-I_{CQ}(R_E+R_C)$$

$$U_{CEQ}=16-2\times(3+2)=6\text{V}$$

（2）微变等效电路。

微变等效电路如图答 7-1 所示。

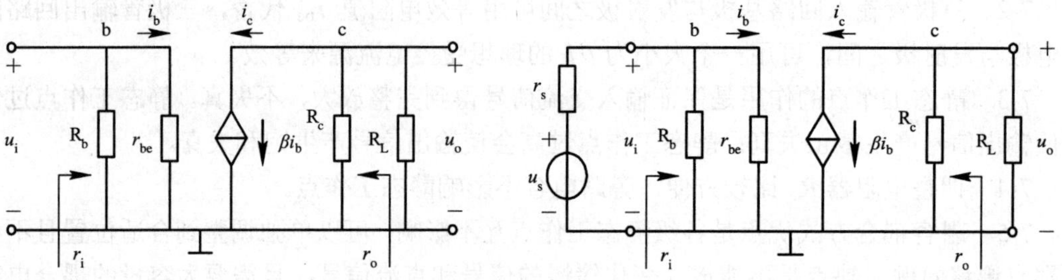

图答 7-1

（3）$r_{be}=300+(1+\beta)\dfrac{26(\text{mv})}{I_{EQ}(\text{mA})}=300+(1+60)\dfrac{26}{2}=1093\Omega$

其中，$R_L'=\dfrac{R_C R_L}{R_C+R_L}=\dfrac{3\times 6}{3+6}\approx 2\text{k}\Omega$

$$A_u=-\beta\frac{R_L'}{r_{be}}=-60\times\frac{2}{1.1}\approx -109.1$$

（4） 由于 U_{BQ} 与温度参数无关，不受温度影响；另有 $U_{BEQ}=U_{BQ}-U_{EQ}$，发射极电位 $U_{EQ}=I_{EQ}R_E$。其稳定工作点的过程如下：

$T\uparrow\rightarrow I_{CQ}\uparrow\rightarrow U_{EQ}\uparrow\rightarrow U_{BEQ}\downarrow$（$U_{BQ}$不变）$\rightarrow I_{BQ}\downarrow\rightarrow I_{CQ}\downarrow$（$I_{CQ}=\beta I_{BQ}$）

分压式偏置放大电路稳定静态工作点的关键是利用 I_E 的微小变化，在电阻器 R_E 上产生电压降，并反送回输入回路，使 U_{BE} 下降，使 I_B、I_C 向相反方向变化，达到稳定工作点的目的。

7-10 （a） 电压反馈； （b） 电流反馈。

7-11 （1）求解 Q 点：

$$I_{BQ}=\frac{V_{CC}-U_{BEQ}}{R_b+(1+\beta)R_e}\approx 32.3\mu\text{A}\quad I_{EQ}=(1+\beta)I_{BQ}\approx 2.61\text{mA}\quad U_{CEQ}=V_{CC}-I_{EQ}R_e\approx 7.17\text{V}$$

（2）求解输入电阻值和电压放大倍数：

$R_L=\infty$ 时： $R_i=R_b//[r_{be}+(1+\beta)R_e]\approx 110\text{k}\Omega\quad \dot{A}_u=\dfrac{(1+\beta)R_e}{r_{be}+(1+\beta)R_e}\approx 0.996$

$R_L=3\text{k}\Omega$ 时：

$$r_i=R_b//[r_{be}+(1+\beta)(R_e//R_L)]\approx 76\text{k}\Omega\quad \dot{A}_u=\frac{(1+\beta)(R_e//R_L)}{r_{be}+(1+\beta)(R_e//R_L)}\approx 0.992$$

（3）求解输出电阻值：$r_o=R_e//\dfrac{R_s//R_b+r_{be}}{1+\beta}\approx 37\Omega$ 。

7-12 （1）Q 点：

$$I_{BQ}=\frac{V_{CC}-U_{BEQ}}{R_b+(1+\beta)R_e}\approx 31\ \mu A \quad I_{CQ}=\beta I_{BQ}\approx 1.86mA \quad U_{CEQ}\approx V_{CC}-I_{EQ}(R_c+R_e)=4.56V$$

（2） $r_{be}=r_{bb'}+(1+\beta)\frac{26mV}{I_{EQ}}\approx 952\Omega \quad r_i=R_b//r_{be}\approx 952\Omega$

$$\dot{A}_u=-\frac{\beta(R_c//R_L)}{r_{be}}\approx -95 \quad r_o=R_c=3k\Omega$$

7-13 $A_u=A_{u1}\times A_{u2}$ $\quad r_i=R_{b1}//R_{b2}//r_{be}$ $\quad r_o=R_{c2}//R_L$

第 8 章 习题答案

8-1 直流稳压电源一般有变压、整流、滤波和稳压四个环节组成。变压器是将交流电网电压 u_1 变为合适的交流电压 u_2。整流电路是将交流电压 u_2 变为脉动的直流电压 u_3。滤波电路是将脉动直流电压 u_3 转变为平滑的直流电压 u_4。稳压电路是清除电网波动及负载变化的影响，保持输出电压稳定。

8-2 略。

8-3 考虑流过整流二极管的平均电流和二极管截止时承受的最高反向峰值电压。

8-4 当 V_1 开路时，电路相当于半波整流电路，输出电压的波形只是全波整流的一半。当 V_1 短路时，变压器副边线圈短路，电流过大易烧毁变压器和二极管。

8-5 电容器，并联，充放电特性。

8-6 略。

8-7 +15V。

8-8 （1）$U_0\approx 1.2u_2=1.2\times 10=12V$

（2）U_0 约为 9V，电容器开路；U_0 约为 4.5V，电容器开路且有一只二极管开路。

8-9 13.75V。

8-10 开关状态，略。

第 9 章 习题答案

9-1 $(151)_{10}$ $(109)_{10}$ $(0.37109375)_{10}$ $(3.125)_{10}$

$(97)_{16}$ $(6D)_{16}$ $(5F)_{16}$ $(3.2)_{16}$

9-2 00111110 010110111010 0000011

9-3 21 62 7D

9-4 176 110 3363

9-5 （1）AB （2）$\overline{A}+\overline{B}+\overline{C}$ （3）A （4）$\overline{A}+\overline{B}\overline{C}$

9-6 （1）$A+\overline{D}$ （2）$Y=\overline{A}\overline{B}+AC$ （3）$\overline{A}+\overline{C}+\overline{D}$

（4）$A\overline{B}C\overline{D}+\overline{A}CD+\overline{A}BD+\overline{A}BC$

9-7 解：(a)$Y_1=AB$　　(b)$Y_2=\overline{AB}$

(c)$Y_3=\overline{A+B}$　　(d)$Y_4=A\oplus B$

(e)$Y_5=\overline{\overline{A}B+A\overline{B}}=\overline{A}\overline{B}+AB$　　(f)$Y_6=\overline{AB}\Big|_{B=0}=1\Big|_{B=0},Y_6=Z\Big|_{B=1}$

(g)$Y_7=\overline{AB}=Y_2$

Y_1～Y_7波形如图答 9-1 所示。

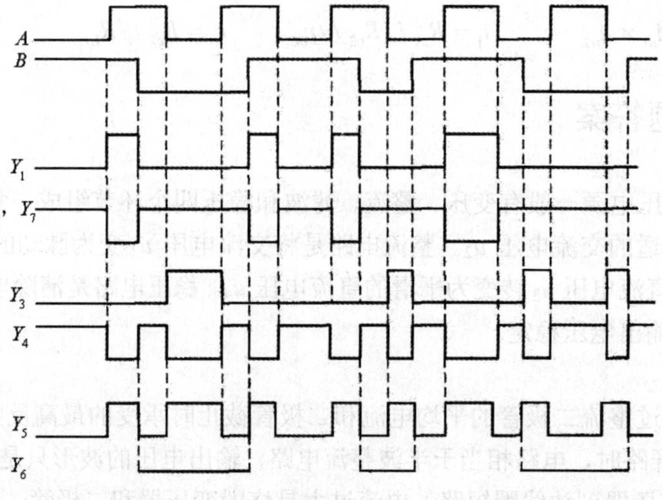

图答 9-1

9-8 解：（a）与非门输入端悬空，对于 CMOS 门电路相当于接低电平，这样输出一直为 1，故不能正常工作。

（b）$Y_2=\overline{A}$

（c）输出端与电源相连，不能正常工作，还可能导致输出级损坏。

（d）$Y_4=Y_4'=\overline{A}$

（e）一般 MOS 门电路不能线与，故不能正常工作，同时有可能损坏输出级。

第 10 章　习题答案

10-1　5。

10-2　$2^7\geqslant 83$，7。

10-3　逻辑图如图答 10-1 所示。

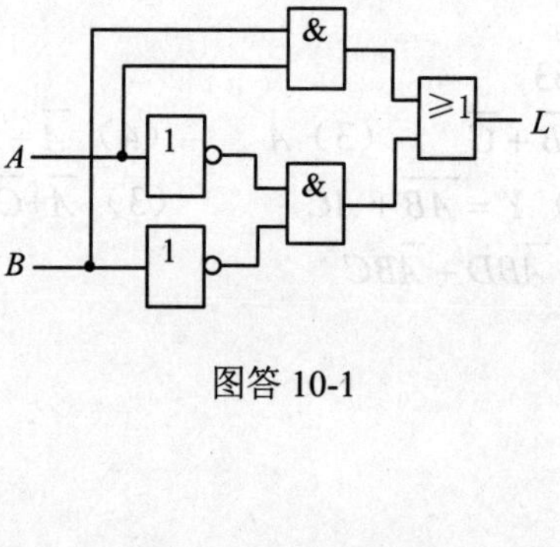

图答 10-1

10-4　$L = A \cdot B + \overline{A} \cdot \overline{B}$　　　　$L = AB + BC + AC$

10-5　解：设楼上开关为 A，楼下开关为 B，灯泡为 Y。并设 A、B 闭合时为 1，断开时为 0；灯亮时 Y 为 1，灯灭时 Y 为 0。根据逻辑要求列出的真值表如表答 10-1 所示，逻辑电路图如图 10-2 所示。

表答 10-1

A	B	Y
0	0	0
0	1	1
1	0	1
1	1	0

$$Y = \overline{A}B + A\overline{B}$$

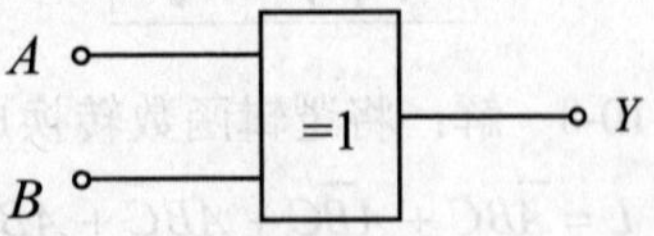

图答 10-2

10-6　解：设主裁判为 A，副裁判分别为 B 和 C；表示成功与否的灯为 Y，根据逻辑要求列出真值表如表答 10-2 所示，表决电路如图答 10-3 所示。

表答 10-2

A	B	C	Y	A	B	C	Y
0	0	0	0	1	0	0	0
0	0	1	0	1	0	1	1
0	1	0	0	1	1	0	1
0	1	1	0	1	1	1	1

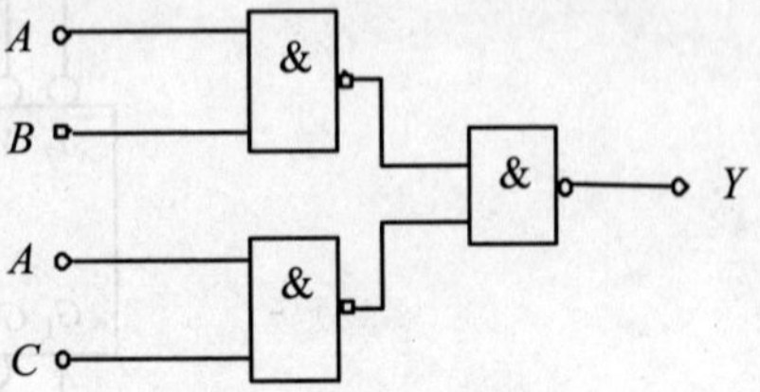

图答 10-3

$$Y = A\overline{B}C + AB\overline{C} + ABC \qquad Y = AB + BC = \overline{\overline{AB} \bullet \overline{BC}}$$

10-7　解：分四个步骤如下。

（1）分析题意，写出真值表如表答 10-3 所示。

由题意可知，该报警电路的输入变量是三个开关 A、B、C 的状态，设开关接通用 1 表示，开关断开用 0 表示；设该电路的输出报警信号为 F，F 为 1 表示报警，F 为 0 表示不报警。

（2）由真值表写表达式

$$F = \overline{A}\,\overline{B}C + \overline{A}B\overline{C} + \overline{A}BC + A\overline{B}C$$

（3）化简函数表达式

$$F = \overline{A}\,\overline{B}C + \overline{A}B\overline{C} + \overline{A}BC + A\overline{B}C \qquad F = \overline{A}B + \overline{B}C = \overline{\overline{\overline{A}B} \cdot \overline{\overline{B}C}}$$

（4）画逻辑图如图答 10-4 所示。

表答 10-3

A B C	F
0 0 0	0
0 0 1	1
0 1 0	1
0 1 1	1
1 0 0	0
1 0 1	1
1 1 0	0
1 1 1	0

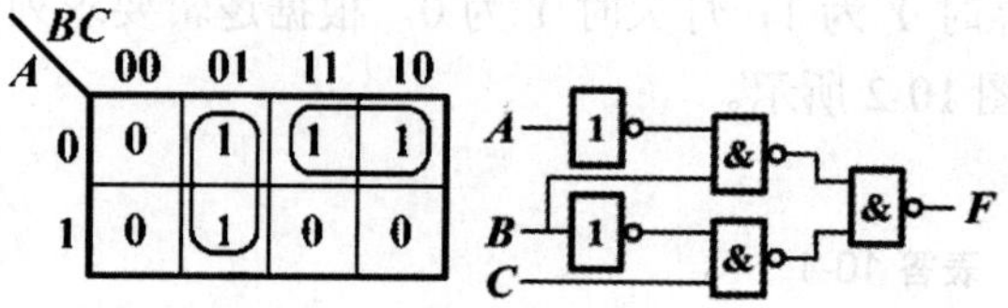

图答 10-4

10-8　解：将逻辑函数转换成最小项表达式，再转换成与非—与非形式。

$L=\overline{A}BC+A\overline{B}C+AB\overline{C}+ABC=m_3+m_5+m_6+m_7=\overline{\overline{m_3}\cdot\overline{m_5}\cdot\overline{m_6}\cdot\overline{m_7}}$

用一片 74LS138 加一个与非门就可实现该逻辑函数，如图答 10-5 所示。

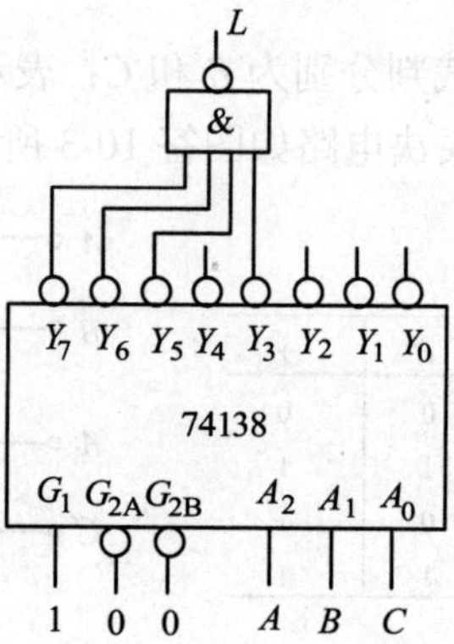

图答 10-5

10-9　解：将逻辑函数转换成最小项表达式：$L=\overline{A}BC+A\overline{B}C+AB\overline{C}+ABC=m_3+m_5+m_6+m_7$ 即可，如图答 10-6 所示。

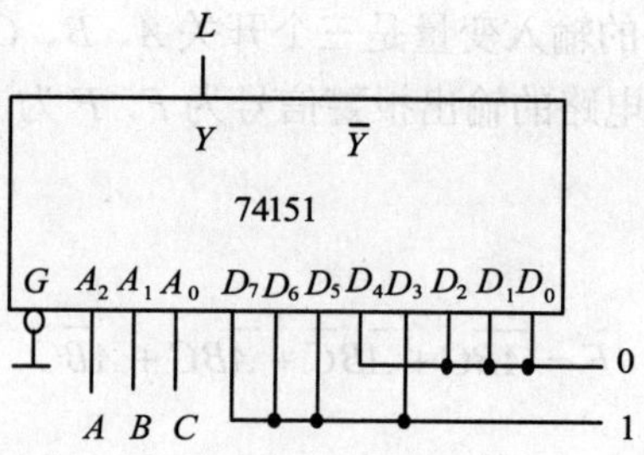

图答 10-6

10-10　解：将 A、B 接到地址输入端，C 加到适当的数据输入端。作出逻辑函数 L 的真值表如表答 10-4 所示，根据真值表画出连线图。

表答 10-4　L 的真值表

A	B	C	L
0	0	0	0
0	0	1	0
0	1	0	0
0	1	1	1
1	0	0	1
1	0	1	0
1	1	0	1
1	1	1	1

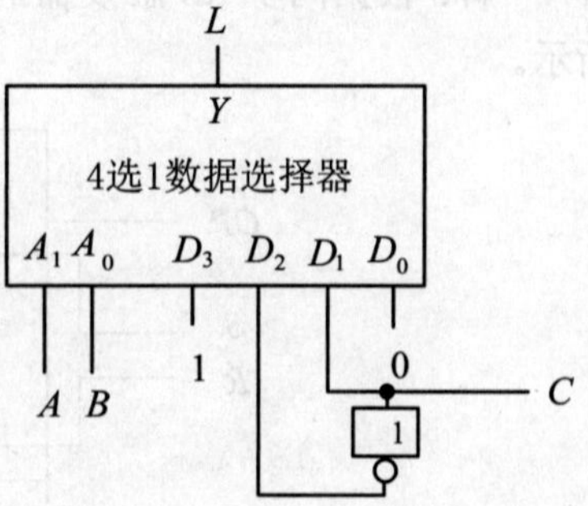

图答 10-7

第 11 章　习题答案

11-1　解：根据基本 RS 触发器的真值表可得初始状态为 **0** 和 **1** 两种情况下，Q 的输出波形分别如图答 11-1 所示。

11-2　解：根据同步 RS 触发器的真值表可得初始状态为 **0** 时，Q 的输出波形分别如图答 11-2 所示。

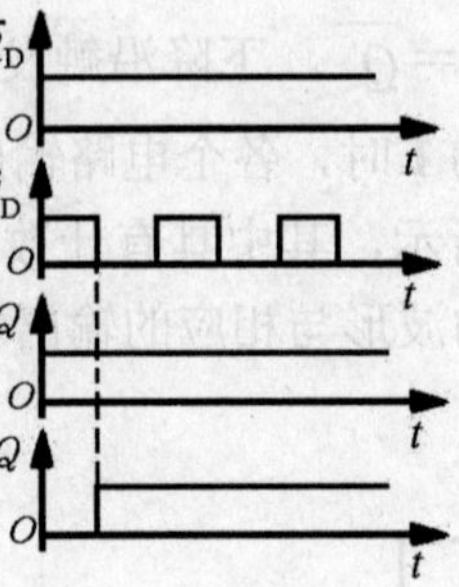

图答 11-1

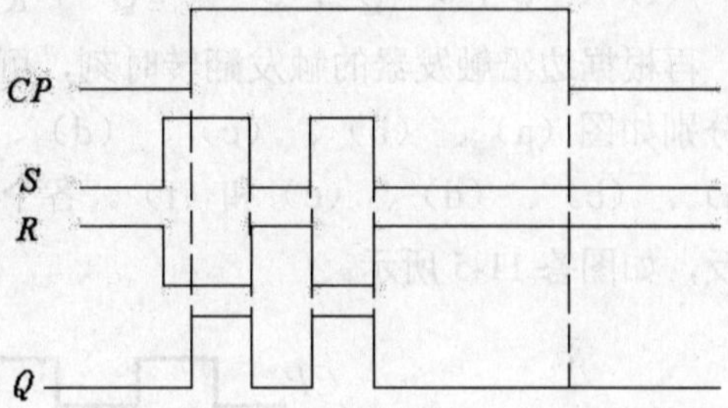

图答 11-2

11-3　解：根据主从 JK 触发器的真值表可得初始状态为 **0** 情况下，Q 的输出波形分别如图答 11-3 所示。

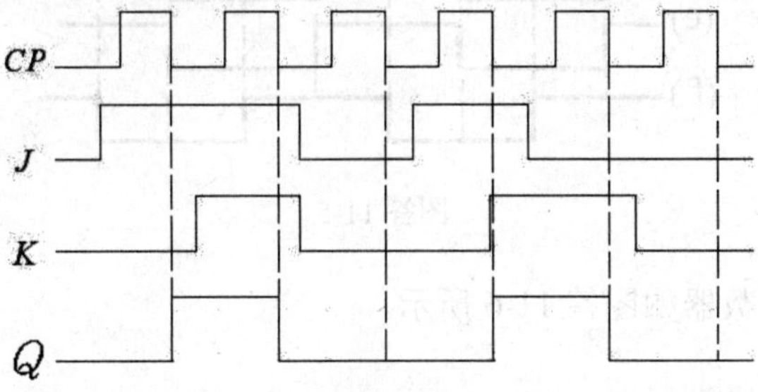

图答 11-3

11-4　解：根据同步 RS 触发器的真值表可得初始状态为 **0** 时，Q 的输出波形分别如图 11-4 所示。

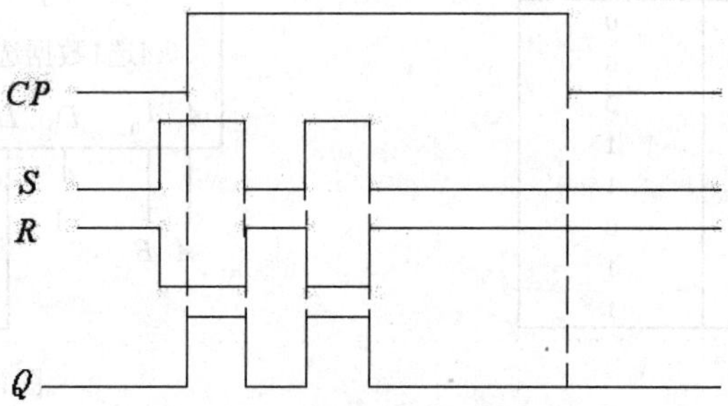

图答 11-4

11-5　解：根据逻辑图及触发器的真值表或特性方程，且将驱动方程代入特性方程可得状态方程。即：（a）$J=K=\mathbf{1}$；$Q^{n+1}=\overline{Q^n}$，上升沿触发。

（b）$J=K=\mathbf{1}$；$Q^{n+1}=\overline{Q^n}$，下降沿触发。

（c）$K=\mathbf{0}$，$J=1$；$Q^{n+1}=J\overline{Q^n}+\overline{K}Q^n=\mathbf{1}$，上升沿触发。

（d）$K=\mathbf{1}$，$J=\overline{Q^n}$；$Q^{n+1}=J\overline{Q^n}+\overline{K}Q^n=\overline{Q^n}\ \overline{Q^n}+\mathbf{0}\cdot Q^n=\overline{Q^n}$，上升沿触发。

（e）$K=Q^n$，$J=\overline{Q^n}$；$Q^{n+1}=J\overline{Q^n}+\overline{K}Q^n=\overline{Q^n}\ \overline{Q^n}+\mathbf{0}=\overline{Q^n}$，上升沿触发。

（f）$K=Q^n$，$J=\overline{Q^n}$；$Q^{n+1}=J\overline{Q^n}+\overline{K}Q^n=\overline{Q^n}\ \overline{Q^n}+\mathbf{0}=\overline{Q^n}$，下降沿触发。

再根据边沿触发器的触发翻转时刻，可得当初始状态为 **1** 时，各个电路输出端 Q 的波形分别如图（a）、（b）、（c）、（d）、（e）和（f）所示，其中具有计数功能的是：（a）、（b）、（d）、（e）和（f）。各个电路输出端 $\overline{Q}$ 的波形与相应的输出端 Q 的波形相反，如图答 11-5 所示。

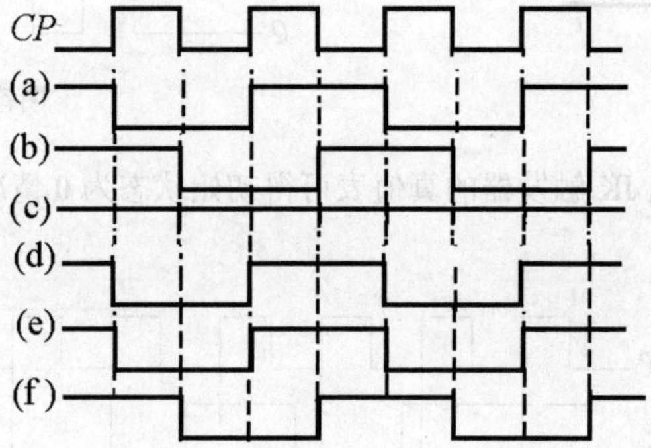

图答 11-5

11-6　解：加法计数器如图答 11-6 所示。

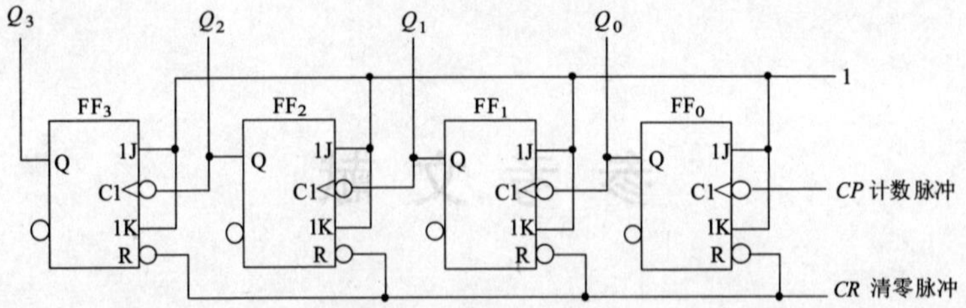

图答 11-6

11-7 解：当 74LS161 计数到 $Q_3Q_2Q_1Q_0$=1001 时，使 $\overline{L_D}=0$，为置数创造了条件。当下一个计数脉冲一到，各置数端数据立即送到输出端，预置数端 $D_3D_2D_1D_0$=0000。电路如图答 11-7 所示。

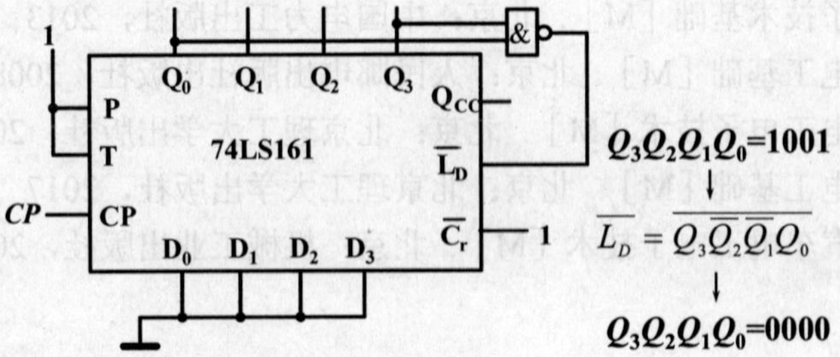

图答 11-7

11-8 解：（1）写出状态 S_{N-1} 的二进制代码。$S_{N-1}=S_{12-1}=S_{11}=1011$

（2）求归零逻辑 $\overline{CR}=\overline{LD}=\overline{P}_{N-1}=\overline{P}_{11}, P_{N-1}=P_{11}=Q_3Q_1Q_0$

（3）画连线图如图答 11-8 所示。

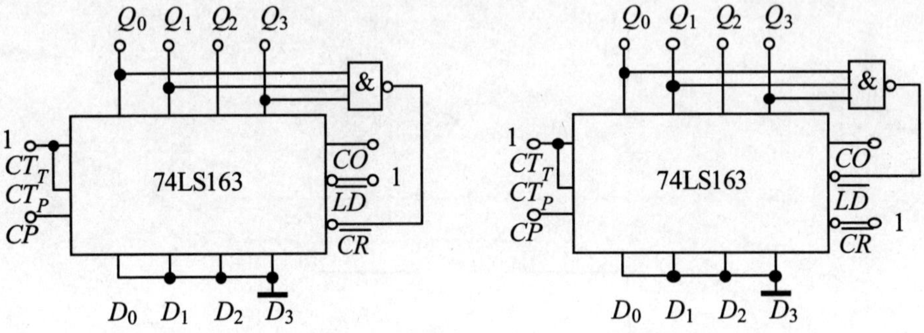

（a）用同步清零端 $\overline{CR}$ 归零　　（b）用同步置数端 $\overline{LR}$ 归零

图答 11-8

11-9 略。

11-10 答：足够的转换精度和足够的转换速度。

参 考 文 献

[1] 田玉. 电工电子技术［M］. 北京：电子工业出版社，2010

[2] 谷立新. 电工电子技术［M］. 北京：航空工业出版社，2011

[3] 王跃进. 电工与电子技术［M］. 镇江：江苏大学出版社，2013

[4] 储克森. 电工电子技术（上册）［M］. 北京：机械工业出版社，2009

[5] 周元一. 电工电子技术（下册）［M］. 北京：机械工业出版社，2009

[6] 马磊. 电子技术基础［M］. 北京：中国电力工出版社，2013

[7] 李福民. 电工基础［M］. 北京：人民邮电出版社出版社，2008

[8] 凌艺春. 电工电子技术［M］. 北京：北京理工大学出版社，2014

[9] 楼晓春. 电工基础［M］. 北京：北京理工大学出版社，2017

[10] 贾宝会. 汽车电工电子技术［M］. 北京：机械工业出版社，2016